数 值 分 析 原 理

（第二版）

聂玉峰　封建湖　车刚明　编著

科学出版社

北 京

内 容 简 介

本书系统地介绍了现代科学与工程计算中常用的数值计算方法及有关的理论和应用.全书共9章,包括误差分析、函数插值、函数逼近、数值积分与数值微分、解线性代数方程组的直接法和迭代法、非线性代数方程求根、矩阵特征值与特征向量计算,以及常微分方程初值问题的数值解法等.本书基本概念清晰准确,理论分析科学严谨,语言叙述通俗易懂,结构编排由浅入深,注重启发性.本书始终贯穿一个基本理念,即在数学理论上等价的方法在实际数值计算时往往是不等效的,因此,本书精选了大量的计算实例,用来说明各种数值方法的优劣与特点.各章末附有一定数量的习题供读者练习之用.

本书可作为高等院校工科研究生和数学系各专业本科生的教材,也可作为从事科学与工程计算的科研工作者的参考书.

图书在版编目(CIP)数据

数值分析原理/聂玉峰,封建湖,车刚明编著.—2版.—北京:科学出版社,2022.7

ISBN 978-7-03-072680-3

Ⅰ.①数… Ⅱ.①聂…②封…③车… Ⅲ.①数值计算 Ⅳ.①O241

中国版本图书馆 CIP 数据核字(2022)第 111408 号

责任编辑:王胡权 李 萍/责任校对:杨聪敏
责任印制:吴兆东/封面设计:蓝正设计

科 学 出 版 社 出版

北京东黄城根北街 16 号
邮政编码:100717
http://www.sciencep.com

天津市新科印刷有限公司印刷
科学出版社发行 各地新华书店经销

*

2001 年 9 月第 一 版 开本:720×1000 1/16
2022 年 7 月第 二 版 印张:20 3/4
2024 年 12 月第二十一次印刷 字数:418 000

定价:69.00 元

(如有印装质量问题,我社负责调换)

第二版前言

本书第一版于 2001 年 9 月由科学出版社出版,二十余年来,已被多所高校作为教材或参考书,为从事科学计算方面的人才培养发挥了积极作用. 同时,我们在教学实践过程中也发现了书中的一些不足,如语言表述、内容的组织与取舍等方面,再加上数值计算方法的快速发展以及主要应用领域的需求变化,因此对本书第一版进行适时修订就非常必要.

本书第二版秉承第一版的优点,例如兼顾理论的系统性和完整性,重视数值实验,精选一些有说服力的数值算例用于教学实践. 在第一版的基础上,本书除了对一些叙述不够准确或表达不够详细的地方进行了修改与补充外,还重新绘制了部分示意图,使表达更为清晰美观,用星号标注了可供长学时选用的章节及习题,除此之外,本书第二版还做了如下修订.

(1) 删除了一些在其他课程里可能会讲述到的内容,本书不再重复叙述,如第 1 章中关于误差传播的区间分析法,第 2 章中的 B 样条插值.

(2) 丰富了一些注记、例题、习题,方便读者更好地理解相关概念、定理以及算法,例如增加了关于样条插值误差定理力学意义的注记、乘幂法中关于主特征值为一对共轭复根情形的例题、关于秦九韶算法的习题等.

(3) 增加了一些对计算数学来说重要的技术与思想,如数值积分与数值微分的外推算法以及一般的外推思想.

(4) 为更加便于教学,分散难点,重组了部分章节,如重组了第 2 章中的牛顿插值法的建立过程;对第 3 章整体上进行了重组,继简述赋范线性空间和内积空间之后,先讲述最佳平方逼近,然后介绍正交多项式及其性质等,在此基础上给出曲线拟合以及矛盾线性方程组的最小二乘解等方面的内容,最后讲述最佳一致逼近理论与近似算法;在第 4 章中将牛顿-科茨求积公式与复化求积公式的误差估计分开讲述.

为适应新时代一流课程建设的要求,方便教学实践与学生自学,我们建设了与本书第二版配套的数字资源(如授课 PPT、部分知识点的微课等),如采用本书作为教材,可以通过邮箱(yfnie@sina. cn)联系.

本书第二版在撰写过程中融入了一线教师的意见与建议,在出版过程中得到了科学出版社和西北工业大学的大力支持,在此一并表示衷心的感谢.

　　由于作者水平有限,加之时间仓促,书中难免还会存在不足,敬请同行专家和广大读者批评指正!

作　者

2022 年 2 月于西安

第一版前言

本书作为高等院校工科硕士研究生和数学系各专业本科生的"数值分析"（或"计算方法"）课程的教科书，系统地介绍了现代科学与工程计算中常用的数值计算方法、概念以及有关的理论分析和应用。全书共 9 章，包括误差分析，函数插值，函数逼近，数值积分与数值微分，线性方程组的直接解法，线性方程组的迭代解法，非线性方程的数值解法，矩阵特征值与特征向量的计算，以及常微分方程初值问题的数值解法等。考虑到不少工科院校还没有普及"计算方法"，数学系各专业本科学生也是初学本门课程，因此，本书从零开始讲起，只要具备高等数学、线性代数知识的学生就可以使用本教材。

本书主要特点如下：

第一，叙述简洁流畅，语言通俗易懂。本书编著者都是长期从事数值分析教学与研究工作的中青年骨干教师，具有丰富的教学经验和实际计算经验，对各层次的学生非常了解。因此，在编写本书的过程中，作者充分考虑了学生的知识水平，特别注重语言叙述的简洁流畅、通俗易懂；内容组织由浅入深、过渡自然；理论分析科学严谨。另外，书中的概念也与实际背景紧密结合，可以激发学生的学习兴趣。

第二，取材合理，观点较新。考虑到本书的使用对象，在内容的选取上本书保留了一些经典的数值方法，充实了一些必要的理论知识，并增加了一些对方法进一步推广方面的分析与讨论，以适应不同层次学生的学习需要和未来研究工作的需要，如常微分方程数值解一章中的线性多步法的收敛性、相容性、稳定性以及预估-校正法等，求解非线性方程的不动点迭代法的斯蒂芬森加速收敛技术，对弦割法、抛物线法的非局部收敛性也给出了充分条件，等等。本书引入了较现代的数学工具，如不动点定理、压缩映射原理、赋范线性空间等，这些概念的引入不仅能使学员更深刻地理解本书内容与方法，而且对他们未来的学习与研究工作也是很有帮助的。

第三，加强了数值实验的内容。本书自始至终贯穿一个基本理念，即在数学理论上等价的方法在实际数值计算上往往是不等效的，因此特别注重数值计算的实践。对于其他同类书籍中没有给予足够重视，但根据作者多年的计算经验证明是非常有效的、适用于工程技术人员实际使用的方法，如方程求根的斯蒂芬森方法、微分方程数值解法中的预估－校正方法等，都给了足够的重视. 书中精选了一些很有说服力的数值算例,如线性方程组的迭代解法、非线性方程求根、矩阵特征值问题、常微分方程数值解等章中基本上是用不同的方法求解同一个问题,以便更清楚地观察各种方法的优劣与特点. 对舍入误差的产生机理及算法的数值稳定性,也都作了较详细的分析. 各章备有一定数量的习题供读者练习之用,其中一些习题丰富、补充了书中的相关内容.

讲授全书大约需要 80 学时,去除打"*"(标有"*"的为选用内容)的内容后,约需 60 学时. 授课教师可根据实际学时数进行取舍.

第 1、2、3 章由聂玉峰执笔,第 4、5、6 章由车刚明执笔,第 7、8、9 章由封建湖执笔,最后由封建湖统一定稿.

在本书编写过程中欧阳洁老师也多次参与了讨论,周天孝教授仔细审阅了书稿,提出了宝贵的意见,西北工业大学教务处和科学出版社的有关同志对本书的出版给予了极大的帮助,我们深表感谢. 限于作者的水平,加之时间仓促,缺点和错误在所难免,敬请指正.

作 者

2001 年 2 月于西安

目　　录

第1章 绪 论

1.1 数值分析的对象与任务

科学与工程领域中的问题求解一般需要经历如图 1.1 所示的过程. 某个领域的专家首先提出实际问题, 然后辨析其中的主要矛盾和次要矛盾, 作出合理假设, 运用各种数学理论、工具和方法, 建立起问题中不同量之间的联系, 进而得到完备的数学模型. 在模型解的存在性与唯一性得到论证后, 现实问题就是如何求得其解. 然而通常所建立的数学模型的分析解是很难得到的, 于是退一步局限于讨论该模型的各种特殊情形或简化之后模型的分析解, 但这样做往往不能满足应用要求, 甚至于较大地偏离实际问题. 随着计算机的迅猛发展, 特别是每秒数千亿次浮点计算机系统的诞生, 为用数值方法求解较少简化的数学模型提供了强大的工具保证.

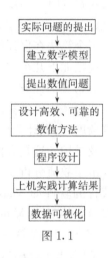

图 1.1

所谓数值问题是指有限个输入数据(问题的自变量、原始数据)与有限个输出数据(待求解数据)之间函数关系的一个明确无歧义的描述. 这正是数值分析所研究的对象.

需要注意的是, 数学模型不一定是数值问题, 如求解一阶常微分方程初值问题

$$\begin{cases} \dfrac{\mathrm{d}y}{\mathrm{d}x} = x + y^2, & x \in (0,1], \\ y(0) = y_0, \end{cases}$$

要求得到定义于区间 $(0,1]$ 上的函数解析表达式 $y = y(x)$, 这实际上是要求出无穷多个输出, 因而它不是数值问题. 但当我们要求得到 n 个点 $\{x_i\}_{i=1}^{n} \subset (0,1]$ 处的函数值 $\{y(x_i)\}_{i=1}^{n}$ 时, 便成为一数值问题. 该数值问题可以通过欧拉(Euler)方法求得其近似解. 数值分析的任务之一就是提供求得数值问题近似解的方法——算法.

　　从程序设计的角度来讲,所谓**算法**是由一个或多个进程组成;每个进程明确无歧义地描述由操作及操作对象合成的按一定顺序执行的有限序列;所有进程能够同时执行并且协调地在有限个操作步骤内完成一个给定问题的求解.这里操作可以是计算机能够完成的算术运算(加减乘除)、逻辑运算、字符运算等.

　　若算法仅包含一个进程,则称其为串行算法,否则为并行算法.从算法执行所花费的时间角度来讲,若算术运算占大多数时间,则称其为数值型算法(数值方法),否则为非数值型算法.本课程介绍数值型串行算法.

　　一个算法在保证可靠的大前提下再评价其优劣才是有价值的.算法的可靠性包括如下几个方面:算法的收敛性、稳定性、误差估计等.这些是数值分析研究的第二个任务.

　　评价一个可靠算法的优劣,应该考虑其时间复杂度(计算机运行时间)、空间复杂度(占据计算机存储空间的多少)以及逻辑复杂度(影响程序开发的周期以及维护).这是数值分析研究的第三个任务.

　　由于数值分析研究对象以及解决问题的方法具有一定的广泛适用性,现在流行的软件如 Maple,MATLAB,Mathematica 等已将其绝大多数内容设计成简单的函数,简单调用之后便可以得到运行结果.但实际问题的具体特征、复杂性,以及算法自身的适用范围决定了应用中必须选择、设计适合于自己特定问题的算法,因而掌握数值方法的思想和内容是至关重要的.

　　鉴于实际问题的复杂性,通常将其具体地分解为一系列子问题进行研究,本课程主要涉及如下几个方面的问题:

　　函数的插值和逼近、数值积分和数值微分、线性代数方程组求解、非线性方程(组)求解、代数特征值问题、常微分方程数值求解.

1.2　误差基础知识

1.2.1　误差来源

　　在建立数学模型的过程中,不可避免地要忽略某些次要矛盾,因而数学模型往往是对实际问题的一种近似表达,我们将数学模型与实际问题的差异称为**模型误差**.同时,数学模型中常常还包含一些参数,它们是通过仪表观测得到的,将其中包含的误差称为**观测误差**.在数值分析中不研究这两类误差,总是假定数学模型是正确合理地反映了客观实际问题.

　　我们将数值问题的精确解与待求解模型的理论分析解之间的差异,称为**截断误差**或**方法误差**,这是由时间的有限性导致的,事实上,算法必须在有限步内执行结束,它需要将无穷过程截断为有限过程. 我们知道 $e=1+\dfrac{1}{1!}+\dfrac{1}{2!}+\cdots$,如果以 $e_n=1+\dfrac{1}{1!}+\dfrac{1}{2!}+\cdots+\dfrac{1}{n!}$ 作为 e 的近似值,则 e 与 e_n 的差异就是 e_n 近似 e 的截断误差.

在用计算机实现数值方法的过程中,参与运算的实数用浮点数系表示,计算机中的浮点数采用的是固定有限字长,因而仅能够区分有限个信息,准确表示在某个有限范围内的某些有理数,不能准确表示数学中的所有实数,这样在计算机中表示的原始输入数据、中间计算数据,以及最终输出结果必然产生误差,称此类误差为**舍入误差**. 它是由空间的有限性导致的. 如利用计算机计算 e 的近似值 e_n 时,实际上得不到 e_n 的精确值,只能得到 e_n 的近似 e^*. 这样由 $e^*-e=(e^*-e_n)+(e_n-e)$ 知 e^* 作为 e 的近似包含舍入误差和截断误差两部分.

数值分析课程研究舍入误差和截断误差的估计、传播和控制.

1.2.2 误差度量

1. 误差及误差限

定义1.1 设 x^* 是真值 x 的一个近似,称 $e(x^*)=x^*-x$ 为 x^* 近似 x 的**绝对误差**,简称为误差. 在不引起混淆时,简记符号 $e(x^*)$ 为 e^*.

误差有正有负,当误差为正时,近似值较真值偏大,称此近似为"强近似";当误差为负时,近似值较真值偏小,称此近似为"弱近似".

通常真值 x 是不知道的,故不能计算出绝对误差 e^*. 如果存在正数 $\varepsilon^*=\varepsilon(x^*)$,使得绝对误差 $|e^*|=|x^*-x|\leqslant\varepsilon^*$,则称 ε^* 为 x^* 近似 x 的一个**绝对误差限**,简称误差限.

此时有 $x\in[x^*-\varepsilon^*,x^*+\varepsilon^*]$,工程上习惯用 $x=x^*\pm\varepsilon^*$ 表示这一事实. 实际计算中所要求的误差,是指一个尽可能小的绝对误差限.

2. 相对误差及相对误差限

绝对误差限虽然能够刻画对同一真值不同近似的好坏,但它不能刻画对不同真值近似程度的好坏. 例如,对于测量结果 $x=100\pm1$ 和 $y=10000\pm5$,尽管对 x 和 y 的测量绝对误差限满足 $\varepsilon(x^*)=1<5=\varepsilon(y^*)$,但绝对误差限在真值中所占的比例却有不等关系:

$$\frac{\varepsilon(y^*)}{|y|}\approx\frac{5}{10000}=0.05\%<1\%=\frac{1}{100}\approx\frac{\varepsilon(x^*)}{|x|},$$

因此,我们并不认为测量 $x=100\pm1$ 比 $y=10000\pm5$ 更精确.

定义 1.2 设 x^* 是真值 $x(\neq0)$ 的一个近似,称 $e_r(x^*)=\dfrac{x^*-x}{x}$ 为 x^* 近似 x 的**相对误差**. 在不引起混淆时,简记符号 $e_r(x^*)$ 为 e_r^*.

因

$$e_r^*-\frac{e^*}{x^*}=\frac{e^*}{x}-\frac{e^*}{x^*}=\frac{(e^*)^2}{x(x+e^*)}=\frac{1}{1+e^*/x}\left(\frac{e^*}{x}\right)^2=O((e_r^*)^2),$$

即 e_r^* 与 $\dfrac{e^*}{x^*}=\dfrac{x^*-x}{x^*}$ 相差一个较 e_r^* 高一阶的无穷小量,故有时也用后者来计算相对误差 e_r^*.

称数值 $|e_r^*|$ 的上界为**相对误差限**,记为 ε_r^*,也可以通过 $\varepsilon_r^*=\varepsilon^*/|x^*|$ 来计算. 类似地,计算相对误差,是指估计一个尽可能小的相对误差限.

上述示例是对不同测量量的近似,由 $\varepsilon_r(y^*)<\varepsilon_r(x^*)$ 知,y^* 对 y 的近似较 x^* 对 x 的近似程度好.

3. 有效数字及有效数

为规定一种近似数的表示法,使得用它表示的近似数自身就直接指示出其误差的大小,需要引出有效数字和有效数的概念.

例 1.1 确定十进制数"四舍五入"方法的误差限.

解 设十进制数 x 有如下的标准形式

$$x=\pm10^m\times0.\underline{x_1x_2\cdots x_nx_{n+1}\cdots}, \tag{1.1}$$

其中 m 为整数,$\{x_i\}\subset\{0,1,2,\cdots,9\}$ 且 $x_1\neq0$.

对 x 四舍五入保留 n 位数字,得到近似值

$$x^*=\begin{cases}\pm10^m\times0.\underline{x_1x_2\cdots x_n}, & \text{当 } x_{n+1}\leqslant4,\\[2mm]\pm10^m\times0.\underline{x_1x_2\cdots(x_n+1)}, & \text{当 } x_{n+1}\geqslant5.\end{cases} \tag{1.2}$$

四舍情形下的误差限

$$|x^*-x|=10^m\times0.\overset{n\uparrow0}{\overline{\underline{00\cdots0}}}x_{n+1}\cdots<10^m\times0.\overset{n\uparrow0}{\overline{\underline{00\cdots0}}}05=\frac{1}{2}\times10^{m-n}.$$

五入情形下的误差限

$$|x^*-x|=10^m\times|0.\overset{n-1\uparrow0}{\overline{\underline{00\cdots0}}}01-\overset{n\uparrow0}{\overline{\underline{00\cdots0}}}x_{n+1}\cdots|$$

$$=10^{m-n}\times|1-0.\underline{x_{n+1}}\cdots|\leqslant\frac{1}{2}\times10^{m-n}.$$

综合以上两点,"四舍五入"法的误差限是 $\frac{1}{2} \times 10^{m-n}$. #

定义 1.3 设 $x(\neq 0)$ 的近似值 x^* 有如下标准形式

$$x^* = \pm 10^m \times \underline{0.\, x_1 x_2 \cdots x_n \cdots x_p}, \tag{1.3}$$

其中 m 为整数,$\{x_i\} \subset \{0,1,2,\cdots,9\}$ 且 $x_1 \neq 0$,$p \geqslant n$. 如果有尽可能大的正整数 n,使得有

$$|e^*| = |x^* - x| \leqslant \frac{1}{2} \times 10^{m-n},$$

则称 x^* 为 x 的具有 **n 位有效数字**的近似数,或称 x^* 精确到小数点后第 n 位,其中数字 $x_1, x_2, \cdots, x_n$ 分别被称为 x^* 的第一、第二、$\cdots$、第 n 个有效数字.

从如上定义可以看出,近似同一真值的近似数的有效数字越多越精确.

当 x^* 精确到末位,即有 $n = p$ 时,则称 x^* 为**有效数**. 综合例 1.1 和定义 1.3 知,真值 x 通过四舍五入法得到的近似数都是有效数. 有效数的末位数所在位置的单位的一半是其误差限,可见有效数本身就体现了误差界. 如有效数 20.12 和 20.120 是不同的. 前者有 4 位有效数字,绝对误差限是 0.005,相对误差限是 0.00025;后者有 5 位有效数字,绝对误差限是 0.0005,相对误差限是 0.000025. 可见有效数的末尾是不能随意添加零的.

本章约定,凡没有标明误差界的近似数都是有效数.

例 1.2 取 $x = 12.49$,问 x 的近似值 $x_1^* = 12.5$,$x_2^* = 12.4$ 和 $x_3^* = 12.48$ 分别有几位有效数字,它们是有效数吗?

解 真值 $x = 12.49 = 10^2 \times 0.1249$,$m = 2$.

$$|e_1^*| = |x_1^* - x| = 0.01 \leqslant \frac{1}{2} \times 10^{-1} = \frac{1}{2} \times 10^{2-3},$$

$$|e_2^*| = |x_2^* - x| = 0.09 \leqslant \frac{1}{2} \times 10^0 = \frac{1}{2} \times 10^{2-2},$$

$$|e_3^*| = |x_3^* - x| = 0.01 \leqslant \frac{1}{2} \times 10^{-1} = \frac{1}{2} \times 10^{2-3},$$

故 x 的近似值 x_1^*,x_2^* 和 x_3^* 分别有 3 位、2 位、3 位有效数字,x_1^* 是有效数,x_2^* 和 x_3^* 不是有效数. #

4. 三种度量之间的联系

定义 1.3 表明:对同一数的近似,绝对误差越小,有效数字不会减少;有效

数字增加,绝对误差一定减少.

相对误差与有效数字之间的联系由如下定理表述:

定理 1.1　设非零实数 x 的近似数 x^* 具有形如式(1.3)所示的标准形式:

(1) 若 x^* 具有 n 位有效数字,则相对误差 $|e_r^*| \leqslant \dfrac{1}{2x_1} \times 10^{1-n}$;

(2) 若相对误差 $|e_r^*| \leqslant \dfrac{1}{2(x_1+1)} \times 10^{1-n}$,则 x^* 至少具有 n 位有效数字.

证明　(1) 由 x^* 具有 n 位有效数字知绝对误差 $|e^*| \leqslant \dfrac{1}{2} \times 10^{m-n}$. 而相对误差

$$\left| e_r^* \right| = \left| \frac{e^*}{x^*} \right| \leqslant \frac{1}{2|x^*|} \times 10^{m-n}$$

$$\leqslant \frac{1}{2 \times 10^m \times \underline{0.\,x_1}} \times 10^{m-n} = \frac{1}{2x_1} \times 10^{1-n}.$$

(2) 绝对误差

$$|e^*| = |e_r^*| \cdot |x^*| \leqslant \frac{1}{2(x_1+1)} \times 10^{1-n} \times 10^m \times \underline{0.\,x_1 x_2 \cdots x_n}$$

$$\leqslant \frac{1}{2(x_1+1)} \times 10^{m+1-n} \times \underline{0.\,(x_1+1)} = \frac{1}{2} \times 10^{m-n}.$$

由定义 1.3 知 x^* 至少具有 n 位有效数字.　　　　　　　　　　　　　　＃

例 1.3　为使 $x = \sqrt{20}$ 的近似值 x^* 的相对误差不超过 $\dfrac{1}{2} \times 10^{-3}$,问查开方表时至少要取几位有效数字?

解　设近似数 x^* 至少需保留 n 位有效数字可满足题设要求,对于 $x = \sqrt{20}$,有 $x_1 = 4$.

由定理 1.1 的第一个结论知,此时有 x^* 的相对误差

$$|e_r^*| \leqslant \frac{1}{2x_1} \times 10^{1-n} = \frac{1}{8} \times 10^{1-n}.$$

令 $\dfrac{1}{8} \times 10^{1-n} \leqslant \dfrac{1}{2} \times 10^{-3}$,解得 $n \geqslant 3.4$,因而需取 $n = 4$ 位有效数字.　　＃

1.2.3　初值误差传播

近似数参加运算后所得的值一般也是近似值,含有误差,将这一现象称为

误差传播. 数值运算中误差传播情况比较复杂, 主要表现在: 算法本身可能有截断误差; 初始数据在计算机内的浮点表示一般有舍入误差; 每次运算一般又会产生新的舍入误差, 并传播以前各步已经引入的误差; 考虑到误差有正有负, 误差积累的过程一般包含误差增长和误差相消的过程, 并非简单的单调增长; 运算次数非常之多, 不可能人为地跟踪每一步运算. 这些因素注定了对误差进行准确估计是很困难的.

  本小节中, 在每一步都是准确计算的假设下, 即不考虑截断误差和由数据表示进一步引入的舍入误差, 介绍分析初值误差传播规律的泰勒(Taylor)方法, 然后引入计算函数值的条件数概念.

  1. 用泰勒公式分析初值的误差传播规律

  设可微函数 $y = f(x_1, x_2, \cdots, x_n)$ 中的自变量 $x_1, x_2, \cdots, x_n$ 相互独立. 用它们的近似值进行计算, 得到 y 的近似值 $y^* = f(x_1^*, x_2^*, \cdots, x_n^*)$.

  当 $x_1^*, x_2^*, \cdots, x_n^*$ 很好地近似了相应的真值时, 利用多元函数的一阶泰勒公式可求得 y^* 的绝对误差和相对误差分别为[①]

$$e(y^*) = y^* - y \approx \sum_{i=1}^{n} f_i'(x_1^*, \cdots, x_n^*)(x_i^* - x_i)$$

$$= \sum_{i=1}^{n} f_i'(x_1^*, \cdots, x_n^*) e(x_i^*), \tag{1.4}$$

$$e_r(y^*) = \frac{e(y^*)}{y^*} \approx \sum_{i=1}^{n} \frac{x_i^*}{y^*} f_i'(x_1^*, \cdots, x_n^*) \frac{e(x_i^*)}{x_i^*}$$

$$= \sum_{i=1}^{n} \frac{x_i^*}{y^*} f_i'(x_1^*, \cdots, x_n^*) e_r(x_i^*). \tag{1.5}$$

进而得到如下绝对误差限和相对误差限的传播关系

$$\varepsilon(y^*) \approx \sum_{i=1}^{n} \left| f_i'(x_1^*, \cdots, x_n^*) \right| \varepsilon(x_i^*), \tag{1.6}$$

$$\varepsilon_r(y^*) \approx \sum_{i=1}^{n} \left| \frac{x_i^*}{y^*} f_i'(x_1^*, \cdots, x_n^*) \right| \varepsilon_r(x_i^*). \tag{1.7}$$

以上四式表明函数值的绝对误差(限)、相对误差(限)分别可以由自变量

---

  ① 当 $f_i'(x_1^*, x_2^*, \cdots, x_n^*)$ $(1 \leqslant i \leqslant n)$ 的绝对值均很小时(如驻点), 需要使用二阶的泰勒公式分析误差传播状况.

的绝对误差(限)、相对误差(限)的线性组合进行近似计算.

由式(1.6)可得到二元函数算术运算($+,-,\times,\div$)的误差限传播不等式

$$\varepsilon(x_1^* \pm x_2^*) \approx \varepsilon(x_1^*) + \varepsilon(x_2^*), \tag{1.8}$$

$$\varepsilon(x_1^* x_2^*) \approx |x_2^*|\varepsilon(x_1^*) + |x_1^*|\varepsilon(x_2^*), \tag{1.9}$$

$$\varepsilon\left(\frac{x_1^*}{x_2^*}\right) \approx \frac{|x_2^*|\varepsilon(x_1^*) + |x_1^*|\varepsilon(x_2^*)}{|x_2^*|^2} \quad (x_2^* \neq 0). \tag{1.10}$$

由式(1.7)~(1.10)可得到二元函数算术运算的相对误差限传播关系式

$$\varepsilon_r(x_1^* + x_2^*) \approx \max\{\varepsilon_r(x_1^*), \varepsilon_r(x_2^*)\} \quad (x_1^* x_2^* > 0), \tag{1.11}$$

$$\varepsilon_r(x_1^* x_2^*) \approx \varepsilon_r(x_1^*) + \varepsilon_r(x_2^*) \quad (x_1^* x_2^* \neq 0), \tag{1.12}$$

$$\varepsilon_r\left(\frac{x_1^*}{x_2^*}\right) \approx \varepsilon_r(x_1^*) + \varepsilon_r(x_2^*) \quad (x_1^* x_2^* \neq 0). \tag{1.13}$$

这里需要说明的是,对于具体的一组数据,上面给出的误差限传播公式是实际误差的一个粗糙偏大的估计. 如对于加法运算的估计式(1.8),它包括了误差源 $e(x_1^*)$ 和 $e(x_2^*)$ 同号且同时达到了误差限这一最坏的情况,实际情况往往并非这么坏.

下面通过算例考察相近数相减情形下的误差传播.

例 1.4 已知 $x_1 = 110.005$ 和 $x_2 = 110.001$ 的近似值 $x_1^* = 110.003$ 和 $x_2^* = 110.002$. 试分析函数 $y = x_1 - x_2$ 的近似值 $y^* = x_1^* - x_2^*$ 的绝对误差、相对误差和有效数字.

解 $y = x_1 - x_2 = 0.004$, $\quad y^* = x_1^* - x_2^* = 0.001$,

$$e(y^*) = y^* - y = -0.003, \quad e_r(y^*) = \frac{y^* - y}{y} = -75\%.$$

由 $|e(y^*)| = 0.003 \leqslant 0.005 = \frac{1}{2} \times 10^{-2} = \frac{1}{2} \times 10^{-2-0}$ 知 y^* 有零位有效数字. ♯

在这一算例中,虽然相近数 x_1^* 和 x_2^* 均有 5 位有效数字,但它们的差却连一位有效数字也没有. 可见,在数值计算中应该尽量避免相近数相减. 如当正数 x 充分大时,可按如下方法变换算式以提高数值计算的精度:

$$\frac{1}{x} - \frac{1}{x+1} = \frac{1}{x(x+1)},$$

$$\sqrt{x+1}-\sqrt{x}=\frac{1}{\sqrt{x+1}+\sqrt{x}},$$

$$\ln(x+1)-\ln x=\ln\frac{x+1}{x},$$

$$\ln(x-\sqrt{x^2-1})=-\ln(x+\sqrt{x^2-1}).$$

当 $|x|$ 充分小时,可使用如下表达式

$$1-\sqrt{1-x^2}=\frac{x^2}{1+\sqrt{1-x^2}},$$

$$\arctan x-x=-\frac{x^3}{3}+\frac{x^5}{5}-\cdots,$$

$$\sin x-x=-\frac{x^3}{3!}+\frac{x^5}{5!}-\cdots$$

建立相关算式以提高计算精度.

2. 计算函数值的条件数

设 x^* 是 x 的较好近似,由微分中值定理知,导函数连续的函数 $f(x)$ 在这两点的函数值的差满足

$$f(x^*)-f(x)=f'(x+\theta(x^*-x))(x^*-x) \quad (0<\theta<1)$$
$$\approx f'(x)(x^*-x), \tag{1.14}$$

即有

$$e(f(x^*))\approx f'(x)e(x^*). \tag{1.15}$$

上式反映了函数值绝对误差与自变量绝对误差之间的关系,并且有如下结论:当 $|f'(x)|<1$ 时,函数值的扰动比自变量的微小变化还要小;而当 $|f'(x)|$ 很大时,自变量的微小变化,将引起函数值较大的扰动,此时,称 x 是函数 f 在绝对误差意义下的**坏函数值点**.

从(1.15)式可以推出函数值相对误差与自变量相对误差之间的如下联系

$$e_r(f(x^*))=\frac{e(f(x^*))}{f(x)}\approx x\frac{f'(x)}{f(x)}e_r(x^*). \tag{1.16}$$

这一近似等式表明:当 $\left|x\dfrac{f'(x)}{f(x)}\right|$ 很大时,自变量的微小变化将引起函数值较大的扰动,此时,称 x 是函数 f 在相对误差意义下的**坏函数值点**.

基于如上分析,我们称 $|f'(x)| = \mathrm{cond}_a(f)$ 和 $\left| x\dfrac{f'(x)}{f(x)} \right| = \mathrm{cond}_r(f)$ 分别为在绝对误差意义和相对误差意义下 x 点**计算函数值的条件数**. 它是函数自身在点 x 邻近固有的特性. 对于相同的自变量扰动,条件数越大,计算出的函数值误差越大. 要提高函数值的计算精度,通常只有通过提高初值精度来实现.

1.3 舍入误差分析及数值稳定性

1.3.1 浮点数系及其运算的舍入误差

计算机中通常配置有两种类型的算术运算:定点数运算和浮点数运算. 所谓点是指小数点,用浮点数进行计算是指用常数个**数字**进行工作,小数点可随数值量级的大小进行浮动;而用定点数进行计算是指用常数个**小数位数**进行工作,小数点不浮动. 这里我们仅介绍通常使用的浮点数系及其运算的舍入误差.

1. 浮点数系以及舍入误差的产生

一个浮点数的表示由正负号、小数形式的尾数,以及确定小数点位置的阶三部分组成. 单精度实数用 32 位的二进制数据表示浮点数的这三个信息,其中数值符号占 1 位,尾数占 23 位,阶数占 8 位.

对于规范化的浮点数(除零外),23 位的二进制尾数形式是[①]

$$(0.\underline{1}\alpha_2\alpha_3\cdots\alpha_{23})_2 = 2^{-1} + \sum_{i=2}^{23}\alpha_i 2^{-i}, \quad \alpha_i \in \{0,1\},$$

式中 2^{-i} 表示尾数中小数点后第 i 位的权. 当尾数的首位小于 5 时,可通过不断乘以 2 使之首位大于或等于 5,相应的二进制阶数需要减去乘以 2 的次数.

在 8 位的阶数中,有 1 位表示阶数的符号,7 位表示二进制的阶数数值,于是在不区分正负零的情形下阶数数值的范围是 $0 \sim 2^7 - 1$.

综合上面关于阶数和尾数的讨论,单精度实数集合为

$$R_s = \{0\} \cup \left\{ a \middle| a = \pm 2^p\left(2^{-1} + \sum_{i=2}^{23}\alpha_i 2^{-i}\right), p \in \mathbf{Z} \text{ 且 } |p| \leqslant 2^7 - 1 \right\}.$$

集合中的元素是能够准确表示的数,称为**机器数**.

---

① IEEE 754 浮点标准的标准化形式为 $(1.\alpha_1\alpha_2\cdots\alpha_{23})_2$,其中 1 不存储.

设 $a \in R_s$，与之相邻的机器数是 $b = a + 2^{p-23}$ 和 $c = a - 2^{p-23}$. 这样，在区间 (c,a) 和 (a,b) 上的实数无法准确表示. 通常计算机系统规定：不能精确表示的实数用与之最近的机器数表示[①]. 我们将实数 x 在机器中的浮点（float）表示记为 $fl(x)$. 将由此表示产生的误差 $fl(x) - x$ 称为**舍入误差**. 如当 $x \in \left[\dfrac{c+a}{2}, \dfrac{a+b}{2} \right) = [a - 2^{p-23-1}, a + 2^{p-23-1})$ 时用 a 表示，即有 $fl(x) = a$. 相对误差 e_r^* 满足

$$|e_r^*| = \left| \frac{fl(x) - x}{fl(x)} \right| \leqslant \frac{2^{p-23-1}}{2^{p-1}} = 2^{-23}$$

$$= \frac{1}{2} \times 10^{-22\lg 2} = \frac{1}{2 \times 10} \times 10^{1-22\lg 2}$$

$$\approx \frac{1}{2 \times 10} \times 10^{1-6.623}.$$

利用定理 1.1 的第二条知单精度实数 $fl(x)$ 至少有 6 或 7 位有效数字. 2^{-23} 称为单精度数的**机器精度**.

例 1.5 试推算出十进制小数 0.1 的单精度表示.

解 $\quad 0.1 = 2^{-4} + 2^{-3} \times 0.3 = 2^{-3}[2^{-1} + 0.3],$

$\quad\quad 0.3 = 2^{-2} + 2^{-1} \times 0.1.$

于是有

$$\begin{aligned}
0.1 &= 2^{-3}[2^{-1} + 2^{-2} + 2^{-1} \times 0.1] \\
&= 2^{-3}[2^{-1} + 2^{-2} + 2^{-1}(2^{-4} + 2^{-3} \times 0.3)] \\
&= 2^{-3}[2^{-1} + 2^{-2} + 2^{-5} + 2^{-4} \times 0.3] \\
&= 2^{-3}[2^{-1} + 2^{-2} + 2^{-5} + 2^{-4}(2^{-2} + 2^{-1} \times 0.1)] \\
&= 2^{-3}[2^{-1} + 2^{-2} + 2^{-5} + 2^{-6} + 2^{-5} \times 0.1] \\
&= \cdots \\
&= 2^{-3}[2^{-1} + 2^{-2} + 2^{-5} + 2^{-6} + 2^{-9} + 2^{-10} + 2^{-13} + 2^{-14} \\
&\quad + 2^{-17} + 2^{-18} + 2^{-21} + 2^{-22} + 2^{-21}(2^{-4} + 2^{-3} \times 0.3)].
\end{aligned}$$

由于单精度实数尾数的数值位数为 23 位，舍入误差为 $2^{-3}[2^{-25} + 2^{-24} \times 0.3] = 2^{-28} \times 1.6$. 尾数数值的二进制表示为

$$1100 \quad 1100 \quad 1100 \quad 1100 \quad 1100 \quad 110.$$

阶码 -3 的数值 $3 = 2^1 + 2^0$，其二进制表示为 000 001 1.　　　　＃

---

① 当某一实数距离两个机器数同样近时，为了表示的唯一性，还需要附加一条其他规定，并且随机器系统的不同而有所差异.

二进制阶数数值上限 2^7-1 相应于十进制的阶数数值上限是 $38((2^7-1)\cdot$ lg2≈38.23). 结合阶数的符号，除零外，单精度实数的量级不大于 10^{38} 且不小于 10^{-38}. 当输入、输出或中间计算过程中出现量级大于 10^{38} 的数据时，因单精度实数无法正确表示该数据，将导致程序的非正常停止，称此现象为**上溢**(overflow). 而当出现量级小于 10^{-38} 的非零数据时，一般计算机将该数置为零，精度损失，称此现象为**下溢**(underflow). 当数据有可能出现上溢或下溢时，可通过乘积因子变换数据，使之正常表示.

一般地，设在某一浮点系统中，尾数占 t 位二进制数（未计算尾数的符号位），阶数占 s 位二进制数（未计算阶数的符号位），实数 x 的浮点表示 $fl(x)$ 共需要 $t+s+2$ 位的二进制数位. 当不出现溢出时，对绝对误差 e^* 和相对误差 e_r^* 分别有如下估计

$$|e^*|=|fl(x)-x|\leqslant 2^p\cdot 2^{-t-1}=2^{p-t-1},\tag{1.17}$$

$$|e_r^*|=\left|\frac{fl(x)-x}{fl(x)}\right|\leqslant\frac{2^{p-t-1}}{2^{p-1}}=2^{-t},\tag{1.18}$$

其中 p 由 $2^{p-1}\leqslant|x|<2^p$ 确定. 上溢界和下溢界分别是 $2^{2^s-1}=10^{(2^s-1)\lg2}$ 和 $2^{-2^s}=10^{-2^s\lg2}$. 对于单精度实数有 $t=23,s=7$；关于双精度实数的结论参阅本章课后习题.

2. 浮点运算舍入误差分析

定理 1.2 设实数 x 满足 $2^{p-1}\leqslant|x|<2^p$ 且 $|p|\leqslant 2^s-1$，则 x 的浮点表示 $fl(x)$ 满足

$$fl(x)=x(1+\delta),\quad|\delta|\leqslant 2^{-t},$$

其中 s,t 分别为浮点系统中给二进制阶数数值以及尾数数值的表示所分配的二进制数位.

证明 设 $fl(x)=x(1+\delta)$，则有 $\delta=\dfrac{fl(x)-x}{x}$，进而由式(1.17)得

$$|\delta|=\left|\frac{fl(x)-x}{x}\right|\leqslant\frac{2^{p-t-1}}{2^{p-1}}=2^{-t}.\qquad\qquad\#$$

我们用符号 $\circ$ 表示加、减、乘、除四种算术运算之一，并将浮点数 $fl(x)$ 与 $fl(y)$ 的算术运算理想地简化为：首先计算出 $fl(x)\circ fl(y)$ 的精确值[①]，然后用

----

① 这一理想简化的依据是：CPU 中的运算器能够精确到较浮点数系更多的数位.

浮点数表示 $fl(fl(x) \circ fl(y))$. 这样便由定理 1.2 得到如下推论.

推论 1.1 $fl(fl(x) \circ fl(y)) = (fl(x) \circ fl(y))(1+\delta), |\delta| \leqslant 2^{-t}$.

利用该推论可以推导出算术表达式求值的误差界.

例 1.6 对三同号数的算术运算 $a+b+c$ 作舍入误差分析.

解 这里对运算 $(a+b)+c$ 作误差分析.

$$fl(fl(a)+fl(b)) = (fl(a)+fl(b))(1+\delta_3)$$
$$= [a(1+\delta_1)+b(1+\delta_2)](1+\delta_3),$$

$$fl(fl(fl(a)+fl(b))+fl(c))$$
$$= \{fl(fl(a)+fl(b))+fl(c)\}(1+\delta_5)$$
$$= \{[a(1+\delta_1)+b(1+\delta_2)](1+\delta_3)+c(1+\delta_4)\}(1+\delta_5)$$
$$= a+b+c+a(\delta_1+\delta_3+\delta_1\delta_3+\delta_5+\delta_1\delta_5+\delta_3\delta_5+\delta_1\delta_3\delta_5)$$
$$\quad +b(\delta_2+\delta_3+\delta_2\delta_3+\delta_5+\delta_2\delta_5+\delta_3\delta_5+\delta_2\delta_3\delta_5)$$
$$\quad +c(\delta_4+\delta_5+\delta_4\delta_5).$$

设 $|\delta_i| \leqslant \varepsilon \leqslant 2^{-t}, i=1,2,3,4,5$. 于是得到

$$|fl(fl(fl(a)+fl(b))+fl(c))-(a+b+c)|$$
$$\leqslant (|a|+|b|)(3\varepsilon+3\varepsilon^2+\varepsilon^3)+|c|(2\varepsilon+\varepsilon^2). \qquad \sharp$$

从上述例题的结果可以看出:浮点机器数的加法并不一定满足结合律,先加绝对值较小的两数,然后再和另外一数相加,将会有较小的舍入误差. 这一事实更为深刻的意义在于:**数学上等价的算法在数值上并不总是等效的**. 这一结论意味着,在设计算法时,我们需要在各种等价的数学变形中找出来数值性能较好的一种.

例 1.6 分析误差的思路是:首先论证近似计算 $f^*(a_1^*, a_2^*, \cdots, a_m^*) = f(a_1+\delta a_1, a_2+\delta a_2, \cdots, a_m+\delta a_m)$,然后估计出摄动量 $\delta a_i (i=1,2,\cdots,m)$ 的大小,进而得到 $|f^*(a_1^*, a_2^*, \cdots, a_m^*) - f(a_1, a_2, \cdots, a_m)|$ 的估计. 这种将误差估计转化为原始数据摄动的方法,称为**向后误差分析法**.

我们通常的思路是:对每一步找出舍入误差界,随着计算过程逐步向前分析,直到估计出最后结果的误差界,这一方法称为**向前误差分析法**.

1.3.2 算法的数值稳定性

上一例题定量地分析了舍入误差的积累效应,从其过程可以看到,舍入误差分析是非常繁杂困难的,而舍入误差又不可避免,且运算量相当大,为

此,人们提出了"数值稳定性"这一概念对舍入误差是否影响产生可靠的结果进行定性的分析.

一个算法,如果在运算过程中舍入误差产生的影响在一定条件下能够得到控制,或者因舍入误差而产生的误差的增长不影响产生可靠的结果,则称该算法是**数值稳定**的,否则称其为数值不稳定.

下面讨论两种算法计算积分 $I_n = \int_0^1 \dfrac{x^n}{x+5}\mathrm{d}x$ 的数值稳定性.

由 $I_n = \int_0^1 \dfrac{x+5-5}{x+5}x^{n-1}\mathrm{d}x = \int_0^1 x^{n-1}\mathrm{d}x - 5I_{n-1} = \dfrac{1}{n} - 5I_{n-1}$ 得到递推公式 $I_n = \dfrac{1}{n} - 5I_{n-1}(n=1,2,\cdots)$,而 $I_0 = \int_0^1 \dfrac{1}{x+5}\mathrm{d}x = \ln\dfrac{6}{5} \approx 0.1823$. 小数点后保留 4 位小数,用该公式计算出前十个数据的近似结果、绝对误差以及相对误差参见表 1.1.

表 1.1   第一个算法的计算结果以及误差

n	I_n^*	$\lvert I_n^* - I_n \rvert$	$\lvert I_n^* - I_n \rvert / \lvert I_n \rvert$
0	0.182 3	0.000 02	0.000 12
1	0.088 5	0.000 1	0.001 2
2	0.057 5	0.000 5	0.009 3
3	0.045 8	0.002 7	0.061 7
4	0.020 8	0.013 5	0.394
5	0.095 8	0.067 3	2.37
6	−0.312 5	0.336 8	13.8
7	1.705 4	1.684 2	79.3
8	−8.401 8	8.420 6	447
9	42.120 0	42.103 1	2 487
10	−210.500 2	210.515 6	13 699

由上述递推公式可以得到变形公式:$I_{n-1} = \dfrac{1}{5n} - \dfrac{I_n}{5}$,而

$$\frac{1}{6(n+1)} = \int_0^1 \frac{x^n}{6}\mathrm{d}x \leqslant I_n \leqslant \int_0^1 \frac{x^n}{5}\mathrm{d}x = \frac{1}{5(n+1)},$$

结合如上估计以及变形公式得到计算积分的第二种方法. 取 $I_{10}^* = \dfrac{1}{2}\left(\dfrac{1}{55} + \dfrac{1}{66}\right) \approx 0.0167$,相关计算结果参见表 1.2.

表 1.2　第二个算法的计算结果以及误差

n	I_n^*	$|I_n^*-I_n|$	$|I_n^*-I_n|/I_n$
0	0.182 3	$0.215\ 6\times10^{-6}$	$0.118\ 2\times10^{-3}$
1	0.088 4	$0.778\ 4\times10^{-7}$	$0.880\ 6\times10^{-4}$
2	0.058 0	$0.389\ 2\times10^{-6}$	$0.670\ 6\times10^{-3}$
3	0.043 1	$0.387\ 3\times10^{-6}$	$0.897\ 9\times10^{-3}$
4	0.034 3	$0.633\ 0\times10^{-7}$	$0.184\ 5\times10^{-3}$
5	0.028 5	$0.316\ 5\times10^{-6}$	0.001 11
6	0.024 4	$0.249\ 1\times10^{-6}$	0.001 02
7	0.021 2	$0.326\ 2\times10^{-6}$	0.001 54
8	0.018 9	$0.630\ 8\times10^{-6}$	0.003 35
9	0.016 7	$0.226\ 5\times10^{-5}$	0.013 4
10	0.016 7	$0.133\ 2\times10^{-4}$	0.086 7

第一种方法的计算结果以及计算公式均表明,舍入误差的传播几乎依 5 的幂次进行增长,增长速度极快,影响产生可靠的结果,因而是一种不稳定的方法. 第二种方法的舍入误差在一定范围内近似依 $\frac{1}{5}$ 的幂次进行传播,随着计算的深入误差不仅没有增长而且越来越小,因而是一种稳定的方法. 值得注意的是,后者方法的绝对误差没有随着计算的进一步进行而趋于零,其原因是计算递推过程中仅仅保留了 4 位小数,且计算 $\frac{1}{n}$ 时实际上还伴随有舍入误差.

总之,除了算法的正确性之外,在算法设计中至少还应注意如下几个方面的问题:

(1) 尽量避免两个相近的数相减.

(2) 合理安排量级相差很大的数之间的运算次序,尽可能避免大数"吃掉"小数.

(3) 避免可能出现溢出的运算,如运算中绝对值很小的数作分母,会扩大舍入误差,甚至导致溢出,应该避免这类运算.

(4) 简化计算步骤以减少运算次数.

如计算多项式在某点的函数值是计算中经常要做的运算,我国宋代数学家秦九韶最早给出如下嵌套算法,以四次多项式为例,

$$a_4x^4+a_3x^3+a_2x^2+a_1x+a_0=(((a_4x+a_3)x+a_2)x+a_1)x+a_0.$$

(5) 选用数值稳定性好的算法.

习 题 1

1. 请指出如下有效数的绝对误差限、相对误差限和有效数字位数：

$$49 \times 10^{-2}, \quad 0.049\,0, \quad 490.00.$$

2. 将 22/7 作为 π 的近似值，它有几位有效数字，绝对误差限和相对误差限各为多少？

3. 要使 $\sqrt{101}$ 的相对误差不超过 $\frac{1}{2} \times 10^{-4}$，至少需要保留多少位有效数字？

4. 设 x^* 为 x 的近似数，证明 $\sqrt[n]{x^*}$ 的相对误差大约为 x^* 相对误差的 $\frac{1}{n}$ 倍.

5. 某矩形的长和宽大约为 100cm 和 50cm，应该选用最小刻度为多少厘米的测量工具，才能保证计算出的面积误差不超过 0.15cm².

6. 设 $x=5\pm0.1$，$y=5\pm0.1$，试估计出 $a=y/(x+1)$ 的取值范围.

7. 论证当 x^* 是 x 的较好近似时，函数值 $f(x^*)$ 的相对误差、自变量的相对误差、相对误差意义下的条件数之间满足如下近似公式

$$\varepsilon_r(f^*) \approx \mathrm{cond}_r(f(x^*))\varepsilon_r(x^*).$$

8. 计算函数 $y=\sin(n^3 x)$ 在 $x=0.0001$ 附近的函数值，当 $n=100$ 时，试估计满足函数值相对误差不超过 0.1% 时的自变量相对误差限和绝对误差限.

9. 对于 32 位单精度实数系统，使用迭代格式算法

$$x_0=4, \quad x_{n+1}=x_n^2, \quad n=1,2,3,\cdots$$

迭代多少次将产生上溢？

10. 请设计出求解方程 $x^2+2px+q=0$ 根的一个有效算法，要求它也能够适用于 $p^2 \gg |q|$ 时的情形. 用所设计算法以及求根公式计算 $p=240.05, q=1.00$ 时方程根的近似值（计算过程保留 2 位小数），并给出两个根近似值的相对误差界.

11. 设有 64 位浮点系统：尾数符号占 1 位，尾数数值占 52 位，阶码符号占 1 位，阶码数值占 10 位. 请推算在此系统下实数的浮点表示能够有多少位有效数字，并计算该浮点系统的上溢界和下溢界.

12. 用尽可能少的运算次数计算如下多项式的值，需要用多少次运算？

$$a_0+a_4 x^4+a_8 x^8+a_{12} x^{12}.$$

第2章　函数插值

在科学与工程计算中，常会碰到函数表达式过于复杂不便于计算，而又需要计算众多点处的函数值；或者无表达式仅仅有一些采样点处的函数值，而又需要计算非采样点处的数据这类问题，此时希望建立复杂函数或者未知函数的一个便于计算的近似表达式. 在数值积分、数值微分、非线性方程求解、常微分方程数值解等方面还会直接或间接地遇到函数的近似表达问题. 本章研究的函数插值法则是建立函数近似表达式的一种基本方法.

2.1　插值问题

已知定义于区间 $[a,b]$ 上的实值函数 $f(x)$ 在 $n+1$ 个互异节点 $\{x_i\}_{i=0}^n \subset [a,b]$ 处的函数值 $\{f(x_i)\}_{i=0}^n$. 若函数集合 Φ 中的函数 $\varphi(x)$ 满足

$$\varphi(x_i) = f(x_i), \qquad i = 0, 1, \cdots, n, \tag{2.1}$$

则称 $\varphi(x)$ 为 $f(x)$ 在函数集合 Φ 中关于节点 $\{x_i\}_{i=0}^n$ 的一个插值函数[①]，并称 $f(x)$ 为被插值函数，$[a,b]$ 为插值区间，$\{x_i\}_{i=0}^n$ 为插值节点，(2.1)式为插值条件.

引入符号 $\widetilde{M} = \max\{x_i\}_{i=0}^n$，$\widetilde{m} = \min\{x_i\}_{i=0}^n$，用插值函数 $\varphi(x)$ 计算被插值函数 $f(x)$ 在点 $x \in (\widetilde{m}, \widetilde{M})$ 处近似值的方法称为**内插法**，若用来计算点 $x \in [a,b]$ 但 $x \notin [\widetilde{m}, \widetilde{M}]$ 处近似值的方法称为**外插法**.

当函数集合 Φ 表示一些三角函数的多项式集合时的插值方法称为三角插值；当函数集合 Φ 为一些有理分式的集合或者是多项式的集合时的插值方法分别称为有理插值或者代数插值.

下面针对代数插值讨论插值函数的构造方法、存在唯一性及误差估计.

鉴于插值条件(2.1)式共含有 $n+1$ 个约束方程，而 n 次多项式恰有 $n+1$ 个待定系数，于是取函数集合 Φ 为不超过 n 次的多项式集合 $\boldsymbol{P}_n = \mathrm{span}\{1, x, x^2, \cdots, x^n\}$，也是实数域上的线性空间，$\{x^j\}_{j=0}^n$ 是一组线性无关的基函数，即有

---

① 关于带导数的插值在后面小节叙述.

$$\boldsymbol{P}_n = \{\varphi(x) \mid \varphi(x) = a_0 + a_1 x + a_2 x^2 + \cdots + a_n x^n, a_i \in \mathbf{R}, 0 \leqslant i \leqslant n\},$$

进而相应的插值问题等价于确定系数 $\{a_i\}_{i=0}^n$ 使得插值条件(2.1)成立,即

$$
\begin{bmatrix}
1 & x_0 & x_0^2 & \cdots & x_0^n \\
1 & x_1 & x_1^2 & \cdots & x_1^n \\
\vdots & \vdots & \vdots & & \vdots \\
1 & x_n & x_n^2 & \cdots & x_n^n
\end{bmatrix}
\begin{bmatrix}
a_0 \\
a_1 \\
\vdots \\
a_n
\end{bmatrix}
=
\begin{bmatrix}
f(x_0) \\
f(x_1) \\
\vdots \\
f(x_n)
\end{bmatrix},
\tag{2.2}
$$

线性方程组(2.2)的系数矩阵是范德蒙德(Vandermonde)矩阵,又节点 $\{x_i\}_{i=0}^n$ 互异,故系数矩阵非奇异,线性方程组(2.2)存在唯一解. 这样得到如下定理.

定理 2.1(存在唯一性) 满足插值条件(2.1)的不超过 n 次的插值多项式是存在唯一的.

该定理的几何解释是,平面上有且仅有一条不超过 n 次的代数曲线恰好通过给定的 $n+1$ 点 $\{(x_i, f(x_i))\}_{i=0}^n$. 上面的分析过程也指出通过求解线性方程组(2.2)可以求得该代数曲线的 $n+1$ 个系数值.

称被插值函数 $f(x)$ 与插值函数 $\varphi(x)$ 之间的差异 $R_n(x) = f(x) - \varphi(x)$ 为插值余项. 它满足如下定理.

定理 2.2(误差估计) 设 $f^{(n)}(x)$ 在区间 $[a,b]$ 上连续,$f^{(n+1)}(x)$ 在区间 (a,b) 内存在. $\varphi(x)$ 是满足插值条件(2.1)的不超过 n 次的插值多项式. 则对任意 $x \in [a,b]$,存在 $\zeta = \zeta(x) \in (a,b)$,使得有插值余项

$$R_n(x) = f(x) - \varphi(x) = \frac{f^{(n+1)}(\zeta)}{(n+1)!} \omega_{n+1}(x),
\tag{2.3}$$

式中 $\omega_{n+1}(x) = \prod\limits_{i=0}^n (x - x_i)$. 进而当 $|f^{(n+1)}(x)|$ 在区间 (a,b) 有上界 M_{n+1} 时,有误差估计

$$|R_n(x)| \leqslant \frac{M_{n+1}}{(n+1)!} |\omega_{n+1}(x)|.
\tag{2.4}$$

证明 由插值条件(2.1)知

$$R_n(x_i) = f(x_i) - \varphi(x_i) = 0, \quad i = 0,1,2,\cdots,n,$$

因此可设插值余项

$$R_n(x) = k(x)\omega_{n+1}(x). \tag{2.5}$$

当 x 为某一插值节点时, 对任意的 $\zeta \in (a,b)$, 结论(2.3)总成立. 当点 x 与插值节点 $x_0, x_1, \cdots, x_n$ 互不相同时, 它们均是以 t 为自变量的辅助函数

$$g(t) = f(t) - \varphi(t) - k(x)\omega_{n+1}(t)$$

在区间 $[a,b]$ 上的 $n+2$ 个互异零点. 由函数 $f(x)$ 和多项式函数的光滑性知, $g^{(n)}(t)$ 在区间 $[a,b]$ 上连续, $g^{(n+1)}(t)$ 在区间 (a,b) 内存在.

对函数 $g(t)$ 在区间 $[a,b]$ 上的 $n+2$ 个互异零点形成的 $n+1$ 个子区间上使用罗尔(Rolle)定理, 函数 $g'(t)$ 在区间 (a,b) 上至少有 $n+1$ 个互异零点. 这 $n+1$ 个零点又形成 n 个子区间, 对 $g'(t)$ 在这些子区间上使用罗尔定理, 函数 $g''(t)$ 在区间 (a,b) 上至少有 n 个互异零点. 以此类推, 函数 $g^{(n+1)}(t)$ 在区间 (a,b) 上至少有 1 个零点 $\zeta = \zeta(x; x_0, x_1, \cdots, x_n)$.

由函数 $g(t)$ 的形式知 $g^{(n+1)}(t) = f^{(n+1)}(t) - (n+1)! \, k(x)$, 将 $g^{(n+1)}(t)$ 的零点 ζ 代入得到

$$k(x) = \frac{f^{(n+1)}(\zeta)}{(n+1)!},$$

将上式代入(2.5)知结论(2.3)成立. 结论(2.4)可由(2.3)直接得到.   ♯

从此定理结论可以看到, 插值误差与节点 $\{x_i\}_{i=0}^n$ 和点 x 之间的距离有关, 节点距离 x 越近, 一般地插值误差越小. 特别地, 若被插值函数 $f(x)$ 自身就是不超过 n 次的多项式, 则有 $f(x) \equiv \varphi(x)$.

2.2　插值多项式的构造方法

建立插值多项式的方法简称为插值法. 2.1 节提到的插值法需要求解线性方程组, 这里介绍另外两种插值方法: 拉格朗日(Lagrange)插值法和牛顿(Newton)插值法, 并把用之构造的满足插值条件(2.1)的插值多项式分别记为 $L_n(x)$ 和 $N_n(x)$. 由插值多项式的存在唯一性定理(定理 2.1)知, 这两种方法构造出的插值多项式恒等, 即有 $L_n(x) \equiv N_n(x)$.

2.2.1　拉格朗日插值法

针对 $n+1$ 个互异的插值节点 $\{x_i\}_{i=0}^n$, 引入如下辅助问题:

构造不超过 n 次的插值多项式 $l_i(x)$, 使之满足插值条件

$$l_i(x_j) = \delta_{ij} = \begin{cases} 1, & j = i, \\ 0, & j \neq i, \end{cases} \quad j = 0, 1, 2, \cdots, n. \tag{2.6}$$

插值条件(2.6)要求不超过 n 次的插值多项式 $l_i(x)$ 在除节点 x_i 外的其余插值节点处的函数值为零，故 $l_i(x)$ 必然可表示为如下形式

$$l_i(x) = c(x-x_0)(x-x_1)\cdots(x-x_{i-1})(x-x_{i+1})\cdots(x-x_n),$$

由插值条件 $l_i(x_i) = 1$ 可求得常数

$$c = \frac{1}{(x_i-x_0)(x_i-x_1)\cdots(x_i-x_{i-1})(x_i-x_{i+1})\cdots(x_i-x_n)},$$

这样得到插值函数

$$l_i(x) = \frac{(x-x_0)(x-x_1)\cdots(x-x_{i-1})(x-x_{i+1})\cdots(x-x_n)}{(x_i-x_0)(x_i-x_1)\cdots(x_i-x_{i-1})(x_i-x_{i+1})\cdots(x_i-x_n)}$$

$$= \frac{\omega_{n+1}(x)}{(x-x_i)\omega'_{n+1}(x_i)}.$$

当 $i = 0, 1, 2, \cdots, n$ 时，便得到了 $n+1$ 个 n 次插值多项式 $l_0(x)$, $l_1(x), \cdots, l_n(x)$，称它们为关于节点 $\{x_i\}_{i=0}^n$ 的**拉格朗日插值基函数**(其线性无关性留给读者证明). 这组基函数仅依赖于插值节点 $\{x_i\}_{i=0}^n$，并满足

$$l_i(x_j) = \delta_{ij}, \quad i, j = 0, 1, 2, \cdots, n. \tag{2.7}$$

利用式(2.7)可以验证不超过 n 次的多项式

$$L_n(x) = \sum_{i=0}^n f(x_i) l_i(x) = \sum_{i=0}^n \frac{f(x_i)}{\omega'_{n+1}(x_i)} \frac{\omega_{n+1}(x)}{x - x_i}$$

满足式(2.1)列出的所有插值条件. 结合插值多项式的存在唯一性定理(定理2.1)知 $L_n(x)$ 正是所需要建立的插值多项式，称之为**拉格朗日插值多项式**. 该插值多项式具有结构清晰紧凑的特点，常用于理论分析. 当被插值函数 $f(x)$ 满足插值误差估计定理(定理2.2)的条件时有插值余项

$$R_n(x) = f(x) - L_n(x) = \frac{f^{(n+1)}(\zeta)}{(n+1)!} \omega_{n+1}(x) \tag{2.8}$$

和误差估计

$$|R_n(x)| = |f(x) - L_n(x)| \leqslant \frac{M_{n+1}}{(n+1)!} |\omega_{n+1}(x)|. \tag{2.9}$$

利用插值余项(2.8)或插值多项式的唯一性可以证明关于节点 $\{x_i\}_{i=0}^n$ 的

拉格朗日插值基函数 $l_0(x), l_1(x), \cdots, l_n(x)$ 具有性质 $\sum\limits_{i=0}^{n} l_i(x) \equiv 1$（详见习题5）.

例2.1 已知 $f(-2)=2, f(-1)=1, f(0)=2, f(0.5)=3$，试选用合适的插值节点利用二次插值多项式计算 $f(-0.5)$ 的近似值，使之精度尽可能高.

解 依据误差估计式(2.9)，选 $x_0=-1, x_1=0, x_2=0.5$ 为插值节点，拉格朗日插值基函数为

$$l_0(x) = \frac{(x-0)(x-0.5)}{(-1-0)(-1-0.5)} = \frac{2}{3}x(x-0.5),$$

$$l_1(x) = \frac{(x+1)(x-0.5)}{(0+1)(0-0.5)} = -2(x+1)(x-0.5),$$

$$l_2(x) = \frac{(x+1)(x-0)}{(0.5+1)(0.5-0)} = \frac{4}{3}x(x+1).$$

二次插值多项式为

$$L_2(x) = f(x_0)l_0(x) + f(x_1)l_1(x) + f(x_2)l_2(x)$$

$$= l_0(x) + 2l_1(x) + 3l_2(x) = \frac{2}{3}x^2 + \frac{5}{3}x + 2,$$

于是

$$f(-0.5) \approx L_2(-0.5)$$

$$= 1 \times l_0(-0.5) + 2 \times l_1(-0.5) + 3 \times l_2(-0.5) = \frac{4}{3}. \quad \#$$

当已知某一单调连续函数 $y=f(x)$ 在一些采样点的函数值，而需要近似计算哪一点处的函数值为一已知值 m 时可采用**反插值法**，即利用已知数据对 $y=f(x)$ 的反函数 $x=f^{-1}(y)$ 进行插值近似，然后由该插值多项式计算 $x=f^{-1}(m)$ 的近似值.

例2.2 已知单调连续函数 $y=f(x)$ 在如下采样点处的函数值：

x_i	1.0	1.4	1.8	2.0
$y_i = f(x_i)$	-2.0	-0.8	0.4	1.2

求方程 $f(x)=0$ 在 $[1,2]$ 内根的近似值 x^*，使误差尽可能小.

解 对 $y = f(x)$ 的反函数 $x = f^{-1}(y)$ 进行三次插值, 插值多项式为

$$L_3(y) = f^{-1}(y_0) \frac{(y - y_1)(y - y_2)(y - y_3)}{(y_0 - y_1)(y_0 - y_2)(y_0 - y_3)}$$

$$+ f^{-1}(y_1) \frac{(y - y_0)(y - y_2)(y - y_3)}{(y_1 - y_0)(y_1 - y_2)(y_1 - y_3)}$$

$$+ f^{-1}(y_2) \frac{(y - y_0)(y - y_1)(y - y_3)}{(y_2 - y_0)(y_2 - y_1)(y_2 - y_3)}$$

$$+ f^{-1}(y_3) \frac{(y - y_0)(y - y_1)(y - y_2)}{(y_3 - y_0)(y_3 - y_1)(y_3 - y_2)}$$

$$= 1.675 + 0.3271y - 0.03125y^2 - 0.01302y^3,$$

于是有

$$x^* \approx L_3(0) = 1.675. \qquad \#$$

2.2.2 牛顿插值法

拉格朗日插值法的不足在于, 当需要增加插值节点时, 拉格朗日插值基函数都要随之发生变化, 这在计算实践中不方便. 为此需要建立具有增量特征的插值多项式.

1. 差商

已知互异节点 $\{x_i\}_{i=0}^n$ 处的函数值 $\{f(x_i)\}_{i=0}^n$, 称 $\dfrac{f(x_i) - f(x_j)}{x_i - x_j}$ 为 $f(x)$ 关于节点 x_i 和 x_j 的**一阶差商**, 简记为 $f[x_i, x_j]$. 一般地, 递推定义函数 $f(x)$ 关于 $m+1$ 个互异节点的 **m 阶差商**为

$$f[x_0, x_1, \cdots, x_m] = \frac{f[x_0, x_1, \cdots, x_{m-1}] - f[x_1, x_2, \cdots, x_m]}{x_0 - x_m}. \quad (2.10)$$

我们约定**零阶差商**为函数值, 即 $f[x_i] = f(x_i)$.

由一阶差商的定义有

$$f[x_i, x_j] = \frac{f(x_i)}{x_i - x_j} + \frac{f(x_j)}{x_j - x_i}, \quad (2.11)$$

利用递推定义式 (2.10) 有二阶差商

$$f[x_i, x_j, x_k] = \frac{f[x_i, x_j] - f[x_j, x_k]}{x_i - x_k}$$

$$= \frac{f(x_i) - f(x_j)}{(x_i - x_j)(x_i - x_k)} - \frac{f(x_j) - f(x_k)}{(x_j - x_k)(x_i - x_k)}$$

$$= \frac{f(x_i)}{(x_i - x_j)(x_i - x_k)} + \frac{f(x_j)}{(x_j - x_i)(x_j - x_k)} + \frac{f(x_k)}{(x_k - x_i)(x_k - x_j)}.$$

$$(2.12)$$

从式 (2.11) 及 (2.12) 知一阶差商、二阶差商与节点的次序无关，即有

$$f[x_i, x_j] = f[x_j, x_i],$$

$$f[x_i, x_j, x_k] = f[x_j, x_k, x_i] = f[x_k, x_j, x_i].$$

事实上，利用数学归纳法可证得 m 阶差商具有如下函数值表示形式

性质 1 $f[x_0, x_1, \cdots, x_m] = \sum_{k=0}^{m} \frac{f(x_k)}{(x_k - x_0) \cdots (x_k - x_{k-1})(x_k - x_{k+1}) \cdots (x_k - x_m)}$

$$= \sum_{k=0}^{m} \frac{f(x_k)}{\omega'_{m+1}(x_k)},$$

进而差商与节点的次序无关.

取 $m = n$，比较此性质和拉格朗日插值多项式的首项 x^n 的系数，有如下推论.

推论 2.1 互异节点的 n 阶差商 $f[x_0, x_1, \cdots, x_n]$ 是 $f(x)$ 关于该节点组的不超过 n 次插值多项式的首项 x^n 的系数.

为书写方便，引入如下形式的差商表 (表 2.1).

表 2.1 差商表

x	$f(x)$	一阶差商	二阶差商	三阶差商	...
x_0	$f(x_0)$				
		$f[x_0, x_1]$			
x_1	$f(x_1)$		$f[x_0, x_1, x_2]$		
		$f[x_1, x_2]$		$f[x_0, x_1, x_2, x_3]$	
x_2	$f(x_2)$		$f[x_1, x_2, x_3]$	$\vdots$	...
		$f[x_2, x_3]$			
x_3	$f(x_3)$		$\vdots$		
$\vdots$	$\vdots$	$\vdots$			

以例 2.1 中的数据为例，建立如下差商表 (表 2.2).

表 2.2 例 2.1 的差商表

x	$f(x)$	一阶差商	二阶差商
-1	$\frac{1}{2}$		
		$\frac{1}{2}$	
0	2		$2/3$
		2	
0.5	3		

这样有 $f[-1,0,0.5]=2/3$. 需要说明,建立差商表时并不要求节点依大小顺序排列.

  2. 牛顿插值多项式的构造

  为建立具有增量特征的插值多项式,我们需要研究 $f(x)$ 关于节点 $\{x_i\}_{i=0}^{n-1}$ 的插值多项式 $L_{n-1}(x)$ 和关于节点 $\{x_i\}_{i=0}^{n}$ 的插值多项式 $L_n(x)$ 之间的差异.

  依插值条件知
$$L_n(x_i)=L_{n-1}(x_i)=f(x_i),\qquad i=0,1,2,\cdots,n-1, \tag{2.13}$$
因此可设
$$L_n(x)-L_{n-1}(x)=A\omega_n(x)$$
$$=A(x-x_0)(x-x_1)\cdots(x-x_{n-1}), \tag{2.14}$$

考虑到 $L_n(x)-L_{n-1}(x)$ 为不超过 n 次的多项式, 故 A 为一常数. 又因 $L_{n-1}(x)$ 为 $n-1$ 次的多项式, $\omega_n(x)$ 是首项系数为 1 的 n 次多项式, 故 A 就是 $L_n(x)$ 的首项系数. 由推论 2.1 得到
$$A=f[x_0,x_1,\cdots,x_n],$$
将 A 代入式(2.14)得到递推公式
$$L_n(x)=L_{n-1}(x)+f[x_0,x_1,\cdots,x_n]\omega_n(x). \tag{2.15}$$

该式具有增量结构,增量为 $f[x_0,x_1,\cdots,x_n]\omega_n(x)$. 类似地,有
$$L_{n-1}(x)=L_{n-2}(x)+f[x_0,x_1,\cdots,x_{n-1}]\omega_{n-1}(x),$$
$$\cdots\cdots$$
$$L_2(x)=L_1(x)+f[x_0,x_1,x_2]\omega_2(x),$$
$$L_1(x)=L_0(x)+f[x_0,x_1]\omega_1(x)$$
$$=f(x_0)+f[x_0,x_1]\omega_1(x).$$

综合以上各式得到
$$L_n(x)=f(x_0)+f[x_0,x_1]\omega_1(x)+f[x_0,x_1,x_2]\omega_2(x)+\cdots$$
$$+f[x_0,x_1,\cdots,x_n]\omega_n(x), \tag{2.16}$$

上式是关于互异节点 $\{x_i\}_{i=0}^{n}$ 的不超过 n 次插值多项式的另一表达形式,称之为**牛顿插值多项式**,记为 $N_n(x)$.

  注记 1 关于互异节点 $\{x_i\}_{i=0}^{n}$ 的不超过 n 次的插值多项式是存在唯一

的,但当选择的基函数不同时,线性组合系数也就不同.如当选用 $1, x, x^2, \cdots,$ x^n 为一组基函数时,其系数为线性方程组(2.2)的解向量;当选用拉格朗日插值基时,其系数为相应的函数值,得到拉格朗日插值多项式;当选用 $\omega_0(x) \equiv 1, \omega_1(x), \cdots, \omega_n(x)$ 时,其系数分别为差商 $f[x_0], f[x_0, x_1], \cdots, f[x_0, x_1, \cdots, x_n]$,这样得到牛顿插值多项式.

在定理 2.2 的条件下,综合式(2.8)和(2.16),得到牛顿插值多项式的插值余项

$$R_n(x) = f(x) - N_n(x) = \frac{f^{(n+1)}(\zeta)}{(n+1)!} \omega_{n+1}(x). \tag{2.17}$$

比较表 2.1、表 2.2 以及式(2.16)知例 2.1 中的插值多项式也可表示为牛顿型插值多项式

$$N_2(x) = 1 + 1 \times (x+1) + \frac{2}{3}(x+1)(x-0)$$

$$= 1 + (x+1) + \frac{2}{3}x(x+1).$$

注记 2 建立起的牛顿插值多项式可以不整理,因为可以用秦九韶算法[①]快速算出函数值.以 2 次的牛顿插值多项式为例,计算过程示意如下

$$N_2(x) = f(x_0) + f[x_0, x_1](x - x_0) + f[x_0, x_1, x_2](x - x_0)(x - x_1)$$
$$= \{f[x_0, x_1, x_2](x - x_1) + f[x_0, x_1]\}(x - x_0) + f(x_0).$$

3. 插值多项式的差商型余项表示

假设 x 与节点 $\{x_i\}_{i=0}^n$ 互不相同,多项式 $N_{n+1}(t)$ 是以 x 和 $\{x_i\}_{i=0}^n$ 为插值节点的,并以 t 为自变量的不超过 $n+1$ 次的插值多项式. 因而有

$$N_{n+1}(t) = N_n(t) + f[x_0, x_1, \cdots, x_n, x] \omega_{n+1}(t). \tag{2.18}$$

继而由插值条件 $N_{n+1}(x) = f(x)$,我们有

$$f(x) = N_n(x) + f[x_0, x_1, \cdots, x_n, x] \omega_{n+1}(x), \tag{2.19}$$

因此 n 次插值多项式有如下形式余项

$$R_n(x) = f(x) - N_n(x) = f[x_0, x_1, \cdots, x_n, x] \omega_{n+1}(x), \tag{2.20}$$

称之为**差商型余项**. 相比之下,称式(2.17)为 n 次插值多项式的**导数型余**

---

① 秦九韶算法是计算多项式值的最快算法,存储空间也最省.西方教材常称为霍纳(Horner)算法.

项. 差商型余项对被插值函数的光滑性要求较弱, 而导数型余项对函数的光滑性要求较高.

假设被插值函数 $f(x)$ 在区间 $[a,b]$ 具有 $n-1$ 阶连续的导函数, 在区间 (a,b) 内的 n 阶导函数存在. $N_n(x)$ 是 $f(x)$ 关于节点 $\{x_i\}_{i=0}^n$ 的插值多项式, 多次利用罗尔定理可证得, 存在着 $\zeta \in (\widetilde{m}, \widetilde{M})$, 使得有

$$N_n^{(n)}(\zeta) = f^{(n)}(\zeta).$$

由牛顿插值多项式 $N_n(x)$ 的表达式 (2.16) 知

$$N_n^{(n)}(\zeta) = f[x_0, x_1, \cdots, x_n] n!,$$

进而得到差商的另一性质.

性质 2 当 $f(x)$ 在区间 $[\widetilde{m}, \widetilde{M}]$ 上具有 $n-1$ 阶连续的导函数, 在开区间 $(\widetilde{m}, \widetilde{M})$ 内 n 阶导函数存在时, 则存在着 $\zeta \in (\widetilde{m}, \widetilde{M})$ 使得 $f[x_0, x_1, \cdots, x_n] = \dfrac{f^{(n)}(\zeta)}{n!}$.

关于差商的其他性质参阅本章习题 8—10.

2.2.3 等距节点插值公式

在工程技术领域中许多问题的采样点是等距分布的, 此时牛顿插值公式有更为简单和节约计算量的形式. 本小节首先引入数值计算中应用很广泛的一些算子, 其次推导等距节点插值公式.

设有等距节点 $x_i = a + ih (i = 0, 1, \cdots, n), h = \dfrac{b-a}{n} > 0$. 并简记 $f(a+th) = f_t$, 例如, 记 $f(x_i) = f_i, f\left(x_i + \dfrac{h}{2}\right) = f_{i+\frac{1}{2}}, f\left(x_i - \dfrac{h}{2}\right) = f_{i-\frac{1}{2}}$.

1. 定义一些算子

(1) 向前差分算子 Δ :

递推定义 $\begin{cases} \Delta f(x) = f(x+h) - f(x), \\ \Delta^m f(x) = \Delta(\Delta^{m-1} f(x)), \end{cases}$ 称 $\Delta^m f(x)$ 为函数 $f(x)$ 在点 x 的 m 阶向前差分.

如: $\Delta f_0 = f_1 - f_0, \Delta^2 f_0 = \Delta(f_1 - f_0) = f_2 - 2f_1 + f_0$.

(2) 向后差分算子 ∇ :

递推定义 $\begin{cases} \nabla f(x) = f(x) - f(x-h), \\ \nabla^m f(x) = \nabla(\nabla^{m-1} f(x)), \end{cases}$ 称 $\nabla^m f(x)$ 为函数 $f(x)$ 在点 x

的 m 阶向后差分.

如:$\nabla f_n = f_n - f_{n-1}$,$\nabla^2 f_n = \nabla(f_n - f_{n-1}) = f_n - 2f_{n-1} + f_{n-2}$.

(3) 中心差分算子 δ:

递推定义 $\begin{cases} \delta f(x) = f\left(x + \dfrac{h}{2}\right) - f\left(x - \dfrac{h}{2}\right), \\ \delta^m f(x) = \delta(\delta^{m-1} f(x)), \end{cases}$ 称 $\delta^m f(x)$ 为函数 $f(x)$ 在

点 x 的 m 阶中心差分.

如:$\delta f_3 = f_{3+\frac{1}{2}} - f_{3-\frac{1}{2}} = f_{\frac{7}{2}} - f_{\frac{5}{2}}$,

$\delta^2 f_3 = \delta(f_{\frac{7}{2}} - f_{\frac{5}{2}}) = f_4 - 2f_3 + f_2$.

(4) 恒等算子 I:

定义 $\begin{cases} I f(x) = f(x), \\ I^m f(x) = I(I^{m-1} f(x)). \end{cases}$ 对任意的正整数 m,由该定义可以得到

$I^m f(x) = f(x)$.并推广该定义至任意实数 s,$I^s f(x) = f(x)$.

(5) 移位算子 E:

定义 $\begin{cases} E f(x) = f(x+h), \\ E^s f(x) = f(x + sh). \end{cases}$ 有

$E f_i = f_{i+1}$,$\quad E^{\frac{1}{2}} f_i = f_{i+\frac{1}{2}}$,$\quad E^{-1} f_i = f_{i-1}$,$\quad E^{-\frac{1}{2}} f_i = f_{i-\frac{1}{2}}$.

这些算子间有如下关系

$$\Delta = E - I, \quad \nabla = I - E^{-1} = E^{-1}\Delta = \Delta E^{-1},$$

$$\delta = E^{\frac{1}{2}} - E^{-\frac{1}{2}} = E^{\frac{1}{2}} \nabla = E^{-\frac{1}{2}}\Delta.$$

2. 牛顿向前插值公式

利用数学归纳法可以证明(留作习题),对于等距节点,差商和差分之间存在如下关系

$$f[x_0, x_1, \cdots, x_k] = \frac{\Delta^k y_0}{k! h^k}, \quad k = 1, 2, \cdots, n. \tag{2.21}$$

$$f[x_n, x_{n-1}, \cdots, x_{n-k}] = \frac{\nabla^k y_n}{k! h^k}, \quad k = 1, 2, \cdots, n. \tag{2.22}$$

设 $x = a + th$,于是有

$$x - x_i = (t-i)h, \quad i = 0,1,2,\cdots,n. \tag{2.23}$$

将式(2.21)和(2.23)代入牛顿插值公式(2.15),得

$$N_n(a+th) = f(x_0) + \sum_{k=1}^{n} f[x_0,x_1,\cdots,x_k]\omega_k(x)$$

$$= f(x_0) + \sum_{k=1}^{n} \left(\frac{\Delta^k y_0}{k!h^k}h^k \prod_{i=0}^{k-1}(t-i)\right)$$

$$= f(x_0) + \sum_{k=1}^{n} \frac{\Delta^k y_0}{k!}t(t-1)\cdots(t-k+1)$$

$$= f(x_0) + \sum_{k=1}^{n} \Delta^k y_0 \binom{t}{k}, \tag{2.24}$$

式中符号 $\binom{t}{k} = \dfrac{t(t-1)\cdots(t-k+1)}{k!}$ 是对组合数符号的推广.

插值余项:

$$R_n(x) = \frac{f^{(n+1)}(\zeta)}{(n+1)!}h^{n+1}t(t-1)\cdots(t-n)$$

$$= f^{(n+1)}(\zeta)h^{n+1}\binom{t}{n+1}, \tag{2.25}$$

式中 ζ 在 $x,x_0,x_1,\cdots,x_n$ 这些点之间.

称插值公式(2.24)为**牛顿向前插值公式**,又称为表初公式. 公式中的有关差分可以用如下差分表进行计算(表 2.3).

表 2.3   差分表

x	$f(x)$	一阶差分	二阶差分	三阶差分	$\cdots$
x_0	$f(x_0)$				
x_1	$f(x_1)$	$\Delta f(x_0)$	$\Delta^2 f(x_0)$		
x_2	$f(x_2)$	$\Delta f(x_1)$	$\Delta^2 f(x_1)$	$\Delta^3 f(x_0)$	$\cdots$
x_3	$f(x_3)$	$\Delta f(x_2)$	$\vdots$	$\vdots$	
$\vdots$	$\vdots$	$\vdots$			

例 2.3   已知函数 $y = \sin x$ 的如下函数值表,利用插值法计算 $\sin(0.423\,51)$ 的近似值.

x	0.4	0.5	0.6
$\sin x$	0.389 42	0.479 43	0.564 64

解 考虑到节点是等距分布的,可以使用牛顿向前插值公式. 取 $x_0 = 0.4, h = 0.1, t = \dfrac{x - x_0}{h} = \dfrac{0.423\ 51 - 0.4}{0.1} = 0.235\ 1.$

建立如下差分表:

x	$\sin(x)$	一阶差分	二阶差分
0.4	0.389 42		
		0.090 01	
0.5	0.479 43		$-0.004\ 80$
		0.085 21	
0.6	0.564 64		

利用插值公式

$$N_2(x_0 + th) = f(x_0) + \frac{\Delta f(x_0)}{1!}t + \frac{\Delta^2 f(x_0)}{2!}t(t-1),$$

有

$$\sin(0.423\ 51) \approx N_2(0.423\ 51)$$

$$= 0.389\ 42 + 0.090\ 01 \times 0.235\ 1 - \frac{0.004\ 80}{2} \times 0.235\ 1 \times (0.235\ 1 - 1)$$

$$\approx 0.411\ 01. \qquad \#$$

3. 牛顿向后插值公式

将插值节点从大到小排列, 即

$$x_n, x_{n-1} = x_n - h, x_{n-2} = x_n - 2h, \cdots, x_0 = x_n - nh.$$

此时有牛顿插值公式

$$\begin{aligned} N_n(x) = {}& f(x_n) + f[x_n, x_{n-1}](x - x_n) \\ & + f[x_n, x_{n-1}, x_{n-2}](x - x_n)(x - x_{n-1}) + \cdots \\ & + f[x_n, x_{n-1}, \cdots, x_0](x - x_n)(x - x_{n-1})\cdots(x - x_1). \end{aligned}$$

令 $x = x_n + th$, 于是有 $x - x_{n-i} = (t + i)h$, 结合式(2.22)得到

$$N_n(x_n + th) = f(x_n) + \sum_{k=1}^{n} \left(\frac{\nabla^k y_n}{k! h^k} h^k \prod_{i=0}^{k-1} (t+i) \right)$$

$$= f(x_n) + \sum_{k=1}^{n} \frac{\nabla^k y_n}{k!} t(t+1)\cdots(t+k-1)$$

$$= f(x_n) + \sum_{k=1}^{n} \nabla^k y_n \binom{t+k-1}{k}, \tag{2.26}$$

插值余项

$$R_n(x) = \frac{f^{(n+1)}(\zeta)}{(n+1)!} h^{n+1} t(t+1)\cdots(t+n)$$

$$= f^{(n+1)}(\zeta) h^{n+1} \binom{t+n}{n+1}, \tag{2.27}$$

式中 ζ 在 $x, x_0, x_1, \cdots, x_n$ 之间.

称(2.26)为**牛顿向后插值公式**,又称为表末公式.

用牛顿向后插值公式计算例 2.2,注意到有 $\nabla f(x_2) = \Delta f(x_1)$,$\nabla^2 f(x_2) = \Delta^2 f(x_0)$,关于向后差分的有关数据可以从前面的向前差分表中得到(也可以构造向后差分表).

$$t = \frac{x - x_2}{h} = \frac{0.423\,51 - 0.6}{0.1} = -1.764\,9,$$

$$N_2(x_2 + th) = f(x_2) + \frac{\nabla f(x_2)}{1!} t + \frac{\nabla^2 f(x_2)}{2!} t(t+1)$$

$$= 0.564\,64 + 0.085\,21 \times (-1.764\,9)$$

$$- \frac{0.004\,80}{2}(-1.764\,9)(-1.764\,9+1)$$

$$= 0.411\,01. \qquad\qquad\qquad\qquad \#$$

一般地,采用部分节点进行插值近似,当需要计算开头节点附近处的函数值时采用牛顿向前插值公式,当需要计算末尾节点附近处的函数值时采用牛顿向后插值公式.

2.2.4 带导数的插值问题

出于实际应用和理论分析的需要,本小节研究插值条件中含导数的代数插值问题,即不但要求插值多项式与被插值函数在节点处的函数值相等,还要求它们在某些点处具有相同的导数. 称这一类插值问题为埃尔米特(Hermite)插值问题,它是前面介绍的插值问题的推广.

已知函数 $f(x)$ 在互异节点 $\{x_i\}_{i=0}^n$ 处的函数值 $\{f(x_i)\}_{i=0}^n$ 以及导数值 $\{f'(x_i)\}_{i=0}^n$，要求构造不超过 $2n+1$ 次的多项式 $H_{2n+1}(x)$ 满足如下 $2n+2$ 个插值条件

$$\begin{cases} H_{2n+1}(x_i) = f(x_i), \\ H'_{2n+1}(x_i) = f'(x_i), \end{cases} i = 0, 1, 2, \cdots, n. \tag{2.28}$$

1. 埃尔米特插值多项式的构造

下面采用类似于构造拉格朗日插值多项式的方法，即通过构造一组插值基函数来解决埃尔米特插值问题.

设 $\alpha_i(x)$ 以及 $\beta_i(x)(i=0,1,2,\cdots,n)$ 分别是满足如下插值条件的 $2n+1$ 次多项式

$$\begin{cases} \alpha_i(x_j) = \delta_{ij}, \\ \alpha'_i(x_j) = 0, \end{cases} j = 0, 1, 2, \cdots, n, \tag{2.29}$$

$$\begin{cases} \beta_i(x_j) = 0, \\ \beta'_i(x_j) = \delta_{ij}, \end{cases} j = 0, 1, 2, \cdots, n. \tag{2.30}$$

于是不超过 $2n+1$ 次的多项式

$$H_{2n+1}(x) = \sum_{i=0}^n f(x_i)\alpha_i(x) + \sum_{i=0}^n f'(x_i)\beta_i(x) \tag{2.31}$$

满足插值条件(2.28)，因而是所需要建立的埃尔米特插值多项式.

下面解决关于互异节点 $\{x_i\}_{i=0}^n$ 的埃尔米特插值基函数 $\{\alpha_i(x)\}_{i=0}^n$ 以及 $\{\beta_i(x)\}_{i=0}^n$ 的构造问题.

鉴于关于节点 $\{x_i\}_{i=0}^n$ 的拉格朗日插值基函数 $l_i(x)$ 满足

$$\begin{cases} l_i^2(x_j) = 0, \\ [l_i^2(x)]'_{x=x_j} = 2l_i(x_j)l'_i(x_j) = 0, \end{cases} 0 \leqslant j \leqslant n \ \text{且} \ j \neq i \tag{2.32}$$

且是 $2n$ 次多项式，依插值条件(2.29)，设

$$\alpha_i(x) = (A_i x + B_i)l_i^2(x), \tag{2.33}$$

进而有

$$\alpha'_i(x) = A_i l_i^2(x) + (A_i x + B_i)[l_i^2(x)]'. \tag{2.34}$$

综合式(2.32)~(2.34)知，对任意参数 A_i 和 B_i，形如式(2.33)的多项式已

经满足了插值条件(2.29)中 $j \neq i$ 的 $2n$ 个插值条件，故只需约束 A_i 和 B_i 使之满足其他两个插值条件，即

$$
\begin{cases}
\alpha_i(x_i) = A_i x_i + B_i = 1, \\
\alpha_i'(x_i) = A_i + 2(A_i x_i + B_i) l_i'(x_i) = 0,
\end{cases}
$$

解之得到

$$
\begin{cases}
A_i = -2 \displaystyle\sum_{\substack{k=0 \\ k \neq i}}^{n} \frac{1}{x_i - x_k}, \\
B_i = 1 - A_i x_i = 1 + 2 x_i \displaystyle\sum_{\substack{k=0 \\ k \neq i}}^{n} \frac{1}{x_i - x_k}.
\end{cases}
\tag{2.35}
$$

将 A_i 和 B_i 代入式(2.33)即得到基函数

$$
\alpha_i(x) = \left[1 + 2(x_i - x) \sum_{\substack{k=0 \\ k \neq i}}^{n} \frac{1}{x_i - x_k} \right] l_i^2(x).
\tag{2.36}
$$

对于如下定义的 $2n+1$ 次的多项式

$$
\beta_i(x) = C_i(x - x_i) l_i^2(x),
\tag{2.37}
$$

有

$$
\beta_i'(x) = C_i l_i^2(x) + C_i(x - x_i) \left[l_i^2(x) \right]'.
\tag{2.38}
$$

由式(2.32)知，对任意的参数 C_i，多项式 $\beta_i(x)$ 显然已经满足了(2.30)中除 $\beta_i'(x_i) = 1$ 外的所有插值条件，故只需考虑约束

$$
\beta_i'(x_i) = C_i l_i^2(x_i) + C_i(x_i - x_i) \left[l_i^2(x) \right]'_{x = x_i} = 1,
$$

由上式解得 $C_i = 1$，这样得到满足插值条件(2.30)的插值基函数

$$
\beta_i(x) = (x - x_i) l_i^2(x).
\tag{2.39}
$$

当 $n = 1$ 时，有如下的三次埃尔米特插值多项式

$$
\begin{aligned}
H_3(x) = {} & f(x_0) \left(1 + 2 \frac{x_0 - x}{x_0 - x_1} \right) \left(\frac{x - x_1}{x_0 - x_1} \right)^2 \\
& + f(x_1) \left(1 + 2 \frac{x_1 - x}{x_1 - x_0} \right) \left(\frac{x - x_0}{x_1 - x_0} \right)^2 \\
& + f'(x_0)(x - x_0) \left(\frac{x - x_1}{x_0 - x_1} \right)^2 + f'(x_1)(x - x_1) \left(\frac{x - x_0}{x_1 - x_0} \right)^2.
\end{aligned}
\tag{2.40}
$$

埃尔米特插值的几何意义在于，曲线 $y = H_{2n+1}(x)$ 不仅通过平面的点 $\left\{ (x_i, f(x_i)) \right\}_{i=0}^{n}$，而且在这些点处与曲线 $y = f(x)$ 有相同的切线.

2. 埃尔米特插值多项式的存在唯一性以及误差估计

定理 2.3 满足插值条件 (2.28) 的不超过 $2n+1$ 次的插值多项式 $H_{2n+1}(x)$ 是存在唯一的.

证明 上面构造 $H_{2n+1}(x)$ 的过程已经证明了插值多项式的存在性. 下面证明唯一性.

设 $\widetilde{H}_{2n+1}(x)$ 也是满足插值条件 (2.28) 的不超过 $2n+1$ 次的插值多项式, 这样不超过 $2n+1$ 次的多项式 $\Psi(x) = H_{2n+1}(x) - \widetilde{H}_{2n+1}(x)$ 满足

$$\begin{cases} \Psi(x_i) = 0, \\ \Psi'(x_i) = 0 \end{cases} \quad (i = 0, 1, 2, \cdots, n),$$

于是 $\Psi(x)$ 有 $n+1$ 个二重零点 $\{x_i\}_{i=0}^n$, 而 $\Psi(x)$ 又是不超过 $2n+1$ 次的多项式, 故 $\Psi(x) \equiv 0$, 即有 $H_{2n+1}(x) \equiv \widetilde{H}_{2n+1}(x)$. 唯一性得证.   #

类似于对定理 2.2 的论证过程, 我们有如下的埃尔米特插值多项式的余项定理.

定理 2.4 设被插值函数 $f(x)$ 在区间 $[a, b]$ 上有 $2n+1$ 阶连续的导函数, $f^{(2n+2)}(x)$ 在 (a, b) 内存在. $H_{2n+1}(x)$ 是函数 $f(x)$ 关于互异节点 $\{x_i\}_{i=0}^n \subset [a, b]$ 的满足插值条件 (2.28) 的不超过 $2n+1$ 次的插值多项式. 则对任意 $x \in [a, b]$, 存在着 $\zeta = \zeta(x) \in (a, b)$, 使得有插值余项

$$R_{2n+1}(x) = f(x) - H_{2n+1}(x) = \frac{f^{(2n+2)}(\zeta)}{(2n+2)!} \omega_{n+1}^2(x). \tag{2.41}$$

3. 带不完全导数的埃尔米特插值多项式举例

例 2.4 建立埃尔米特插值多项式 $H_3(x)$, 使之满足如下插值条件

$$\begin{cases} H_3(x_i) = f(x_i), \quad i = 0, 1, 2, \\ H_3'(x_0) = f'(x_0). \end{cases}$$

解 满足插值条件 $H_3(x_i) = f(x_i), i = 0, 1, 2$ 的二次插值多项式

$$N_2(x) = f(x_0) + f[x_0, x_1](x - x_0) + f[x_0, x_1, x_2](x - x_0)(x - x_1).$$

设满足题设插值条件的插值多项式是

$$H_3(x) = N_2(x) + k(x - x_0)(x - x_1)(x - x_2),$$

显然有 $H_3(x_i) = f(x_i), i = 0, 1, 2$.

现在确定参数 k 使之满足插值条件 $H_3'(x_0) = f'(x_0)$, 即

$$N_2'(x_0)+k(x_0-x_1)(x_0-x_2)=f'(x_0),$$

解之得到

$$k=\frac{f'(x_0)-N_2'(x_0)}{(x_0-x_1)(x_0-x_2)}=\frac{f'(x_0)-f[x_0,x_1]-f[x_0,x_1,x_2](x_0-x_1)}{(x_0-x_1)(x_0-x_2)}.$$

将 k 代入 $H_3(x)$ 即得所求插值多项式.　　　　　　　　　　　　　　　＃

　　本例题用待定参数法确定出了带导数的插值多项式,也可以仿照上面的方法,通过构造插值基函数来构造插值多项式. 当被插值函数 $f(x)$ 四阶连续可导时,利用罗尔定理可以证得例 2.4 中插值多项式的插值余项为

$$R_3(x)=f(x)-H_3(x)=\frac{f^{(4)}(\zeta)}{4!}(x-x_0)^2(x-x_1)(x-x_2).$$

2.3　分段插值法

2.3.1　高次插值的评述

　　通常,为获得较好的近似效果,插值节点间的距离应当较小,节点数量相应较大. 这时如果在整个插值区间上采用一个插值多项式,则插值多项式的次数一般很高(较插值节点数少 1),称之为高次插值.

　　在实际应用中,很少采用高次插值(七、八次以上). 一方面,节点数增多固然使插值多项式在更多的点处与被插值函数有相同的函数值,但是,在两相邻插值节点间,插值函数未必能够很好地近似被插值函数,有时它们之间甚至会有非常大的差异[①]. 另一方面,通过分析舍入误差,对于等距节点的牛顿插值公式,函数值的微小扰动可能引起高阶差分有很大的变化. 下面举例说明这两个问题.

　　函数 $f(x)=\frac{1}{1+x^2}$ 在区间 $[-5,5]$ 上等距节点的插值问题是 20 世纪初龙格(Runge)研究过的一个有名实例. 在区间 $[-5,5]$ 上分别采用 10 次、15 次、20 次的等距节点插值多项式,它们对 $f(x)$ 的近似程度分别示意于图 2.1 中

---

　　① 从理论角度看,就是收敛性不能得到保证. 设 $\{\Delta_i\}_{i=0}^{\infty}$ 是插值区间 $[a,b]$ 的一列插值节点组. Δ_i 中含有 $i+1$ 个互异插值节点,记为 $x_0^{(i)}<x_1^{(i)}<\cdots<x_i^{(i)}$,$h_i=\max\limits_{1\leqslant j\leqslant i}|x_j^{(i)}-x_{j-1}^{(i)}|$,$\{\Delta_i\}_{i=1}^{\infty}$ 满足 $\lim\limits_{i\to\infty}h_i=0$. 由 Δ_i 确定的 $f(x)$ 的插值多项式记为 $L_i(x)$,于是产生插值多项式函数列 $\{L_i(x)\}_{i=0}^{\infty}$. 问题是在区间 $[a,b]$ 上是否有 $\lim\limits_{i\to\infty}L_i(x)=f(x)$ 一致地成立. 法贝尔(Faber)定理指出,对于任一列插值节点组 $\{\Delta_i\}_{i=0}^{\infty}$,总存在着连续函数 $f(x)$,使得依 $\{\Delta_i\}_{i=0}^{\infty}$ 定义的插值多项式序列 $\{L_i(x)\}_{i=0}^{\infty}$ 在区间 $[a,b]$ 上不一致收敛到 $f(x)$ (参阅文献[1]).

的图(a),(b)和(c)中. 这些图明确表明, 采用等距节点插值, 随着插值次数的提高, 在 $|x| > 3.63$ 范围内的近似程度并没有变好, 反而变坏. 可见, 高次插值并不一定带来更好的近似效果.

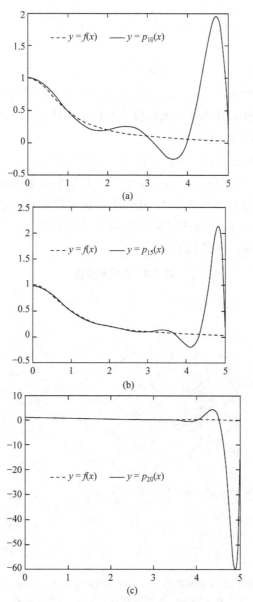

图 2.1　函数 $y = 1/(1+x^2)$, $x \in [-5, 5]$ 的等距节点插值公式 $p_n(x)$ 在区间 $[0, 5]$ 上的近似程度示意图

现在讨论高次多项式插值的稳定性[①]. 设 $f(x_i)=f^*(x_i)+\delta_i$ ($i=0,1,\cdots,n$). 由 $\{f(x_i)\}_{i=0}^n$ 和 $\{f^*(x_i)\}_{i=0}^n$ 构造出的插值多项式分别记为 $L_n(x)$ 和 $L_n^*(x)$. 于是有

$$L_n(x)-L_n^*(x) = \sum_{i=0}^n f(x_i)l_i(x) - \sum_{i=0}^n f^*(x_i)l_i(x)$$
$$= \sum_{i=0}^n \delta_i l_i(x).$$

上式表明插值多项式的扰动就是由节点函数值扰动得到的插值多项式. 利用插值多项式的牛顿表达形式, 函数插值的稳定性转化为分析扰动 $\{\delta_i\}_{i=0}^n$ 关于节点 $\{x_i\}_{i=0}^n$ 的高阶差商的大小.

当节点是等距分布时, 只需分析 $\{\delta_i\}_{i=0}^n$ 的高阶差分. 现在假设仅在节点 x_k 处的函数值有扰动 $f(x_k)-f^*(x_k)=\delta$, 其他节点处的扰动均为零. 在此情形下的高阶差分值参见表 2.4. 从表中数据可以看到, 差分随着阶数的提高增加很快, 于是由函数值扰动得到的插值多项式在一些点处的值很大, 即高次插值法不稳定, 不宜采用.

表 2.4　各阶差分值

Δ	Δ^2	Δ^3	Δ^4	Δ^5	Δ^6
				$\vdots$	$\vdots$
			$\vdots$	0	0
		$\vdots$	0	0	$+\delta$
	$\vdots$	0	0	$+\delta$	-6δ
$\vdots$	0	0	$+\delta$	-5δ	$+15\delta$
0	0	$+\delta$	-4δ	$+10\delta$	-20δ
$+\delta$	$+\delta$	-3δ	$+6\delta$	-10δ	$+15\delta$
δ	-2δ	$+3\delta$	-4δ	$+5\delta$	-6δ
$-\delta$	$+\delta$	$-\delta$	$+\delta$	$-\delta$	$+\delta$
0	0	0	0	0	$\vdots$
$\vdots$	$\vdots$	$\vdots$	$\vdots$	$\vdots$	

① 对于一组节点 $\{x_i\}_{i=0}^n$, 由函数值 $\{f(x_i)\}_{i=0}^n$ 以及近似值 $\{f^*(x_i)\}_{i=0}^n$ 以某种方法构造出的插值多项式分别记为 $p_n(x)$ 和 $p_n^*(x)$. 如果对任意正数 ε, 存在不依赖于 n 的正数 δ, 使得当 $\max\limits_{1\leqslant i\leqslant n}|f(x_i)-f^*(x_i)|\leqslant\delta$ 时有 $\max\limits_{a\leqslant x\leqslant b}|p_n(x)-p_n^*(x)|\leqslant\varepsilon$, 则称该插值方法是数值稳定的. 否则就是不稳定的.

2.3.2 分段插值

鉴于前面关于高次插值的讨论，本节介绍在实际中广泛应用的分段低次插值，即将插值区间$[a,b]$分成一系列的小区间，如$[x_i,x_{i+1}]$($i=0,1,\cdots,$ $n-1$)，$x_0=a$，$x_n=b$，然后在每一个子区间$[x_i,x_{i+1}]$上实施低次多项式插值，记为$p^{(i)}(x)$，定义于整个插值区间上的分段插值函数$\varphi_h(x)$可以表示为

$$\varphi_h(x)=\begin{cases} p^{(0)}(x), & x\in[x_0,x_1], \\ p^{(1)}(x), & x\in[x_1,x_2], \\ \cdots\cdots \\ p^{(n-1)}(x), & x\in[x_{n-1},x_n], \end{cases} \tag{2.42}$$

其中$h=\max\limits_{0\leqslant i\leqslant n-1}(x_{i+1}-x_i)$.

$\varphi_h(x)$是整体插值区间上的连续函数，随着子区间长度h变小，不提高子区间上的插值幂次便可以满足给定的任意精度要求.但一般说来，在子区间的端点处导数不存在，即该分段插值不够光滑(参阅图2.2).下面以等距节点的分段二次插值为例进行较为详细的讨论.

1. 等距节点分段二次插值的误差估计

设$f(x)$在插值区间$[a,b]$上具有三阶连续的导函数，将$[a,b]$均分成n个子区间，记步长$h=\dfrac{b-a}{n}$，子区间端点为$\{x_i=a+ih\}_{i=0}^n$.若在每个子区间$[x_i,x_{i+1}]$上采用二次的等距节点插值$p_2^{(i)}(x)$，插值节点为x_i，$x_{i+\frac{1}{2}}=x_i+\dfrac{h}{2}$和$x_{i+1}$，插值多项式为

$$p_2^{(i)}(x)=f(x_i)\frac{(x-x_{i+\frac{1}{2}})(x-x_{i+1})}{(x_i-x_{i+\frac{1}{2}})(x_i-x_{i+1})}+f(x_{i+\frac{1}{2}})\frac{(x-x_i)(x-x_{i+1})}{(x_{i+\frac{1}{2}}-x_i)(x_{i+\frac{1}{2}}-x_{i+1})}$$

$$+f(x_{i+1})\frac{(x-x_i)(x-x_{i+\frac{1}{2}})}{(x_{i+1}-x_i)(x_{i+1}-x_{i+\frac{1}{2}})}, \quad x\in[x_i,x_{i+1}]. \tag{2.43}$$

设$x=x_{i+\frac{1}{2}}+s\dfrac{h}{2}(-1\leqslant s\leqslant 1)$，上式可简化为

$$p_2^{(i)}(x)=p_2^{(i)}\left(x_{i+\frac{1}{2}}+s\frac{h}{2}\right)$$

$$= f(x_i)s(s-1)/2 - f(x_{i+\frac{1}{2}})(s+1)(s-1) + f(x_{i+1})s(s+1)/2,$$

子区间 $[x_i, x_{i+1}]$ 上的插值余项为

$$R_2^{(i)}(x) = f(x) - p_2^{(i)}(x) = \frac{f'''(\zeta_i)}{3!}(x-x_i)(x-x_{i+\frac{1}{2}})(x-x_{i+1})$$

$$= \frac{f'''(\zeta_i)}{3!}(s+1)s(s-1)\frac{h^3}{8}, \quad x_i < \zeta_i < x_{i+1}, -1 \leqslant s \leqslant 1.$$

设 $\max\limits_{x \in [a,b]} |f'''(x)| = M_3$，则有

$$|R_2^{(i)}(x)| \leqslant \frac{M_3 h^3}{48}|(s+1)s(s-1)|$$

$$\leqslant \frac{M_3 h^3}{48} \max_{-1 \leqslant s \leqslant 1} |(s+1)s(s-1)|$$

$$= \frac{M_3 h^3}{48} \frac{2\sqrt{3}}{9} = \frac{\sqrt{3}}{216}h^3 M_3.$$

由于这一估计与 i 无关，进而对任意 $i = 0,1,2,\cdots,n-1$ 均有上式成立，即对 $\forall x \in [a,b]$ 有如下误差估计

$$|f(x) - \varphi_h(x)| \leqslant \frac{\sqrt{3}}{216}h^3 M_3. \tag{2.44}$$

对任意近似精度要求 $\varepsilon > 0$，由不等式 (2.44) 可解得子区间长度 h 满足不等式

$$h \leqslant 2 \cdot 3^{\frac{5}{6}}\sqrt[3]{\frac{\varepsilon}{M_3}}.$$

式 (2.44) 也表明，当插值子区间长度 h 趋于零时，分段插值函数 $\varphi_h(x)$ 在整体插值区间 $[a,b]$ 上一致地收敛到被插值函数 $f(x)$.

*2　分段二次插值多项式的基表示

对于 $i = 0,1,2,\cdots,n-1$ 定义如下分段二次函数：

$$\varphi_{i+\frac{1}{2}}(x) = \begin{cases} \dfrac{(x-x_i)(x-x_{i+1})}{(x_{i+\frac{1}{2}}-x_i)(x_{i+\frac{1}{2}}-x_{i+1})}, & x \in [x_i, x_{i+1}], \\ 0, & x \notin [x_i, x_{i+1}]. \end{cases}$$

$$\varphi_i(x) = \begin{cases} \dfrac{(x-x_{i+\frac{1}{2}})(x-x_{i+1})}{(x_i-x_{i+\frac{1}{2}})(x_i-x_{i+1})}, & x \in [x_i, x_{i+1}], \\[3mm] \dfrac{(x-x_{i-\frac{1}{2}})(x-x_{i-1})}{(x_i-x_{i-\frac{1}{2}})(x_i-x_{i-1})}, & x \in [x_{i-1}, x_i], \quad i \neq 0, n \\[3mm] 0, & x \notin [x_{i-1}, x_{i+1}], \end{cases}$$

$$\varphi_0(x) = \begin{cases} \dfrac{(x-x_{\frac{1}{2}})(x-x_1)}{(x_0-x_{\frac{1}{2}})(x_0-x_1)}, & x \in [x_0, x_1], \\[3mm] 0, & x \notin [x_0, x_1]. \end{cases}$$

$$\varphi_n(x) = \begin{cases} \dfrac{(x-x_{n-\frac{1}{2}})(x-x_{n-1})}{(x_n-x_{n-\frac{1}{2}})(x_n-x_{n-1})}, & x \in [x_{n-1}, x_n], \\[3mm] 0, & x \notin [x_{n-1}, x_n]. \end{cases}$$

于是关于节点 $\{x_{k/2}\}_{k=0}^{2n}$ 的分段二次插值多项式有如下基表示

$$\varphi_h(x) = \sum_{k=0}^{2n} f(x_{k/2}) \varphi_{k/2}(x),$$

并称 $\{\varphi_{k/2}(x)\}_{k=0}^{2n}$ 是关于节点 $\{x_{k/2}\}_{k=0}^{2n}$ 的分段二次插值基函数,它们都具有局部非零特征,图形示例见图 2.2.

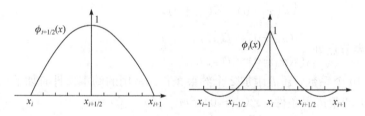

图 2.2 分段二次插值基函数示意图

2.3.3 三次样条插值

前面介绍的分段插值法具有一致的收敛性,但它只保证插值函数的整体连续性,在各小段的连接处虽然左右导数均存在,但不一定相等,因而在连接处不光滑,不能够满足精密机械设计(如船体、飞机、汽车等的外形曲线设计)对函数光滑性的要求. 早期的工程技术人员在绘制经过给定点的曲线时使用一种有弹性的细长木条(或金属条),称之为样条(spline),强迫它弯曲通过已知点,弹性力学理论指出样条的挠度曲线具有二阶连续的导函数,并且在相邻给定点之间为三次多项式,即为数学上的三次样条插值曲线.

1. 样条插值的定义

定义 2.1 给定区间$[a,b]$的一个分划

$$\Delta: a = x_0 < x_1 < \cdots < x_{n-1} < x_n = b,$$

若实值函数$s(x)$满足

(1) 在小区间$[x_{i-1}, x_i]$$(i=1,2,\cdots,n)$上是不超过$m$次的多项式；

(2) 在节点$x_i(i=1,2,\cdots,n-1)$处具有$m-1$阶连续的导数，

则称$s(x)$是关于分划Δ的m次**样条函数**.

若$s(x)$进一步满足

(3) $s(x_i)=f(x_i)(i=0,1,2,\cdots,n)$,

则称$s(x)$是$f(x)$关于分划Δ的m次**样条插值函数**.

一次样条插值函数就是简单的分段线性插值函数. 下面介绍应用非常广泛的三次样条插值函数$s(x)$的构造方法.

三次样条插值函数$s(x)$在每一个小区间上是不超过3次的多项式，含有4个待定系数，在整个插值区间上有$4n$个系数. 依三次样条插值的定义，共有如下$4n-2$个约束

内节点x_i处 $\begin{cases} s(x_i-0)=s(x_i+0)=f(x_i), \\ s'(x_i-0)=s'(x_i+0), \\ s''(x_i-0)=s''(x_i+0), \end{cases}$ $i=1,2,\cdots,n-1;$

边界节点处 $\begin{cases} s(x_0+0)=f(x_0), \\ s(x_n-0)=f(x_n). \end{cases}$

要确定$4n$个系数，还需附加2个约束条件. 常用的约束条件有如下三类：

(1) 转角边界条件 $s'(x_0+0)=m_0, s'(x_n-0)=m_n$.

(2) 弯矩边界条件 $s''(x_0+0)=M_0, s''(x_n-0)=M_n$.

特别地，称$s''(x_0+0)=0, s''(x_n-0)=0$为自然边界条件.

(3) 周期性边界条件 $\begin{cases} s'(x_0+0)=s'(x_n-0), \\ s''(x_0+0)=s''(x_n-0). \end{cases}$

此时，一般有$f(x_0)=f(x_n)$成立.

2. 三弯矩构造法[①]

记$s''(x_i)=M_i(i=0,1,2,\cdots,n)$，在区间$[x_{i-1}, x_i]$上$s''(x)$为线性函数，

---

① 三次样条插值函数也可以用三转角法来构造，具体过程可参阅文献[2].

因而与过(x_{i-1}, M_{i-1})和(x_i, M_i)两点的线性插值函数相同,即有

$$s''(x) = M_{i-1}\frac{x-x_i}{x_{i-1}-x_i} + M_i\frac{x-x_{i-1}}{x_i-x_{i-1}}$$

$$= M_{i-1}\frac{x_i-x}{h_i} + M_i\frac{x-x_{i-1}}{h_i}, \quad x\in[x_{i-1}, x_i], \tag{2.45}$$

式中区间长度 $h_i = x_i - x_{i-1}$.

对$s''(x)$积分两次,并利用插值条件$s(x_{i-1})=f(x_{i-1})$,$s(x_i)=f(x_i)$确定两个积分常数,得到

$$s(x) = M_{i-1}\frac{(x_i-x)^3}{6h_i} + M_i\frac{(x-x_{i-1})^3}{6h_i} + \left(f(x_{i-1}) - \frac{M_{i-1}h_i^2}{6}\right)\frac{x_i-x}{h_i}$$

$$+ \left(f(x_i) - \frac{M_i h_i^2}{6}\right)\frac{x-x_{i-1}}{h_i}, \tag{2.46}$$

上式保证了$s(x)$在x_{i-1}和x_i两点的连续性.

为使$s'(x)$在内点x_i处连续,计算

$$s'(x) = -M_{i-1}\frac{(x_i-x)^2}{2h_i} + M_i\frac{(x-x_{i-1})^2}{2h_i}$$

$$+ \frac{f(x_i)-f(x_{i-1})}{h_i} - \frac{M_i-M_{i-1}}{6}h_i, \quad x\in[x_{i-1}, x_i], \tag{2.47}$$

$$s'(x_i-0) = \frac{h_i}{3}M_i + \frac{h_i}{6}M_{i-1} + f[x_{i-1}, x_i], \tag{2.48}$$

$$s'(x_{i-1}+0) = -\frac{h_i}{3}M_{i-1} - \frac{h_i}{6}M_i + f[x_{i-1}, x_i].$$

类似地,在区间$[x_i, x_{i+1}]$上讨论,得到

$$s'(x_i+0) = -\frac{h_{i+1}}{3}M_i - \frac{h_{i+1}}{6}M_{i+1} + f[x_i, x_{i+1}]. \tag{2.49}$$

令$s'(x_i-0)=s'(x_i+0)$,有

$$\frac{h_i}{6}M_{i-1} + \frac{h_i+h_{i+1}}{3}M_i + \frac{h_{i+1}}{6}M_{i+1} = f[x_i, x_{i+1}] - f[x_{i-1}, x_i],$$

两边同乘以$\dfrac{6}{h_i+h_{i+1}}$,并令$\lambda_i = \dfrac{h_i}{h_i+h_{i+1}}$,$\mu_i = \dfrac{h_{i+1}}{h_i+h_{i+1}}$,得

$$\lambda_i M_{i-1} + 2M_i + \mu_i M_{i+1} = 6f[x_{i-1}, x_i, x_{i+1}] \quad (i=1, 2, \cdots, n-1). \tag{2.50}$$

式(2.50)是关于参数$\{M_i\}_{i=0}^n$的一个不完备的线性方程组,要求解这些参数还需要使用补充的边界条件.

对于附加弯矩约束条件，由式(2.50)得到关于 $\{M_i\}_{i=1}^{n-1}$ 的线性方程组

$$
\begin{bmatrix}
2 & \mu_1 & & & \\
\lambda_2 & 2 & \mu_2 & & \\
& \lambda_3 & 2 & \ddots & \\
& & \ddots & \ddots & \mu_{n-2} \\
& & & \lambda_{n-1} & 2
\end{bmatrix}
\begin{bmatrix}
M_1 \\ M_2 \\ M_3 \\ \vdots \\ M_{n-1}
\end{bmatrix}
=
\begin{bmatrix}
6f[x_0,x_1,x_2]-\lambda_1 M_0 \\
6f[x_1,x_2,x_3] \\
6f[x_2,x_3,x_4] \\
\vdots \\
6f[x_{n-2},x_{n-1},x_n]-\mu_{n-1}M_n
\end{bmatrix}.
$$

$$(2.51)$$

该线性方程组系数矩阵严格对角占优(定义见定理 6.10)，故系数矩阵非奇异，进而线性方程组(2.51)有唯一解向量．该线性方程组系数矩阵是三对角矩阵，可以用第 5 章所介绍的追赶法求解．

将方程组(2.51)的解 M_{i-1} 和 M_i 代入式(2.46)就得到三次样条插值函数 $s(x)$ 在区间 $[x_{i-1},x_i]$ 上的表达形式．

对于附加转角边界条件，依式(2.49)和(2.48)可以得到补充方程

$$2M_0+M_1=6\,\frac{f[x_0,x_1]-m_0}{h_1},\tag{2.52}$$

$$M_{n-1}+2M_n=6\,\frac{m_n-f[x_{n-1},x_n]}{h_n}.\tag{2.53}$$

综合式(2.50)(2.52)(2.53)得到如下矩阵表示的线性方程组

$$
\begin{bmatrix}
2 & 1 & & & & \\
\lambda_1 & 2 & \mu_1 & & & \\
& \lambda_2 & 2 & \mu_2 & & \\
& & \ddots & \ddots & \ddots & \\
& & & \lambda_{n-1} & 2 & \mu_{n-1} \\
& & & & 1 & 2
\end{bmatrix}
\begin{bmatrix}
M_0 \\ M_1 \\ M_2 \\ \vdots \\ M_{n-1} \\ M_n
\end{bmatrix}
=6
\begin{bmatrix}
\dfrac{f[x_0,x_1]-m_0}{h_1} \\
f[x_0,x_1,x_2] \\
f[x_1,x_2,x_3] \\
\vdots \\
f[x_{n-2},x_{n-1},x_n] \\
\dfrac{m_n-f[x_{n-1},x_n]}{h_n}
\end{bmatrix}.\tag{2.54}
$$

对于周期性边界条件，由式(2.49)和(2.48)得到

$$
\begin{cases}
\dfrac{h_1}{3}M_0+\dfrac{h_1}{6}M_1+\dfrac{h_n}{6}M_{n-1}+\dfrac{h_n}{3}M_n=f[x_0,x_1]-f[x_{n-1},x_n], \\
M_0=M_n,
\end{cases}
$$

即

$$
\begin{cases}
2M_0+\lambda_0 M_1+\mu_0 M_{n-1}=6\,\dfrac{f[x_0,x_1]-f[x_{n-1},x_n]}{h_1+h_n}, \\
M_0=M_n,
\end{cases}\tag{2.55}
$$

式中 $\lambda_0 = \dfrac{h_1}{h_1 + h_n}, \mu_0 = \dfrac{h_n}{h_1 + h_n}$.

综合式(2.50)和(2.55)得到如下矩阵表示的线性方程组:

$$
\begin{bmatrix}
2 & \lambda_0 & & & & & \mu_0 \\
\lambda_1 & 2 & \mu_1 & & & & \\
& \lambda_2 & 2 & \mu_2 & & & \\
& & \ddots & \ddots & \ddots & & \\
& & & \lambda_{n-2} & 2 & \mu_{n-2} & \\
\mu_{n-1} & & & & \lambda_{n-1} & 2
\end{bmatrix}
\begin{bmatrix}
M_0 \\ M_1 \\ M_2 \\ \vdots \\ M_{n-2} \\ M_{n-1}
\end{bmatrix}
= 6
\begin{bmatrix}
\dfrac{f[x_0,x_1] - f[x_{n-1},x_n]}{h_1 + h_n} \\
f[x_0,x_1,x_2] \\
f[x_1,x_2,x_3] \\
\vdots \\
f[x_{n-3},x_{n-2},x_{n-1}] \\
f[x_{n-2},x_{n-1},x_n]
\end{bmatrix}.
$$

$$\tag{2.56}$$

可通过如下方法求解该线性方程组,将 M_0 当作已知参数,利用将学到的追赶法从后 $n-1$ 个方程中求解出用 M_0 表示的后 $n-1$ 个参数,然后将它们代入第一个方程解得 M_0,最终得到其他参数.

例 2.5 已知如下函数值表以及导数值表:

x	0	1	2	3
$f(x)$	0	2	3	6
$f'(x)$	1			0

求 $f(x)$ 在 $[0,3]$ 上的三次样条插值函数.

解 (1)确定方程组系数

$$h_1 = h_2 = h_3 = 1, \quad \lambda_1 = \mu_1 = \lambda_2 = \mu_2 = 0.5,$$

$$f[x_0,x_1,x_2] = -0.5, \quad f[x_1,x_2,x_3] = 1,$$

$$\frac{f[x_0,x_1] - m_0}{h_1} = 1, \quad \frac{m_3 - f[x_2,x_3]}{h_3} = -3.$$

这样得到关于弯矩的方程组

$$
\begin{bmatrix}
2 & 1 & & \\
0.5 & 2 & 0.5 & \\
& 0.5 & 2 & 0.5 \\
& & 1 & 2
\end{bmatrix}
\begin{bmatrix}
M_0 \\ M_1 \\ M_2 \\ M_3
\end{bmatrix}
=
\begin{bmatrix}
6 \\ -3 \\ 6 \\ -18
\end{bmatrix}.
$$

（2）用追赶法解方程组

$$M_0 = 3 - 0.5M_1, \quad M_1 = -\frac{18}{7} - \frac{2}{7}M_2,$$

$$M_2 = \frac{51}{13} - \frac{7}{26}M_3, \quad M_3 = -\frac{190}{15} = -\frac{38}{3}.$$

进而得到

$$M_3 = -\frac{38}{3}, \quad M_2 = \frac{22}{3}, \quad M_1 = -\frac{14}{3}, \quad M_0 = \frac{16}{3}.$$

（3）三次样条插值函数

$$s(x) = \begin{cases} s_1(x), & x \in [0,1], \\ s_2(x), & x \in [1,2], \\ s_3(x), & x \in [2,3], \end{cases}$$

$$s_1(x) = \frac{1}{3}(-5x^3 + 8x^2 + 3x),$$

$$s_2(x) = \frac{1}{3}(6x^3 - 25x^2 + 36x - 11),$$

$$s_3(x) = \frac{1}{3}(-10x^3 + 71x^2 - 156x + 117). \qquad\qquad \#$$

3. 样条插值函数的收敛性

由上面的讨论知，对于转角边界条件、弯矩边界条件、周期性边界条件的三次样条插值函数是存在唯一的. 三次样条插值函数对被插值函数的逼近也是收敛的、数值稳定的（参阅文献[1,3,4]等），鉴于误差估计与收敛性证明比较复杂，下面仅给出结论.

定理 2.5　设 $f^{(4)}(x)$ 在 $[a,b]$ 上连续，$s(x)$ 为满足转角边界条件（或弯矩边界条件）的三次样条插值函数，则对任意 $x \in [a,b]$ 有如下估计

$$|f(x) - s(x)| \leqslant \frac{5}{384}M_4 h^4;$$

$$|f'(x) - s'(x)| \leqslant \frac{1}{24}M_4 h^3;$$

$$|f''(x) - s''(x)| \leqslant \frac{1}{8}M_4 h^2;$$

$$|f'''(x) - s'''(x)| \leqslant \frac{\beta + \beta^{-1}}{2}M_4 h,$$

其中 $h = \max\limits_{1 \leqslant i \leqslant n} h_i = \max\limits_{1 \leqslant i \leqslant n}(x_i - x_{i-1})$，$\beta = \dfrac{\max\limits_{1 \leqslant i \leqslant n} h_i}{\min\limits_{1 \leqslant i \leqslant n} h_i}$，$M_4 = \max\limits_{x \in [a,b]} |f^{(4)}(x)|$.

从此定理可以看出，三次样条插值对函数及其一、二阶导数的逼近与分划比 β 无关，而对三阶导数的逼近与分划比有关. 当 $h \to 0$ 时，三次样条插值函数及其一、二阶导数在区间 $[a,b]$ 上一致收敛到函数 $f(x)$ 及其相应导数. 三阶导数的收敛性还要求分划比 β 介于两正常数之间，即分划较为均匀一些.

三次样条插值函数还有如下极值性质.

定理 2.6 设 $[a,b]$ 上有分划 $\Delta : a = x_0 < x_1 < \cdots < x_{n-1} < x_n = b, \{f(x_0), f(x_1), \cdots, f(x_n), f'(x_0), f'(x_n)\}$ 是一组插值数据. $s(x)$ 是关于分划 Δ 满足该组插值数据的三次样条插值函数，$\varphi(x)$ 是满足该组插值数据的具有二阶连续导函数的插值函数. 则有

$$\int_a^b [s''(x)]^2 \mathrm{d}x \leqslant \int_a^b [\varphi''(x)]^2 \mathrm{d}x, \tag{2.57}$$

且仅当 $\varphi(x) \equiv s(x)$ 时等号成立.

证明 考虑如下积分

$$\int_a^b [\varphi''(x) - s''(x)]^2 \mathrm{d}x = \int_a^b [\varphi''(x)]^2 \mathrm{d}x - \int_a^b [s''(x)]^2 \mathrm{d}x$$
$$- 2\int_a^b [\varphi''(x) - s''(x)] s''(x) \mathrm{d}x;$$

而

$$\int_a^b [\varphi''(x) - s''(x)] s''(x) \mathrm{d}x$$

$$= \sum_{i=1}^n \int_{x_{i-1}}^{x_i} [\varphi''(x) - s''(x)] s''(x) \mathrm{d}x$$

$$= \sum_{i=1}^n \left\{ [(\varphi'(x) - s'(x)) s''(x)]_{x_{i-1}}^{x_i} - \int_{x_{i-1}}^{x_i} [\varphi'(x) - s'(x)] s'''(x) \mathrm{d}x \right\}$$

（因 $s'''(x)$ 在 $[x_{i-1}, x_i]$ 上是常数）

$$= -\sum_{i=1}^n s'''\left(\frac{x_{i-1} + x_i}{2}\right) \int_{x_{i-1}}^{x_i} [\varphi'(x) - s'(x)] \mathrm{d}x$$

$$= -\sum_{i=1}^n s'''\left(\frac{x_{i-1} + x_i}{2}\right) [\varphi(x) - s(x)]_{x_{i-1}}^{x_i}$$

$$= 0,$$

这样得到

$$\int_a^b [s''(x)]^2 \mathrm{d}x = \int_a^b [\varphi''(x)]^2 \mathrm{d}x - \int_a^b [\varphi''(x) - s''(x)]^2 \mathrm{d}x. \quad (2.58)$$

定理结论式(2.57)得到证明.

由式(2.57)和(2.58)知,式(2.57)中的等号成立的充分必要条件是

$$\int_a^b [\varphi''(x) - s''(x)]^2 \mathrm{d}x = 0 \Leftrightarrow \varphi''(x) - s''(x) = 0$$

$$\left. \begin{aligned} \varphi(x) &= s(x) + C_1 x + C_0 \\ \Leftrightarrow \varphi(a) &= f(a) = s(a) \\ \varphi(b) &= f(b) = s(b) \end{aligned} \right\} \Leftrightarrow \varphi(x) = s(x).$$

所有结论得证.　　　　　　　　　　　　　　　　　　　　　　　　　　　　　#

在弹性力学小变形理论里,二阶导数刻画的是曲率,二阶导数乘以弯曲刚度表示弯矩,对于横截面为常数的均匀梁,其弯曲刚度是常数,因而二阶导数的平方的积分在相差一个力学常数倍数的意义下表示弯曲梁内蕴含的能量.这一定理反映在满足转角条件的所有二阶导函数连续的变形里,仅当其为三次样条插值函数时蕴含的能量取得最小值. 特别地,若被插值函数 $f(x)$ 在区间$[a,b]$上具有二阶连续的导函数,取 $\varphi(x) = f(x)$,由定理 2.6 得到

$$\int_a^b [s''(x)]^2 \mathrm{d}x \leqslant \int_a^b [f''(x)]^2 \mathrm{d}x. \quad (2.59)$$

且仅当 $f(x) = s(x)$ 时等号成立,其蕴含的能量达到最小值.

定理 2.7　设被插值函数 $f(x)$ 在区间$[a,b]$上具有二阶连续的导函数,$s(x)$ 是定理 2.6 中关于分划 Δ 的满足转角边界条件的三次样条插值函数,$\bar{s}(x)$ 是关于分划 Δ 的任意三次样条函数. 则有

$$\int_a^b [f''(x) - s''(x)]^2 \mathrm{d}x \leqslant \int_a^b [f''(x) - \bar{s}''(x)]^2 \mathrm{d}x. \quad (2.60)$$

证明思路同定理 2.6,故从略.

该定理表明,在能量的意义下,三次样条函数集合中的三次样条插值是满足转角边界条件中的最佳近似,能量误差达到了最小.

习 题 2

1. 针对如下函数值表,试构造合适的二次拉格朗日插值多项式计算 $f(1.8)$ 的近似值.

x	-1	0	1	2	3
$f(x)$	1.21	1.42	1.72	1.67	1.58

2. 已知 $f(x) = \sin x$ 的如下函数值表

x	1.0	1.5	2.0
$\sin x$	0.841 5	0.997 5	0.909 3

试用二次插值多项式计算 $\sin 1.8$ 的近似值 $L_2(1.8)$,并用插值余项估计其误差限 ε,ε 与 $\left|\sin 1.8 - L_2(1.8)\right|$ 相差大吗? 试解释其原因. 对任意 $x \in [1,2]$ 估计用 $L_2(x)$ 近似 $\sin x$ 的插值误差限.

3. 取节点 $x_0 = 0, x_1 = 1$ 对函数 $y = e^{-x}$ 作线性插值,用该插值函数计算 $e^{-0.5}$ 和 $e^{-1.5}$ 的近似值,并比较这两个近似值的误差限,比较结果对你有什么启示?

4. 已知如下的函数值表

x	0.1	0.2	0.3	0.4
$f(x)$	-2	0	1	2

使用反插值法求解方程 $f(x) = 0.5$ 在区间 $[0.1, 0.4]$ 内根的近似值.

5. 证明关于互异节点 $\{x_i\}_{i=0}^n$ 的拉格朗日插值基函数 $\{l_i(x)\}_{i=0}^n$ 满足恒等式

$$l_0(x) + l_1(x) + \cdots + l_n(x) \equiv 1.$$

6. 设 $\{l_i(x)\}_{i=0}^n$ 是关于互异节点 $\{x_i\}_{i=0}^n$ 的拉格朗日插值基函数,试证明

$$\sum_{i=0}^n l_i(0) x_i^{n+1} = (-1)^n x_0 x_1 \cdots x_n.$$

7. 利用如下函数值表构造差商表,并写出牛顿插值多项式.

x	1	3/2	0	2
$f(x)$	3	13/4	3	5/3

8. 证明差商具有线性性质,即若有 $p(x) = c_1 f(x) + c_2 g(x)$,则 $p[x_0, x_1, \cdots, x_k] = c_1 f[x_0, x_1, \cdots, x_k] + c_2 g[x_0, x_1, \cdots, x_k]$.

*9. 证明差商的莱布尼茨公式,即若有 $p(x) = f(x)g(x)$,则有 $p[x_0, x_1, \cdots, x_n] = \sum_{k=0}^n f[x_0, x_1, \cdots, x_k] g[x_k, x_{k+1}, \cdots, x_n]$,式中零阶差商 $f[x_0] = f(x_0), g[x_n] = g(x_n)$.

10. 设 $f(x)$ 为 n 次多项式,试证明:当 $k > n$ 时 k 阶差商 $f[x_0, x_1, \cdots, x_{k-1}, x]$ 恒等于零,

当 $k \leqslant n$ 时 $f[x_0, x_1, \cdots, x_{k-1}, x]$ 为 $n-k$ 次多项式.

11. 利用第 1 题中数据构造 4 次牛顿向前插值公式,并计算 $f(1.8)$ 的近似值.

12. 证明差商和差分之间的关系(2.21)和(2.22),并推导差分和导数之间的关系.

13. 推导差分 $\Delta^n f(x_0)$ 的函数值达形式.

14. 试判定下面多项式值表是否来自一个次数不低于 3 的多项式.

X	-2	-1	0	1	2	3
Y	1	4	11	16	13	-4

15. 利用差分的性质证明 $1^2 + 2^2 + \cdots + n^2 = n(n+1)(2n+1)/6$.

16. 证明差分的分部求和公式

$$\sum_{k=0}^{n-1} f_k \Delta g_k = f_n g_n - f_0 g_0 - \sum_{k=0}^{n-1} g_{k+1} \Delta f_k.$$

17. 用如下函数值表建立不超过 3 次的埃尔米特插值多项式及相应的插值余项.

x	0	1	2
$f(x)$	1	2	9
$f'(x)$	—	3	—

18. 用分段二次插值多项式近似定义于区间$[0,1]$上的函数 e^x,要使截断误差不超过 10^{-6} 至少需要使用多少个等分节点处的函数值?并分析该分段插值方法的稳定性.

19. 针对如下的函数值表建立三次样条插值函数

x	1	2	3
$f(x)$	2	4	2
$f'(x)$	1	—	-1

20. 用 $f(x)$ 的关于互异节点集$\{x_i\}_{i=1}^{n-1}$ 和$\{x_i\}_{i=2}^{n}$ 的插值多项式 $g(x)$ 和 $h(x)$ 构造出关于节点集$\{x_i\}_{i=1}^{n}$ 的插值多项式.

第3章　函数逼近

简单来说，函数逼近就是在某个函数集合 V 中找一复杂已知函数或者仅知道某些采样点函数值的未知函数 $f(x)$ 的"最好"近似 $\varphi^*(x) \in V$. 为了使函数值计算花费较少时间同时近似又可靠，集合 V 中的元素应该是计算量小的简单函数，并保留被近似函数 $f(x)$ 的一些重要性质. 在实际应用中，集合 V 通常是依赖于一组参数的函数族，其代表元素 $\varphi(x)$ 有如下形式：

$$\varphi(x) = \varphi(x; c_0, c_1, \cdots, c_n). \tag{3.1}$$

当 $\varphi(x)$ 线性地依赖于参数 $\{c_i\}_{i=0}^n$，即

$$\varphi(x) = c_0\varphi_0(x) + c_1\varphi_1(x) + \cdots + c_n\varphi_n(x) \tag{3.2}$$

时，函数族 $V = \mathrm{span}\{\varphi_0, \varphi_1, \cdots, \varphi_n\}$ 是一个 $n+1$ 维的线性空间，其中 $\varphi_0(x)$，$\varphi_1(x), \cdots, \varphi_n(x)$ 线性无关. 本章介绍在线性空间上求函数 $f(x)$ 的最佳近似问题的求解方法，以及问题本身的存在唯一性、收敛性和误差估计等理论.

3.1　赋范线性空间与内积空间

3.1.1　赋范线性空间

上面所谓的"最好"近似，是指在线性空间 V 中[①]，$\varphi^*(x) \in V$ 距离函数 $f(x)$ 最近. 这就需要引入两个函数之间距离的概念. 为此首先介绍范数的定义.

定义 3.1　设 $\| \cdot \|$ 为定义于线性空间 V 上的实值函数（泛函），并满足：

(1)（正定性）$\|g\| \geqslant 0, \forall g \in V$；当且仅当 $g = 0$ 时有 $\|g\| = 0$；

(2)（齐次性）$\|rg\| = |r| \|g\|, \forall r \in \mathbf{R}, g \in V$；

(3)（三角不等式）$\|f + g\| \leqslant \|f\| + \|g\|, \forall f, g \in V$，

则称实值函数 $\| \cdot \|$ 是线性空间 V 上的**范数**，并称线性空间 V 为**赋范线性空间**，记为 $(V, \| \cdot \|)$. 当上下文中关于范数的应用无歧义时，可沿用线性空

---

① 本章中所有线性空间是指定义于实数域 $\mathbf{R}$ 上的线性空间.

间的符号 V 表示之.

从上面的定义知: 若 V_1 是 V 的子空间, 定义于 V 上的范数 $\parallel \cdot \parallel$ 也是 V_1 上的范数.

定义于区间 $[a,b]$ 上连续函数的集合 $C[a,b]$ 是一线性空间, 在该线性空间上定义实值函数 (泛函) $\parallel \cdot \parallel_\infty$:

$$\parallel f \parallel_\infty = \max_{a \leqslant x \leqslant b} \left| f(x) \right|, \quad \forall f \in C[a,b]. \tag{3.3}$$

对任意的 $f, g \in C[a,b], r \in \mathbf{R}$, 实值函数 $\parallel \cdot \parallel_\infty$ 满足

$$\parallel f \parallel_\infty \geqslant 0, \forall f \in C[a,b]; \quad \parallel f \parallel_\infty = 0 \Leftrightarrow f = 0;$$

$$\parallel rf \parallel_\infty = \max_{a \leqslant x \leqslant b} \left| rf(x) \right| = \left| r \right| \max_{a \leqslant x \leqslant b} \left| f(x) \right| = \left| r \right| \parallel f \parallel_\infty;$$

$$\parallel f + g \parallel_\infty = \max_{a \leqslant x \leqslant b} \left| f(x) + g(x) \right|$$

$$\leqslant \max_{a \leqslant x \leqslant b} \left| f(x) \right| + \max_{a \leqslant x \leqslant b} \left| g(x) \right|$$

$$= \parallel f \parallel_\infty + \parallel g \parallel_\infty;$$

由范数的定义 (定义 3.1) 知, $\parallel \cdot \parallel_\infty$ 是线性空间 $C[a,b]$ 上的一种范数. 线性空间 $C[a,b]$ 关于该范数是一赋范线性空间, 记为 $(C[a,b], \parallel \cdot \parallel_\infty)$.

同样可以论证, 线性空间 $C[a,b]$ 关于实值函数 $\parallel \cdot \parallel_2$ 也是赋范线性空间, 记为 $(C[a,b], \parallel \cdot \parallel_2)$, 其中 $\parallel \cdot \parallel_2$ 的定义形式如下

$$\parallel f \parallel_2 = \left(\int_a^b f^2(x) \mathrm{d}x \right)^{\frac{1}{2}}, \quad \forall f \in C[a,b]. \tag{3.4}$$

对于赋范线性空间 $(V, \parallel \cdot \parallel)$ 上的任意两个元素 f 和 g, 定义它们之间的**距离** $d(f,g) = \parallel f - g \parallel$. 特别地, 赋范线性空间 $(C[a,b], \parallel \cdot \parallel_\infty)$ 上两个元素 f 和 g 间的距离为

$$d(f,g) = \parallel f - g \parallel_\infty = \max_{a \leqslant x \leqslant b} \left| f(x) - g(x) \right|; \tag{3.5}$$

赋范线性空间 $(C[a,b], \parallel \cdot \parallel_2)$ 上两个元素 f 和 g 间的距离为

$$d(f,g) = \parallel f - g \parallel_2 = \left(\int_a^b (f(x) - g(x))^2 \mathrm{d}x \right)^{\frac{1}{2}}. \tag{3.6}$$

3.1.2　函数逼近问题

设 $f(x) \in C[a,b], \Phi$ 为赋范线性空间 $(C[a,b], \parallel \cdot \parallel)$ 上的一个子空

间，范数 $\|\cdot\|$ 可以是 $\|\cdot\|_\infty$ 或者 $\|\cdot\|_2$ 等. 称问题：

求 $\varphi^*(x) \in \Phi$，使得

$$\|f - \varphi^*\| = \min_{\varphi \in \Phi} \|f - \varphi\| \tag{3.7}$$

为函数 $f(x)$ 在赋范空间 Φ 上的函数逼近问题.

特别地，当 Φ 为空间 $(C[a,b], \|\cdot\|)$ 上的有限维子空间时，不妨假设其维数为 $n+1$，函数组 $\{\varphi_i\}_{i=0}^n$ 是该子空间上的一组线性无关基，即有 $\Phi = \text{span}\{\varphi_0, \varphi_1, \cdots, \varphi_n\}$，逼近问题 (3.7) 可以表述为：

求 $\varphi^*(x) = c_0^* \varphi_0 + c_1^* \varphi_1 + \cdots + c_n^* \varphi_n \in \Phi$，使得

$$J(c_0^*, c_1^*, \cdots, c_n^*) = \min_{\substack{c_i \in \mathbf{R} \\ 0 \leqslant i \leqslant n}} J(c_0, c_1, \cdots, c_n), \tag{3.8}$$

式中多元函数 $J(c_0, c_1, \cdots, c_n) = \left\| f - \sum_{i=0}^n c_i \varphi_i \right\|$.

当范数 $\|\cdot\|$ 是 $\|\cdot\|_\infty$ 或者 $\|\cdot\|_2$ 时，称逼近问题 (3.8) 分别为**最佳一致逼近问题**和**最佳平方逼近问题**.

如求函数 $f(x) = \sin x, x \in [0, 0.1]$ 的不超过二次的最佳一致逼近、最佳平方逼近多项式问题可分别表述为：

求 $\varphi^*(x) = c_0^* + c_1^* x + c_2^* x^2$，使得

$$J_1(c_0^*, c_1^*, c_2^*) = \min_{\substack{c_i \in \mathbf{R} \\ 0 \leqslant i \leqslant 2}} J_1(c_0, c_1, c_2)$$

$$= \min_{\substack{c_i \in \mathbf{R} \\ 0 \leqslant i \leqslant 2}} \left(\max_{0 \leqslant x \leqslant 0.1} \left| \sin x - (c_0 + c_1 x + c_2 x^2) \right| \right);$$

求 $\varphi^*(x) = c_0^* + c_1^* x + c_2^* x^2$，使得

$$J_2(c_0^*, c_1^*, c_2^*) = \min_{\substack{c_i \in \mathbf{R} \\ 0 \leqslant i \leqslant 2}} J_2(c_0, c_1, c_2)$$

$$= \min_{\substack{c_i \in \mathbf{R} \\ 0 \leqslant i \leqslant 2}} \left[\int_0^{0.1} (\sin x - (c_0 + c_1 x + c_2 x^2))^2 \, dx \right]^{\frac{1}{2}}.$$

在该示例中：$[a,b] = [0, 0.1]$，$\Phi = \text{span}\{1, x, x^2\}$.

3.1.3 内积空间

定义3.2 设 V 为一线性空间，若定义于 $V \times V$ 上的二元实值函数 $(\cdot, \cdot)$（泛函），对任意 $f, g, h \in V$ 满足

(1)（对称性）$(f,g) = (g,f)$；

(2)（线性性）$(r_1 f + r_2 h,g) = r_1(f,g) + r_2(h,g), \forall r_1, r_2 \in \mathbf{R}$；

(3)（正定性）$(f,f) \geqslant 0$, 当且仅当 $f = 0$ 时有 $(f,f) = 0$,

则称二元实值函数$(\cdot,\cdot)$是线性空间 V 上的一种**内积**. 并称线性空间 V 关于实值函数$(\cdot,\cdot)$是**内积空间**.

由上述定义不难推知, 若 V_1 为内积空间 V 上的子空间, V_1 关于 V 的内积也是内积空间.

在线性空间 $C[a,b]$ 上定义的二元实值函数

$$(f,g) = \int_a^b f(x)g(x)\mathrm{d}x \tag{3.9}$$

满足内积的三个条件. 这样, 线性空间 $C[a,b]$ 关于式(3.9)所规定的内积是内积空间.

定义 3.3　定义于 $[a,b]$ 上的实值函数 $\rho(x)$, 如果满足

(1) $\rho(x) \geqslant 0, \forall x \in [a,b]$, 以及满足 $\rho(x) = 0$ 的点集的测度为零;

(2) $\int_a^b \rho(x)\mathrm{d}x > 0$; ①

(3) $\int_a^b x^k \rho(x)\mathrm{d}x (k = 0,1,2,\cdots)$ 存在,

则称 $\rho(x)$ 为区间 $[a,b]$ 上的一个**权函数**.

有了权函数的定义, 下面可以给线性空间 $C[a,b]$ 赋带权的内积$(\cdot,\cdot)_\rho$:

$$(f,g)_\rho = \int_a^b f(x)g(x)\rho(x)\mathrm{d}x. \tag{3.10}$$

在上下文中关于内积的理解无歧义时, 我们将简记内积$(\cdot,\cdot)_\rho$为$(\cdot,\cdot)$. 在理论证明和公式推导过程中, 如果没有明示权函数具体取什么, 则表示对任意权函数均成立. 但在具体计算过程中, 当没有确切指出权函数时, 我们约定权函数 $\rho(x) \equiv 1$, 此时式(3.10)等同式(3.9).

设 f 和 g 是内积空间 V 中的任意元素, 由定义 3.2 知

$$(f,f)^{\frac{1}{2}} \text{ 有定义且} (f,f)^{\frac{1}{2}} = 0 \Leftrightarrow f = 0;$$

$$(rf,rf)^{\frac{1}{2}} = |r|(f,f)^{\frac{1}{2}}, \forall r \in \mathbf{R}; \tag{3.11}$$

$$(f+g,f+g)^{\frac{1}{2}} \leqslant (f,f)^{\frac{1}{2}} + (g,g)^{\frac{1}{2}}$$

成立, 依据范数的定义, 可以将$(f,f)^{\frac{1}{2}}$看作内积空间上定义的范数, 通常称

---

① 　当 a 或(且) b 为无穷大时表示定义于无穷区间上的广义积分.

之为**内积诱导范数**. 也就是说，内积空间关于其诱导范数是赋范空间.

基于上面的分析，定义于内积空间 $C[a,b]$ 的子空间 Φ 上关于权函数 $\rho(x)$ 的最佳平方逼近问题等价于如下问题：

求 $\varphi^* \in \Phi = \mathrm{span}\{\varphi_0, \varphi_1, \cdots, \varphi_n\}$，使得

$$
\begin{aligned}
(f - \varphi^*, f - \varphi^*) &= \min_{\varphi \in \Phi}(f - \varphi, f - \varphi) \\
&= \min_{\varphi \in \Phi} \int_a^b (f - \varphi)^2 \rho \, \mathrm{d}x
\end{aligned}
\tag{3.12}
$$

成立.

3.2　最佳平方逼近与广义傅里叶级数

本节研究函数 $f(x)$ 在有限维内积空间 $\Phi = \mathrm{span}\{\varphi_0, \varphi_1, \cdots, \varphi_n\}$ 上的最佳平方逼近问题(3.12)，即

求 $\varphi^* = c_0^* \varphi_0 + c_1^* \varphi_1 + \cdots + c_n^* \varphi_n \in \Phi$，使得

$$
\begin{aligned}
I(c_0^*, c_1^*, \cdots, c_n^*) &= \min_{\substack{c_i \in \mathbf{R} \\ 0 \leqslant i \leqslant n}} I(c_0, c_1, \cdots, c_n) \\
&= \min_{\substack{c_i \in \mathbf{R} \\ 0 \leqslant i \leqslant n}} \left(f - \sum_{i=0}^n c_i \varphi_i, f - \sum_{i=0}^n c_i \varphi_i \right)
\end{aligned}
\tag{3.13}
$$

以及 $f(x)$ 在无穷维内积空间上的广义傅里叶(Fourier)级数.

3.2.1　最佳平方逼近问题的求解

求解问题(3.13)就是求多元函数 $I(c_0, c_1, \cdots, c_n)$ 的最小值. 由内积的性质知

$$
\begin{aligned}
I(c_0, c_1, \cdots, c_n) &= (f, f) - 2\left(f, \sum_{i=0}^n c_i \varphi_i \right) + \left(\sum_{i=0}^n c_i \varphi_i, \sum_{i=0}^n c_i \varphi_i \right) \\
&= (f, f) - 2\left(f, \sum_{i=0}^n c_i \varphi_i \right) + \sum_{i=0}^n \sum_{j=0}^n c_i c_j (\varphi_i, \varphi_j) \\
&= (f, f) - 2 C^{\mathrm{T}} F_n + C^{\mathrm{T}} G_n C \xlongequal{\text{记为}} I(C),
\end{aligned}
\tag{3.14}
$$

式中 $C = (c_0, c_1, \cdots, c_n)^{\mathrm{T}}, F_n = ((f, \varphi_0), (f, \varphi_1), \cdots, (f, \varphi_n))^{\mathrm{T}}, G_n$ 是格拉姆 (Gram) 矩阵，即有

$$G_n = \begin{bmatrix} (\varphi_0,\varphi_0) & (\varphi_0,\varphi_1) & \cdots & (\varphi_0,\varphi_n) \\ (\varphi_1,\varphi_0) & (\varphi_1,\varphi_1) & \cdots & (\varphi_1,\varphi_n) \\ \vdots & \vdots & & \vdots \\ (\varphi_n,\varphi_0) & (\varphi_n,\varphi_1) & \cdots & (\varphi_n,\varphi_n) \end{bmatrix}.$$

下面给出三个有用的定理.

定理 3.1   设 $\varphi_0,\varphi_1,\cdots,\varphi_n$ 为内积空间 Φ 中的元素, 则 $\varphi_0,\varphi_1,\cdots,\varphi_n$ 线性无关的充分必要条件是格拉姆矩阵非奇异, 即 $\det(G_n) \neq 0$.

证明   由线性无关的定义知, 函数组 $\{\varphi_i\}_{i=0}^n$ 线性无关的充分必要条件是内积空间中的零元素表示唯一, 即当且仅当 $c_0 = c_1 = \cdots = c_n = 0$ 时才有

$$c_0\varphi_0 + c_1\varphi_1 + \cdots + c_n\varphi_n = 0. \tag{3.15}$$

必要性(反证法)   假设 $\det(G_n) = 0$, 则线性方程组 $G_n x = 0$ 存在非零解向量, 记之为 $(c_0,c_1,\cdots,c_n)^{\mathrm{T}}$. 进而有

$$(c_0,c_1,\cdots,c_n)G_n(c_0,c_1,\cdots,c_n)^{\mathrm{T}} = 0,$$

即

$$\left(\sum_{i=0}^n c_i\varphi_i, \sum_{i=0}^n c_i\varphi_i \right) = 0.$$

由内积定义知 $\sum_{i=0}^n c_i\varphi_i = 0$. 这与函数组 $\{\varphi_i\}_{i=0}^n$ 线性无关矛盾. 假设不成立.

充分性(反证法)   假若函数组 $\{\varphi_i\}_{i=0}^n$ 线性相关, 则存在着一组不全为零的常数 $\{c_i\}_{i=0}^n$ 使得 (3.15) 成立. 这样得到

$$\left(\varphi_j, \sum_{i=0}^n c_i\varphi_i \right) = 0, \quad j = 0,1,2,\cdots,n,$$

即有

$$\sum_{i=0}^n (\varphi_j,\varphi_i)c_i = 0, \quad j = 0,1,2,\cdots,n$$

成立. 这就是说 $\{c_i\}_{i=0}^n$ 是方程组 $G_n x = 0$ 的一组非零解, 这一结论与条件 $\det(G_n) \neq 0$ 矛盾. 假设不成立.   ♯

从上面的证明过程可以看到, 线性无关函数组 $\{\varphi_i\}_{i=0}^n$ 的格拉姆矩阵 G_n 是对称的, 并满足不等式

$$(c_0,c_1,\cdots,c_n)G_n(c_0,c_1,\cdots,c_n)^{\mathrm{T}} = \left(\sum_{i=0}^n c_i\varphi_i, \sum_{i=0}^n c_i\varphi_i \right) \geqslant 0,$$

当且仅当 $c_0 = c_1 = \cdots = c_n = 0$ 时才有等号成立. 这样得到如下定理.

定理 3.2　　由内积空间中线性无关元素确定的格拉姆矩阵是实对称正定矩阵.

定理 3.3　　设 $A = (a_{ij})_{n \times n}$ 为实对称正定矩阵, b 和 x 是 n 维列向量. 则 x 使得二次函数

$$\pi(x) = x^{\mathrm{T}} A x - 2 x^{\mathrm{T}} b$$

取得最小值的充分必要条件是 x 为线性方程组 $Ax = b$ 的解.

证明　　由于 A 为实对称正定矩阵知 $\det(A) \neq 0$, 于是线性方程组 $Ax = b$ 存在唯一解向量 α, 即有 $A\alpha = b$. 进而得到

$$x^{\mathrm{T}} A \alpha = x^{\mathrm{T}} b \quad \text{和} \quad \alpha^{\mathrm{T}} A x = b^{\mathrm{T}} x.$$

$$
\begin{aligned}
\pi(x) &= x^{\mathrm{T}} A x - x^{\mathrm{T}} b - b^{\mathrm{T}} x \\
&= x^{\mathrm{T}} A x - x^{\mathrm{T}} A \alpha - \alpha^{\mathrm{T}} A x \\
&= x^{\mathrm{T}} A(x - \alpha) - \alpha^{\mathrm{T}} A x + \alpha^{\mathrm{T}} A \alpha - \alpha^{\mathrm{T}} A \alpha \\
&= x^{\mathrm{T}} A(x - \alpha) - \alpha^{\mathrm{T}} A(x - \alpha) - \alpha^{\mathrm{T}} A \alpha \\
&= (x - \alpha)^{\mathrm{T}} A(x - \alpha) - \alpha^{\mathrm{T}} A \alpha.
\end{aligned}
$$

由于 $\alpha^{\mathrm{T}} A \alpha$ 是常量, A 为正定对称矩阵, 故仅当 $x = \alpha$ 时 $\pi(x)$ 取得最小值 $-\alpha^{\mathrm{T}} A \alpha$. 　　　　　　　　　　　　　　　　　　　　　　　　#

对于最佳平方逼近问题 (3.14), 由于 (f, f) 是确定常数, $I(C)$ 的最小值解向量即为 $C^{\mathrm{T}} G_n C - 2 C^{\mathrm{T}} F_n$ 的最小值解向量. 定理 3.2 指出格拉姆矩阵是实对称正定矩阵. 结合定理 3.3 知, 最小值问题 (3.14) 的解就是线性方程组

$$G_n C = F_n \tag{3.16}$$

的解向量, 并称该线性方程组为最佳平方逼近问题的**法方程组**或**正规方程组**.

由于 $\det(G_n) \neq 0$, 法方程组有唯一解向量, 记为 $C^* = (c_0^*, c_1^*, \cdots, c_n^*)^{\mathrm{T}}$, 即有

$$G_n C^* = F_n. \tag{3.17}$$

最佳平方逼近问题的解函数为 $\varphi^* = \sum_{i=0}^{n} c_i^* \varphi_i$.

由内积的性质和函数组 $\{\varphi_i\}_{i=0}^n$ 的线性无关性得到 (3.17) 的另一等价表达形式

$$\begin{cases} (\varphi_0, \varphi^*) = (\varphi_0, f), \\ (\varphi_1, \varphi^*) = (\varphi_1, f), \\ \quad\cdots\cdots \\ (\varphi_n, \varphi^*) = (\varphi_n, f). \end{cases} \tag{3.18}$$

注记 1　该等价形式表明,函数 f 及其最佳平方逼近函数 φ^* 与逼近空间中的一组基具有相等的内积,进而它们与该逼近空间中任一函数具有相同的内积. 简单来说,最佳平方逼近函数继承内积.

用 $c_0^*, c_1^*, \cdots, c_n^*$ 分别乘 (3.18) 中各方程,并将所得结果相加得

$$(\varphi^*, \varphi^*) = (\varphi^*, f). \tag{3.19}$$

这样有

$$\| \varphi^* - f \|_2^2 = (\varphi^* - f, \varphi^* - f) = (\varphi^*, \varphi^*) - 2(\varphi^*, f) + (f, f)$$

$$= (f, f) - (\varphi^*, \varphi^*) = \| f \|_2^2 - \| \varphi^* \|_2^2 \tag{3.20}$$

$$= (f, f) - (f, \varphi^*) = (f, f) - F_n^{\mathrm{T}} C^*, \tag{3.21}$$

称 $\| \varphi^* - f \|_2^2$ 为 φ^* 近似 f 的**平方逼近误差**,简称平方误差.

特别地,当 $\Phi = \boldsymbol{P}_n = \mathrm{span}\{1, x, x^2, \cdots, x^n\}$ 时有 $\varphi_i = x^i (i = 0, 1, \cdots, n)$,取逼近区间 $[a, b] = [0, 1]$,权函数 $\rho(x) \equiv 1$,则法方程组的系数矩阵 G_n 为

$$\begin{bmatrix} 1 & \dfrac{1}{2} & \cdots & \dfrac{1}{n+1} \\ \dfrac{1}{2} & \dfrac{1}{3} & \cdots & \dfrac{1}{n+2} \\ \vdots & \vdots & & \vdots \\ \dfrac{1}{n+1} & \dfrac{1}{n+2} & \cdots & \dfrac{1}{2n+1} \end{bmatrix} = H_n. \tag{3.22}$$

称此矩阵为希尔伯特(Hilbert)矩阵,右端列向量

$$F_n = \left(\int_0^1 f(x)\mathrm{d}x, \int_0^1 xf(x)\mathrm{d}x, \cdots, \int_0^1 x^n f(x)\mathrm{d}x \right)^{\mathrm{T}}. \tag{3.23}$$

记法方程组 $H_n C = F_n$ 的解向量为 $C^* = (c_0^*, c_1^*, \cdots, c_n^*)^{\mathrm{T}}$,函数 $f(x)$ 的不超过 n 次的最佳平方逼近函数为

$$p_n^* = c_0^* + c_1^* x + c_2^* x^2 + \cdots + c_n^* x^n,$$

其平方误差为

$$\| \varphi^* - f \|_2^2 = (f, f) - F_n^{\mathrm{T}} C^* = \int_0^1 f^2(x)\mathrm{d}x - F_n^{\mathrm{T}} C^*. \tag{3.24}$$

例 3.1 求 $f(x) = \dfrac{1}{1+x^2}$ 在区间 $[0,1]$ 上的二次最佳平方逼近多项式，以及平方逼近误差（取权函数 $\rho(x) \equiv 1$）.

解 内积空间 $\Phi = \boldsymbol{P}_2 = \mathrm{span}\{1, x, x^2\}$，逼近区间 $[a,b] = [0,1]$，权函数 $\rho(x) \equiv 1$. 最佳平方逼近的法方程组系数矩阵为希尔伯特矩阵

$$H_2 = \begin{bmatrix} 1 & 1/2 & 1/3 \\ 1/2 & 1/3 & 1/4 \\ 1/3 & 1/4 & 1/5 \end{bmatrix}.$$

右端项

$$
\begin{aligned}
F_2 &= \left(\int_0^1 f(x)\,\mathrm{d}x, \int_0^1 x f(x)\,\mathrm{d}x, \int_0^1 x^2 f(x)\,\mathrm{d}x \right)^{\mathrm{T}} \\
&= \left(\int_0^1 \frac{1}{1+x^2}\,\mathrm{d}x, \int_0^1 \frac{x}{1+x^2}\,\mathrm{d}x, \int_0^1 \frac{x^2}{1+x^2}\,\mathrm{d}x \right)^{\mathrm{T}} \\
&= \left(\frac{\pi}{4}, \frac{\ln 2}{2}, 1 - \frac{\pi}{4} \right)^{\mathrm{T}} \\
&\approx (0.785398, 0.346574, 0.214602)^{\mathrm{T}}.
\end{aligned}
$$

求解法方程组 $H_2 C = F_2$ 得

$$C^* \approx (1.029989, -0.360535, -0.192971)^{\mathrm{T}},$$

函数 $f(x)$ 在 Φ 上的二次最佳平方逼近多项式为

$$p_2^* = 1.029989 - 0.360535x - 0.192971x^2.$$

平方逼近误差

$$\| p_2^* - f \|_2^2 = \int_0^1 f^2(x)\,\mathrm{d}x - F_2^{\mathrm{T}} C^* \approx 0.000112. \qquad \#$$

关于此例题的逼近效果可参阅图 3.1.

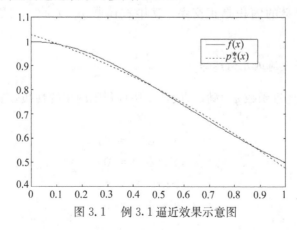

图 3.1 例 3.1 逼近效果示意图

由于希尔伯特矩阵 H_n 当 n 较大时为病态矩阵(详请参阅第 5 章),因此舍入误差对数值解的影响很大,同时为了减少法方程组的形成与求解过程的计算量,我们需要选择内积空间上一组合适的基 —— 正交函数基,来求解最佳平方逼近问题(详见下一小节).

3.2.2　基于正交函数基的最佳平方逼近

1. 正交的概念

定义 3.4　内积空间 V 上的两个元素 f 和 g,如果有内积 $(f,g)=0$,则称 f 和 g 关于内积 $(\cdot,\cdot)$ **正交**;若内积空间上的元素系 $\{f_i\}_{i=0}^{\infty}$ 满足两两正交,即对于任意的非负整数 i 和 j 有

$$\begin{cases} (f_i,f_j)=0 & (i\neq j), \\ (f_i,f_i)=\gamma_i>0, \end{cases}$$

则称 $\{f_i\}_{i=0}^{\infty}$ 为**正交系**. 特别地,若进一步有 $(f_i,f_i)=1$ $(i=0,1,2,\cdots)$,则称 $\{f_i\}_{i=0}^{\infty}$ 为**标准正交系**.

在高等数学课程中已经知道三角函数系 $1,\sin x,\cos x,\sin 2x,\cos 2x,\cdots$ 在区间 $[0,2\pi]$ 上是两两正交的,即对任意非负整数 i 和 j 有

$$\int_0^{2\pi}\varphi_i(x)\varphi_j(x)\mathrm{d}x=\begin{cases} 0, & i\neq j, \\ 2\pi, & i=j=0, \\ \pi, & i=j\neq 0, \end{cases}$$

式中 $\varphi_i(x)=\begin{cases} \cos\dfrac{ix}{2}, & i\text{ 为偶数}, \\ \sin\dfrac{(i+1)x}{2}, & i\text{ 为奇数}. \end{cases}$　由定义 3.4 知该三角函数系关于式(3.10)所定义的内积是正交系,其中权函数 $\rho(x)\equiv 1$,区间 $[a,b]=[0,2\pi]$.

2. 最佳平方逼近几何解释

最佳平方逼近函数 φ^* 满足方程(3.18),利用内积的性质,进而有下面等价形式

$$\begin{cases} (\varphi_0,f-\varphi^*)=0, \\ (\varphi_1,f-\varphi^*)=0, \\ \qquad\cdots\cdots \\ (\varphi_n,f-\varphi^*)=0. \end{cases} \tag{3.25}$$

考虑到函数组 $\{\varphi_i\}_{i=0}^n$ 是内积空间 Φ 上的一组基,故(3.25)表明 $f-\varphi^*$ 与内积空间 Φ 中任意函数正交,进而 φ^* 可视为被逼近函数 f 在内积空间上的投影,参见示意图 3.2. 当 $f\in\Phi$ 时, f 在内积空间 Φ 上的投影就是它自身,即有 $\varphi^*=f$.

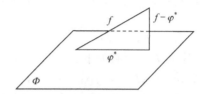

图 3.2 f 在内积空间上的投影 φ^* 示意图

3. 基于正交函数基的最佳平方逼近

当 $\{\varphi_i\}_{i=0}^n$ 为内积空间 Φ 的一组正交函数基时,法方程组系数矩阵 G_n 是对角矩阵

$$G_n = \begin{bmatrix} (\varphi_0,\varphi_0) & & & \\ & (\varphi_1,\varphi_1) & & \\ & & \ddots & \\ & & & (\varphi_n,\varphi_n) \end{bmatrix}. \tag{3.26}$$

这也就是说方程组中各方程是相互独立的,其解向量为

$$C^* = \left(\frac{(\varphi_0,f)}{(\varphi_0,\varphi_0)},\frac{(\varphi_1,f)}{(\varphi_1,\varphi_1)},\cdots,\frac{(\varphi_n,f)}{(\varphi_n,\varphi_n)}\right)^{\mathrm{T}}. \tag{3.27}$$

函数 $f(x)$ 在内积空间 $\Phi = \mathrm{span}\{\varphi_0,\varphi_1,\cdots,\varphi_n\}$ 上的最佳平方逼近函数为

$$\varphi^* = \frac{(\varphi_0,f)}{(\varphi_0,\varphi_0)}\varphi_0 + \frac{(\varphi_1,f)}{(\varphi_1,\varphi_1)}\varphi_1 + \cdots + \frac{(\varphi_n,f)}{(\varphi_n,\varphi_n)}\varphi_n. \tag{3.28}$$

平方逼近误差为

$$\|f-\varphi^*\|_2^2 = (f,f) - \sum_{i=0}^n \frac{(f,\varphi_i)^2}{(\varphi_i,\varphi_i)}. \tag{3.29}$$

这里需要说明一点,对于给定的内积空间,无论采用哪一组基函数,得到的最佳平方逼近函数解析解都是唯一确定的. 但在实际计算过程中的确存在着大量的舍入误差、截断误差(数值积分),采用不同的基函数所导致的最终数值结果是不等效的. 采用正交基函数计算量小,也避免了线性方程组的求解.

若已知内积空间上的一组线性无关基 $\{h_i\}_{i=0}^{+\infty}$, 利用**施密特正交化**方法可得到一组标准正交系 $\{g_i\}_{i=0}^{+\infty}$:

$$\begin{cases} g_0 = h_0 / \sqrt{(h_0, h_0)}, \\ \widetilde{g}_i = h_i - \sum_{j=0}^{i-1} (h_i, g_j) g_j, \quad i = 1, 2, \cdots. \\ g_i = \widetilde{g}_i / \sqrt{(\widetilde{g}_i, \widetilde{g}_i)}. \end{cases} \tag{3.30}$$

该组标准正交系和原函数系 $\{h_i\}_{i=0}^{+\infty}$ 有如下关系

$$\mathrm{span}\{h_0, h_1, \cdots, h_k\} = \mathrm{span}\{g_0, g_1, \cdots, g_k\}, \tag{3.31}$$

对任意正整数 k 均成立. 如对于定义于区间 $[-1, 1]$ 上的二次多项式空间 $\mathrm{span}\{1, x, x^2\}$, 可求得该内积空间上的一组标准正交基为

$$g_0 = \frac{1}{\sqrt{2}}, \quad g_1 = \sqrt{\frac{3}{2}} x, \quad g_2 = \sqrt{\frac{45}{8}} \left(x^2 - \frac{1}{3} \right). \tag{3.32}$$

当 $\{\varphi_i\}_{i=0}^n$ 是内积空间 Φ 上的标准正交基时, 由式 (3.28) 可得到函数 f 在 Φ 上的最佳平方逼近函数为

$$\varphi^* = (f, \varphi_0)\varphi_0 + (f, \varphi_1)\varphi_1 + \cdots + (f, \varphi_n)\varphi_n. \tag{3.33}$$

例 3.2　求 $f(x) = \mathrm{e}^x$ 在区间 $[-1, 1]$ 上的二次最佳平方逼近多项式以及平方误差 (权函数 $\rho(x) \equiv 1$).

解　选式 (3.32) 中的函数作为二次多项式空间中的一组基函数, 它是一组标准正交基.

$$\begin{aligned} F_2 &= ((f, g_0), (f, g_1)(f, g_2))^{\mathrm{T}} \\ &= \left[\int_{-1}^1 \frac{1}{\sqrt{2}} \mathrm{e}^x \mathrm{d}x, \int_{-1}^1 \sqrt{\frac{3}{2}} x \mathrm{e}^x \mathrm{d}x, \int_{-1}^1 \sqrt{\frac{45}{8}} \left(x^2 - \frac{1}{3} \right) \mathrm{e}^x \mathrm{d}x \right]^{\mathrm{T}} \\ &= \left[\frac{1}{\sqrt{2}} (\mathrm{e} - \mathrm{e}^{-1}), \sqrt{6} \mathrm{e}^{-1}, \sqrt{\frac{5}{2}} (\mathrm{e} - 7\mathrm{e}^{-1}) \right]^{\mathrm{T}}. \end{aligned}$$

于是由式 (3.33) 得到最佳平方逼近多项式

$$\begin{aligned} \varphi^* &= (f, g_0)g_0 + (f, g_1)g_1 + (f, g_2)g_2 \\ &= \frac{\mathrm{e}^2 - 1}{2\mathrm{e}} + \frac{3}{\mathrm{e}} x + \frac{5}{4} \frac{\mathrm{e}^2 - 7}{\mathrm{e}} (3x^2 - 1) \\ &\approx 0.996\,294 + 1.103\,638 x + 0.53\,672\,2 x^2. \end{aligned}$$

由于 $\{g_i\}_{i=0}^2$ 是标准正交基, 所以平方误差为

$$\| \varphi^* - f \|_2^2 = (f, f) - \sum_{i=0}^2 (f, g_i)^2$$

$$\approx 3.626\ 860 - 3.625\ 419$$
$$= 0.001\ 441.$$ #

关于例 3.2 的逼近效果可参阅图 3.3.

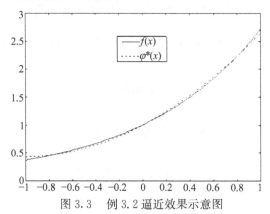

图 3.3　例 3.2 逼近效果示意图

注记 2　在式(3.32)中给出了区间为 $[-1,1]$,权函数 $\rho(x) \equiv 1$ 的二次多项式内积空间上的一组标准正交基,它们可以直接用于该空间上的二次最佳平方逼近多项式计算. 但当函数 $f(x)$ 逼近区间不是 $[-1,1]$ 时,内积的定义改变了,$\{g_i\}_{i=0}^2$ 虽然是二次多项式空间中的一组基,但不是标准正交基,需要作变换. 如逼近区间为 $[a,b]$,利用变换 $x = \dfrac{a+b}{2} + t\dfrac{b-a}{2}$ $(-1 \leqslant t \leqslant 1)$,定义函数

$$F(t) = f(x) = f\left(\frac{a+b}{2} + t\frac{b-a}{2}\right).$$

此时问题转化为求 $F(t)$ 在内积空间 $\Phi = \mathrm{span}\{g_0(t), g_1(t), g_2(t)\}$,积分区间为 $[-1,1]$,权函数 $\rho(t) \equiv 1$ 时的最佳平方逼近多项式 $\varphi^*(t)$,然后利用变换 $t = \dfrac{2x-a-b}{b-a}$ 得到原始问题最佳平方逼近函数 $\varphi^*(x) = \varphi^*\left(\dfrac{2x-a-b}{b-a}\right)$.

*3.2.3　广义傅里叶级数

设 $\{\varphi_i\}_{i=0}^{\infty}$ 是区间 $[a,b]$ 上关于权函数 $\rho(x)$ 的一组正交函数系,$f(x)$ 是区间 $[a,b]$ 上有定义的充分光滑的函数,对任意非负整数 i 保证积分 $\int_a^b f(x)\varphi_i(x)\rho(x)\mathrm{d}x = (f, \varphi_i)$ 均存在. 这样由函数 $f(x)$ 派生出如下级数

$$f(x) \mapsto \sum_{i=0}^{+\infty} a_i\varphi_i(x), \tag{3.34}$$

式中系数 $a_i = \dfrac{(f, \varphi_i)}{(\varphi_i, \varphi_i)}$ $(i = 0, 1, 2, \cdots)$. 称级数 $\sum\limits_{i=0}^{+\infty} a_i \varphi_i(x)$ 为函数 $f(x)$ 关于

正交函数系 $\{\varphi_i\}_{i=0}^{\infty}$ 的**广义傅里叶级数**，其系数为广义傅里叶系数.

　　比较式(3.34)和式(3.28)知，广义傅里叶级数的前 $n + 1$ 项和 $s_n(x) =$

$\sum\limits_{i=0}^{n} a_i \varphi_i(x)$ 就是函数 $f(x)$ 在相应内积空间 $\Phi_n = \operatorname{span}\{\varphi_0, \varphi_1, \cdots, \varphi_n\}$ 上的最

佳平方逼近函数.

　　由式(3.29)知，对任意的前 n 项和有平方误差

$$0 \leqslant \| s_n - f \|_2^2 = (f, f) - \sum_{i=0}^{n} \frac{(f, \varphi_i)^2}{(\varphi_i, \varphi_i)^2} (\varphi_i, \varphi_i)$$

$$= (f, f) - \sum_{i=0}^{n} a_i^2 (\varphi_i, \varphi_i), \tag{3.35}$$

进而得到

$$\sum_{i=0}^{n} a_i^2 (\varphi_i, \varphi_i) \leqslant (f, f), \tag{3.36}$$

即

$$\sum_{i=0}^{n} a_i^2 \| \varphi_i \|^2 \leqslant \| f \|^2. \tag{3.37}$$

考虑到 n 的任意性，进而有

$$\sum_{i=0}^{+\infty} a_i^2 \| \varphi_i \|^2 \leqslant \| f \|^2. \tag{3.38}$$

　　当 $\| f \|^2$ 为有限值时，即 $f(x)$ 关于权函数 $\rho(x)$ 在区间 $[a, b]$ 上平方可

积，正项级数 $\sum\limits_{i=0}^{+\infty} a_i^2 \| \varphi_i \|^2$ 收敛到一个确定的值. 将不等式(3.38)称为**广义**

贝塞尔(Bessel)**不等式**；当等号成立时，称等式

$$\sum_{i=0}^{+\infty} a_i^2 \| \varphi_i \|^2 = \| f \|^2 \tag{3.39}$$

为**帕塞瓦尔**(Parseval)**等式**.

　　由(3.35)知，帕塞瓦尔等式成立的充分必要条件是

$$\lim_{n \to +\infty} \| s_n - f \|_2^2 = 0. \tag{3.40}$$

也就是说，函数 $f(x)$ 的广义傅里叶级数的部分和序列 $\{s_n(x)\}_{n=0}^{+\infty}$ 在范数

$\| \cdot \|_2$ 的意义下收敛到 $f(x)$. 换言之，函数 $f(x)$ 的广义傅里叶级数依范数

$\| \cdot \|_2$ 收敛到 $f(x)$ 的充分必要条件是帕塞瓦尔等式(3.39)成立.

对于区间$[a,b]$上的权函数$\rho(x)$，我们定义函数线性空间

$$L_\rho^2[a,b] = \left\{ g(x) : \int_a^b g^2(x)\rho(x)\mathrm{d}x < +\infty \right\},$$

关于内积

$$(g_1,g_2) = \int_a^b g_1(x)g_2(x)\rho(x)\mathrm{d}x, \quad \forall g_1,g_2 \in L_\rho^2[a,b] ,$$

线性空间$L_\rho^2[a,b]$是一内积空间[①]，该空间上的诱导范数为

$$\| g \|_2 = (g,g)^{\frac{1}{2}} = \left(\int_a^b g^2(x)\rho(x)\mathrm{d}x \right)^{\frac{1}{2}}.$$

该空间上有正交函数系$\{\varphi_i\}_{i=0}^{+\infty}$. 下面不加证明地给出如下定理.

定理 3.4 在函数空间$L_\rho^2[a,b]$上如下命题是等价的.

(1) 对任意的函数$f(x) \in L_\rho^2[a,b]$，其广义傅里叶级数依范数$\|\cdot\|_2$收敛到$f(x)$.

(2) $L_\rho^2[a,b]$上的正交函数系$\{\varphi_i\}_{i=0}^{+\infty}$是封闭的，即对任意$f(x) \in L_\rho^2[a,b]$有帕塞瓦尔等式成立.

(3) 当$L_\rho^2[a,b]$上的两个函数$g_1(x)$与$g_2(x)$有相同的广义傅里叶级数时，则$g_1(x)$和$g_2(x)$在区间$[a,b]$上几乎处处相等.

(4) $L_\rho^2[a,b]$上的正交函数系$\{\varphi_i\}_{i=0}^{+\infty}$是完备的，即在空间$L_\rho^2[a,b]$上只有几乎处处为零的函数才能同正交函数系$\{\varphi_i\}_{i=0}^{+\infty}$中的一切函数$\varphi_i(x)(i=0,1,2,\cdots)$正交.

定理 3.5 $L_\rho^2[a,b]$空间上的正交多项式系$\{\varphi_i\}_{i=0}^{+\infty}$是该空间上的完备正交系，其中$\varphi_i(x)$是$i$次多项式.

由定理 3.5 知，下节将要学习的勒让德(Legendre)多项式系、切比雪夫(Chebyshev)多项式系、拉盖尔(Laguerre)多项式系和埃尔米特多项式系都是相应内积空间L_ρ^2上的完备正交函数系. 再结合定理 3.4 知，基于以上 4 种正交多项式系所得到的广义傅里叶级数在相应的 2 范数意义下收敛到函数自身.

需强调的是，上面讨论的有关收敛性是一种平均意义下的收敛. 关于逐点意义下的收敛性讨论可参阅文献[4]以及 3.5 节.

3.3 正交多项式系

正交多项式不仅在最佳平方逼近的构造中有应用，也在最佳一致逼近的

---

① 该内积空间也是希尔伯特空间，即完备的内积空间.

近似计算、插值节点的优化选择以及高斯型数值求积公式的建立等方面有重要应用,本节介绍正交多项式系的性质、构造及常用的正交多项式系.

3.3.1 正交多项式系的性质

内积空间 $C[a,b]$ 有正交函数系 $\{f_i\}_{i=0}^{\infty}$,当 $f_i(x)(i=0,1,2,\cdots)$ 为 i 次多项式时,称该函数系为**正交多项式系**. 正交多项式系有如下几个性质.

性质 1   线性无关性:

正交多项式系 $\{f_i\}_{i=0}^{\infty}$ 中任意 m 个函数 $f_{i_1}(x),f_{i_2}(x),\cdots,f_{i_m}(x)$ 线性无关(非负整数 $i_1,i_2,\cdots,i_m$ 互不相同).

证明   设零函数有如下表示

$$0 = c_1 f_{i_1}(x) + c_2 f_{i_2}(x) + \cdots + c_m f_{i_m}(x),$$

用 $f_{i_k}(x)$ 和上式两端作内积($k=1,2,\cdots,m$),有

$$0 = \left(\sum_{j=1}^{m} c_j f_{i_j}(x), f_{i_k}(x)\right) = \sum_{j=1}^{m} c_j (f_{i_j}(x), f_{i_k}(x))$$
$$= c_k (f_{i_k}(x), f_{i_k}(x)),$$

而 $(f_{i_k}, f_{i_k}) \neq 0$,故有 $c_k = 0$. 结合 k 的任意性知零元素的表示唯一,函数组 $f_{i_1}(x), f_{i_2}(x), \cdots, f_{i_m}(x)$ 线性无关.   #

性质 2   由性质 1 知 $\{f_i\}_{i=0}^{n}$ 是不超过 n 次多项式函数空间 $\boldsymbol{P}_n$ 的一组基,进而对任意 $p(x) \in \boldsymbol{P}_n$ 有 $(p(x), f_k(x)) = 0$ $(k \geqslant n+1)$,即 $f_k(x)$ 与比其次数低的多项式正交.

性质 3   正交多项式系 $\{f_i\}_{i=0}^{\infty}$ 中的 $f_n(x)(n \neq 0)$ 在区间 (a,b) 内有 n 个互不相同的实单零点.

证明   首先,论证 $f_n(x)=0$ 在 (a,b) 内至少有一个实根,记为 α. (反证法)假设 $f_n(x)$ 在 (a,b) 内无实根,则 $f_n(x)$ 在 (a,b) 内恒正或恒负,无妨设其恒正. 于是有 $\int_a^b f_n(x) \rho(x) \mathrm{d}x > 0$. 而另一方面 $\int_a^b f_n(x) \rho(x) \mathrm{d}x = (1, f_n) = 0$,产生矛盾!

其次,论证实根 α 一定是单根. (反证法)假设 α 为重根,则至少二重且 $n \geqslant 2$. 于是存在着 $n-2$ 次的多项式 $q_{n-2}(x)$ 使得 $f_n(x) = (x-\alpha)^2 q_{n-2}(x)$. 而

$$(q_{n-2}, f_n) = \int_a^b q_{n-2} f_n \rho \ \mathrm{d}x = \int_a^b (x-\alpha)^2 q_{n-2}^2 \rho \ \mathrm{d}x > 0$$

与性质 2 矛盾!

最后,证明 $f_n(x)(n \neq 0)$ 在 (a,b) 内有 n 个实单根. (反证法)假设仅有

$m < n$ 个实单根, 记为 $\{\alpha_i\}_{i=1}^m$. 于是存在着在区间 (a,b) 内不为零的 $n-m$ 次的多项式 $q_{n-m}(x)$, 使得有分解 $f_n(x) = \prod\limits_{i=1}^m (x-\alpha_i) q_{n-m}(x)$. 于是

$$\left(\prod_{i=1}^m (x-\alpha_i), f_n(x) \right) = \int_a^b \prod_{i=1}^m (x-\alpha_i)^2 q_{n-m}(x)\rho(x)\mathrm{d}x$$

和多项式 $q_{n-m}(x)$ 的符号相同. 这一结论又与性质 2 矛盾!　　　　#

性质 4　正交多项式系 $\{f_i\}_{i=0}^\infty$ 中任何相邻的三项 $f_{k-1}(x), f_k(x)$ 和 $f_{k+1}(x)$, 存在着常数 a_k, b_k 及 c_{k-1}, 使得

$$f_{k+1}(x) = (a_k x + b_k) f_k(x) + c_{k-1} f_{k-1}(x) \quad (k=1,2,\cdots). \quad (3.41)$$

证明　取 a_k 为 $f_{k+1}(x)$ 与 $f_k(x)$ 的首项系数之比, 利用性质 1, 对于不超过 k 次的多项式 $f_{k+1}(x) - a_k x f_k(x)$ 能够用 $\{f_i(x)\}_{i=0}^k$ 线性表示, 设相应系数为 $\{d_i\}_{i=0}^{k-2}$ 及 c_{k-1} 和 b_k, 即有

$$f_{k+1}(x) - a_k x f_k(x) = \sum_{i=0}^{k-2} d_i f_i(x) + c_{k-1} f_{k-1}(x) + b_k f_k(x). \quad (3.42)$$

下面仅需证明参数 $\{d_i\}_{i=0}^{k-2}$ 均为零.

由内积的性质以及正交多项式性质 2 得到

$$(f_{k+1} - a_k x f_k, f_m) = (f_{k+1}, f_m) - a_k(f_k, x f_m) = 0 \quad (m=0,1,\cdots,k-2).$$

另一方面

$$(f_{k+1} - a_k x f_k, f_m) = \left(\sum_{i=0}^{k-2} d_i f_i + c_{k-1} f_{k-1} + b_k f_k, f_m \right)$$

$$= d_m(f_m, f_m).$$

综合这两方面有 $d_m = 0$ $(m=0,1,\cdots,k-2)$, 进而式 (3.41) 成立.　　　　#

事实上, 我们还可以证明, 首项系数为 1 的正交多项式系 $\{g_i\}_{i=0}^\infty$ 相邻三项之间更为简单的递推关系 (留作习题) 如下

$$\begin{cases} g_0 \equiv 1, \\ g_1 = x - \alpha_0, \\ g_{k+1} = (x - \alpha_k) g_k - \beta_{k-1} g_{k-1} \quad (k=1,2,\cdots), \end{cases} \quad (3.43)$$

其中

$$\alpha_k = \frac{(x g_k, g_k)}{(g_k, g_k)} \quad (k=0,1,\cdots),$$

$$\beta_{k-1} = \frac{(g_k, g_k)}{(g_{k-1}, g_{k-1})} \quad (k=1,2,\cdots).$$

由于 α_k,β_{k-1} 由 g_k 及 g_{k-1} 确定,故 g_{k+1} 完全由 g_k 及 g_{k-1} 给定. 进而得知当内积确定,即权函数以及积分区间给定时,首项系数为 1 的正交多项式是唯一确定的.

3.3.2 常用的正交多项式系

正交多项式系不仅在相关数学问题中有重要应用,在量子光学、数学物理方程的研究中亦有重要的应用,甚至它们的产生与相关物理问题的本征态及本征值密切关联.

1. 勒让德多项式系

勒让德多项式是由勒让德方程

$$(1-x^2)y''-2xy'+n(n+1)y=0$$

的通解建立起来的. 它的微分形式定义如下

$$\begin{cases} P_0(x)=1, \\ P_n(x)=\dfrac{1}{2^n n!}\dfrac{\mathrm{d}^n}{\mathrm{d}x^n}(x^2-1)^n & (n=1,2,\cdots). \end{cases} \tag{3.44}$$

由二项式展开定理

$$(x^2-1)^n=x^{2n}-\binom{n}{1}x^{2n-2}+\binom{n}{2}x^{2n-4}-\cdots+(-1)^n\binom{n}{n}x^0,$$

以及式(3.44)的定义形式知 $P_n(x)$ 的首项系数

$$A_n^{(1)}=\frac{2n(2n-1)\cdots(2n-n+1)}{2^n n!}=\frac{(2n)!}{2^n(n!)^2},$$

次项系数 $A_n^{(2)}=0$.

由式(3.44)可写出勒让德多项式系的前六项分别为

$P_0(x)=1;$ $P_1(x)=x;$

$P_2(x)=(3x^2-1)/2;$ $P_3(x)=(5x^3-3x)/2;$

$P_4(x)=(35x^4-30x^2+3)/8;$ $P_5(x)=(63x^5-70x^3+15x)/8.$

它们在区间 $[-1,1]$ 上的图形依次参见图 3.4 中的(a) $\sim$ (f).

勒让德多项式 $P_n(x)$ 除满足 $P_n(-x)=(-1)^n P_n(x)$ 之外还有如下主要性质.

(1) 正交性:多项式系 $\{P_n(x)\}_{n=0}^{\infty}$ 是区间 $[-1,1]$ 上关于权函数 $\rho(x)\equiv 1$ 的正交多项式系. 对任意的 $P_i(x)$ 和 $P_j(x)$ 有

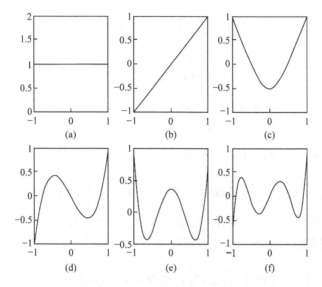

图 3.4　勒让德多项式函数

$$\int_{-1}^{1} P_i(x)P_j(x)\,\mathrm{d}x = \begin{cases} 0, & i \neq j, \\ \dfrac{2}{2j+1}, & i = j \end{cases} \tag{3.45}$$

成立.

证明　无妨设 $j \geqslant i$. 使用分部积分公式 i 次，得

$$\int_{-1}^{1} P_i(x)P_j(x)\,\mathrm{d}x = \int_{-1}^{1} P_i(x)\,\frac{1}{2^j j!}\,\frac{\mathrm{d}^j}{\mathrm{d}x^j}(x^2-1)^j\,\mathrm{d}x$$

$$= \frac{1}{2^j j!}\left[(-1)^i \int_{-1}^{1} P_i^{(i)}(x)\,\frac{\mathrm{d}^{j-i}}{\mathrm{d}x^{j-i}}(x^2-1)^j\,\mathrm{d}x\right]$$

$$= \frac{(-1)^i}{2^j j!}A_i^{(1)} i! \int_{-1}^{1} \frac{\mathrm{d}^{j-i}}{\mathrm{d}x^{j-i}}(x^2-1)^j\,\mathrm{d}x.$$

当 $j>i$ 时，由 $\displaystyle\int_{-1}^{1}\frac{\mathrm{d}^{j-i}}{\mathrm{d}x^{j-i}}(x^2-1)^j\,\mathrm{d}x = 0$ 知 $\displaystyle\int_{-1}^{1} P_i(x)P_j(x)\,\mathrm{d}x = 0.$

当 $j=i$ 时，

$$\int_{-1}^{1} P_i(x)P_j(x)\,\mathrm{d}x = \frac{(-1)^j}{2^j}A_j^{(1)}\int_{-1}^{1}(x^2-1)^j\,\mathrm{d}x$$

$$= \frac{(-1)^j}{2^j}A_j^{(1)}\int_{-\frac{\pi}{2}}^{\frac{\pi}{2}}(\sin^2\theta-1)^j\,\mathrm{d}\sin\theta$$

$$= \frac{(2j)!}{2^{2j-1}(j!)^2} \int_0^{\frac{\pi}{2}} \cos^{2j+1}\theta \mathrm{d}\theta$$

$$= \frac{(2j)!}{2^{2j-1}(j!)^2} \frac{2j}{2j+1} \frac{2j-2}{2j-1} \cdots \frac{2}{3} \cdot 1 = \frac{2}{2j+1}.$$

综合这两种情形知式(3.45)成立.   #

利用正交多项式的性质 4，建立如下递推关系：

$$\begin{cases} P_0(x) = 1, \quad P_1(x) = x, \\ P_{n+1}(x) = \frac{2n+1}{n+1} x P_n(x) - \frac{n}{n+1} P_{n-1}(x) \quad (n = 1, 2, \cdots). \end{cases} \tag{3.46}$$

(2) 在区间$[-1,1]$上对零函数的最佳平方逼近性.

在首项系数为 1 的 n 次多项式集合

$$\widetilde{P}_n = \left\{ x^n + \sum_{i=0}^{n-1} a_i x^i \,\middle|\, a_i \in \mathbf{R}, i = 0, 1, 2, \cdots, n-1 \right\}$$

中的元素 $\widetilde{P}_n(x) = P_n(x)/A_n^{(1)}$ 满足不等式

$$\| \widetilde{P}_n(x) - 0 \|_2 \leqslant \| f(x) - 0 \|_2, \quad \forall f(x) \in \widetilde{P}_n, \tag{3.47}$$

即

$$\int_{-1}^1 (\widetilde{P}_n(x))^2 \mathrm{d}x \leqslant \int_{-1}^1 (f(x))^2 \mathrm{d}x,$$

当且仅当 $f(x) = \widetilde{P}_n(x)$ 时有等号成立.

利用正交多项式的性质 1，存在一组实数 $\{c_i\}_{i=0}^{n-1}$ 使得不超过 $n-1$ 次的多项式 $f(x) - \widetilde{P}_n(x) = \sum_{i=0}^{n-1} c_i P_i(x)$，进而得到

$$\| f(x) - 0 \|_2^2 = (f, f) = \left(\widetilde{P}_n + \sum_{i=0}^{n-1} c_i P_i, \widetilde{P}_n + \sum_{i=0}^{n-1} c_i P_i \right)$$

$$= (\widetilde{P}_n, \widetilde{P}_n) + \sum_{i=0}^{n-1} c_i^2 (P_i, P_i) \geqslant (\widetilde{P}_n, \widetilde{P}_n)$$

$$= \| \widetilde{P}_n(x) - 0 \|_2^2,$$

当且仅当 $c_0 = c_1 = \cdots = c_{n-1} = 0$ 时，即 $f(x) = \widetilde{P}_n(x)$ 时等号成立.

这一性质指出：在范数 $\| \cdot \|_2$ 的意义下，首项系数为 1 的勒让德多项式 $\widetilde{P}_n(x)$ 是集合 $\widetilde{P}_n$ 中距离零最近的元素.

例 3.3   试建立多项式函数 $f(x) = x^4 + 2x^3 + x^2 + 1$ 在区间$[-1,1]$上

的三次最佳平方逼近多项式 $q(x)$.

解   根据首项系数为 1 的集合中相应勒让德多项式的性质,有 $f(x)-q(x)=\tilde{P}_4(x)$ 成立,于是有 $f(x)$ 的三次最佳平方逼近多项式

$$q(x) = f(x) - \tilde{P}_4(x)$$

$$= (x^4 + 2x^3 + x^2 + 1) - \left(x^4 - \frac{6}{7}x^2 + \frac{3}{35} \right)$$

$$= 2x^3 + \frac{13}{7}x^2 + \frac{32}{35}. \qquad\qquad \#$$

2. 切比雪夫多项式系

切比雪夫多项式源于多倍角的余弦函数和正弦函数的表示,也是切比雪夫方程

$$(1-x^2)y'' - xy' + n^2 y = 0$$

的解.

定义于区间 $[-1,1]$ 上的函数系 $\{T_n(x)\}_{n=0}^{\infty}$,其中 $T_n(x)=\cos(n\arccos x)$,其前两项为 $T_0(x)=1, T_1(x)=x$.

引入中间变量 $\theta = \arccos x$,则 $T_n(x) = \cos n\theta$. 利用三角函数关系

$$\cos(n+1)\theta + \cos(n-1)\theta = 2\cos n\theta \cos\theta,$$

得到

$$T_{n+1}(x) = 2xT_n(x) - T_{n-1}(x) \quad (n=1,2,3,\cdots). \qquad (3.48)$$

综合递推公式 (3.48) 和 $T_0(x), T_1(x)$ 的具体表示知,函数列 $\{T_n(x)\}_{n=0}^{\infty}$ 是首项系数 $A_n^{(1)} = 2^{n-1}$ 的多项式函数系,称为切比雪夫多项式系. 它满足 $T_n(-x) = (-1)^n T_n(x)$ 和 $\left| T_n(x) \right| \leqslant 1$. 前 6 项的具体表达式为

$T_0(x) = 1;$	$T_1(x) = x;$
$T_2(x) = 2x^2 - 1;$	$T_3(x) = 4x^3 - 3x;$
$T_4(x) = 8x^4 - 8x^2 + 1;$	$T_5(x) = 16x^5 - 20x^3 + 5x.$

它们的图形参见图 3.5(a) ~ (f).

切比雪夫多项式还具有如下主要性质:

(1) 正交性.

$\{T_n(x)\}_{n=0}^{\infty}$ 在区间 $[-1,1]$ 上关于权函数 $\rho(x) = \dfrac{1}{\sqrt{1-x^2}}$ 正交. 这是由于

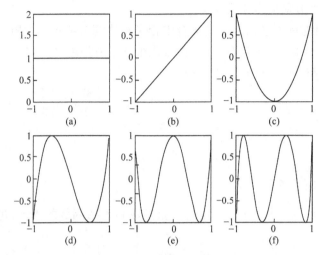

图 3.5　切比雪夫多项式

$$\int_{-1}^{1} T_i(x) T_j(x) \rho(x) \mathrm{d}x$$

$$= \int_{0}^{\pi} \cos i\theta \cos j\theta \mathrm{d}\theta = \frac{1}{2} \int_{-\pi}^{\pi} \cos i\theta \cos j\theta \mathrm{d}\theta = \begin{cases} 0, & i \neq j, \\ \dfrac{\pi}{2}, & i = j \neq 0, \\ \pi, & i = j = 0. \end{cases}$$

$$(3.49)$$

（2）零点与最值点.

$T_n(x) = \cos(n\arccos x)$ 在区间 $(-1,1)$ 内的 n 个零点为 $x = \alpha_k = \cos\left(\dfrac{(2k-1)\pi}{2n}\right)$ $(k = 1,2,\cdots,n)$，在区间 $[-1,1]$ 上有 $n+1$ 个最值点，$x = \beta_k = \cos\left(\dfrac{k\pi}{n}\right)$ $(k = 0,1,2,\cdots,n)$ 交错取最大值 1、最小值 -1.

（3）在区间 $[-1,1]$ 上对零函数的最佳一致逼近性.

在首项系数为 1 的 n 次多项式集合 $\widetilde{\boldsymbol{P}}_n$ 中，$\widetilde{T}_n(x) = T_n(x)/2^{n-1} \in \widetilde{\boldsymbol{P}}_n$ 满足

$$\| \widetilde{T}_n(x) - 0 \|_\infty \leqslant \| f(x) - 0 \|_\infty, \quad \forall f(x) \in \widetilde{\boldsymbol{P}}_n, \qquad (3.50)$$

即 $\dfrac{1}{2^{n-1}} = \max\limits_{-1 \leqslant x \leqslant 1} \left| \widetilde{T}_n(x) \right| \leqslant \max\limits_{-1 \leqslant x \leqslant 1} \left| f(x) \right|.$

证明（反证法）　假若式（3.50）不成立，则存在着 $g(x) \in \widetilde{\boldsymbol{P}}_n$，使得有

$$\max\limits_{-1 \leqslant x \leqslant 1} \left| g(x) \right| < \max\limits_{-1 \leqslant x \leqslant 1} \left| \widetilde{T}_n(x) \right| = \frac{1}{2^{n-1}}, \qquad (3.51)$$

且 $\delta(x) = \widetilde{T}_n - g(x) \not\equiv 0$.

由切比雪夫多项式的性质 2 知 $\widetilde{T}_n(x)$ 在点集 $\{\beta_k\}_{k=0}^n$ 上取得最值 $\pm \dfrac{1}{2^{n-1}}$.
结合式(3.51)知不超过 $n-1$ 次的多项式 $\delta(x) = \widetilde{T}_n(x) - g(x)$ 在点集 $\{\beta_k\}_{k=0}^n$
上的函数值符号也交错, 进而由连续函数的零点定理知 $\delta(x)$ 在 n 个区间 $(\beta_n,$
$\beta_{n-1}), (\beta_{n-1}, \beta_{n-2}), \cdots, (\beta_1, \beta_0)$ 上至少各有一个零点. 这与 $\delta(x)$ 为不超过 $n-1$
次多项式且不恒等于零矛盾, 假设不成立.　　　　　　　　　　　　　　　#

3. 拉盖尔多项式系

拉盖尔多项式是拉盖尔方程

$$xy'' + (1-x)y' + ny = 0$$

的解, 它的罗德里格斯(Rodrigues) 表达式为

$$L_n(x) = e^x \frac{d^n}{dx^n}(x^n e^{-x}), \quad n = 0, 1, 2, \cdots. \tag{3.52}$$

它是区间 $[0, \infty)$ 上关于权函数 $\rho(x) = e^{-x}$ 的正交多项式系, 称为拉盖尔多项
式系. 其首项系数 $A_n^{(1)} = (-1)^n$, 次项系数 $A_n^{(2)} = (-1)^{n-1} n^2$, 并有

$$\int_0^{+\infty} L_i(x) L_j(x) \rho(x) dx = \begin{cases} 0, & i \neq j, \\ (j!)^2, & i = j \end{cases} \tag{3.53}$$

和三项递推关系

$$\begin{cases} L_0(x) = 1; \quad L_1(x) = 1 - x; \\ L_{n+1}(x) = (1 + 2n - x) L_n(x) - n^2 L_{n-1}(x) \quad (n = 1, 2, \cdots). \end{cases} \tag{3.54}$$

其前六项的函数表达形式如下

$$L_0(x) = 1; \qquad\qquad L_1(x) = 1 - x;$$

$$L_2(x) = x^2 - 4x + 2; \qquad L_3(x) = -x^3 + 9x^2 - 18x + 6;$$

$$L_4(x) = x^4 - 16x^3 + 72x^2 - 96x + 24;$$

$$L_5(x) = -x^5 + 25x^4 - 200x^3 + 600x^2 - 600x + 120.$$

其图形参阅图 3.6 中(a) ～ (f).

4. 埃尔米特多项式系

埃尔米特多项式是埃尔米特方程

$$y'' - 2xy' + 2ny = 0$$

的解, 在物理学上常用的定义形式为

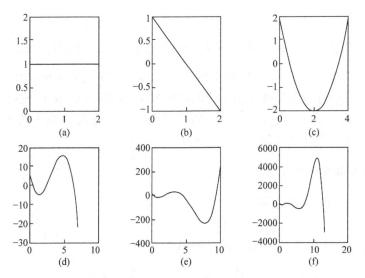

图 3.6　拉盖尔多项式

$$H_n(x) = (-1)^n e^{x^2} \frac{d^n}{dx^n} e^{-x^2} \quad (n = 0, 1, 2, \cdots). \quad (3.55)$$

它是区间 $(-\infty, +\infty)$ 上关于权函数 $\rho(x) = e^{-x^2}$ 的正交多项式系，称为埃尔米特多项式系. 其首项系数 $A_n^{(1)} = 2^n$，次项系数 $A_n^{(2)} = 0$，并有

$$\int_{-\infty}^{+\infty} H_i(x) H_j(x) \rho(x) dx = \begin{cases} 0, & i \neq j, \\ 2^j j! \sqrt{\pi}, & i = j \end{cases} \quad (3.56)$$

和三项递推关系

$$\begin{cases} H_0(x) = 1; \quad H_1(x) = 2x; \\ H_{n+1}(x) = 2x H_n(x) - 2n H_{n-1}(x) \quad (n = 1, 2, \cdots). \end{cases} \quad (3.57)$$

其前 6 项的函数表达形式如下

$$H_0(x) = 1; \qquad\qquad H_1(x) = 2x;$$

$$H_2(x) = 4x^2 - 2; \qquad\qquad H_3(x) = 8x^3 - 12x;$$

$$H_4(x) = 16x^4 - 48x^2 + 12;$$

$$H_5(x) = 32x^5 - 160x^3 + 120x.$$

其图形参阅图 3.7 中 (a) ~ (f).

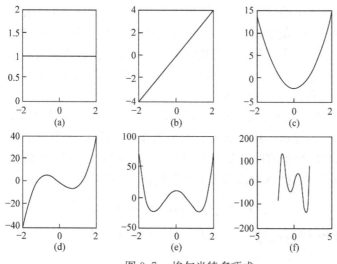

图 3.7 埃尔米特多项式

本节学习的四个正交多项式系都可以用于相应问题的最佳平方逼近多项式的计算,以及相应的广义傅里叶级数的计算. 如当$[a,b]=[-1,1]$,$\rho(x)\equiv1$时,勒让德多项式系$\{P_i(x)\}_{i=0}^{+\infty}$是$L_\rho^2[a,b]$上的正交函数系,函数$f(x)$关于该正交函数系的广义傅里叶级数的系数为

$$a_i=\frac{2i+1}{2}\int_{-1}^1 f(x)P_i(x)\mathrm{d}x \quad (i=0,1,2,\cdots).$$

当$[a,b]=[-1,1]$,$\rho(x)=\dfrac{1}{\sqrt{1-x^2}}$ 时,切比雪夫多项式系$\{T_i(x)\}_{i=0}^{+\infty}$是$L_\rho^2[a,b]$上的正交函数系,函数$f(x)$关于该正交函数系的广义傅里叶级数的系数为

$$a_0=\frac{1}{\pi}\int_{-1}^1 f(x)\,\frac{1}{\sqrt{1-x^2}}\mathrm{d}x,$$

$$a_i=\frac{2}{\pi}\int_{-1}^1 f(x)\,T_i(x)\,\frac{1}{\sqrt{1-x^2}}\mathrm{d}x \quad (i=1,2,\cdots).$$

3.4　曲线拟合的最小二乘方法

3.4.1　曲线拟合模型

在科学实验及统计分析研究中,常需要给一组观测数据$\{(x_i,y_i)\}_{i=0}^m$ 设

计一条连续的曲线，即建立一个连续函数 $y = \varphi(x)$. 由于实验数据往往具有不准确性、数据量大、能够基本反映因变量随自变量变化的性态等特点，实际应用中并不刻意要求曲线经过所有的观测点，而是在符合数据分布特征的某类曲线中，依某种标准选择一条"最好"的曲线作为观测数据的连续模型. 我们将这一类问题称为**曲线拟合问题**.

首先，曲线拟合问题需要明确选取曲线的类型，即确定函数类 Φ，它可以由物理规律，或通过描点作图观察并与熟悉的已知简单函数图形比较后确定，也可以选比较简单的低次多项式，这一过程称为"**造型**". 函数类 Φ 中的代表元素 φ（拟合模型）通常包含若干个参数 $\{c_i\}_{i=0}^{n}$（一般有 $n \ll m$），

$$\varphi(x) = \varphi(x; c_0, c_1, \cdots, c_n).$$

当 φ 线性地依赖于所有参数 $\{c_i\}_{i=0}^{n}$ 时，即 φ 可以表示为

$$\varphi(x) = \sum_{i=0}^{n} c_i \varphi_i,$$

式中 $\{\varphi_i\}_{i=0}^{n}$ 是线性无关的已知函数组，这时称 φ 是**线性拟合模型**. 否则，若 φ 关于某个或某些参数是非线性的，则称之为非线性拟合模型. 如 $\varphi(x) = \dfrac{x}{c_0 + c_1 x}$，$\varphi(x) = c_0 \mathrm{e}^{c_1 x}$，$\varphi(x) = c_0 \sin(c_1 + c_2 x)$ 是非线性拟合模型，而 $\varphi(x) = c_0 + c_1 x + c_2 \dfrac{1}{x}$ 是线性拟合模型.

其次，需要合理地规定"最好"曲线的意义，即依据何种标准确定拟合曲线中的参数. 如可以选择参数 $\{c_i\}_{i=0}^{n}$，使得**残差向量** $r = (r_1, r_2, \cdots, r_m)^{\mathrm{T}}$ 的加权范数，如

$$\| r \|_{\infty} = \max_{0 \leqslant j \leqslant m} \omega_j \left| r_j \right|$$

或者

$$\| r \|_2 = \left(\sum_{j=0}^{m} \omega_j r_j^2 \right)^{\frac{1}{2}}$$

最小，式中正常数 $\omega_j (j = 0, 1, \cdots, m)$ 是第 j 个采样点 x_j 处的权，$r_j = \varphi(x_j; c_0, c_1, \cdots, c_n) - y_j$ 是第 j 个采样点处的**拟合残差**，它依赖于拟合参数 $\{c_i\}_{i=0}^{n}$. 并将残差向量 $r = (r_0, r_1, \cdots, r_m)^{\mathrm{T}}$ 记为 $r(c_0, c_1, \cdots, c_n)$ 或 $r(\varphi)$，用以表示它对参数的依赖性.

综合这两点得到在切比雪夫意义下的曲线拟合模型.

求 $\varphi^*(x) \in \Phi = \{\varphi(x; c_0, c_1, \cdots, c_n) : c_i \in \mathbf{R}, 0 \leqslant i \leqslant n\}$ 使得

$$\| r(\varphi^*) \|_\infty = \min_{\varphi \in \Phi} \| r(\varphi) \|_\infty \tag{3.58}$$

以及在最小二乘意义下的曲线拟合模型.

求 $\varphi^*(x) \in \Phi = \{\varphi(x; c_0, c_1, \cdots, c_n) : c_i \in \mathbf{R}, 0 \leqslant i \leqslant n\}$ 使得

$$\| r(\varphi^*) \|_2 = \min_{\varphi \in \Phi} \| r(\varphi) \|_2. \tag{3.59}$$

最后,曲线拟合问题需要通过合适的方法求解,并估计误差.

3.4.2 线性拟合模型的最小二乘解

本小节介绍在线性空间 Φ 上最小二乘曲线拟合问题的求解以及误差分析,即求解如下问题:

求 $\varphi^*(x) = \displaystyle\sum_{i=0}^n c_i^* \varphi_i(x) \in \Phi = \operatorname{span}\{\varphi_0, \varphi_1, \cdots, \varphi_n\}$,使得

$$\begin{aligned}
\| r(\varphi^*) \|_2 &= \min_{\varphi \in \Phi} \| r(\varphi) \|_2 \\
&= \min_{\varphi \in \Phi} \left(\sum_{j=0}^m \omega_j \, r_j^2(\varphi) \right)^{\frac{1}{2}} \\
&= \min_{\substack{c_i \in \mathbf{R} \\ 0 \leqslant i \leqslant n}} \left[\sum_{j=0}^m \omega_j \left(\sum_{i=0}^n c_i \varphi_i(x_j) - y_j \right)^2 \right]^{\frac{1}{2}}.
\end{aligned} \tag{3.60}$$

关于采样点 $\{x_j\}_{j=0}^m$,引入**离散内积**

$$(f, g) = \sum_{j=0}^m \omega_j f(x_j) g(x_j). \tag{3.61}$$

式中权 $\{\omega_j\}_{j=0}^m$ 均大于零. 可以证明该离散内积满足**对称性** $(f, g) = (g, f)$、**线性性** $(r_1 f + r_2 g, h) = r_1(f, h) + r_2(g, h)$ 和**半正定性** $(f, f) \geqslant 0$,其中函数 f, $g, h \in C[a, b]$,r_1 和 r_2 为任意实数.

这样,最小二乘拟合问题等价于

求 $\varphi^*(x) = \displaystyle\sum_{i=0}^n c_i^* \varphi_i(x) \in \Phi$,使得

$$I(c_0^*, c_1^*, \cdots, c_n^*) = \min_{\substack{c_i \in \mathbf{R} \\ 0 \leqslant i \leqslant n}} I(c_0, c_1, \cdots, c_n) , \tag{3.62}$$

式中

$$\begin{aligned}
I(c_0, c_1, \cdots, c_n) &= (\varphi - y, \varphi - y) \\
&= \left(\sum_{i=0}^n c_i \varphi_i - y, \sum_{i=0}^n c_i \varphi_i - y \right).
\end{aligned} \tag{3.63}$$

利用离散内积的性质有

$$I(c_0, c_1, \cdots, c_n) = (\varphi, \varphi) - 2(\varphi, y) + (y, y)$$

$$= \sum_{i=0}^{n} \sum_{k=0}^{n} c_i c_k (\varphi_i, \varphi_k) - 2 \sum_{i=0}^{n} c_i (\varphi_i, y) + (y, y)$$

$$= C^{\mathrm{T}} G_n C - 2 C^{\mathrm{T}} Y + (y, y) \stackrel{\triangle}{=\!=} I(C), \tag{3.64}$$

其中 $C = (c_0, c_1, \cdots, c_n)^{\mathrm{T}}, Y = ((\varphi_0, y), (\varphi_1, y), \cdots, (\varphi_n, y))^{\mathrm{T}},$

$$G_n = \begin{bmatrix} (\varphi_0, \varphi_0) & (\varphi_0, \varphi_1) & \cdots & (\varphi_0, \varphi_n) \\ (\varphi_1, \varphi_0) & (\varphi_1, \varphi_1) & \cdots & (\varphi_1, \varphi_n) \\ \vdots & \vdots & & \vdots \\ (\varphi_n, \varphi_0) & (\varphi_n, \varphi_1) & \cdots & (\varphi_n, \varphi_n) \end{bmatrix}$$

为离散格拉姆矩阵.

完全类似于定理 3.3 的证明, 我们有如下定理:

定理 3.6　如果离散格拉姆矩阵是实对称正定矩阵, 则向量 $C^* = (c_0^*, c_1^*, \cdots, c_n^*)^{\mathrm{T}}$ 使得式 (3.64) 中定义的二次函数 $I(C)$ 取得最小值的充分必要条件是向量 C^* 是线性方程组

$$G_n C = Y \tag{3.65}$$

的解向量.

当 G_n 是实对称正定矩阵时, $\det(G_n) \neq 0$, 线性方程组 (3.65) 的解向量是存在唯一的, 这也就是说, 此时的最小二乘曲线拟合问题 (3.62) 有唯一的解函数 $\varphi^*(x) = \sum_{i=0}^{n} c_i^* \varphi_i(x)$. 称方程组 (3.65) 为线性空间上最小二乘问题的法方程组.

类似于前面的分析, 用解函数 $\varphi^*(x)$ 近似采样数据 $\{(x_i, y_i)\}_{i=0}^{m}$ 的平方误差为

$$\|r\|_2^2 = (\varphi^* - y, \varphi^* - y) = (\varphi^*, \varphi^*) - 2(\varphi^*, y) + (y, y)$$

$$= (y, y) - (\varphi^*, \varphi^*) \tag{3.66}$$

$$= (y, y) - (y, \varphi^*) = (y, y) - Y^{\mathrm{T}} C^*. \tag{3.67}$$

关于离散格拉姆矩阵, 利用矩阵乘法, 可以证明

$$G_n = A^{\mathrm{T}} W A, \tag{3.68}$$

其中

$$W = \mathrm{diag}(\omega_0, \omega_1, \cdots, \omega_m),$$

$$A = \begin{bmatrix} \varphi_0(x_0) & \varphi_1(x_0) & \cdots & \varphi_n(x_0) \\ \varphi_0(x_1) & \varphi_1(x_1) & \cdots & \varphi_n(x_1) \\ \vdots & \vdots & & \vdots \\ \varphi_0(x_m) & \varphi_1(x_m) & \cdots & \varphi_n(x_m) \end{bmatrix}.$$

设 α 是任意 $n+1$ 维非零列向量,考虑到对角矩阵 W 的对角线元素均为正,得到

$$\alpha^{\mathrm{T}} G_n \alpha = (A\alpha)^{\mathrm{T}} W(A\alpha) \geqslant 0, \tag{3.69}$$

即离散格拉姆矩阵至少是半正定矩阵. 特别地,当 A 是列满秩矩阵时,即矩阵 A 的各列是线性无关的,则对任意 $n+1$ 维非零列向量 α 有 $A\alpha$ 是 $m+1$ 维非零列向量,进而由式(3.69)得到

$$\alpha^{\mathrm{T}} G_n \alpha = (A\alpha)^{\mathrm{T}} W(A\alpha) > 0. \tag{3.70}$$

此时离散格拉姆矩阵正定,定理3.6的条件得到满足. 不严格地说,由于矩阵 A 的行数 $m+1$ 远远大于列数 $n+1$,当函数组 $\{\varphi_i\}_{i=0}^{n}$ 线性无关,采样点足够丰富、恰当时矩阵 A 一般是列满秩的.

类似计算,我们也有

$$Y = A^{\mathrm{T}} W y, \tag{3.71}$$

其中 $y = (y_0, y_1, \cdots, y_m)^{\mathrm{T}}$.

结合式(3.68)和(3.71),法方程组(3.65)有如下表达形式:

$$A^{\mathrm{T}} W A C = A^{\mathrm{T}} W y. \tag{3.72}$$

该式可以看作是给(超定)线性方程组 $AC = y$,即

$$\begin{bmatrix} \varphi_0(x_0) & \varphi_1(x_0) & \cdots & \varphi_n(x_0) \\ \varphi_0(x_1) & \varphi_1(x_1) & \cdots & \varphi_n(x_1) \\ \vdots & \vdots & & \vdots \\ \varphi_0(x_m) & \varphi_1(x_m) & \cdots & \varphi_n(x_m) \end{bmatrix} \begin{bmatrix} c_0 \\ c_1 \\ \vdots \\ c_n \end{bmatrix} = \begin{bmatrix} y_0 \\ y_1 \\ \vdots \\ y_m \end{bmatrix} \tag{3.73}$$

的两端同乘一矩阵 $A^{\mathrm{T}} W$ 得到的. 线性方程组(3.73)可以理解为在 $n+1$ 维的线性空间 $\Phi = \mathrm{span}\{\varphi_0, \varphi_1, \cdots, \varphi_n\}$ 上求过节点 $\{(x_j, y_j)\}_{j=0}^{m}$ 的插值函数所列出的线性方程组. 由于插值条件的个数 $m+1$ 远大于待定参数的个数 $n+1$,故一般说来该线性方程组是一个矛盾方程组,无解. 反过来,线性方程组(3.72)的解又可以看作是矛盾方程(3.73)在最小二乘意义下的最优解.

当取权矩阵 W 为单位矩阵时,(3.72)简化为

$$A^\mathrm{T}AC = A^\mathrm{T}y. \tag{3.74}$$

设 A 是列满秩的矩阵，则 $A^\mathrm{T}A$ 是实对称正定矩阵，非奇异，由式(3.74)得到的矛盾方程组(3.73)在最小二乘意义下的最优解可表示为 $C = (A^\mathrm{T}A)^{-1}A^\mathrm{T}y$. 在矩阵论中称 $(A^\mathrm{T}A)^{-1}A^\mathrm{T}$ 为列满秩矩阵 A 的广义逆，记为 $A^{+} = (A^\mathrm{T}A)^{-1}A^\mathrm{T}$. 进而 $C = A^{+}y$ 是矛盾方程组(3.73)在最小二乘意义下的最优解，简称最小二乘解.

例 3.4　求解下列矛盾线性方程组的最小二乘解

$$\begin{bmatrix} 1 & 1 \\ 1 & 2 \\ 2 & 1 \end{bmatrix}\begin{bmatrix} x_1 \\ x_2 \end{bmatrix} = \begin{bmatrix} 2 \\ 2 \\ 2 \end{bmatrix}.$$

解　该线性方程组最小二乘解是下列方程组的解

$$\begin{bmatrix} 1 & 1 & 2 \\ 1 & 2 & 1 \end{bmatrix}\begin{bmatrix} 1 & 1 \\ 1 & 2 \\ 2 & 1 \end{bmatrix}\begin{bmatrix} x_1 \\ x_2 \end{bmatrix} = \begin{bmatrix} 1 & 1 & 2 \\ 1 & 2 & 1 \end{bmatrix}\begin{bmatrix} 2 \\ 2 \\ 2 \end{bmatrix},$$

即

$$\begin{bmatrix} 6 & 5 \\ 5 & 6 \end{bmatrix}\begin{bmatrix} x_1 \\ x_2 \end{bmatrix} = \begin{bmatrix} 8 \\ 8 \end{bmatrix},$$

解得

$$\begin{bmatrix} x_1 \\ x_2 \end{bmatrix} = \begin{bmatrix} 8/11 \\ 8/11 \end{bmatrix}. \qquad\qquad \#$$

例 3.5　已知如下函数值表：

x_i	0	1	2	3	4	5	6	7
$f(x_i)$	3.95	6.82	9.78	12.91	15.74	19.26	21.73	24.07

试用一代数多项式拟合这一组数据.

解　如图 3.8，通过描点作图发现可以用线性多项式拟合这一组数据，即取

$$\varphi^{*}(x) = c_0 + c_1 x \in \Phi = \mathrm{span}\{1, x\}.$$

定义矩阵
$$A^\mathrm{T}$$
$$= \begin{bmatrix} \varphi_0(x_0) & \varphi_0(x_1) & \varphi_0(x_2) & \varphi_0(x_3) & \varphi_0(x_4) & \varphi_0(x_5) & \varphi_0(x_6) & \varphi_0(x_7) \\ \varphi_1(x_0) & \varphi_1(x_1) & \varphi_1(x_2) & \varphi_1(x_3) & \varphi_1(x_4) & \varphi_1(x_5) & \varphi_1(x_6) & \varphi_1(x_7) \end{bmatrix}$$
$$= \begin{bmatrix} 1 & 1 & 1 & 1 & 1 & 1 & 1 & 1 \\ 0 & 1 & 2 & 3 & 4 & 5 & 6 & 7 \end{bmatrix},$$

$$y^T = [f(x_0), f(x_1), f(x_2), f(x_3), f(x_4), f(x_5), f(x_6), f(x_7)]$$

$$= [3.95, 6.82, 9.78, 12.91, 15.74, 19.26, 21.73, 24.07].$$

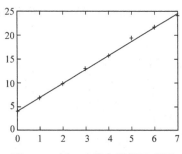

图 3.8 例 3.5 拟合效果示意图

线性拟合的法方程组为 $A^T A C = A^T y$, 即

$$\begin{bmatrix} 8 & 28 \\ 28 & 140 \end{bmatrix} \begin{bmatrix} c_0 \\ c_1 \end{bmatrix} = \begin{bmatrix} 114.26 \\ 523.24 \end{bmatrix},$$

解得 $c_0 = 4.005, c_1 = 2.936$, 拟合函数 $\varphi^* = 4.005 + 2.936x$. 平方误差为

$$\| r \|_2^2 = (y, y) - Y^T C^* = 0.840\ 46. \qquad \#$$

例 3.6 确定经验公式 $f(x) = \dfrac{cx}{1 + ax + bx^2}$ 中的参数 a, b 和 c, 使之与如下数据拟合.

x_i	0.1	0.2	0.3	0.4	0.5	0.6
$f(x_i)$	0.172	0.323	0.484	0.690	1.000	1.579

解 经验公式关于参数非线性, 构造一个新函数

$$g(x) = \frac{1}{f(x)} = \frac{1}{cx} + \frac{a}{c} + \frac{b}{c}x \triangleq c_0 \frac{1}{x} + c_1 + c_2 x.$$

此时有 $g(x) \in \mathrm{span}\left\{ \dfrac{1}{x}, 1, x \right\}$, 并有如下函数值表:

x_i	0.1	0.2	0.3	0.4	0.5	0.6
$g(x_i)$	5.81395	3.09598	2.06612	1.44928	1.00000	0.63331

取 $A^{\mathrm{T}} = \begin{bmatrix} 10 & 5 & 10/3 & 5/2 & 2 & 5/3 \\ 1 & 1 & 1 & 1 & 1 & 1 \\ 0.1 & 0.2 & 0.3 & 0.4 & 0.5 & 0.6 \end{bmatrix}$, $g^{\mathrm{T}} = [5.81395, 3.09598,$

$2.06612, 1.44928, 1.00000, 0.63331]$，最小二乘曲线拟合的法方程组为 $A^{\mathrm{T}}AC = A^{\mathrm{T}}g$，即

$$\begin{bmatrix} 149.139 & 24.5 & 6 \\ 24.5 & 6 & 2.1 \\ 6 & 2.1 & 0.91 \end{bmatrix} \begin{bmatrix} c_0 \\ c_1 \\ c_2 \end{bmatrix} = \begin{bmatrix} 87.185172 \\ 14.058632 \\ 3.280123 \end{bmatrix},$$

解方程组得

$$c_0 = 0.503375,$$
$$c_1 = 0.976071,$$
$$c_2 = -1.966900,$$

进而有参数

$$c = 1/c_0 = 1.98659,$$
$$a = c_1 c = 1.93905,$$
$$b = c_2 c = -3.907422 .$$

依定义，其平方误差为

$$\| r \|_2^2 = 6.76701 \times 10^{-5}. \qquad\qquad \#$$

例 3.6 拟合的效果见图 3.9. 该模型关于参数是非线性的, 题中线性化技术事实上改变了最小二乘模型中参数优化的标准, 给出了线性化后的模型的最小二乘拟合解; 原始问题的最小二乘解需求解非线性方程组, 求解方法可参阅 7.6 节.

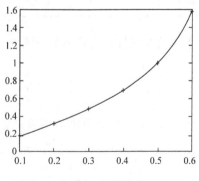

图 3.9　例 3.6 拟合效果示意图

3.4.3 用关于点集的正交函数系作最小二乘曲线拟合

定义于有限维线性空间 Φ 上的最小二乘曲线拟合问题(3.60) 的解函数是通过求解法方程组(3.65) 得到的. 通常选定的基函数产生的法方程组系数矩阵 G_n 是病态的, 在求解法方程组时系数矩阵或右端项的微小扰动可能导致解函数有很大的误差. 为避免求解病态法方程组, 我们希望选择一类特殊的基函数, 使法方程组系数矩阵 G_n 是对角阵[①]. 为此, 引入如下概念.

定义 3.5 如果定义于区间 $[a,b]$ 上的函数族 $\{\varphi_i\}_{i=0}^n$ 关于点集 $\{x_k\}_{k=0}^m \subset [a,b]$ 以及一组权值 $\{\omega_k\}_{k=0}^m (\omega_k > 0, k=0,1,\cdots,m)$ 所定义的离散内积满足关系

$$(\varphi_i, \varphi_j) = \sum_{k=0}^m \omega_k \varphi_i(x_k)\varphi_j(x_k) = \begin{cases} 0, & i \neq j, \\ \|\varphi_i\|_2^2 > 0, & i = j, \end{cases} \quad (3.75)$$

则称函数族 $\{\varphi_i\}_{i=0}^n$ 是关于点集 $\{x_k\}_{k=0}^m$ 以及权值 $\{\omega_k\}_{k=0}^m$ 的正交函数族.

当函数族 $\{\varphi_i\}_{i=0}^n$ 是线性空间 Φ 的一组关于点集 $\{x_k\}_{k=0}^m$ 线性无关正交基时, 定义于该线性空间上的最小二乘曲线拟合问题(3.60) 的法方程组系数矩阵为对角阵

$$G_n = \begin{bmatrix} (\varphi_0, \varphi_0) & & & \\ & (\varphi_1, \varphi_1) & & \\ & & \ddots & \\ & & & (\varphi_n, \varphi_n) \end{bmatrix},$$

拟合曲线为

$$\varphi^*(x) = \sum_{i=0}^n \frac{(y, \varphi_i)}{(\varphi_i, \varphi_i)} \varphi_i(x). \quad (3.76)$$

由式(3.76) 得到

$$
\begin{aligned}
(\varphi^*, \varphi^*) &= \sum_{k=0}^m \omega_k \varphi^*(x_k)\varphi^*(x_k) \\
&= \sum_{k=0}^m \omega_k \left[\sum_{i=0}^n \frac{(y, \varphi_i)}{(\varphi_i, \varphi_i)} \varphi_i(x_k) \right] \left[\sum_{j=0}^n \frac{(y, \varphi_j)}{(\varphi_j, \varphi_j)} \varphi_j(x_k) \right] \\
&= \sum_{i=0}^n \sum_{j=0}^n \frac{(y, \varphi_i)}{(\varphi_i, \varphi_i)} \frac{(y, \varphi_j)}{(\varphi_j, \varphi_j)} \sum_{k=0}^m \omega_k \varphi_i(x_k)\varphi_j(x_k)
\end{aligned}
$$

---

① 另一种避免求解法方程的方法是对矩阵 A 进行 QR 分解.

$$= \sum_{i=0}^{n} \sum_{j=0}^{n} \frac{(y,\varphi_i)}{(\varphi_i,\varphi_i)} \frac{(y,\varphi_j)}{(\varphi_j,\varphi_j)} (\varphi_i,\varphi_j)$$

$$= \sum_{i=0}^{n} \frac{(y,\varphi_i)^2}{(\varphi_i,\varphi_i)},$$

综合平方误差估计式(3.66)和上式得到

$$\| r \|_2^2 = (\varphi^* - y, \varphi^* - y) = (y,y) - \sum_{i=0}^{n} \frac{(y,\varphi_i)^2}{(\varphi_i,\varphi_i)}. \qquad (3.77)$$

当有限维线性空间 Φ 为不超过 n 次的多项式时，类似于前面关于正交多项式系(3.43)的讨论，我们有关于点集 $\{x_i\}_{i=0}^{m}$ 及权值 $\{\omega_i\}_{i=0}^{m}$ 的首项系数为 1 的正交多项式递推公式

$$\begin{cases} \varphi_0(x) \equiv 1, \\ \varphi_1(x) = x - \alpha_0, \\ \varphi_{k+1}(x) = (x - \alpha_k)\varphi_k(x) - \beta_{k-1}\varphi_{k-1}(x) \quad (k = 1, 2, \cdots, n-1), \end{cases}$$

其中

$$\alpha_k = \frac{(x\varphi_k,\varphi_k)}{(\varphi_k,\varphi_k)} = \frac{\displaystyle\sum_{j=0}^{m} \omega_j x_j \varphi_k^2(x_j)}{\displaystyle\sum_{j=0}^{m} \omega_j \varphi_k^2(x_j)} \qquad (k = 0, 1, \cdots, n-1),$$

$$\beta_{k-1} = \frac{(\varphi_k,\varphi_k)}{(\varphi_{k-1},\varphi_{k-1})} = \frac{\displaystyle\sum_{j=0}^{m} \omega_j \varphi_k^2(x_j)}{\displaystyle\sum_{j=0}^{m} \omega_j \varphi_{k-1}^2(x_j)} \qquad (k = 1, 2, \cdots, n-1).$$

*3.5　最佳一致逼近多项式

3.5.1　魏尔斯特拉斯定理

定理3.7（魏尔斯特拉斯(Weierstrass)定理）　设 $f(x)$ 是区间 $[a,b]$ 上的连续函数. 则对于任意的正数 ε，存在着多项式 $p(x)$，使得

$$\left| f(x) - p(x) \right| < \varepsilon, \quad \forall x \in [a,b],$$

即有 $\| f(x) - p(x) \|_{\infty} < \varepsilon$ 成立.

这个著名定理从理论上肯定了闭区间上的连续函数可以用多项式以任意精度来逼近，关于它的证明有许多不同的证法，这里仅简单介绍伯恩斯坦

(Bernstein) 的更富有价值的构造性证明方法.

证明　鉴于通过线性变换 $x=(b-a)t+a$, $t\in[0,1]$ 可以将 $f(x)$ 变换为以 t 为自变量的连续函数,因而仅需在区间 $[a,b]=[0,1]$ 上证明结论成立就可以了. 伯恩斯坦构造了如下的多项式序列:

$$B_n^f(x)=\sum_{k=0}^n f\left(\frac{k}{n}\right)\binom{n}{k}x^k(1-x)^{n-k}, \quad n=0,1,2,\cdots. \quad (3.78)$$

显然 $B_n^f(x)$ 是不超过 n 次的多项式. 我们可以证明,对任意给定的正数 ε,总存在着一个充分大的 N,使得当 $n>N$ 时有

$$\left|B_n^f(x)-f(x)\right|<\varepsilon, \quad \forall x\in[0,1],$$

即

$$\|B_n^f(x)-f(x)\|_\infty<\varepsilon.$$

这也就是说有极限 $\lim\limits_{n\to\infty}\|B_n^f(x)-f(x)\|_\infty=0.$ 　　　　　　　　　　#

从伯恩斯坦的证明过程可以看出,如果精度要求高,则用来逼近的伯恩斯坦多项式的次数一般也很高,这往往不是很实用. 现在考虑对给定的函数 $f(x)\in C[a,b]$ 和固定的 n,求次数不超过 n 次的插值多项式 $p_n^*(x)$,使它在区间 $[a,b]$ 上"最佳地逼近"函数 $f(x)$,即在有限维线性空间 Φ_n 上求解最佳一致逼近问题:

求 $p_n^*(x)\in\Phi_n=\mathrm{span}\{1,x,x^2,x^3,\cdots,x^n\}$,使得

$$\|p_n^*(x)-f(x)\|_\infty=\min_{p(x)\in\Phi_n}\|p(x)-f(x)\|_\infty$$

$$=\min_{p(x)\in\Phi_n}\max_{a\leqslant x\leqslant b}\left|p(x)-f(x)\right|. \quad (3.79)$$

如果 (3.79) 的解函数 $p_n^*(x)$ 存在,则称 $p_n^*(x)$ 为 Φ_n 内对 $f(x)$ 的最佳一致逼近多项式,并记 $\|p_n^*(x)-f(x)\|_\infty=E_n(f)$. 依问题 (3.79) 的定义以及魏尔斯特拉斯定理知数列 $\{E_n\}_{n=0}^{+\infty}$ 单调减少地趋于零.

3.5.2　最佳一致逼近多项式的存在唯一性

对于定义于 $[a,b]$ 上的连续函数 $f(x)$ 与 $p(x)$,习惯上称 $\|p(x)-f(x)\|_\infty$ 为函数 $p(x)$ 近似 $f(x)$ 的**偏差**. 如果点 $\tilde{x}\in[a,b]$ 满足 $\left|p(\tilde{x})-f(\tilde{x})\right|=\|p(x)-f(x)\|_\infty$,则称 $\tilde{x}$ 为近似函数 $p(x)$ 的**偏差点**. 特别地,若有

$$p(\widetilde{x}) - f(\widetilde{x}) = \parallel p(x) - f(x) \parallel_{\infty},$$

则称 $\widetilde{x}$ 为 $p(x)$ 的**正偏差点**；若有

$$p(\widetilde{x}) - f(\widetilde{x}) = - \parallel p(x) - f(x) \parallel_{\infty},$$

则称 $\widetilde{x}$ 为 $p(x)$ 的**负偏差点**. 由于 $p(x) - f(x)$ 为 $[a,b]$ 上的连续函数，偏差点总是存在的. 但正、负偏差点不一定同时存在.

定理 3.8（博雷尔（Borel）存在性定理）　对任意给定的 $f(x) \in C[a,b]$，总存在 $p_n^*(x) \in \Phi_n = \mathrm{span}\{1, x, \cdots, x^n\}$，使得式（3.79）成立.

证明可参阅文献[4].

定理 3.9　若 $p_n^*(x) \in \Phi_n$ 为 $f(x)$ 在区间 $[a,b]$ 上的最佳一致逼近多项式，则函数 $p_n^*(x)$ 一定同时存在正、负偏差点.

证明　无妨假设 $p_n^*(x)$ 与 $f(x)$ 不存在负偏差点仅存在正偏差点. 设 $\widetilde{x}$ 是其中的一个正偏差点，有

$$p_n^*(\widetilde{x}) - f(\widetilde{x}) = \parallel p_n^*(x) - f(x) \parallel_{\infty} = E_n(f).$$

由于 $p_n^*(x) - f(x)$ 是 $[a,b]$ 上的连续函数，则必然存在着最大值 M 和最小值 m，使得有如下不等式成立：

$$-E_n(f) < m \leqslant p_n^*(x) - f(x) \leqslant M = E_n(f).$$

进而有 $S \overset{\triangle}{=\!=} \dfrac{E_n(f) + m}{2} > 0$ 以及

$$-\frac{E_n(f) - m}{2} = m - S \leqslant p_n^*(x) - S - f(x)$$

$$\leqslant E_n(f) - S = \frac{E_n(f) - m}{2},$$

$$\parallel (p_n^*(x) - S) - f(x) \parallel_{\infty} \leqslant \frac{E_n(f) - m}{2} = E_n(f) - S$$

$$< E_n(f) = \parallel p_n^*(f) - f(x) \parallel_{\infty}.$$

上式与 $p_n^*(x)$ 是函数 $f(x)$ 的最佳一致逼近多项式矛盾！故 $p_n^*(x)$ 同时存在着正负偏差点.　　　　　　　　　　　　　　　　　　　　　　　　　　 #

定理 3.10（切比雪夫定理）　$p_n^*(x) \in \Phi_n$ 是 $f(x) \in C[a,b]$ 的 n 次最佳一致逼近多项式的充分必要条件是在区间 $[a,b]$ 上 $p_n^*(x)$ 至少具有 $n+2$ 个依次轮流为正负的偏差点 $\{x_i\}_{i=1}^{n+2}$：

$$a \leqslant x_1 < x_2 < \cdots < x_{n+2} \leqslant b.$$

证明 **充分性**（反证法） 假设 $p_n^*(x)$ 不是 $f(x)$ 的 n 次最佳一致逼近多项式. 由定理 3.8 知 $f(x)$ 的 n 次最佳一致逼近多项式是存在的, 记为 $p(x)$. 于是有

$$\| p - f \|_\infty < \| p_n^* - f \|_\infty. \tag{3.80}$$

由 $a \leqslant x_1 < x_2 < \cdots < x_{n+2} \leqslant b$ 是近似函数 $p_n^*(x)$ 的 $n+2$ 个依次轮流为正负的偏差点得到

$$\left| p_n^*(x_i) - f(x_i) \right| = \| p_n^* - f \|_\infty, \quad i = 1, 2, \cdots, n+2. \tag{3.81}$$

考虑不超过 n 次的多项式 $p_n^* - p = (p_n^* - f) - (p - f)$, 由式 (3.80)(3.81) 知 $p_n^*(x_i) - p(x_i)$ 和 $p_n^*(x_i) - f(x_i)$ 的符号相同 ($1 \leqslant i \leqslant n+2$). 又由于 $\{ p_n^*(x_i) - f(x_i) \}_{i=1}^{n+2}$ 的符号交错, 知 $\{ p_n^*(x_i) - p(x_i) \}_{i=1}^{n+2}$ 的符号交错, 在区间 $[x_i, x_{i+1}] (i = 1, 2, \cdots, n+1)$ 上对函数 $p_n^*(x) - p(x)$ 使用连续函数的零点定理, 得到 $p_n^*(x) - p(x)$ 在区间 (a, b) 上至少存在着 $n+1$ 个零点, 这与此函数是不超过 n 次的多项式矛盾! 充分性得证.

必要性（反证法） 由定理 3.9 知最佳一致逼近多项式 $p_n^*(x)$ 在区间 $[a, b]$ 上一定同时存在着正负偏差点, 现假设它仅有 $m < n+2$ 个依次轮流为正负的偏差点. 于是, 存在着 m 个没有公共内部的子区间

$$I_1 = [a, \zeta_1], I_2 = [\zeta_1, \zeta_2], I_3 = [\zeta_2, \zeta_3], \cdots, I_m = [\zeta_{m-1}, b],$$

使得在每一个子区间上所包含的偏差点或者全是正偏差点, 或者全是负偏差点. 同时这也意味着 $\{\zeta_i\}_{i=1}^{m-1}$ 都不是交错点. 由于 $p_n^*(x)$ 有 m 个交错偏差点, 故这 m 个子区间中任何相邻子区间所包含的偏差点类型必然是相反的. 记含正偏差点的子区间个数为 m_1, 含负偏差点的子区间个数为 $m_2 = m - m_1$.

下面仅对 $I_1, I_3, \cdots, I_{2m_1-1}$ 含正偏差点, 其他子区间含负偏差点的情形进行论证. 另一相反情形完全可类似论证.

连续函数 $p_n^*(x) - f(x)$ 在仅含正偏差点的每一个子区间 I_k 上存在着最大值 $\widetilde{M}_k = \| p_n^* - f \|_\infty$ 和最小值 $\widetilde{m}_k > - \| p_n^* - f \|_\infty$ ($k = 1, 3, 5, \cdots, 2m_1 - 1$). 这样对于任意 $x \in \Delta_1 := I_1 \bigcup I_3 \bigcup \cdots \bigcup I_{2m_1-1}$, 有如下不等式成立:

$$- \| p_n^* - f \|_\infty < \widetilde{m} \leqslant p_n^*(x) - f(x) \leqslant \| p_n^* - f \|_\infty, \tag{3.82}$$

式中 $\widetilde{m} = \min\{m_1, m_3, \cdots, m_{2m_1-1}\}$, 当定义正数 $s_1 = (\widetilde{m} + \| p_n^* - f \|_\infty)/2$ 时, 进而有

$$- \| p_n^* - f \|_\infty + s_1 < p_n^*(x) - f(x) \leqslant \| p_n^* - f \|_\infty. \tag{3.83}$$

完全类似地讨论, 对于任意 $x \in \Delta_2 = I_2 \bigcup I_4 \bigcup \cdots \bigcup I_{2m_2}$, 我们有

$$-\|p_n^* - f\|_\infty \leqslant p_n^*(x) - f(x) < \|p_n^* - f\|_\infty - s_2, \quad (3.84)$$

式中正数 $s_2 = (\|p_n^* - f\|_\infty - \widetilde{M})/2$, $\widetilde{M} = \max\{M_2, M_4, \cdots, M_{2m_2}\}$, M_2, $M_4, \cdots, M_{2m_2}$ 是连续函数 $p_n^*(x) - f(x)$ 在含负偏差点子区间 $I_2, I_4, \cdots, I_{2m_2}$ 上的相应最大值.

定义正数 $s = \min\{s_1, s_2\}$, 由式 (3.83)(3.84) 我们得到

$$-\|p_n^* - f\|_\infty + s < p_n^*(x) - f(x) \leqslant \|p_n^* - f\|_\infty, \quad \forall x \in \Delta_1,$$
$$(3.85)$$

$$-\|p_n^* - f\|_\infty \leqslant p_n^*(x) - f(x) < \|p_n^* - f\|_\infty - s, \quad \forall x \in \Delta_2.$$
$$(3.86)$$

构造 $m-1$ 次的多项式 $\Psi(x) \stackrel{\triangle}{=} (x-\zeta_1)(x-\zeta_2)\cdots(x-\zeta_{m-1})$, 它是区间 $[a, b]$ 上的有界函数, 故存在着绝对值充分小的非零实数 β, 使得对于任意 $x \in [a, b]$, 有如下不等式成立

$$\left| \beta\Psi(x) \right| < s. \quad (3.87)$$

由于多项式 $\Psi(x)$ 在这 m 个子区间上的函数值符号是交错的, 可以选择实数 β 的符号, 使得当 $x \in \Delta_1$ 时有 $\beta\Psi(x) \geqslant 0$, 而当 $x \in \Delta_2$ 时有 $\beta\Psi(x) \leqslant 0$.

综合式 (3.85) ~ (3.87), 得不等式

$$-\|p_n^* - f\|_\infty + \beta\Psi(x) < p_n^*(x) - f(x) \leqslant \|p_n^* - f\|_\infty, \quad \forall x \in \Delta_1,$$
$$-\|p_n^* - f\|_\infty \leqslant p_n^*(x) - f(x) < \|p_n^* - f\|_\infty + \beta\Psi(x), \quad \forall x \in \Delta_2,$$

进而有

$$\left| p_n^*(x) - f(x) - \frac{\beta\Psi(x)}{2} \right| \leqslant \|p_n^* - f\|_\infty - \frac{\beta\Psi(x)}{2}, \quad \forall x \in \Delta_1,$$
$$(3.88)$$

$$\left| p_n^*(x) - f(x) - \frac{\beta\Psi(x)}{2} \right| \leqslant \|p_n^* - f\|_\infty + \frac{\beta\Psi(x)}{2}, \quad \forall x \in \Delta_2.$$
$$(3.89)$$

于是对任意 $x \in [a, b]$ 有如下不等式成立

$$\left| p_n^*(x) - \frac{\beta\Psi(x)}{2} - f(x) \right| \leqslant \|p_n^* - f\|_\infty - \left| \frac{\beta\Psi(x)}{2} \right|. \quad (3.90)$$

当 $x \in \{\zeta_i\}_{i=1}^{m-1}$ 时，由式(3.90) 得到

$$\left| \left(p_n^*(x) - \frac{\beta \Psi(x)}{2} \right) - f(x) \right| < \| p_n^* - f \|_\infty. \tag{3.91}$$

当 $x \in \{\zeta_i\}_{i=1}^{m-1}$ 时，因 $\{\zeta_i\}_{i=1}^{m-1}$ 不是多项式 $p_n^*(x)$ 的交错点，同样得到不等式(3.91).

综合这两点有

$$\left\| \left(p_n^*(x) - \frac{\beta \Psi(x)}{2} \right) - f(x) \right\|_\infty < \| p_n^*(x) - f(x) \|_\infty.$$

由 $m < n+2$ 知 $\Psi(x)$ 是不超过 n 次的多项式，进而多项式 $p_n^*(x) - \beta \Psi(x)/2$ 不超过 n 次. 上述不等式与 $p_n^*(x)$ 是 $f(x)$ 在空间 Φ_n 上的最佳一致逼近多项式矛盾! 假设 $m < n+2$ 不成立，必要性得证. 　　　#

定理 3. 11（唯一性）　　函数 $f(x) \in C[a,b]$ 在 Φ_n 中的最佳一致逼近多项式是唯一的.

证明（反证法）　　假设函数 $f(x)$ 在 Φ_n 中有两个最佳一致逼近多项式 $p(x)$ 和 $q(x)$，于是对任意的 $x \in [a,b]$ 有

$$-E_n(f) \leqslant p(x) - f(x) \leqslant E_n(f),$$

$$-E_n(f) \leqslant q(x) - f(x) \leqslant E_n(f),$$

进而有

$$-E_n(f) \leqslant \frac{p(x) + q(x)}{2} - f(x) \leqslant E_n(f).$$

上式表明 $\dfrac{p(x) + q(x)}{2} \xlongequal{\text{记为}} r(x)$ 也是函数 $f(x)$ 在 Φ_n 中的最佳一致逼近多项式.

依定理 3.10，$r(x)$ 存在着 $n+2$ 个依次轮流为正负的偏差点 $\{x_i\}_{i=1}^{n+2}$，它们满足

$$E_n(f) = | r(x_i) - f(x_i) | = \left| \frac{p(x_i) + q(x_i)}{2} - f(x_i) \right|$$

$$\leqslant \frac{1}{2} \left| p(x_i) - f(x_i) \right| + \frac{1}{2} \left| q(x_i) - f(x_i) \right| \leqslant E_n(f).$$

于是，对于 $1 \leqslant i \leqslant n+2$ 有

$$\left| p(x_i) - f(x_i) \right| = E_n(f),$$

$$\left| q(x_i) - f(x_i) \right| = E_n(f).$$

这也就是说，$\{x_i\}_{i=1}^{n+2}$ 也是 $p(x)$ 和 $q(x)$ 关于 $f(x)$ 的偏差点.

又由

$$\left| r(x_i) - f(x_i) \right| = \left| \frac{p(x_i) - f(x_i)}{2} + \frac{q(x_i) - f(x_i)}{2} \right| = E_n(f)$$

知，$p(x_i) - f(x_i)$ 和 $q(x_i) - f(x_i)$ 是同符号的，进而得到

$$p(x_i) - f(x_i) = q(x_i) - f(x_i) \quad (1 \leqslant i \leqslant n+2),$$

即

$$\left[p(x) - q(x) \right]_{x=x_i} = 0 \quad (1 \leqslant i \leqslant n+2).$$

而 $p(x) - q(x)$ 是不超过 n 次的多项式，这和上式矛盾! 假设不成立.　　♯

3.5.3　最佳一致逼近多项式求法的讨论

设函数 $f(x) \in C^1[a,b]$ 在空间 $\Phi_n = \mathrm{span}\{1, x, x^2, \cdots, x^n\}$ 中的最佳一致逼近多项式为

$$p_n^*(x) = \sum_{k=0}^{n} a_k x^k,$$

记它的 $n+2$ 个依次轮流为正负的偏差点为 $\{x_i\}_{i=1}^{n+2}$，并有

$$a \leqslant x_1 < x_2 < \cdots < x_{n+2} \leqslant b$$

和

$$p_n^*(x_i) - f(x_i) = \sum_{k=0}^{n} a_k x_i^k - f(x_i)$$

$$= (-1)^i E_n(f)\sigma, \quad \sigma \in \{-1, 1\}, \quad 1 \leqslant i \leqslant n+2. \quad (3.92)$$

这 $n+2$ 个方程系统中有 $n+1$ 个多项式系数 $\{a_k\}_{k=0}^{n}$，$n+2$ 个偏差点 $\{x_i\}_{i=1}^{n+2}$ 以及偏差 $E_n(f)$，总共 $2n+4$ 个待定参数. 由于在区间 (a,b) 内的偏差点必然是 $p_n^*(x) - f(x)$ 的极值点，故偏差点 $\{x_i\}_{i=1}^{n+2}$ 部分或全部是方程

$$\left[p_n^*(x) - f(x) \right]' = 0 \quad (3.93)$$

的根. 当式 (3.93) 的根只有 n 个时，由定理 3.10 和偏差点的定义知，另外两个偏差点一定是 $x_1 = a, x_{n+2} = b$.

这样，要求得 $f(x)$ 的最佳一致逼近多项式，必须求解非常复杂的非线性方程组 (3.92)(3.93). 求解该方程组的最为著名的算法是列梅兹 (Remes) 算法，但计算复杂，人们并不怎么采用它，而是倾向于利用各种方法获得某

种意义下的近似最佳逼近多项式.

作为例子,下面给出几种特殊情况下求最佳一致逼近多项式的方法.

例 3.7　函数 $f(x) \in C[a,b]$ 在函数空间 $\Phi_0 = \text{span}\{1\}$ 中的最佳一致逼近多项式为 $p_0^*(x) = \dfrac{1}{2}\left\{\min_{a \leqslant x \leqslant b} f(x) + \max_{a \leqslant x \leqslant b} f(x)\right\}$,即函数 $f(x)$ 在区间 $[a,b]$ 上的 0 次最佳一致逼近多项式是其在该区间上的最大值和最小值的算术平均值.

例 3.8　设函数 $f(x) \in C^2[a,b]$ 且 $f''(x) > 0 (a \leqslant x \leqslant b)$,求 $f(x)$ 在函数空间 $\Phi_1 = \text{span}\{1,x\}$ 中的最佳一致逼近多项式.

解　$f(x)$ 在空间 Φ_1 中的最佳一致逼近多项式为 $p_1^*(x) = \alpha x + \beta$. 由定理 3.10 知 $p_1^*(x)$ 关于 $f(x)$ 的轮流为正负的偏差点数至少为 3. 对于驻点方程

$$\left[p_1^*(x) - f(x)\right]' = \alpha - f'(x) = 0,$$

由 $f''(x) > 0$ 知 $f'(x)$ 是单调函数,进而上述驻点方程在 (a,b) 内只能有一个零点,记为 c,它是偏差点. 其余两个偏差点只能是区间端点 a 和 b.

这样有

$$p_1^*(a) - f(a) = -(p_1^*(c) - f(c)) = p_1^*(b) - f(b),$$

即

$$\alpha a + \beta - f(a) = -(\alpha c + \beta - f(c)) = \alpha b + \beta - f(b),$$

解之得

$$\alpha = \frac{f(b) - f(a)}{b - a}, \quad \beta = \frac{f(b) + f(c)}{2} - \frac{b + c}{2}\alpha,$$

其中 c 是方程 $f'(x) = \dfrac{f(b) - f(a)}{b - a}$ 的解.　　　　　　　♯

此例表明,当 $f''(x) > 0$(或 < 0)恒满足时,$f(x)$ 的 1 次最佳一致逼近多项式一定平行于 $(a, f(a))$ 和 $(b, f(b))$ 两点的连线.

我们知道,在首项系数为 1 的 n 次多项式集合 $\widetilde{\boldsymbol{P}}_n$ 中,$\widetilde{T}_n(x) = \dfrac{1}{2^{n-1}} T_n(x)$ 与零的偏差在区间 $[-1,1]$ 最小,即有

$$\| \widetilde{T}_n(x) \|_\infty \leqslant \| p(x) \|_\infty, \quad \forall p(x) \in \widetilde{\boldsymbol{P}}_n. \tag{3.94}$$

进而得到

$$\| x^n - [x^n - \widetilde{T}_n(x)] \|_\infty \leqslant \| x^n - [x^n - p(x)] \|_\infty, \quad \forall p(x) \in \widetilde{\boldsymbol{P}}_n,$$

$$\tag{3.95}$$

而 $x^n - \widetilde{T}_n(x)$ 及 $x^n - p(x)$ 均为不超过 $n-1$ 次的多项式.

于是,在区间 $[-1,1]$ 上, x^n 的 $n-1$ 次最佳一致逼近多项式是

$$p_{n-1}^* = x^n - \widetilde{T}_n(x) = x^n - \frac{1}{2^{n-1}} T_n(x).$$

如 x^4 在区间 $[-1,1]$ 上的 3 次最佳一致逼近多项式是

$$p_3^*(x) = x^4 - \widetilde{T}_4(x) = x^4 - \frac{1}{8}(8x^4 - 8x^2 + 1) = x^2 - \frac{1}{8}.$$

一般地,对于 n 次多项式 $p_n(x) = a_n x^n + a_{n-1} x^{n-1} + \cdots + a_0 (a_n \neq 0)$,对任意 $p(x) \in \widetilde{\boldsymbol{P}}_n$,式(3.94)有变形

$$\| p_n(x) - [p_n(x) - a_n \widetilde{T}_n(x)] \|_\infty \leqslant \| p_n(x) - [p_n(x) - a_n p(x)] \|_\infty. \tag{3.96}$$

这也就是说, n 次多项式 $p_n(x)$ 在区间 $[-1,1]$ 上的 $n-1$ 次最佳一致逼近多项式是

$$p_{n-1}^*(x) = p_n(x) - a_n \widetilde{T}_n(x) = p_n(x) - \frac{a_n}{2^{n-1}} T_n(x). \tag{3.97}$$

下面介绍式(3.97)的一个应用.

函数 $f(x)$ 在 $x = 0$ 处的 n 阶泰勒展开式为

$$p_n(x) = a_0 + a_1 x + \cdots + a_n x^n + R_n(x), \tag{3.98}$$

对于 n 阶的泰勒公式,其余项满足不等式

$$\left| R_n(x) \right| = \left| \frac{f^{(n+1)}(\zeta)}{(n+1)!} x^{n+1} \right| \leqslant \frac{M_{n+1}}{(n+1)!} \left| x^{n+1} \right|,$$

其中 M_{n+1} 为 $\left| f^{(n+1)}(x) \right|$ 在区间 $[-1,1]$ 上的最大值. 当 $|x| \ll 1$ 时余项很小,近似有较高的精度,但随着 $|x|$ 的增大,误差 $\left| R_n(x) \right|$ 增长很快,这也就是说,函数的泰勒公式的误差分布不均匀. 要使误差满足精度要求,必须使用高阶的泰勒公式. 为此我们对之进行修改,使之在满足误差精度要求的条件下,误差分布更均匀些,计算量更小些. 具体思路如下:

设小正数 ε 为给定的精度要求, $f(x)$ 的 n 阶泰勒公式的误差项满足

$$\| R_n(x) \|_\infty \leqslant \varepsilon_n \ll \varepsilon.$$

首先,求 n 阶展式 $p_n(x) = a_0 + a_1 x + \cdots + a_n x^n$ 在函数空间 $\Phi_{n-1} = \text{span}\{1,$

$x,x^2,\cdots,x^{n-1}\}$ 中的最佳一致逼近多项式,记为 $p_{n,n-1}(x)$. 由式(3.97)知

$$p_{n,n-1}(x) = p_n(x) - \frac{a_n}{2^{n-1}}T_n(x). \tag{3.99}$$

并有误差估计

$$\| p_{n,n-1}(x) - f(x) \|_\infty$$
$$\leqslant \| p_{n,n-1}(x) - p_n(x) \|_\infty + \| p_n(x) - f(x) \|_\infty$$
$$\leqslant E_{n-1} + \varepsilon_n.$$

其次,对 $p_{n,n-1}(x)$ 在空间 Φ_{n-2} 中作最佳一致逼近,记之为 $p_{n,n-2}(x)$,并有误差估计

$$\| p_{n,n-2}(x) - f(x) \|_\infty$$
$$\leqslant \| p_{n,n-2}(x) - p_{n,n-1}(x) \|_\infty + \| p_{n,n-1}(x) - f(x) \|_\infty$$
$$\leqslant E_{n-2} + E_{n-1} + \varepsilon_n.$$

这样的过程不断进行,直到某一步 $p_{n,n-s}(x)$ 的误差估计有不等式

$$\| p_{n,n-s}(x) - f(x) \|_\infty \leqslant E_{n-s} + E_{n-s+1} + \cdots + E_{n-1} + E_n + \varepsilon_n > \varepsilon$$

成立为止.

最后用 $p_{n,n-s+1}(x)$ 作为函数 $f(x)$ 在$[-1,1]$上的近似.

我们将这一过程称为**幂级数的缩合**.

对 $f(x)$ 关于节点 $\{x_i\}_{i=0}^n$ 的 n 次插值多项式的余项 $R_n(x) = \frac{f^{(n+1)}(\zeta)}{(n+1)!}\prod_{i=0}^n (x-x_i)$ 类似分析知,当选取插值节点$\{x_i\}_{i=0}^n$为切比雪夫多项式

$T_{n+1}(x)$ 的零点时,$\omega_{n+1}(x) = \prod_{i=0}^n (x-x_i) = \widetilde{T}_{n+1}(x)$ 在区间$[-1,1]$与零的偏差最小,并有

$$\| R_{n+1}(x) \|_\infty \leqslant \frac{1}{2^n}\frac{M_{n+1}}{(n+1)!}. \tag{3.100}$$

这样,可以用$n+1$次切比雪夫多项式的零点作为插值节点进行插值,所得到的插值多项式是 $f(x)$ 在$[-1,1]$上的 n 次最佳一致逼近多项式的近似.

若函数 $f(x) \in C^1[-1,1]$,则 $f(x)$ 的依切比雪夫多项式展开的广义级数

$$f(x) \sim \frac{c_0^*}{2} + \sum_{k=1}^\infty c_k^* T_k(x),$$

$$c_k^* = \frac{2}{\pi}\int_{-1}^1 \frac{f(x)T_k(x)}{\sqrt{1-x^2}}\mathrm{d}x, \quad k = 0,1,\cdots,n,\cdots$$

的部分和序列 $\left\{ s_n^*(x) = \dfrac{c_0}{2} + \sum\limits_{k=1}^{n} c_k^* T_k(x) \right\}_{n=0}^{\infty}$ 不仅具有性质

$$\| f - s_n^* \|_2 \to 0 \quad (n \to \infty),$$

而且满足

$$\| f - s_n^* \|_\infty \to 0 \quad (n \to \infty).$$

于是

$$f(x) - s_n^*(x) \approx c_{n+1}^* T_{n+1}(x).$$

这就是说 $f(x)$ 在区间 $[-1,1]$ 的切比雪夫多项式展开式的前 n 项和 $s_n^*(x)$,

即关于权函数 $\rho(x) = \dfrac{1}{\sqrt{1-x^2}}$ 的最佳平方逼近多项式,也可以作为其最佳

一致逼近多项式的近似.

习 题 3

1. 证明实函数 $\| f \|_2 = \left[\displaystyle\int_a^b f^2(x) \mathrm{d}x \right]^{\frac{1}{2}}$ 是定义于线性空间 $C[a,b]$ 上的范数.

2. 证明内积空间上的任意两元素 f 和 g 满足柯西(Cauchy)不等式

$$\left| (f,g) \right| \leqslant (f,f)^{\frac{1}{2}} (g,g)^{\frac{1}{2}}$$

和三角不等式(3.11).

3. 求 $f(x) = \sin x, x \in [0,0.1]$ 在空间 $\Phi = \mathrm{span}\{1, x, x^2\}$ 上的最佳平方逼近多项式,并给出平方误差.

4. 证明基于内积空间上的标准正交基 $\{\varphi_i\}_{i=0}^{n}$ 的函数 $f(x)$ 的最佳平方逼近函数 $\varphi^*(x)$ 的平方逼近误差 $\| \varphi^* - f \|_2^2 = (f,f) - \sum\limits_{i=0}^{n} (f,\varphi_i)^2$.

5. 对例 3.1 用 $[0,1]$ 区间上权函数为 1 的内积空间上的标准正交基进行计算.

6. 求多项式 $f(x) = 2x^4 + x^3 + 5x^2 + 1$ 在区间 $[-1,1]$ 上的 3 次最佳平方逼近多项式.

7. 已知函数值表

x	-2	-1	0	1	2
$f(x)$	0	1	2	1	0

试用二次多项式拟合这组数据.

8. 假设彗星 1968Tentax 在太阳系内移动,在某个极坐标系下的位置作了下面的观察:

r	2.70	2.00	1.61	1.20	1.02
φ	48°	67°	83°	108°	126°

由开普勒(Kepler)第一定律,彗星应在一个椭圆型或双曲型的平面轨道上运动,假设

忽略来自行星的干扰，于是坐标满足

$$r = \frac{p}{1 - e\cos\varphi},$$

其中 p 为参数，e 为偏心率. 由给定的观察值用最小二乘方法拟合出参数 p 和 e，并给出平方误差.

9. 试给出关于点集 $\{-2, -1, 0, 1, 2\}$ 的首项系数为 1 的正交多项式系 $\{\varphi_i\}_{i=0}^{+\infty}$ 中的前四项 $\{\varphi_i\}_{i=0}^4$，并用 $\{\varphi_i\}_{i=0}^2$ 作为基函数求解第 7 题.

*10. 求 $f(x) = \sqrt{1 + x^2}$ 在 $[0, 1]$ 上的一次最佳一致逼近多项式.

*11. 求多项式 $f(x) = 2x^4 + x^3 + 5x^2 + 1$ 在 $[-1, 1]$ 上的 3 次最佳一致逼近多项式.

*12. 用幂级数的缩合方法，求 $f(x) = e^x, x \in [-1, 1]$ 上的 3 次近似多项式 $p_{6,3}(x)$，并估计 $\| f(x) - p_{6,3}(x) \|_\infty$.

13. 求 $f(x) = e^x, x \in [-1, 1]$ 的以切比雪夫多项式 $T_4(x)$ 的零点为插值节点的 3 次插值多项式 $p_3(x)$，并估计 $\| f(x) - p_3(x) \|_\infty$.

14. 求 $f(x) = e^x, x \in [-1, 1]$ 上的关于权函数 $\rho(x) = \dfrac{1}{\sqrt{1 - x^2}}$ 的 3 次最佳平方逼近多项式 $S_3(x)$，并估计误差 $\| f(x) - S_3(x) \|_2$ 和 $\| f(x) - S_3(x) \|_\infty$.

*15. 用插值法求 $f(x) = e^x, x \in [0, 1]$ 上的 3 次最佳一致逼近多项式的近似，并用范数 $\| \cdot \|_\infty$ 估计误差.

*16. 选取常数 a, b，使得 $\max\limits_{0 \leqslant x \leqslant 1} | e^x - ax - b |$ 达到最小.

第 4 章　数值积分与数值微分

4.1　数值积分概述

计算定积分 $I = \int_a^b f(x)\mathrm{d}x$ 的值是解决实际问题时经常遇到的计算问题. 在许多情况下, 由于 $f(x)$ 的原函数很难得到, 因而想使用牛顿-莱布尼茨公式求积分值是很困难的, 有时甚至是不可能的. 本章将研究求积分值的数值求积公式, 即形如

$$\int_a^b f(x)\mathrm{d}x \approx \sum_{k=0}^n A_k f(x_k) \tag{4.1}$$

的求积公式, 其中 x_k 叫**求积节点**, A_k 叫**求积系数**, 它们均是与 $f(x)$ 无关的常数, $R[f] = \int_a^b f(x)\mathrm{d}x - \sum_{k=0}^n A_k f(x_k)$ 叫该**求积公式的截断误差**. 式 (4.1) 的右端是被积函数在一些节点上的值的线性组合, 其计算形式极为简单. 确定求积公式 (4.1), 也就是确定其中的节点 x_k 和系数 A_k.

4.1.1　求积公式的代数精确度

衡量一个求积公式好坏的标准之一即所谓的代数精确度.

定义 4.1　如果求积公式 (4.1) 当 $f(x)$ 为任意次数不超过 m 的多项式时误差 $R[f] \equiv 0$, 而当 $f(x) = x^{m+1}$ 时 $R[f] \neq 0$, 则称该求积公式具有 **m 次代数精确度**.

容易证明, (4.1) 具有 m 次代数精确度的充分必要条件是, 当 $f(x)$ 分别取 $1, x, x^2, \cdots, x^m$ 时 $R[f] \equiv 0$, 而当 $f(x) = x^{m+1}$ 时 $R[f] \neq 0$.

显然, 代数精确度越高越好.

凡至少具有零次代数精确度的求积公式 (4.1) 一定满足

$$\int_a^b 1\mathrm{d}x = \sum_{k=0}^n A_k \cdot 1,$$

从而

$$\sum_{k=0}^n A_k = b - a, \tag{4.2}$$

即求积系数之和等于积分区间长度, 这是求积系数的基本特性.

4.1.2 收敛性与稳定性

如果 $\lim\limits_{\substack{n\to\infty \\ h\to 0}} \sum\limits_{k=0}^{n} A_k f(x_k) = \int_a^b f(x)\mathrm{d}x$，其中 $h = \max\limits_{1\leqslant i\leqslant n}(x_i - x_{i-1})$，则称求积公式(4.1)是收敛的.

一个求积公式首先应该是收敛的. 其次，由于计算函数值 $f(x_k)$ 时一般会产生舍入误差 ε_k，因而必须考虑 ε_k 对计算结果带来的影响，这是所谓的稳定性问题. 当计算 $f(x_k)$ 有舍入误差 ε_k 时，求积公式(4.1)右端的

$$\sum_{k=0}^{n} A_k f(x_k),$$

实际上已变为

$$\sum_{k=0}^{n} A_k [f(x_k) + \varepsilon_k],$$

二者之间的误差为

$$E = \left| \sum_{k=0}^{n} A_k [f(x_k) + \varepsilon_k] - \sum_{k=0}^{n} A_k f(x_k) \right|$$

$$= \left| \sum_{k=0}^{n} A_k \varepsilon_k \right| \leqslant \sum_{k=0}^{n} |A_k| \cdot |\varepsilon_k|.$$

记 $\varepsilon = \max\limits_{0\leqslant k\leqslant n} |\varepsilon_k|$，则当求积系数 A_k 全为正时

$$E \leqslant \varepsilon \sum_{k=0}^{n} A_k = (b-a)\varepsilon.$$

这说明该误差不超过最大舍入误差 ε 的常数倍，也就是计算过程是稳定的. 综合上述讨论可知，求积公式(4.1)当系数 A_k 全为正时是稳定的.

4.2 牛顿-科茨公式

4.2.1 插值型求积公式

构造数值求积公式的基本方法之一就是用插值多项式代替被积函数求积分.

在积分区间 $[a,b]$ 上给定一组节点 x_k 处的函数值 $f(x_k)(k=0,1,2,\cdots,n)$，构造 n 次插值多项式，则有

$$f(x) = \sum_{k=0}^{n} l_k(x) f(x_k) + \frac{f^{(n+1)}(\zeta)}{(n+1)!} \prod_{i=0}^{n} (x - x_i),$$

两端在 $[a,b]$ 积分，得

$$\int_a^b f(x)\mathrm{d}x = \sum_{k=0}^{n} \int_a^b l_k(x)\mathrm{d}x \cdot f(x_k) + \int_a^b \frac{f^{(n+1)}(\zeta)}{(n+1)!} \prod_{i=0}^{n} (x - x_i)\mathrm{d}x.$$

舍去截断误差

$$R[f] = \int_a^b \frac{f^{(n+1)}(\zeta)}{(n+1)!} \prod_{i=0}^n (x - x_i) \mathrm{d}x, \tag{4.3}$$

则有

$$\begin{cases} \int_a^b f(x)\mathrm{d}x \approx \sum_{k=0}^n A_k f(x_k), \\[2mm] A_k = \int_a^b l_k(x)\mathrm{d}x = \int_a^b \prod_{\substack{i=0 \\ i \neq k}}^n \frac{(x - x_i)}{(x_k - x_i)}\mathrm{d}x. \end{cases} \tag{4.4}$$

求积公式(4.4)称为**插值型求积公式**,显然系数 A_k 由节点 $\{x_k\}_{k=0}^n$ 所唯一确定.
另外,由截断误差(4.3)易知,插值型求积公式(4.4)至少有 n 次代数精确度.

4.2.2　牛顿-科茨公式

当求积节点在 $[a,b]$ 等距分布时,插值型公式(4.4)称为牛顿-科茨(New-ton-Cotes)公式.此时可将式(4.4)作进一步整理.

在 $[a,b]$ 上取 $n+1$ 个等距节点 $x_k = a + kh(k = 0, 1, \cdots, n)$,其中 $h = \dfrac{b-a}{n}$.
令 $x = a + th$,代入式(4.4),则有

$$A_k = \frac{(b-a)(-1)^{n-k}}{k!(n-k)!n} \int_0^n t(t-1)\cdots(t-k+1)(t-k-1)\cdots(t-n)\mathrm{d}t,$$

记

$$C_k^{(n)} = \frac{(-1)^{n-k}}{k!(n-k)!n} \int_0^n t(t-1)\cdots(t-k+1)(t-k-1)\cdots(t-n)\mathrm{d}t.$$

则

$$A_k = (b-a)C_k^{(n)}. \tag{4.5}$$

式(4.4)可写为

$$\int_a^b f(x)\mathrm{d}x \approx (b-a)\sum_{k=0}^n C_k^{(n)} f(a+kh). \tag{4.6}$$

该公式就是**牛顿-科茨公式**,其中的系数 $C_k^{(n)}$ 称为**科茨系数**.部分科茨系数
$C_k^{(n)}$ 的值见表 4.1.

表 4.1　部分科茨系数的值

n	$C_k^{(n)}$
1	$\dfrac{1}{2}$,　$\dfrac{1}{2}$
2	$\dfrac{1}{6}$,　$\dfrac{4}{6}$,　$\dfrac{1}{6}$

续表

n	$C_k^{(n)}$								
3	$\dfrac{1}{8}$,	$\dfrac{3}{8}$,	$\dfrac{3}{8}$,	$\dfrac{1}{8}$					
4	$\dfrac{7}{90}$,	$\dfrac{16}{45}$,	$\dfrac{2}{15}$,	$\dfrac{16}{45}$,	$\dfrac{7}{90}$				
5	$\dfrac{19}{288}$,	$\dfrac{25}{96}$,	$\dfrac{25}{144}$,	$\dfrac{25}{144}$,	$\dfrac{25}{96}$,	$\dfrac{19}{288}$			
6	$\dfrac{41}{840}$,	$\dfrac{9}{35}$,	$\dfrac{9}{280}$,	$\dfrac{34}{105}$,	$\dfrac{9}{280}$,	$\dfrac{9}{35}$,	$\dfrac{41}{840}$		
7	$\dfrac{751}{17280}$,	$\dfrac{3577}{17280}$,	$\dfrac{1323}{17280}$,	$\dfrac{2989}{17280}$,	$\dfrac{2989}{17280}$,	$\dfrac{1323}{17280}$,	$\dfrac{3577}{17280}$,	$\dfrac{751}{17280}$	
8	$\dfrac{989}{28350}$,	$\dfrac{5888}{28350}$,	$\dfrac{-928}{28350}$,	$\dfrac{10496}{28350}$,	$\dfrac{-4540}{28350}$,	$\dfrac{10496}{28350}$,	$\dfrac{-928}{28350}$,	$\dfrac{5888}{28350}$,	$\dfrac{989}{28350}$

当 $n=1$ 时,牛顿-科茨公式(4.6)成为

$$\int_a^b f(x)\mathrm{d}x \approx \frac{b-a}{2}\big[f(a)+f(b)\big], \tag{4.7}$$

式(4.7)称为梯形公式. 容易验证它有一次代数精确度.

当 $n=2$ 时,牛顿-科茨公式为

$$\int_a^b f(x)\mathrm{d}x \approx \frac{b-a}{6}\Big[f(a)+4f\Big(\frac{a+b}{2}\Big)+f(b)\Big], \tag{4.8}$$

式(4.8)称为辛普森(Simpson)公式(或抛物线公式),它有三次代数精确度.

当 $n=4$ 时,牛顿-科茨公式成为

$$\int_a^b f(x)\mathrm{d}x \approx \frac{b-a}{90}\big[7f(a)+32f(a+h)+12f(a+2h)+32f(a+3h)+7f(b)\big], \tag{4.9}$$

式(4.9)称为科茨公式. 可验证它有 5 次代数精确度.

一般还可证明,当节点数 $n+1$ 为奇数时,牛顿-科茨求积公式(4.6)的代数精确度至少有 $n+1$ 次.

事实上,当 $n+1$ 为奇数时,设 $n=2m$,由(4.3)可知对 $f=x^{n+1}$ 有截断误差

$$E(x^{n+1}) = \int_a^b \prod_{i=0}^n (x-x_i)\mathrm{d}x = h^{n+2}\int_0^n t(t-1)\cdots(t-n)\mathrm{d}t$$

$$\xlongequal{t=m+s} h^{n+2}\int_{-m}^m (s+m)(s+m-1)\cdots s(s-1)\cdots(s-m+1)(s-m)\mathrm{d}s.$$

注意最后一个积分的被积函数是 s 的奇函数,所以有

$$E(x^{n+1}) = 0.$$

因此当节点数 $n+1$ 为奇数时,结合 (4.4) 至少有 n 次代数精确度的结论,可知此时的牛顿-科茨求积公式至少有 $n+1$ 次代数精确度.

下面讨论几个简单牛顿-科茨公式的截断误差. 由插值型求积公式的截断误差 (4.3),对梯形求积公式有

$$R_T(f) = \int_a^b \frac{f''(\xi)}{2!}(x-a)(x-b)\mathrm{d}x.$$

如果 $f(x)$ 在 $[a,b]$ 上有二阶连续导数,则因 $(x-a)(x-b)$ 在 $[a,b]$ 上可积不变号,故由积分第二中值定理可知,必有 $\eta \in [a,b]$,使得

$$R_T(f) = \frac{f''(\eta)}{2!}\int_a^b (x-a)(x-b)\mathrm{d}x = -\frac{(b-a)^3}{12}f''(\eta). \quad (4.10)$$

对于辛普森求积公式,如果 $f(x)$ 在 $[a,b]$ 上有四阶连续导数,则可证明必有 $\eta \in [a,b]$,使得截断误差有如下形式

$$R_s(f) = -\frac{(b-a)^5}{2880}f^{(4)}(\eta). \quad (4.11)$$

(4.11) 由插值型求积公式的截断误差 (4.3) 是难以推导出来的. 为证明 (4.11),考虑三点带一个导数条件的插值问题,即求插值多项式 $H_3(x)$,使得

$$H_3(a) = f(a), \quad H_3\left(\frac{a+b}{2}\right) = f\left(\frac{a+b}{2}\right), \quad H_3(b) = f(b),$$

$$H_3'\left(\frac{a+b}{2}\right) = f'\left(\frac{a+b}{2}\right).$$

易知此插值误差为

$$f(x) - H_3(x) = \frac{f^{(4)}(\xi)}{4!}(x-a)\left(x-\frac{a+b}{2}\right)^2(x-b).$$

辛普森公式的截断误差为

$$R_s(f) = \int_a^b f(x)\mathrm{d}x - \frac{b-a}{6}\left[f(a) + 4f\left(\frac{a+b}{2}\right) + f(b)\right]$$

$$= \int_a^b f(x)\mathrm{d}x - \frac{b-a}{6}\left[H_3(a) + 4H_3\left(\frac{a+b}{2}\right) + H_3(b)\right].$$

由于辛普森求积公式有 3 次代数精确度,故有

$$R_s(f) = \int_a^b f(x)\mathrm{d}x - \int_a^b H_3(x)\mathrm{d}x = \int_a^b [f(x) - H_3(x)]\mathrm{d}x$$

$$= \int_a^b \frac{f^{(4)}(\xi)}{4!}(x-a)\left(x-\frac{a+b}{2}\right)^2(x-b)\mathrm{d}x$$

(注意使用第二积分中值定理)

$$= \frac{f^{(4)}(\eta)}{4!} \int_a^b (x-a)\left(x-\frac{a+b}{2}\right)^2 (x-b)\mathrm{d}x$$

$$= -\frac{(b-a)^5}{2880} f^{(4)}(\eta), \quad \eta \in [a,b].$$

4.2.3 复化求积公式

为提高数值积分的精度,一般并不是在牛顿-科茨公式(4.6)中过多增加节点. 这是因为节点增多的高次插值有时有更大误差即所谓的龙格现象,从而使插值型求积公式误差增大;节点增多时如 $n=8$,则从表 4.1 可以看出科茨系数 $C_k^{(n)}$ 有正有负,这样求积系数 $A_k = (b-a)C_k^{(n)}$ 也有正有负,从而不能保证求积公式的稳定性.

一种实用的做法是将积分区间 $[a,b]$ 分成若干个小区间,然后分段使用节点少的牛顿-科茨公式,这就是复化牛顿-科茨求积公式.

1. 复化梯形公式

将 $[a,b]$ 进行 n 等分,子区间长度为 $h = \dfrac{b-a}{n}$,则有复化梯形公式

$$\int_a^b f(x)\mathrm{d}x \approx \frac{h}{2}\left[f(a) + 2\sum_{k=1}^{n-1} f(x_k) + f(b)\right] \triangleq T(n). \quad (4.12)$$

容易证明当 $f(x) \in C[a,b]$ 时 $\lim\limits_{n\to\infty} T(n) = \int_a^b f(x)\mathrm{d}x$,即复化梯形公式收敛.

2. 复化辛普森公式

将 $[a,b]$ 进行 n 等分,子区间长度为 $h = \dfrac{b-a}{n}$,在每个子区间 $[x_{k-1}, x_k]$ 上插入中点 $x_{k-\frac{1}{2}}$,使用一次辛普森公式,然后相加则得复化辛普森公式

$$\int_a^b f(x)\mathrm{d}x \approx \frac{h}{6}\left[f(a) + 4\sum_{k=1}^{n} f\left(x_{k-\frac{1}{2}}\right) + 2\sum_{k=1}^{n-1} f(x_k) + f(b)\right].$$

$$(4.13)$$

易证当 $f(x) \in C[a,b]$ 时,复化辛普森公式的值收敛于定积分 $\int_a^b f(x)\mathrm{d}x (n \to \infty)$.

读者可自己给出复化科茨公式(子区间数必须是 4 的倍数).

例 4.1 用复化梯形公式和复化辛普森公式分别计算积分

$$\int_0^1 \frac{4}{1+x^2}\mathrm{d}x$$

的近似值(取 9 个等距节点(包括区间端点),小数点后至少保留 6 位).

解　计算结果见表 4.2 $\left(h = \dfrac{1-0}{8} = 0.125\right)$.

表 4.2　复化梯形和复化辛普森公式的计算

x_k	$f(x_k)$	梯形求积系数	辛普森求积系数
0	4	1	1
0.125	3.938 462	2	4
0.25	3.764 706	2	2
0.375	3.506 849	2	4
0.5	3.2	2	2
0.625	2.876 405	2	4
0.75	2.56	2	2
0.875	2.265 487	2	4
1.0	2	1	1
积分近似值		3.138 989	3.141 593

精确值为 $\pi = 3.141\,592\cdots$.   #

4.2.4　复化求积公式的截断误差

定理 4.1　设 $f(x)$ 在区间 $[a,b]$ 上有连续的二阶导数,则复化梯形公式(4.12)的截断误差为

$$R_T[f] = -\frac{b-a}{12}h^2 f''(\eta), \quad \eta \in (a,b). \tag{4.14}$$

证明　设在小区间 $[x_{k-1}, x_k]$ 上梯形公式的截断误差为 $R_T^{(k)}[f]$,则由梯形求积公式的误差(4.10)可知

$$R_T^{(k)}[f] = -\frac{h^3}{12}f''(\eta_k).$$

于是复化梯形公式的截断误差为

$$R_T[f] = \sum_{k=1}^{n} R_T^{(k)}[f] = -\frac{h^3}{12}\sum_{k=1}^{n} f''(\eta_k)$$

$$= -\frac{b-a}{12}h^2 \cdot \frac{1}{n}\sum_{k=1}^{n} f''(\eta_k).$$

由连续函数的介值定理,有 $\eta \in (a,b)$,使

$$f''(\eta) = \frac{1}{n}\sum_{k=1}^{n} f''(\eta_k),$$

从而

$$R_T[f] = -\frac{b-a}{12}h^2 f''(\eta), \quad \eta \in (a,b). \qquad \#$$

如果 $\max\limits_{a\leqslant x\leqslant b}|f''(x)|\leqslant M_2$,则有误差估计式

$$|R_T[f]|\leqslant\frac{b-a}{12}h^2M_2. \tag{4.15}$$

定理 4.2 设 $f(x)$ 在 $[a,b]$ 上有连续的四阶导数,则复化辛普森公式(4.13)有截断误差

$$R_s[f]=-\frac{b-a}{2880}h^4f^{(4)}(\eta),\quad \eta\in(a,b). \tag{4.16}$$

证明 在每个小区间 $[x_{k-1},x_k]$ 上插入中点 $x_{k-\frac{1}{2}}$,然后使用截断误差公式(4.11)有

$$R_s^{(k)}[f]=-\frac{h^5}{2880}f^{(4)}(\eta_k),$$

于是复化辛普森公式的截断误差为

$$R_s[f]=\sum_{k=1}^{n}R_s^{(k)}[f]=-\frac{h^5}{2880}\sum_{k=1}^{n}f^{(4)}(\eta_k)$$

$$=-\frac{b-a}{2880}h^4\cdot\frac{1}{n}\sum_{k=1}^{n}f^{(4)}(\eta_k)$$

$$=-\frac{b-a}{2880}h^4f^{(4)}(\eta),\quad \eta\in(a,b). \qquad \#$$

如果 $\max\limits_{a\leqslant x\leqslant b}|f^{(4)}(x)|\leqslant M_4$,则有误差估计

$$|R_s[f]|\leqslant\frac{b-a}{2880}h^4M_4. \tag{4.17}$$

例 4.2 用复化辛普森公式求积分

$$I=\int_0^1\mathrm{e}^x\mathrm{d}x$$

的近似值时,为使截断误差 $|R_s[f]|\leqslant\frac{1}{2}\times10^{-4}$,问需要取多少个节点?

解 $|R_s[f]|=\dfrac{1-0}{2880}h^4|f^{(4)}(\eta)|\leqslant\dfrac{\mathrm{e}}{2880}h^4\leqslant\dfrac{1}{2}\times10^{-4}$,

$$h\leqslant 0.4798,\quad n=\frac{1-0}{h}\geqslant 2.08,\quad \text{取为 } 3.$$

取 $2\times3+1=7$ 个节点即可满足要求. $\qquad\#$

4.2.5 区间逐次分半求积法

复化求积公式可以提高计算精度,但由于截断误差的先验估计(4.15),(4.17)中被积函数各阶导数的最大值 M_2 和 M_4 往往很难估计,因而要想根据误差要求事先确定节点个数或步长 h 也就很困难,即使得到了 M_2 和 M_4,但

如果太保守(偏大),则势必增加节点个数,从而增加了不必要的计算量.所以,为了避免这些问题,实际使用复化求积公式时常常采用误差的"事后估计"方法,它是通过区间逐次分半实现的.

设 $T(n)$ 表示将区间 $[a,b]$ 进行 n 等分后使用复化梯形公式求得的积分近似值,$I = \int_a^b f(x)\mathrm{d}x$,则有

$$I - T(n) = -\frac{b-a}{12}h^2 f''(\eta_1), \quad \eta_1 \in (a,b),$$

再把每个小区间进行二等分,则

$$I - T(2n) = -\frac{b-a}{12}\left(\frac{h}{2}\right)^2 f''(\eta_2), \quad \eta_2 \in (a,b).$$

如果 $f''(x)$ 在 $[a,b]$ 上变化不大,则 $f''(\eta_1) \approx f''(\eta_2)$,以上两式相除得

$$\frac{I - T(n)}{I - T(2n)} \approx 4,$$

解出 I 得

$$I \approx T(2n) + \frac{1}{3}\big[T(2n) - T(n)\big]. \tag{4.18}$$

这说明用 $T(2n)$ 作为积分 I 的近似值时,其误差约为 $\frac{1}{3}\big[T(2n) - T(n)\big]$.因此,实际计算时常用

$$|\,T(2n) - T(n)\,| < \varepsilon \tag{4.18*}$$

是否满足作为控制计算精度的条件,如果满足,则取 $T(2n)$ 为 I 的近似值;如果不满足,则再将区间分半进行计算,直到满足误差要求为止.

由于 $T(n)$ 和 $T(2n)$ 已经算出,所以误差控制(4.18)在计算机上很容易判断,这样也就自动选取了合理的步长 h.

在编写程序计算时常用如下递推公式

$$\begin{cases} T(1) = \dfrac{b-a}{2}\big[f(a) + f(b)\big], \\ T(2n) = \dfrac{1}{2}T(n) + \dfrac{b-a}{2n}\displaystyle\sum_{i=1}^{n} f\left(a + (2i-1)\dfrac{b-a}{2n}\right) \\ \qquad\qquad (n = 2^{k-1}, k = 1,2,\cdots). \end{cases} \tag{4.19}$$

这样由 $T(n)$ 计算 $T(2n)$ 时只需计算新增加节点处的函数值.

类似(4.18)的推导,对于复化辛普森公式,有

$$I \approx S(2n) + \frac{1}{15}\big[S(2n) - S(n)\big], \tag{4.20}$$

对于复化科茨公式,有

$$I \approx C(2n) + \frac{1}{63}[C(2n) - C(n)]. \tag{4.21}$$

这里 $S(n)$ 和 $C(n)$ 分别表示区间 n 等分时复化辛普森公式和复化科茨公式计算的积分近似值. 对公式 (4.20) 和 (4.21) 有完全类似于公式 (4.18) 的理解, 从而也就能自动选取合理的步长, 用事后误差估计的方法使用复化辛普森公式和复化科茨公式.

4.3 龙贝格求积算法及一般外推技巧

4.3.1 龙贝格求积算法

由 (4.18) 式易知, 既然 $T(n)$ 和 $T(2n)$ 已经算出, 因此不要把近似误差 $\frac{1}{3}[T(2n) - T(n)]$ 舍掉, 用整个右端项 $T(2n) + \frac{1}{3}[T(2n) - T(n)]$ 比单独用 $T(2n)$ 近似积分 I 效果应该会更好. 事实上, 可以直接验证

$$S(2n) = T(2n) + \frac{1}{3}[T(2n) - T(n)]$$
$$= \frac{4}{4-1}T(2n) - \frac{1}{4-1}T(n), \tag{4.22}$$

即把误差 $\frac{1}{3}[T(2n) - T(n)]$ 补偿到 $T(2n)$ 后便得到了复化辛普森公式的值 $S(2n)$, 从而把误差阶提高了两阶, 也可以说 $T(2n)$ 和 $T(n)$ 的上述加权平均起到了加速收敛的作用.

同样由 (4.20) 可以看出, $S(2n)$ 与 $S(n)$ 的加权平均会得到更精确的积分近似值, 并可验证

$$C(2n) = S(2n) + \frac{1}{15}[S(2n) - S(n)]$$
$$= \frac{4^2}{4^2-1}S(2n) - \frac{1}{4^2-1}S(n), \tag{4.23}$$

即由复化辛普森公式组合到了误差阶更高的复化科茨公式.

对 $C(2n)$ 与 $C(n)$ 作类似的加权平均又可得到比 $C(2n)$ 更精确的近似值, 通常记为 $R(2n)$, 即

$$R(2n) = C(2n) + \frac{1}{63}[C(2n) - C(n)] = \frac{4^3}{4^3-1}C(2n) - \frac{1}{4^3-1}C(n). \tag{4.24}$$

由 (4.22), (4.23) 和 (4.24) 组成的算法称为**龙贝格 (Romberg) 求积算法**. 上述用若干个积分近似值推算出更为精确的近似值的方法称为外推算法, 序列 $\{T(n)\}, \{S(n)\}, \{C(n)\}$ 和 $\{R(n)\}$ 分别称为梯形序列、辛普森序列、科茨序列

和龙贝格序列. 由龙贝格序列当然还可继续外推, 但由于与前边类似的权系数分别为 $\dfrac{4^m}{4^m-1}\approx 1$ 和 $\dfrac{-1}{4^m-1}\approx 0$ (当 $m\geqslant 4$ 时), 因此新的求积序列与前一个序列的结果相差不大, 通常外推到龙贝格序列为止.

龙贝格求积算法从最简单的梯形序列开始逐步进行线性加速, 它具有占用内存少、精度高的优点, 是实际中常用的求积算法. 其计算过程可按如下步骤进行:

(1) 由 (4.17) 计算 $T(2^k)$ ($k=0,1,2,3,4$);

  由 (4.20) 计算 $S(2^k)$ ($k=1,2,3,4$);

  由 (4.21) 计算 $C(2^k)$ ($k=2,3,4$);

  由 (4.22) 计算 $R(2^k)$ ($k=3,4$).

(2) 如果 $|R(2^4)-R(2^3)|\leqslant\varepsilon$ (满足指定的误差要求), 则输出积分近似值 $R(2^4)$; 否则将区间分半, 再由 (4.24) 计算 $R(2^5)$, 并检验 $|R(2^5)-R(2^4)|\leqslant\varepsilon$ 是否满足, 如不满足, 则继续类似计算, 直到龙贝格序列前后两项误差的绝对值不超过给定的误差限为止.

例 4.3 用龙贝格算法计算例 4.1 中的积分

$$I=\int_0^1\frac{4}{1+x^2}\mathrm{d}x.$$

要求误差不超过 $\varepsilon=\dfrac{1}{2}\times 10^{-5}$.

解 计算结果见表 4.3.

表 4.3 龙贝格算法的计算结果

k	$T(k)$	$S(k)$	$C(k)$	$R(k)$
1	3			
2	3.1	3.133 333		
2^2	3.131 177	3.141 569	3.142 118	
2^3	3.138 989	3.141 593	3.141 595	3.141 586
2^4	3.140 942	3.141 593	3.141 593	3.141 593
2^5	3.141 430	3.141 593	3.141 593	3.141 593

#

4.3.2 一般外推技巧

龙贝格求积算法是由低阶误差序列向更高级误差序列外推的一种方法, 现在介绍更一般的外推技巧.

设某一个量 Q 与步长 h 无关,用依赖于 h 的量 $Q^*(h)$ 作为 Q 的近似,并假设有渐近展开式

$$Q^*(h) = Q + a_1 h^{b_1} + a_2 h^{b_2} + \cdots = Q + O(h^{b_1}),$$

其中系数 $a_1, a_2, \cdots$ 与步长无关,$0 < b_1 < b_2 < \cdots$.

将步长 h 分半得到

$$Q^*\left(\frac{h}{2}\right) = Q + a_1 \left(\frac{h}{2}\right)^{b_1} + a_2 \left(\frac{h}{2}\right)^{b_2} + \cdots.$$

由以上两式消去 h 的低阶项(即含 h^{b_1} 的项)得

$$\frac{Q^*(h) - 2^{b_1} Q^*\left(\frac{h}{2}\right)}{1 - 2^{b_1}} = Q + \tilde{a}_2 h^{b_2} + \cdots = Q + O(h^{b_2}),$$

其中 $\tilde{a}_2 = a_2 \dfrac{1 - 2^{b_1 - b_2}}{1 - 2^{b_1}}, \cdots$. 显然,上式左侧作为 Q 的近似值,误差阶提高到了 $O(h^{b_2})$. 上式左侧的组合系数之和为 1,是由两个低阶误差的量 $Q^*(h)$ 和 $Q^*\left(\dfrac{h}{2}\right)$ 经加权平均得到误差阶更高的量.

4.4 高斯型求积公式

4.4.1 一般理论

考虑更一般的带权积分

$$I = \int_a^b \rho(x) f(x) \mathrm{d}x, \tag{4.25}$$

其中 $\rho(x) \geqslant 0$ 为 $[a, b]$ 上的给定权函数($\rho(x) \equiv 1$ 时即前边讨论的积分).

类似于式(4.4)的建立,求积分(4.25)的插值型求积公式为

$$\begin{cases} \displaystyle\int_a^b \rho(x) f(x) \mathrm{d}x \approx \sum_{k=0}^n A_k f(x_k), \\ A_k = \displaystyle\int_a^b \rho(x) \prod_{\substack{i=0 \\ i \neq k}}^n \frac{(x - x_i)}{(x_k - x_i)} \mathrm{d}x, \end{cases} \tag{4.26}$$

其截断误差易知为

$$R[f] = \int_a^b \rho(x) \frac{f^{(n+1)}(\zeta)}{(n+1)!} \omega_{n+1}(x) \mathrm{d}x. \tag{4.27}$$

由此可知,$n+1$ 个节点的插值型求积公式(4.26)的代数精确度不可能低于 n. 由于式(4.26)中的节点及系数共有 $2n+2$ 个参数,因此当节点数 $n+1$ 确定时,只要适当选取节点位置 x_k 及系数 A_k,就可以使式(4.26)对 $f(x) = 1, x,$

$x^2, \cdots, x^{2n+1}$ 精确成立，即使 (4.4) 的代数精确度提高到 $2n+1$.

定义 4.2　如果 $n+1$ 个节点的求积公式

$$\int_a^b \rho(x) f(x) \mathrm{d}x \approx \sum_{k=0}^n A_k f(x_k) \tag{4.28}$$

的代数精确度达到 $2n+1$，则称式 (4.28) 为**高斯型求积公式**，此时称节点 x_k 为高斯点，系数 A_k 为高斯系数.

需要指出的是，当式 (4.28) 为高斯型公式时，其系数 A_k 必然满足

$$\begin{cases} \int_a^b \rho(x) \mathrm{d}x = \sum_{k=0}^n A_k, \\[2mm] \int_a^b \rho(x) \cdot x \mathrm{d}x = \sum_{k=0}^n A_k x_k, \\[2mm] \int_a^b \rho(x) \cdot x^2 \mathrm{d}x = \sum_{k=0}^n A_k x_k^2, \\[1mm] \qquad \cdots\cdots \\[1mm] \int_a^b \rho(x) x^n \mathrm{d}x = \sum_{k=0}^n A_k x_k^n. \end{cases} \tag{4.29}$$

另一方面，由于插值型求积公式 (4.26) 的代数精确度至少是 n，故其系数 A_k 也必然由 (4.29) 式唯一确定，这说明高斯型求积公式一定是插值型求积公式，高斯系数一定是插值型求积公式 (4.26) 中的系数 A_k，它由高斯点所唯一确定.

如果取 $f(x) = \omega_{n+1}^2(x) = \prod_{i=0}^n (x - x_i)^2$，则 (4.26) 的左端为

$$\int_a^b \rho(x) \omega_{n+1}^2(x) \mathrm{d}x > 0,$$

而右端为 $\sum_{k=0}^n A_k \omega_{n+1}^2(x_k) = 0$，所以截断误差 $R[f] = R[\omega_{n+1}^2] \neq 0$，即插值型求积公式 (4.24) 的代数精确度不可能达到 $2n+2$，换句话说，高斯型求积公式是具有最高代数精确度的求积公式.

下面的定理指出了高斯点应满足的条件.

定理 4.3　插值型求积公式 (4.24) 中的节点 $x_k (k=0,1,2,\cdots,n)$ 是高斯点的充分必要条件是，在 $[a,b]$ 上以这些点为零点的 $n+1$ 次多项式 $\omega_{n+1}(x) = (x - x_0)(x - x_1)\cdots(x - x_n)$ 与任意次数不超过 n 的多项式 $p(x)$ 带权 $\rho(x)$ 正交，即

$$\int_a^b \rho(x) \omega_{n+1}(x) p(x) \mathrm{d}x = 0. \tag{4.30}$$

证明　必要性　设 $x_k (k=0,1,2,\cdots,n)$ 是高斯点，故公式 (4.26) 对任意次数不超过 $2n+1$ 的多项式精确成立. 于是，对任意次数不超过 n 的多项式

$p(x),f(x)=\omega_{n+1}(x)p(x)$ 的次数不超过 $2n+1$,故有

$$\int_a^b \rho(x)\omega_{n+1}(x)p(x)\mathrm{d}x = \sum_{k=0}^n A_k\omega_{n+1}(x_k)p(x_k) = 0.$$

充分性 设条件(4.30)成立. 记 $\boldsymbol{P}_m = \{p(x) \mid p(x)$ 是次数不超过 m 的多项式$\}$. 任取 $f(x) \in \boldsymbol{P}_{2n+1}$,则 $f(x)$ 可表示为

$$f(x) = p(x)\omega_{n+1}(x) + q(x), \quad p,q \in \boldsymbol{P}_n,$$

积分有

$$\int_a^b f(x)\rho(x)\mathrm{d}x = \int_a^b \rho(x)p(x)\omega_{n+1}(x)\mathrm{d}x + \int_a^b \rho(x)q(x)\mathrm{d}x.$$

由条件(4.30),右端第一项积分为零,又由于插值型积分公式(4.26)对 $q\in\boldsymbol{P}_n$ 精确成立,故右端第二项积分为

$$\int_a^b \rho(x)q(x)\mathrm{d}x = \sum_{k=0}^n A_k q(x_k) = \sum_{k=0}^n A_k[p(x_k)\omega_{n+1}(x_k) + q(x_k)]$$
$$= \sum_{k=0}^n A_k f(x_k),$$

即(4.26)对 $f\in\boldsymbol{P}_{2n+1}$ 精确成立,故节点 $x_k(k=0,1,2,\cdots,n)$ 为高斯点. #

该定理说明,$[a,b]$ 上带权 $\rho(x)$ 正交的 $n+1$ 次多项式的零点就是高斯型求积公式(4.26)中的高斯点.

由前述讨论可知,当高斯点确定后,高斯系数 $A_k(k=0,1,2,\cdots,n)$ 既可由(4.29)解线性方程组确定,也可由插值型求积公式(4.26)中的系数公式所确定.

由 4.2 节的讨论可知,当求积节点数目增多到 9 的时候,牛顿-科茨公式的系数有正有负,从而不能保证计算的稳定性. 然而,下面的定理告诉我们,不论节点数 $n+1$ 有多大,高斯型求积公式总是稳定的.

定理 4.4 高斯型求积公式(4.26)总是稳定的.

证明 只需要证明高斯系数全为正即可. 由于(4.26)对次数不超过 $2n+1$ 的多项式精确成立,故取 $f(x)=l_k^2(x)$,其中 $l_k(x)$ 是 n 次拉格朗日插值基函数,有

$$\int_a^b \rho(x)l_k^2(x)\mathrm{d}x = \sum_{i=0}^n A_i l_k^2(x_i) = A_k > 0 \quad (k=0,1,\cdots,n),$$

即高斯系数 A_k 全为正. #

下面将证明高斯型求积公式的收敛性.

定理 4.5 设 $f(x)\in C[a,b]$,则高斯型求积公式(4.26)是收敛的.

证明 由于 $f(x)\in C[a,b]$,故由多项式逼近的魏尔斯特拉斯定理知,任给 $\varepsilon>0$,存在 m 次多项式 $p(x)$,使

$$\| f - p \|_{\infty} < \frac{\varepsilon}{2 \int_a^b \rho(x) \mathrm{d}x}. \tag{4.31}$$

利用插入技巧有

$$\left| \int_a^b \rho(x) f(x) \mathrm{d}x - \sum_{k=0}^n A_k f(x_k) \right|$$

$$\leqslant \left| \int_a^b \rho(x) f(x) \mathrm{d}x - \int_a^b \rho(x) p(x) \mathrm{d}x \right|$$

$$+ \left| \int_a^b \rho(x) p(x) \mathrm{d}x - \sum_{k=0}^n A_k p(x_k) \right| + \left| \sum_{k=0}^n A_k p(x_k) - \sum_{k=0}^n A_k f(x_k) \right|,$$

注意(4.29)，上式右端第一项为

$$\left| \int_a^b \rho(x) f(x) \mathrm{d}x - \int_a^b \rho(x) p(x) \mathrm{d}x \right| \leqslant \| f - p \|_{\infty} \int_a^b \rho(x) \mathrm{d}x < \frac{\varepsilon}{2},$$

右端第三项为

$$\left| \sum_{k=0}^n A_k p(x_k) - \sum_{k=0}^n A_k f(x_k) \right| \leqslant \| f - p \|_{\infty} \sum_{k=0}^n A_k$$

$$= \| f - p \|_{\infty} \int_a^b \rho(x) \mathrm{d}x < \frac{\varepsilon}{2}.$$

当 $n \geqslant \dfrac{m-1}{2}$ 即 $2n+1 \geqslant m$ 时，高斯型求积公式(4.24)对 m 次多项式精确成立，即上式右端第二项为零，从而

$$\left| \int_a^b \rho(x) f(x) \mathrm{d}x - \sum_{k=0}^n A_k f(x_k) \right| \leqslant \frac{\varepsilon}{2} + 0 + \frac{\varepsilon}{2} = \varepsilon.$$

由极限定义知 $\displaystyle\lim_{n \to \infty} \sum_{k=0}^n A_k f(x_k) = \int_a^b \rho(x) f(x) \mathrm{d}x$，即高斯型求积公式收敛. ♯

下面给出高斯型求积公式的截断误差.

定理 4.6　设 $f(x) \in C^{2n+2}[a,b]$，则高斯型求积公式(4.24)的截断误差为

$$R[f] = \frac{f^{(2n+2)}(\zeta)}{(2n+2)!} \int_a^b \rho(x) \omega_{n+1}^2(x) \mathrm{d}x, \quad \zeta \in (a,b). \tag{4.32}$$

证明　设 $H_{2n+1}(x)$ 是满足插值条件

$$\begin{cases} H_{2n+1}(x_k) = f(x_k), \\ H'_{2n+1}(x_k) = f'(x_k) \end{cases} \quad (k = 0, 1, \cdots, n)$$

的埃尔米特插值多项式，则插值余项为

$$f(x) - H_{2n+1}(x) = \frac{f^{(2n+2)}(\eta)}{(2n+2)!} \omega_{n+1}^2(x), \quad \eta \in (a,b).$$

由于高斯型求积公式(4.24)对 $2n+1$ 次多项式 $H_{2n+1}(x)$ 精确成立，故

$$R[f] = \int_a^b \rho(x) f(x) \mathrm{d}x - \sum_{k=0}^n A_k f(x_k)$$

$$= \int_a^b \rho(x) f(x) \mathrm{d}x - \sum_{k=0}^n A_k H_{2n+1}(x_k)$$

$$= \int_a^b \rho(x) f(x) \mathrm{d}x - \int_a^b \rho(x) H_{2n+1}(x) \mathrm{d}x$$

$$= \int_a^b \rho(x) \frac{f^{(2n+2)}(\eta)}{(2n+2)!} \omega_{n+1}^2(x) \mathrm{d}x.$$

由于 $\rho(x) \omega_{n+1}^2(x)$ 在 $[a,b]$ 上不变号，又 $f^{(2n+2)} \in C[a,b]$，故由积分第二中值定理得

$$R[f] = \frac{f^{(2n+2)}(\zeta)}{(2n+2)!} \int_a^b \rho(x) \omega_{n+1}^2(x) \mathrm{d}x, \quad \zeta \in (a,b). \qquad \#$$

一般插值型求积公式的截断误差由(4.3)可知为

$$R[f] = \int_a^b \frac{f^{(n+1)}(\zeta)}{(n+1)!} \omega_{n+1}(x) \mathrm{d}x,$$

权函数 $\rho \equiv 1$ 时的高斯型求积公式的截断误差为

$$R[f] = \frac{f^{(2n+2)}(\zeta)}{(2n+2)!} \int_a^b \omega_{n+1}^2(x) \mathrm{d}x.$$

由于这里出现了 $\omega_{n+1}(x)$ 的平方，因此，与节点数相同的一般插值型求积公式相比，高斯型求积公式不但代数精确度最高，而且求非代数函数的积分往往精度也是很高的．另外，高斯型公式总是收敛和稳定的，这也是它的很大优点．实用中也可将积分区间 $[a,b]$ 分为若干个小区间，在每个小区间上使用一定节点数目的高斯型求积公式，此即所谓的复化高斯求积公式．

由前述讨论可知，正交多项式的零点就是高斯点，因此，取不同的正交多项式就得到不同的高斯型求积公式．

4.4.2 高斯-勒让德求积公式

由于勒让德多项式是 $[-1,1]$ 上的正交多项式，所以，如果在高斯型求积公式(4.26)中取 $\rho(x) \equiv 1$，$[a,b]$ 为 $[-1,1]$，而节点 $x_k(k=0,1,2,\cdots,n)$ 为 $n+1$ 次勒让德多项式

$$P_{n+1}(x) = \frac{1}{(n+1)! 2^{n+1}} \frac{\mathrm{d}^{n+1}}{\mathrm{d}x^{n+1}} (x^2 - 1)^{n+1}$$

的零点，则此时称(4.26)为高斯-勒让德求积公式，系数 A_k 由(4.26)可表示为

$$A_k = \int_{-1}^1 \prod_{i=0, i \neq k}^n \frac{(x - x_i)}{(x_k - x_i)} \mathrm{d}x \quad (k = 0, 1, \cdots, n) \tag{4.33}$$

或由(4.29)解方程组确定，也可证明系数可表示为

$$A_k = \frac{2}{(1-x_k^2)\left[P'_{n+1}(x_k)\right]^2} \quad (k=0,1,2,\cdots,n), \tag{4.34}$$

而高斯-勒让德求积公式的余项由(4.32)推得为

$$R[f] = \frac{2^{2n+3}\left[(n+1)!\right]^4}{(2n+3)\left[(2n+2)!\right]^3} f^{(2n+2)}(\zeta), \quad \zeta \in (-1,1). \tag{4.35}$$

下面的表 4.4 给出了部分高斯-勒让德求积公式的节点和系数,以备查用.

表 4.4　部分高斯-勒让德求积公式的节点和系数

n	x_k	A_k	n	x_k	A_k
0	0	2		±0.932 469 514 2	0.171 324 492 4
1	±0.577 350 269 2	1	5	±0.661 209 386 5	0.360 761 573 0
				±0.238 619 186 1	0.467 913 934 6
2	±0.774 596 669 2	0.555 555 555 6		±0.949 107 912 3	0.129 484 966 2
	0	0.888 888 888 9	6	±0.741 531 185 6	0.279 705 391 5
3	±0.861 136 311 6	0.347 854 845 1		±0.405 845 151 4	0.381 830 050 5
	±0.339 981 043 6	0.652 145 154 9		0	0.417 959 183 7
4	±0.906 179 845 9	0.236 926 885 1		±0.960 289 856 6	0.101 228 536 3
	±0.538 469 310 1	0.478 628 670 5	7	±0.796 666 477 4	0.222 381 034 5
	0	0.568 888 888 9		±0.525 532 409 9	0.313 706 645 9
				±0.183 434 642 5	0.362 683 783 4

对于一般区间$[a,b]$上的积分$\int_a^b f(x)\mathrm{d}x$,通过变量代换

$$x = \frac{b-a}{2}t + \frac{b+a}{2},$$

可化为$[-1,1]$区间上的积分

$$\frac{b-a}{2}\int_{-1}^1 f\left(\frac{b-a}{2}t + \frac{b+a}{2}\right)\mathrm{d}t,$$

从而就可以使用高斯-勒让德公式计算.

例 4.4　分别用复化辛普森公式及高斯-勒让德公式求积分

$$\int_0^\pi \mathrm{e}^x\cos x\,\mathrm{d}x \quad \left(\text{精确值为} -\frac{\mathrm{e}^\pi+1}{2} = -12.070\,346\,32\cdots\right)$$

的近似值.

解　计算结果见表 4.5.

表 4.5　复化辛普森和高斯-勒让德公式求积分的结果比较

节点数	复化辛普森公式	节点数	高斯-勒让德公式
3	−11.592 839 56	2	−12.336 210 47
5	−11.984 944 03	3	−12.127 420 47

节点数	复化辛普森公式	节点数	高斯-勒让德公式
9	$-12.064\ 208\ 98$	4	$-12.070\ 189\ 5$
17	$-12.069\ 951\ 34$	5	$-12.070\ 328\ 56$
33	$-12.070\ 321\ 49$	6	$-12.070\ 346\ 34$
65	$-12.070\ 344\ 68$	7	$-12.070\ 346\ 33$
129	$-12.070\ 346\ 1$		

井

从该表中可以看出 6 节点的高斯-勒让德公式的计算结果精度大约与 129 点的复化辛普森公式计算结果的精度相当,高斯型公式求一般非代数函数积分的精度也是很高的.

4.4.3 高斯-切比雪夫求积公式

由于切比雪夫多项式是 $[-1,1]$ 上带权 $\rho(x)=\dfrac{1}{\sqrt{1-x^2}}$ 的正交多项式,因此,若在求积公式 (4.26) 中取 $[a,b]$ 为 $[-1,1]$,$\rho(x)=\dfrac{1}{\sqrt{1-x^2}}$,节点 $x_k(k=0,1,\cdots,n)$ 为 $n+1$ 次切比雪夫多项式的零点,则有所谓的高斯-切比雪夫求积公式

$$\int_{-1}^{1}\frac{1}{\sqrt{1-x^2}}f(x)\mathrm{d}x\approx\sum_{k=0}^{n}A_kf\left(\cos\frac{2k+1}{2n+2}\pi\right),\qquad(4.36)$$

可证系数 $A_k\equiv\dfrac{\pi}{n+1}$,而截断误差为

$$R[f]=\frac{\pi}{2^{2n+1}(2n+2)!}f^{(2n+2)}(\zeta),\quad \zeta\in(-1,1).\qquad(4.37)$$

注意到 (4.36) 的被积函数含有 $\dfrac{1}{\sqrt{1-x^2}}$ 因子,故可用高斯-切比雪夫求积公式计算含此因子的奇异积分.

4.4.4 高斯-拉盖尔求积公式

将插值型求积公式 (4.26) 中的 $[a,b]$ 换为半无穷区间 $[0,+\infty)$,权函数取为 $\rho(x)=\mathrm{e}^{-x}$,并取节点 $x_k(k=0,1,\cdots,n)$ 为 $n+1$ 次拉盖尔多项式 $L_{n+1}(x)=\mathrm{e}^x\dfrac{\mathrm{d}^{n+1}}{\mathrm{d}x^{n+1}}(x^{n+1}\mathrm{e}^{-x})$ 的零点,称这样的高斯型求积公式为高斯-拉盖尔求积公式,其表示式为

$$\int_0^{+\infty} e^{-x} f(x) \mathrm{d}x \approx \sum_{k=0}^n A_k f(x_k), \tag{4.38}$$

系数 A_k 为

$$A_k = \frac{[(n+1)!]^2}{x_k [L'_{n+1}(x_k)]^2} \qquad (k=0,1,2,\cdots,n), \tag{4.39}$$

截断误差为

$$R[f] = \frac{[(n+1)!]^2}{(2n+2)!} f^{(2n+2)}(\zeta), \quad \zeta \in (0,+\infty). \tag{4.40}$$

表 4.6 给出了部分高斯-拉盖尔求积公式的节点和系数.

表 4.6 部分高斯-拉盖尔求积公式的节点和系数

n	x_k	A_k
0	1	1
1	0.585 786 437 6	0.853 553 390 6
	3.414 213 562 4	0.146 446 609 4
2	0.415 774 556 8	0.711 093 009 9
	2.294 280 360 3	0.278 517 733 6
	6.289 945 082 9	0.010 389 256 5
3	0.322 547 689 6	0.603 154 104 3
	1.745 761 101 2	0.357 418 692 4
	4.536 620 296 9	0.038 887 908 5
	9.395 070 912 3	0.000 539 294 7
4	0.263 560 319 7	0.521 755 610 6
	1.413 403 059 1	0.398 666 811 1
	3.596 425 771 0	0.075 942 449 7
	7.085 810 005 9	0.003 611 758 7
	12.640 800 844 3	0.000 023 370 0

4.4.5 高斯-埃尔米特求积公式

高斯-埃尔米特求积公式是全无穷区间上的高斯型求积公式

$$\int_{-\infty}^{+\infty} e^{-x^2} f(x) \mathrm{d}x \approx \sum_{k=0}^n A_k f(x_k), \tag{4.41}$$

其中节点 $x_k (k=0,1,\cdots,n)$ 为 $(-\infty,+\infty)$ 上带权 $\rho(x) = e^{-x^2}$ 正交的 $n+1$ 次埃尔米特多项式 $H_{n+1}(x) = (-1)^{n+1} e^{x^2} \dfrac{\mathrm{d}^{n+1}}{\mathrm{d}x^{n+1}}(e^{-x^2})$ 的零点,系数 A_k 为

$$A_k = \frac{2^{n+2}(n+1)!\sqrt{\pi}}{[H'_{n+1}(x_k)]^2}, \tag{4.42}$$

截断误差为

$$R[f] = \frac{(n+1)!\sqrt{\pi}}{2^{n+1}(2n+2)!}f^{(2n+2)}(\zeta), \quad \zeta \in (-\infty, +\infty). \tag{4.43}$$

表 4.7 给出了部分高斯-埃尔米特求积公式的节点和系数.

表 **4.7** 部分高斯-埃尔米特求积公式的节点和系数

n	x_k	A_k
0	0	1.772 453 850 9
1	±0.707 106 781 2	0.886 226 925 5
2	±1.224 744 871 4	0.295 408 975 2
	0	1.181 635 900 6
3	±1.650 680 123 9	0.081 312 835 45
	±0.524 647 623 3	0.804 914 090 0
4	±2.020 182 870 5	0.019 953 242 06
	±0.958 572 464 6	0.393 619 323 2
	0	0.945 308 720 5
5	±2.350 604 973 7	0.004 530 009 906
	±1.335 849 074 0	0.157 067 320 3
	±0.436 077 411 9	0.724 629 595 2
6	±2.651 961 356 8	0.000 971 781 25
	±1.673 551 628 8	0.054 515 582 82
	±0.816 287 882 9	0.425 607 252 6
	0	0.810 264 617 6

在实际应用中有时希望一个或几个节点预先固定,然后确定其他节点和系数以使求积公式具有尽可能高的代数精确度,这种固定部分节点的高斯型求积公式理论上总是可以按代数精确度的等价定义,类似于 (4.29) 式列方程组而求得节点和系数.读者也可参考文献 [5].

高斯-拉盖尔和高斯-埃尔米特求积公式可用来求任意收敛的无穷区间上的积分的近似值.

*4.5 奇异积分与振荡函数积分的计算

4.5.1 无界函数积分的计算

有些被积函数在有限区间 $[a, b]$ 上是无界的,下边介绍几种这类函数积分的计算方法.

1. 变量代换法

通过变量代换消除奇点,使无界函数化为有界函数. 例如,对积分

$$I = \int_0^1 x^{-\frac{1}{n}} f(x) \mathrm{d}x \quad (f(x) \text{ 连续}, n \geqslant 2),$$

$x=0$ 为奇点,若令 $x=t^n$,则

$$I = n \int_0^1 t^{n-2} f(t^n) \mathrm{d}t.$$

这是 $[0,1]$ 上连续(当然有界)函数的积分. 又如

$$I = \int_{-1}^1 \frac{\mathrm{e}^x}{\sqrt{1-x^2}} \mathrm{d}x,$$

$x=\pm 1$ 为奇点,但若令 $x=\cos\theta$,则可化为有界函数的积分

$$I = \int_0^\pi \mathrm{e}^{\cos\theta} \mathrm{d}\theta.$$

2. 区间截断法

设 $I = \int_a^b f(x)\mathrm{d}x$, a 点为奇点. 将 I 分为

$$I = \int_a^{a+\delta} f(x)\mathrm{d}x + \int_{a+\delta}^b f(x)\mathrm{d}x,$$

对于预先指定的误差限 ε,若存在 $\delta > 0$,使 $\left| \int_a^{a+\delta} f(x)\mathrm{d}x \right| \leqslant \varepsilon$,则忽略右端第一项积分,有

$$I \approx \int_{a+\delta}^b f(x)\mathrm{d}x,$$

这是有界函数的积分.

例 4.5　将奇异积分 $I = \int_0^1 \frac{f(x)}{x^{1/2} + x^{1/3}} \mathrm{d}x$ 化为有界函数的积分,使误差不超过 10^{-3},其中 $f(x) \in C[0,1]$,且 $|f(x)| \leqslant 1$.

解　由 $\left| \int_0^\delta \frac{f(x)}{x^{1/2} + x^{1/3}} \mathrm{d}x \right| \leqslant \left| \int_0^\delta \frac{1}{2x^{1/2}} \mathrm{d}x \right| = \sqrt{\delta} \leqslant 10^{-3}$ 得 $\delta \leqslant 10^{-6}$,故

$$I \approx \int_\delta^1 \frac{f(x)}{x^{1/2} + x^{1/3}} \mathrm{d}x,$$

即满足要求.　　　　　　　　　　　　　　　　　　　　　　　　　　　　#

3. 使用含奇异因子的高斯型求积公式

4.4.3 小节给出的高斯-切比雪夫求积公式(4.36)中，$f(x) \in C[-1,1]$，但被积函数 $\dfrac{1}{\sqrt{1-x^2}} f(x)$ 在 $[-1,1]$ 无界，$x = \pm 1$ 为奇点. 直接使用高斯-切比雪夫求积公式就可求得这种奇异积分的近似值. 例如

$$\int_{-1}^{1} \frac{\mathrm{d}x}{\sqrt{1-x^4}} = \int_{-1}^{1} \frac{1}{\sqrt{1-x^2}} \frac{1}{\sqrt{1+x^2}} \mathrm{d}x$$

$$\approx \frac{\pi}{n+1} \sum_{k=0}^{n} \left(1 + \cos^2 \frac{2k+1}{2n+2} \pi\right)^{-\frac{1}{2}}.$$

对于没有现成求积公式可用的奇异积分，也可用待定系数法建立求积公式.

例 4.6 建立计算奇异积分

$$I = \int_0^1 \ln \frac{1}{x} f(x) \mathrm{d}x$$

的两点高斯型求积公式，其中 $f(x) \in C[0,1]$.

解 设欲建立公式为

$$\int_0^1 \ln \frac{1}{x} f(x) \mathrm{d}x \approx A_0 f(x_0) + A_1 f(x_1),$$

令上式对 $f(x) = 1, x, x^2, x^3$ 精确成立，则

$$\begin{cases} A_0 + A_1 = -\int_0^1 \ln x \, \mathrm{d}x = 1, \\ A_0 x_0 + A_1 x_1 = -\int_0^1 x \cdot \ln x \, \mathrm{d}x = \dfrac{1}{4}, \\ A_0 x_0^2 + A_1 x_1^2 = -\int_0^1 x^2 \cdot \ln x \, \mathrm{d}x = \dfrac{1}{9}, \\ A_0 x_0^3 + A_1 x_1^3 = -\int_0^1 x^3 \cdot \ln x \, \mathrm{d}x = \dfrac{1}{16}. \end{cases} \tag{4.44}$$

第三式、第二式的 b 倍及第一式的 c 倍求和，得

$$A_0 (x_0^2 + b x_0 + c) + A_1 (x_1^2 + b x_1 + c) = \frac{1}{9} + \frac{1}{4} b + c,$$

第四式、第三式的 b 倍及第二式的 c 倍求和，得

$$A_0 x_0 (x_0^2 + b x_0 + c) + A_1 x_1 (x_1^2 + b x_1 + c) = \frac{1}{16} + \frac{1}{9} b + \frac{1}{4} c.$$

取 x_0, x_1 为 $x^2 + bx + c = 0$ 的根，有

$$\begin{cases} \dfrac{1}{9} + \dfrac{1}{4}b + c = 0, \\[2mm] \dfrac{1}{16} + \dfrac{1}{9}b + \dfrac{1}{4}c = 0, \end{cases}$$

解此方程组得 $b = -\dfrac{5}{7}$, $c = \dfrac{17}{252}$. 再由 $x^2 - \dfrac{5}{7}x + \dfrac{17}{252} = 0$ 求得两个节点为

$$x_0 = \frac{5}{14} - \frac{\sqrt{106}}{42}, \quad x_1 = \frac{5}{14} + \frac{\sqrt{106}}{42},$$

将此值代入(4.44)的前两式解得系数为

$$A_0 = \frac{1}{2} + \frac{9\sqrt{106}}{424}, \quad A_1 = \frac{1}{2} - \frac{9\sqrt{106}}{424}. \qquad\qquad \#$$

4.5.2　无穷区间积分的计算

无穷区间上的积分可类似于有限区间上无界函数的积分去处理.

1. 变量代换法

作适当的变量代换 $x = \varphi(t)$ 将无穷区间转化为有限区间, 从而得

$$\int_0^{+\infty} f(x)\mathrm{d}x = \int_a^b f(\varphi(t))\varphi'(t)\mathrm{d}t,$$

$$\int_{-\infty}^{+\infty} f(x)\mathrm{d}x = \int_{-a}^{a} f(\varphi(t))\varphi'(t)\mathrm{d}t.$$

表 4.8 列出了若干有用的变换.

表 4.8　常见无穷区间和有限区间转换的变量代换

$x = \varphi(t)$	逆函数	区间转换
$x = \dfrac{t}{1-t}$	$t = \dfrac{x}{1+x}$	$[0, +\infty) \rightarrow [0, 1]$
$x = -\ln t$	$t = \mathrm{e}^{-x}$	$[0, +\infty) \rightarrow [0, 1]$
$x = \tan t$	$t = \arctan x$	$(-\infty, +\infty) \rightarrow \left(-\dfrac{\pi}{2}, \dfrac{\pi}{2}\right)$

例 4.7　计算 $I = \displaystyle\int_1^{+\infty} \frac{\mathrm{d}x}{(1+x)\sqrt{x}}$.

解　令 $x = \dfrac{1}{t}$, 有

$$I = \int_1^{+\infty} \frac{\mathrm{d}x}{(1+x)\sqrt{x}} = \int_1^0 \frac{-\dfrac{1}{t^2}\mathrm{d}t}{\left(1+\dfrac{1}{t}\right)\dfrac{1}{\sqrt{t}}} = \int_0^1 \frac{\sqrt{t}}{t(1+t)}\mathrm{d}t,$$

分部积分得

$$I = 2\sqrt{t}\,\frac{1}{1+t}\bigg|_0^1 + \int_0^1 2\,\frac{\sqrt{t}}{(1+t)^2}\mathrm{d}t = 1 + 2\int_0^1 \frac{\sqrt{t}}{(1+t)^2}\mathrm{d}t,$$

右端已化为正常积分. #

2. 区间截断法

对于给定的误差限 $\varepsilon > 0$,若有正数 $M > 0$,使得 $\left|\int_M^{+\infty} f(x)\mathrm{d}x\right| \leqslant \varepsilon$,则

$$I = \int_0^{+\infty} f(x)\mathrm{d}x = \int_0^M f(x)\mathrm{d}x + \int_M^{+\infty} f(x)\mathrm{d}x \approx \int_0^M f(x)\mathrm{d}x.$$

例 4.8 化积分 $I = \int_0^{+\infty} \mathrm{e}^{-x^2}\mathrm{d}x$ 为正常积分,使误差不超过 10^{-7}.

解 $\int_M^{+\infty} \mathrm{e}^{-x^2}\mathrm{d}x \leqslant \int_M^{+\infty} \mathrm{e}^{-Mx}\mathrm{d}x = \frac{1}{M}\,\mathrm{e}^{-M^2} < 10^{-7}$(当 $M \geqslant 4$),故

$$\int_0^{+\infty} \mathrm{e}^{-x^2}\mathrm{d}x \approx \int_0^4 \mathrm{e}^{-x^2}\mathrm{d}x.$$

即满足要求. #

3. 使用无穷区间上的高斯型求积公式

4.4 节中介绍的高斯-拉盖尔和高斯-埃尔米特求积公式可分别用来计算半无穷区间和全无穷区间上的奇异积分.

4.5.3 振荡函数积分的计算

在科学与工程问题中常常要计算积分

$$I(t) = \int_a^b f(x)k(x,t)\mathrm{d}x,$$

其中 $k(x,t)$ 是振荡函数,$f(x)$ 是非振荡函数. 例如积分

$$\int_0^{2\pi} f(x)\sin nx\,\mathrm{d}x, \quad \int_0^{2\pi} f(x)\cos nx\,\mathrm{d}x,$$

当 n 充分大时就是振荡积分.

大家知道,n 越大则被积函数 $f(x)\sin nx$ 或 $f(x)\cos nx$ 与 x 轴的交点就越多,也就是说振荡得越厉害. 对这类函数的积分用通常数值积分法计算效果一般都不理想,因此需要特殊处理.

现考虑积分

$$I(n) = \int_a^b f(x)\sin nx\,\mathrm{d}x, \tag{4.45}$$

由于 $f(x)$ 并非振荡函数,所以一种自然的想法是仅对被积函数中的非振荡因子 $f(x)$ 用插值函数 $s(x)$ 去近似,然后与振荡因子相乘后再求精确积分值

$$\int_a^b s(x)\sin nx\,\mathrm{d}x.$$

这样会得到比较理想的计算结果.下面对 $f(x)$ 选用三次样条插值函数去作近似代替,然后再求积分近似值.

取定 $[a,b]$ 区间上的 $N+1$ 个节点

$$a = x_0 < x_1 < \cdots < x_N = b,$$

设 $s(x)$ 是 $f(x)$ 的相应于这些节点的三次样条插值函数,边界条件是 $s''(a)=f''(a)=M_0$,$s''(b)=f''(b)=M_N$.由三弯矩法计算出 $M_1,M_2,\cdots,M_{N-1}$,从而便得 $s(x)$,于是反复进行分部积分得

$$\int_a^b f(x)\sin nx\,\mathrm{d}x \approx \int_a^b s(x)\sin nx\,\mathrm{d}x$$

$$= \left[-\frac{1}{n}s(x)\cos nx + \frac{1}{n^2}s'(x)\sin nx + \frac{1}{n^3}s''(x)\cos nx \right]_a^b$$

$$- \frac{1}{n^3}\int_a^b s'''(x)\cos nx\,\mathrm{d}x.$$

注意 $s'''(x)$ 在每一小区间 $[x_{i-1},x_i]$ 上为常数,于是上式右端最后一项积分为

$$-\frac{1}{n^3}\int_a^b s'''(x)\cos nx\,\mathrm{d}x$$

$$= -\frac{1}{n^3}\sum_{i=1}^N \int_{x_{i-1}}^{x_i} s'''(x)\cos nx\,\mathrm{d}x$$

$$= -\frac{1}{n^4}\sum_{i=1}^N \frac{M_i - M_{i-1}}{h_i}(\sin nx_i - \sin nx_{i-1}).$$

代入上式最后得求振荡积分(4.43)的计算公式为

$$\int_a^b f(x)\sin nx\,\mathrm{d}x$$

$$\approx \left[-\frac{1}{n}s(x)\cos nx + \frac{1}{n^2}s'(x)\sin nx + \frac{1}{n^3}s''(x)\cos nx \right]_a^b$$

$$- \frac{1}{n^4}\sum_{i=1}^N \frac{M_i - M_{i-1}}{h_i}(\sin nx_i - \sin nx_{i-1}) \quad (h_i = x_i - x_{i-1}). \quad (4.46)$$

例 4.9　求积分 $\int_0^{2\pi} x\cos x\sin 30x\,\mathrm{d}x$ 的近似值.

解　分别用复化梯形公式和公式(4.46)计算,结果如表 4.9 和表 4.10.比较表 4.9 和表 4.10 知,运用三次样条函数处理振荡积分能大大提高计算精度.

表 4.9　复化梯形公式求振荡函数积分的结果

区间等份数 n	$T(n)$	区间等份数 n	$T(n)$
1	0	32	$-1.923\ 865\ 9$
2	$4.23\ 526\ 85 \times 10^{-6}$	64	$-0.100\ 911\ 80$
4	$5.041\ 523\ 7$	128	$-0.211\ 267\ 25$
8	$4.156\ 586\ 0$	准确值	$-0.209\ 672\ 47\cdots$
16	$4.189\ 075\ 2$		

表 4.10　公式 (4.46) 求振荡函数积分的结果

区间数 N	公式 (4.46) 计算值	区间数 N	公式 (4.46) 计算值
3	$-0.209\ 630\ 49$	24	$-0.209\ 674\ 49$
6	$-0.209\ 684\ 36$	48	$-0.209\ 672\ 31$
12	$-0.209\ 676\ 51$	96	$-0.209\ 672\ 47$

*4.6　二重积分的计算

4.6.1　基本方法

这一节将讨论二重积分

$$I = \iint\limits_{\Omega} f(x,y)\,\mathrm{d}x\mathrm{d}y$$

的数值计算方法,其中 Ω 由两条连续曲线 $y=\varphi_1(x)$
和 $y=\varphi_2(x)$ 以及直线 $x=a$ 和 $x=b$ 围成,如图 4.1,
$f(x,y)$ 是 Ω 上的连续函数.

二重积分可化为单次积分来计算

$$\iint\limits_{\Omega} f(x,y)\,\mathrm{d}x\mathrm{d}y = \int_a^b \mathrm{d}x \int_{\varphi_1(x)}^{\varphi_2(x)} f(x,y)\,\mathrm{d}y.$$

记

$$F(x) = \int_{\varphi_1(x)}^{\varphi_2(x)} f(x,y)\,\mathrm{d}y,$$

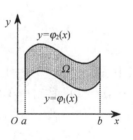

图 4.1

则由单次积分的求积公式可得

$$\iint\limits_{\Omega} f(x,y)\,\mathrm{d}x\mathrm{d}y = \int_a^b F(x)\,\mathrm{d}x \approx \sum_{k=0}^n A_k F(x_k), \tag{4.47}$$

其中 $F(x_k)(k=0,1,\cdots,n)$ 又是单次积分

$$F(x_k) = \int_{\varphi_1(x_k)}^{\varphi_2(x_k)} f(x_k,y)\,\mathrm{d}y.$$

再对此使用单次积分的计算公式有

$$F(x_k) = \int_{\varphi_1(x_k)}^{\varphi_2(x_k)} f(x_k, y) \mathrm{d}y \approx \sum_{i=0}^{m_k} B_{ki} f(x_k, y_i),$$

代入(4.47)有

$$\iint_{\Omega} f(x, y) \mathrm{d}x \mathrm{d}y \approx \sum_{k=0}^{n} \sum_{i=0}^{m_k} A_k B_{ki} f(x_k, y_i). \tag{4.48}$$

这是求二重积分的乘积型求积公式,利用单次积分的不同数值公式就得到二重积分的不同求积方法. 下面给出矩形域上的几种常用公式.

4.6.2 复化求积公式

考虑积分

$$\iint_{\Omega} f(x, y) \mathrm{d}x \mathrm{d}y = \int_a^b \mathrm{d}x \int_c^d f(x, y) \mathrm{d}y, \tag{4.49}$$

其中 Ω 为矩形域 $\Omega = \{(x, y) \,|\, a \leqslant x \leqslant b, c \leqslant y \leqslant d\}$. 将 $[a, b]$ 进行 n 等分,节点为 $x_k = a + kh \left(h = \dfrac{b-a}{n}, k = 0, 1, \cdots, n\right)$. 将 $[c, d]$ 进行 m 等分,节点为 $y_i = c + i\tau$ $\left(\tau = \dfrac{d-c}{m}, i = 0, 1, \cdots, m\right)$. 如果对每个单次积分使用复化梯形公式,则(4.47)为

$$\iint_{\Omega} f(x, y) \mathrm{d}x \mathrm{d}y \approx \frac{h}{2} \sum_{k=0}^{n} A_k \int_c^d f(x_k, y) \mathrm{d}y$$

$$\approx \frac{h}{2} \sum_{k=0}^{n} A_k \frac{\tau}{2} \sum_{i=0}^{m} B_i f(x_k, y_i)$$

$$= \frac{h\tau}{4} \sum_{k=0}^{n} \sum_{i=0}^{m} A_k B_i f(x_k, y_i),$$

其中系数为 $A_0 = A_n = 1, A_k = 2(k = 1, 2, \cdots, n-1)$;$B_0 = B_m = 1, B_i = 2(i = 1, 2, \cdots, m-1)$. 记 $\lambda_{ki} = A_k B_i$,则求重积分(4.49)的复化梯形公式为

$$\iint_{\Omega} f(x, y) \mathrm{d}x \mathrm{d}y = \int_a^b \mathrm{d}x \int_c^d f(x, y) \mathrm{d}y$$

$$\approx \frac{h\tau}{4} \sum_{k=0}^{n} \sum_{i=0}^{m} \lambda_{ki} f(x_k, y_i), \tag{4.50}$$

其中 $\lambda_{ki}(k = 0, 1, \cdots, n; i = 0, 1, \cdots, m)$ 如表 4.11 所示.

表 4.11 复化梯形公式求二重积分的 λ_{ki} 值

B_i	A_k					
	1	2	2	$\cdots$	2	1
1	1	2	2	$\cdots$	2	1
2	2	4	4	$\cdots$	4	2

续表

B_i	A_k					
	1	2	2	⋯	2	1
2	2	4	4		4	2
⋮			⋮	⋮		⋮
2	2	4	4	⋯	4	2
1	1	2	2	⋯	2	1

同样,将$[a,b]$和$[c,d]$分别进行n,m等分(n,m都是偶数),并分别在x,y方向使用单积分的复化辛普森公式,则得求重积分(4.49)的复化辛普森公式

$$\int_a^b \mathrm{d}x \int_c^d f(x,y)\mathrm{d}y \approx \frac{h\tau}{9}\sum_{k=0}^n \sum_{i=0}^m \lambda_{ki} f(x_k,y_i), \qquad (4.51)$$

其中系数λ_{ki}如表4.12所示.

表 4.12 复化辛普森公式求二重积分的λ_{ki}值

B_i	A_k									
	1	4	2	4	2	⋯	4	2	4	1
1	1	4	2	4	2	⋯	4	2	4	1
4	4	16	8	16	8	⋯	16	8	16	4
2	2	8	4	8	4	⋯	8	4	8	2
4	4	16	8	16	8	⋯	16	8	16	4
2	2	8	4	8	4	⋯	8	4	8	2
⋮	⋮	⋮	⋮	⋮	⋮		⋮	⋮	⋮	⋮
4	4	16	8	16	8	⋯	16	8	16	4
2	2	8	4	8	4	⋯	8	4	8	2
4	4	16	8	16	8	⋯	16	8	16	4
1	1	4	2	4	2	⋯	4	2	4	1

4.6.3 高斯型求积公式

如果分别在x,y方向使用单次积分的高斯-勒让德求积公式,则得求重积分(4.49)的二维高斯-勒让德求积公式

$$\int_{-1}^1 \int_{-1}^1 f(x,y)\mathrm{d}x\mathrm{d}y \approx \sum_{k=0}^n \sum_{i=0}^n A_k A_i f(x_k,y_i), \qquad (4.52)$$

其中节点x_k,y_i及系数A_k,A_i都是一维高斯-勒让德求积公式的节点及系数.

4.7 数 值 微 分

以函数$y=f(x)$的离散数据

$$(x_k, f(x_k)) \quad (k=0,1,\cdots,n)$$

来近似表达 $f(x)$ 在节点处的微分, 通常称为数值微分.

4.7.1　插值法

数值微分的第一种方法是对 $f(x)$ 进行插值, 然后求插值函数的导数.

设 $p_n(x)$ 是满足插值条件 $p_n(x_k)=f(x_k)(k=0,1,\cdots,n)$ 的插值多项式, 则

$$f(x) = p_n(x) + \frac{f^{(n+1)}(\zeta)}{(n+1)!}\omega_{n+1}(x), \quad \zeta \in (x_0, x_n),$$

两边求导得

$$f'(x) = p_n'(x) + \frac{f^{(n+1)}(\zeta)}{(n+1)!}\omega_{n+1}'(x) + \frac{\omega_{n+1}(x)}{(n+1)!}\frac{\mathrm{d}}{\mathrm{d}x}f^{(n+1)}(\zeta).$$

由于 $\zeta=\zeta(x,n)$ 与 x,n 有关, 故上式右端最后一项 $\dfrac{\mathrm{d}}{\mathrm{d}x}f^{(n+1)}(\zeta)$ 无法估计, 从而很难保证对任意 x, 其导数的误差

$$f'(x) - p_n'(x) = \frac{f^{(n+1)}(\zeta)}{(n+1)!}\omega_{n+1}'(x) + \frac{\omega_{n+1}(x)}{(n+1)!}\frac{\mathrm{d}}{\mathrm{d}x}f^{(n+1)}(\zeta)$$

趋于零 (当 $n \to \infty$ 时). 因此, 一般限定求节点 x_k 处的导数值, 于是 $\omega_{n+1}(x_k)=0$, 从而有

$$f'(x_k) = p_n'(x_k) + \frac{f^{(n+1)}(\zeta)}{(n+1)!}\omega_{n+1}'(x_k).$$

若 $f(x)$ 的各阶导数有界

$$|f^{(n+1)}(x)| \leqslant M \quad (n=0,1,2,\cdots),$$

节点 $x_k \in [a,b](k=0,1,2,\cdots,n)$, 则误差

$$|f'(x_k) - p_n'(x_k)| \leqslant \frac{M}{(n+1)!}(b-a)^n \to 0 \quad (n \to \infty),$$

从而有

$$f'(x_k) \approx p_n'(x_k) \quad (k=0,1,\cdots,n).$$

下面给出节点等距分布时常用的几个数值微分公式.

(1) 一阶两点公式 $(n=1)$

$$f'(x_0) = \frac{1}{h}(y_1 - y_0) - \frac{h}{2}f''(\zeta_1), \quad \zeta_1 \in (x_0, x_1);$$

$$f'(x_1) = \frac{1}{h}(y_1 - y_0) + \frac{h}{2}f''(\zeta_2), \quad \zeta_2 \in (x_0, x_1).$$

（2）一阶三点公式（$n=2$）

$$f'(x_0) = \frac{1}{2h}(-3y_0 + 4y_1 - y_2) + \frac{h^2}{3}f'''(\zeta_1), \quad \zeta_1 \in (x_0, x_2);$$

$$f'(x_1) = \frac{1}{2h}(-y_0 + y_2) - \frac{h^2}{6}f'''(\zeta_2), \qquad \zeta_2 \in (x_0, x_2);$$

$$f'(x_2) = \frac{1}{2h}(y_0 - 4y_1 + 3y_2) + \frac{h^2}{3}f'''(\zeta_3), \qquad \zeta_3 \in (x_0, x_2).$$

（3）二阶三点公式（$n=2$）

$$f''(x_0) = \frac{1}{h^2}(y_0 - 2y_1 + y_2) - hf'''(\zeta_1);$$

$$f''(x_1) = \frac{1}{h^2}(y_0 - 2y_1 + y_2) - \frac{h^2}{12}f^{(4)}(\zeta_2);$$

$$f''(x_2) = \frac{1}{h^2}(y_0 - 2y_1 + y_2) + hf'''(\zeta_3),$$

$$\zeta_i \in (x_0, x_2) \quad (i = 1, 2, 3).$$

4.7.2　泰勒展开法

实际上，使用泰勒展开能更直接地建立数值微分公式．以上述二阶三点公式的第二个为例，由泰勒展开，

$$f(x_0) = f(x_1) - hf'(x_1) + \frac{h^2}{2!}f''(x_1) - \frac{h^3}{3!}f'''(x_1) + \frac{h^4}{4!}f^{(4)}(\eta_1),$$

$$f(x_2) = f(x_1) + hf'(x_1) + \frac{h^2}{2!}f''(x_1) + \frac{h^3}{3!}f'''(x_1) + \frac{h^4}{4!}f^{(4)}(\eta_2),$$

两式相加得

$$y_0 + y_2 = 2y_1 + h^2 f''(x_1) + \frac{h^2}{4!}[f^{(4)}(\eta_1) + f^{(4)}(\eta_2)].$$

若 $f^{(4)}(x)$ 连续，则平均值 $\frac{1}{2}[f^{(4)}(\eta_1) + f^{(4)}(\eta_2)]$ 必等于某点 ζ_3 处的值 $f^{(4)}(\zeta_3) = \frac{1}{2}[f^{(4)}(\eta_1) + f^{(4)}(\eta_2)]$，从而由上式解出 $f''(x_1)$，有

$$f''(x_1) = \frac{1}{h^2}(y_0 - 2y_1 + y_2) - \frac{h^2}{12}f^{(4)}(\zeta_3).$$

对数值微分公式也可使用外推技术以提高误差阶（见本章习题的第14题）．

有关数值微分的更详细讨论可查阅参考文献[2]．

习　题　4

1. 推导下列三种矩形公式及截断误差，并说明每种求积公式的几何意义．

(1) $\int_a^b f(x)\mathrm{d}x \approx (b-a)f(a)$，　$R[f] = \dfrac{f'(\eta)}{2}(b-a)^2$，　$\eta \in (a,b)$.

(2) $\int_a^b f(x)\mathrm{d}x \approx (b-a)f(b)$，　$R[f] = -\dfrac{f'(\eta)}{2}(b-a)^2$，　$\eta \in (a,b)$.

(3) $\int_a^b f(x)\mathrm{d}x \approx (b-a)f\left(\dfrac{a+b}{2}\right)$，　$R[f] = \dfrac{f''(\eta)}{24}(b-a)^3$，　$\eta \in (a,b)$.

2. 若 $f''(x) > 0, x \in [a,b]$,试证明用梯形公式计算积分 $\int_a^b f(x)\mathrm{d}x$ 所得的近似值比精确值大,并说明几何意义.

3. 确定下列求积公式中的参数,使求积公式的代数精确度尽量高,并指明所得求积公式的代数精确度是多少(计算中至少取 4 位小数).

(1) $\int_{-h}^h f(x)\mathrm{d}x \approx A_{-1}f(-h) + A_0 f(0) + A_1 f(h)$.

(2) $\int_{-1}^1 f(x)\mathrm{d}x \approx \dfrac{1}{3}\left[2f(x_1) + 3f(x_2) + f(1)\right]$.

(3) $\int_0^h f(x)\mathrm{d}x \approx \dfrac{h}{2}\left[f(0) + f(h)\right] + ah^2\left[f'(0) - f'(h)\right]$.

(4) $\int_0^1 f(x)\mathrm{d}x \approx A_0 f\left(\dfrac{1}{4}\right) + A_1 f\left(\dfrac{1}{2}\right) + A_2 f\left(\dfrac{3}{4}\right)$.

4. 已知函数 $f(x) = \cos x + \sin^2 x$ 的下列数据:

x_k	0	0.1	0.2	0.3	0.4	0.5
$f(x_k)$	1	1.004 971	1.019 536	1.042 668	1.072 707	1.107 432
x_k	0.6	0.7	0.8	0.9	1.0	
$f(x_k)$	1.144 157	1.179 859	1.211 307	1.235 211	1.248 375	

用复化梯形公式和复化辛普森公式计算积分 $\int_0^1 f(x)\mathrm{d}x$.计算取 6 位小数,并与真值 $I = 1.11414677\cdots$ 比较.

5. 用复化辛普森公式计算积分

$$\int_0^{10} \mathrm{e}^{-x^2}\mathrm{d}x$$

(取 11 个等距节点(包括 0 和 10),小数点后至少取 6 位).

6. 用积分 $\int_2^8 \dfrac{1}{x}\mathrm{d}x = 2\ln 2$ 计算 $\ln 2$,要使所得近似值具有 5 位有效数字,问用复化梯形公式至少需要取多少个节点?

7. 设 $f(x)$ 在 $[a,b]$ 上连续.证明复化辛普森公式收敛于积分 $\int_a^b f(x)\mathrm{d}x$.

8. 用龙贝格算法计算椭圆 $\dfrac{x^2}{4} + y^2 = 1$ 的周长,使结果具有 5 位有效数字.

9. 按下列指定公式计算 $\int_1^2 \dfrac{1}{x}\mathrm{d}x = \ln 2$(小数点后保留 8 位),并与 $\ln 2 = 0.693\,147\,18\cdots$ 比较.

(1) 龙贝格算法,迭代误差不超过 10^{-5};

(2) 3 点和 5 点高斯-勒让德求积公式;

(3) 将 $[1,2]$ 进行 4 等分,使用复化两点高斯-勒让德求积公式.

10. 验证两点高斯型求积公式

$$\int_0^{+\infty} e^{-x} f(x) dx \approx A_1 f(x_1) + A_2 f(x_2)$$

的节点及系数分别为

$$x_1 = 2 - \sqrt{2}, \qquad x_2 = 2 + \sqrt{2},$$

$$A_1 = \frac{\sqrt{2} + 1}{2\sqrt{2}}, \qquad A_2 = \frac{\sqrt{2} - 1}{2\sqrt{2}}.$$

11. 建立高斯型求积公式 $\int_0^1 \frac{f(x)}{\sqrt{x}} dx \approx A_1 f(x_1) + A_2 f(x_2)$.

12. 用五点高斯-埃尔米特求积公式计算奇异积分

$$\int_{-\infty}^{+\infty} e^{-x^2} \cos x dx$$

(小数点后取 6 位).

13. 设 $f(x) \in C^5[x_0 - 2h, x_0 + 2h]$, $h > 0$, $x_k = x_0 + kh$, $f_k = f(x_k)$ $(k = 0, \pm 1, \pm 2)$. 求证

$$f'(x_0) = \frac{1}{12h}(f_{-2} - 8f_{-1} + 8f_1 - f_2) + O(h^4).$$

14. 设步长 $h > 0$, 节点 $x_i = x_0 + ih$, $i = 0, 1, 2, \cdots, n$. 试构造数值微分公式

$$f'(x_0) \approx \frac{-3f(x_0) + 4f(x_1) - f(x_2)}{2h}.$$

推导该公式有截断误差 $E(h) = \frac{h^2}{3} f'''(x_0) + O(h^3)$, 并对该公式做一次外推.

第5章 解线性代数方程组的直接法

科学技术与工程物理等领域中的大量问题常常归结为解线性代数方程组.有关线性方程组解的存在唯一性以及解的结构等理论问题,"线性代数"已作了详细讨论,本书只介绍大型线性方程组的两类求解方法:一类是本章的直接法,它是理论上在没有舍入误差的假设下经过有限步运算即可得到方程组的精确解的求解方法;另一类是第6章的迭代法,它从一个初始向量 $x^{(0)}$ 出发,按照一定的格式产生一个向量序列 $\{x^{(k)}\}$,使其收敛到方程组的解向量.下边首先介绍直接法.

设有 n 阶线性方程组

$$Ax = b,$$

其中 A 是 n 阶非奇异矩阵,b 是 n 维列向量,x 是待求的 n 维解向量.

"线性代数"曾介绍过解线性方程组 $Ax=b$ 的一些直接法,但并不是凡直接法都是实用方法,有些在计算量上甚至有相当惊人的差异.例如大家熟知的克拉默(Cramer)法则

$$x_i = \frac{D_i}{D} \quad (i = 1, 2, \cdots, n),$$

该公式含有 $n+1$ 个 n 阶行列式,如果对每个行列式按展开定理来计算,那么容易统计出用克拉默法则求解 n 阶方程组所需的乘除运算量为

$$(n+1)!(n-1)+n$$

次,当 $n=20$ 时,用每秒万亿次运算速度的计算机也要算 30 年之多!但是如果用所谓的高斯消去法求解 $Ax=b$,则所需的乘除运算次数要小得多,下边将作详细讨论.

5.1　高斯消去法

5.1.1　高斯顺序消去法

设有方程组 $Ax=b$,即

$$
\begin{cases}
a_{11}x_1 + a_{12}x_2 + \cdots + a_{1n}x_n = a_{1,n+1}, \\
a_{21}x_1 + a_{22}x_2 + \cdots + a_{2n}x_n = a_{2,n+1}, \\
\qquad \cdots\cdots \\
a_{n1}x_1 + a_{n2}x_2 + \cdots + a_{nn}x_n = a_{n,n+1},
\end{cases}
\tag{5.1}
$$

其中系数矩阵 $A=(a_{ij})_{n\times n}$ 非奇异, $x=(x_1,x_2,\cdots,x_n)^{\mathrm{T}}$, $b=(a_{1,n+1},a_{2,n+1},\cdots,$ $a_{n,n+1})^{\mathrm{T}}$. 为叙述方便,将(5.1)的增广矩阵记为

$$(A\mid b)=\begin{pmatrix} a_{11}^{(1)} & a_{12}^{(1)} & \cdots & a_{1n}^{(1)} & a_{1,n+1}^{(1)} \\ a_{21}^{(1)} & a_{22}^{(1)} & \cdots & a_{2n}^{(1)} & a_{2,n+1}^{(1)} \\ \vdots & \vdots & & \vdots & \vdots \\ a_{n1}^{(1)} & a_{n2}^{(1)} & \cdots & a_{nn}^{(1)} & a_{n,n+1}^{(1)} \end{pmatrix}. \tag{5.2}$$

按顺序的高斯消去法是对此增广矩阵进行一系列的初等行变换,以使 A 的对角线以下的元素化为零,从而使(5.1)等价转化为易求解的上三角方程组,然后再回代求解上三角方程组.具体消去过程如下:

第 1 步,设 $a_{11}^{(1)}\neq0$,令 $l_{i1}=\dfrac{a_{i1}^{(1)}}{a_{11}^{(1)}}$,把(5.2)第 1 行乘以 $-l_{i1}$ 后加到第 i 行 $(i=2,3,\cdots,n)$,则第 i 行的第 j 个元素化为

$$a_{ij}^{(1)}-l_{i1}a_{1j}^{(1)}\overset{\triangle}{=\!=}a_{ij}^{(2)}\quad(j=2,\cdots,n+1), \tag{5.3}$$

于是式(5.2)化为

$$\begin{pmatrix} a_{11}^{(1)} & a_{12}^{(1)} & \cdots & a_{1n}^{(1)} & a_{1,n+1}^{(1)} \\ & a_{22}^{(2)} & \cdots & a_{2n}^{(2)} & a_{2,n+1}^{(2)} \\ & \vdots & & \vdots & \vdots \\ & a_{n2}^{(2)} & \cdots & a_{nn}^{(2)} & a_{n,n+1}^{(2)} \end{pmatrix}. \tag{5.4}$$

第 2 步,设 $a_{22}^{(2)}\neq0$,令 $l_{i2}=\dfrac{a_{i2}^{(2)}}{a_{22}^{(2)}}$,把(5.4)第 2 行乘以 $-l_{i2}$ 后加到第 i 行($i=3,4,\cdots,n$),则第 i 行的第 j 个元素化为

$$a_{ij}^{(2)}-l_{i2}a_{2j}^{(2)}\overset{记为}{=\!=\!=}a_{ij}^{(3)}\quad(j=3,\cdots,n+1),$$

式(5.4)化为

$$\begin{pmatrix} a_{11}^{(1)} & a_{12}^{(1)} & a_{13}^{(1)} & \cdots & a_{1n}^{(1)} & a_{1,n+1}^{(1)} \\ & a_{22}^{(2)} & a_{23}^{(2)} & \cdots & a_{2n}^{(2)} & a_{2,n+1}^{(2)} \\ & & a_{33}^{(3)} & \cdots & a_{3n}^{(3)} & a_{3,n+1}^{(3)} \\ & & \vdots & & \vdots & \vdots \\ & & a_{n3}^{(3)} & \cdots & a_{nn}^{(3)} & a_{n,n+1}^{(3)} \end{pmatrix}. \tag{5.5}$$

类似地,当完成第 3 到第 $n-1$ 步后,式(5.5)化为

$$\begin{pmatrix} a_{11}^{(1)} & a_{12}^{(1)} & \cdots & a_{1n}^{(1)} & a_{1,n+1}^{(1)} \\ & a_{22}^{(2)} & \cdots & a_{2n}^{(2)} & a_{2,n+1}^{(2)} \\ & & \ddots & \vdots & \vdots \\ & & & a_{nn}^{(n)} & a_{n,n+1}^{(n)} \end{pmatrix}. \tag{5.6}$$

式(5.6)表示已把原方程组(5.1)等价转化为上三角方程组,该上三角方程组很容易自下而上回代求解,回代公式显然为

$$
\begin{cases}
x_n = \dfrac{a_{n,n+1}^{(n)}}{a_{nn}^{(n)}}, \\
x_k = \dfrac{1}{a_{kk}^{(k)}}\left[a_{k,n+1}^{(k)} - \sum_{j=k+1}^{n} a_{kj}^{(k)} x_j \right] \quad (k = n-1, n-2, \cdots, 1).
\end{cases}
\tag{5.7}
$$

可以统计出,上述消去过程所需的乘除运算次数为 $\dfrac{n^3}{3} + \dfrac{n^2}{2} - \dfrac{5n}{6}$,而回代过程(5.7)所需乘除运算次数为 $\dfrac{n(n+1)}{2}$,所以按顺序的高斯消去法求解方程组(5.1)所需总乘除运算次数为

$$
\frac{n^3}{3} + n^2 - \frac{n}{3}.
\tag{5.8}
$$

由于在浮点机上完成一次乘除运算比完成一次加减运算所耗机时多得多,故当一个算法中的加减运算与乘除运算次数相差不多时,仅乘除运算次数基本就可体现该算法的计算量.与克拉默法则的乘除运算次数 $(n+1)!\,(n-1)+n$ 相比,式(5.8)所表示的运算次数如此之少,简直是天壤之别! $n=20$ 时用每秒万亿次运算速度的计算机完成式(5.8)所示的乘除运算还不足一秒时间的万分之一!

按顺序的高斯消去法没有对原增广矩阵 $(A|b)$ 作行交换,因此原系数矩阵 A 的 k 阶顺序主子式

$$
\triangle_k = \begin{vmatrix} a_{11} & \cdots & a_{1k} \\ \vdots & & \vdots \\ a_{k1} & \cdots & a_{kk} \end{vmatrix} \quad (k = 1, 2, \cdots, n)
$$

与变换后的式(5.6)竖线左边上三角阵的 k 阶顺序主子式

$$
a_{11}^{(1)} a_{22}^{(2)} \cdots a_{kk}^{(k)}
$$

是相同的.又由于上述各步消去过程能进行下去的充要条件是 $a_{kk}^{(k)} \neq 0$ $(k=1, 2, \cdots, n-1)$,于是有如下定理.

定理 5.1　求解方程组(5.1)的高斯顺序消去过程能进行下去的充要条件是系数矩阵 A 的前 $n-1$ 个顺序主子式 $\triangle_k \neq 0 (k=1, 2, \cdots, n-1)$.

定理 5.2　如果系数矩阵 A 的各阶顺序主子式均不为零,则可用高斯顺序消去法对方程组(5.1)进行求解.

证明　因为 $\triangle_k \neq 0 (k=1, 2, \cdots, n)$,故由定理 5.1,高斯顺序消去过程能进行下去,从而得到增广矩阵(5.6).注意 $\triangle_n \neq 0$,即系数矩阵 A 非奇异,从而(5.6)中的 $a_{nn}^{(n)} \neq 0$,于是可由回代公式(5.7)对(5.1)进行求解.　　　　＃

必须指出,只要方程组(5.1)的系数行列式不为零,该方程组的解就一定存在唯一,但未必系数矩阵的前 $n-1$ 个顺序主子式 $\triangle_k$ 都不为零($k=1$, $2,\cdots,n-1$),因而依据定理 5.1 也就不能保证高斯顺序消去过程的正常进行,即使各阶顺序主子式

$$\triangle_k = a_{11}^{(1)} a_{22}^{(2)} \cdots a_{kk}^{(k)} \quad (k=1,2,\cdots,n)$$

都不为零,高斯顺序消去过程能进行下去,但当 $|a_{kk}^{(k)}| \approx 0$ 或 $|a_{kk}^{(k)}|$ 相对于 $|a_{ik}^{(k)}|$ ($i=k+1,\cdots,n$)比较小时,消去过程在计算机计算时产生的舍入误差将导致计算结果误差增大.

例 5.1 用 3 位尾数的十进制浮点运算求解方程组

$$\begin{cases} \dfrac{1}{10000}x_1 + x_2 = 1, & (5.9) \\ x_1 + x_2 = 2 & (5.10) \end{cases}$$

$\left(\text{精确解是 } x_1 = \dfrac{10000}{9999} \approx 1, x_2 = \dfrac{9998}{9999} \approx 1\right).$

解 原方程组为

$$\begin{cases} 10^{-3} \times 0.100 x_1 + 10^1 \times 0.100 x_2 = 10^1 \times 0.100, & (5.11) \\ 10^1 \times 0.100 x_1 + 10^1 \times 0.100 x_2 = 10^1 \times 0.200. & (5.12) \end{cases}$$

算法 A 用按顺序的高斯消去法,(5.11)式乘以 -10^4 后加到(5.12)得

$$\begin{cases} 10^{-3} \times 0.100 x_1 + 10^1 \times 0.100 x_2 = 10^1 \times 0.100, \\ 10^5 \times 0.100 x_2 = 10^5 \times 0.100, \end{cases}$$

回代得近似解 $x_2^* = 10^1 \times 0.100, x_1^* = 0.$

算法 B 交换(5.11)与(5.12)次序

$$\begin{cases} 10^1 \times 0.100 x_1 + 10^1 \times 0.100 x_2 = 10^1 \times 0.200, & (5.13) \\ 10^{-3} \times 0.100 x_1 + 10^1 \times 0.100 x_2 = 10^1 \times 0.100, & (5.14) \end{cases}$$

式(5.13)乘以 -10^{-4} 后加到(5.14)得

$$\begin{cases} 10^1 \times 0.100 x_1 + 10^1 \times 0.100 x_2 = 10^1 \times 0.200, \\ 10^1 \times 0.100 x_2 = 10^1 \times 0.100, \end{cases}$$

回代得近似解

$$\tilde{x}_2 = 10^1 \times 0.100, \quad \tilde{x}_1 = 10^1 \times 0.100. \qquad \#$$

从本例可以看出,在算法 A 中,方程组(5.11)(5.12)的对角元 $a_{11}^{(1)} = 10^{-3} \times 0.100$ 绝对值很小,因而高斯顺序消去法所得近似解误差明显很大,而算法 B 对原方程作了行交换,对角元 $a_{11}^{(1)} = 10^1 \times 0.100$ 相对同列其他元素绝对值较大,因而高斯消去法所得近似解的误差比较小.

该例算法 A 所暴露出的问题和算法 B 的改进方法具有普遍性. 所以说,高

斯顺序消去法也不是一个实用方法,实用中应该采用所谓的高斯主元消去法.

5.1.2　高斯主元消去法

根据主元选取范围的不同,主元消去法又分为列主元消去法和全主元消去法.列主元消去法的执行过程如下.

第 1 步,在增广矩阵(5.2)第 1 列元素中选绝对值最大的元素 $a_{i_1 1}^{(1)}$,称为第 1 列的主元,即 $|a_{i_1 1}^{(1)}| = \max\limits_{1 \leqslant i \leqslant n} |a_{i1}^{(1)}|$. 如果 $i_1 \neq 1$,则交换第 1 和第 i_1 行元素.为此引入变量 $c_j (j = 1, 2, \cdots, n+1)$,完成如下替换(符号"⇒"表示"赋值"意思)

$$a_{1j}^{(1)} \Rightarrow c_j, \quad a_{i_1 j}^{(1)} \Rightarrow a_{1j}^{(1)}, \quad c_j \Rightarrow a_{i_1 j}^{(1)} \quad (j = 1, 2, \cdots, n+1).$$

这样就完成了第 1 行和第 i_1 行元素的互换,增广矩阵元素的符号仍如(5.2)所示,但 $a_{11}^{(1)}$ 已是第 1 列的主元.用主元 $a_{11}^{(1)}$ 将其下边 $n-1$ 个元素 $a_{i1}^{(1)} (i = 2, 3, \cdots, n)$ 化为零的过程与高斯顺序消去过程完全相同,从而得增广矩阵(5.4).

第 2 步,在(5.4)第 2 列下边 $n-1$ 个元素中选主元 $a_{i_2 2}^{(2)}$,即 $|a_{i_2 2}^{(2)}| = \max\limits_{2 \leqslant i \leqslant n} |a_{i2}^{(2)}|$. 如果 $i_2 \neq 2$,则对调(5.4)中第 2 行和第 i_2 行元素,为此完成如下替换:

$$a_{2j}^{(2)} \Rightarrow c_j, \quad a_{i_2 j}^{(2)} \Rightarrow a_{2j}^{(2)}, \quad c_j \Rightarrow a_{i_2 j}^{(2)} \quad (j = 2, 3, \cdots, n+1).$$

此时 $a_{22}^{(2)}$ 已是第 2 列的主元,用它作完全类似高斯顺序消去法的过程则得增广矩阵(5.5).

类似地,当完成第 3 到第 $n-1$ 步的按列选主元及高斯消去过程后,则得增广矩阵(5.6),最后利用回代公式(5.7)就可求得原方程组(5.1)的解.

列主元消去法除了每步需要按列选主元并可能进行行交换外,其消去过程与高斯顺序消去法的消去过程完全一样.归纳以上过程有如下算法.

列主元消去算法

1. 消去过程

对 $k = 1, 2, \cdots, n-1$,

(1) 选主元.找行号 $i_k \in \{k, \cdots, n\}$,使 $|a_{i_k k}^{(k)}| = \max\limits_{k \leqslant i \leqslant n} |a_{ik}^{(k)}|$.

(2) 若 $a_{i_k k} \neq 0$,则交换第 k 行和第 i_k 行元素.

(3) 消元:

对 $i = k+1, \cdots, n$

$$l_{ik} = \frac{a_{ik}^{(k)}}{a_{kk}^{(k)}};$$

对 $j = k+1, \cdots, n+1$

$$a_{ij}^{(k+1)} = a_{ij}^{(k)} - l_{ik}a_{kj}^{(k)}.$$

2. 回代过程

(1) $x_n = \dfrac{a_{n,n+1}^{(n)}}{a_{nn}^{(n)}}$;

(2) 对 $i = n-1, \cdots, 1$,

$$x_i = \frac{1}{a_{ii}^{(i)}}\Big[a_{i,n+1}^{(i)} - \sum_{j=i+1}^{n} a_{ij}^{(i)}x_j \Big].$$

全主元消去法选主元的范围更大,对增广矩阵(5.2)来说,第 1 步是在整个系数矩阵中选主元,即绝对值最大的元素,经过行列交换使其放在 a_{11} 元素的位置,然后进行消去过程. 第 2 步是在(5.4)中的 $n-1$ 阶子矩阵

$$\begin{bmatrix} a_{22}^{(2)} & \cdots & a_{2n}^{(2)} \\ \vdots & & \vdots \\ a_{n2}^{(2)} & \cdots & a_{nn}^{(2)} \end{bmatrix}$$

中选主元,其余各步选主元的范围是类似的,而每步选主元后的消去过程同列主元法的消去过程是完全一样的.

全主元消去法每步所选主元的绝对值不小于列主元消去法同一步所选主元的绝对值,因而全主元消去法的求解结果更加可靠,但由于每步选主元要花费更多的机时,并且对增广矩阵进行了列交换,未知量 $x_1, x_2, \cdots, x_n$ 的次序发生了变化,程序实现会更复杂一些,而列主元消去法的计算结果已比较可靠,所以实际计算中常常用列主元消去法.

顺便指出,实际求方阵的逆矩阵或者计算行列式的值时,一般都应该用选主元的消去法去计算,这样才能得到比较可靠的计算结果.

5.2 矩阵三角分解法

前边介绍过的高斯顺序消去法可以把方程组 $Ax = b$ 等价转化为一个上三角方程组 $Ux = g$,或者说对增广矩阵 $(A|b)$ 进行若干次初等行变换(把某一行的倍数加到下边某行)使之化为 $(U|g)$ 形式,即

$$(A|b) \rightarrow \cdots \rightarrow (U|g). \tag{5.15}$$

由线性代数理论可知,对一个矩阵进行一次初等行变换,相当于给这个矩阵左乘一个相应的初等矩阵. 因此,消去过程(5.15)也可用矩阵乘法作如下表示:

$$L_k \cdots L_2 L_1 (A|b) = (U|g), \tag{5.16}$$

其中 $L_i(i=1,2,\cdots,k)$ 均为单位下三角阵(对角元为 1 的下三角阵). 由(5.16)

有
$$L_k\cdots L_2 L_1 A = U,$$
记 $L=(L_k\cdots L_2 L_1)^{-1}$，它仍是单位下三角阵，则
$$A = LU. \tag{5.17}$$
这说明消去过程(5.15)实际上隐含了(5.17)式所表达的系数矩阵 A 的一个所谓三角因子分解.

定义 5.1　设 A 为 n 阶矩阵($n\geqslant 2$). 称 $A=LU$ 为矩阵 A 的三角分解,其中 L 是下三角矩阵,U 是上三角矩阵.

三角分解 $A=LU$ 不唯一. 为了确保分解的唯一性,需对分解规格化,为此引入如下定义.

定义 5.2　如果 L 是单位下三角阵,U 是上三角阵,则称三角分解 $A=LU$ 为杜利特(Doolittle)分解;如果 L 是下三角阵,U 是单位上三角阵,则称 $A=LU$ 为克劳特(Crout)分解.

定理 5.3　如果 n 阶($n\geqslant 2$)矩阵 A 的前 $n-1$ 个顺序主子式不为零,则 A 有唯一杜利特分解和唯一克劳特分解.

证明　因为 A 的前 $n-1$ 个顺序主子式 $\triangle_k\neq 0(k=1,2,\cdots,n-1)$,故由定理5.1,高斯顺序消去过程(5.15)可以进行下去. 如前边所述,消去过程(5.15)等价于矩阵形式(5.16),从而有(5.17)式,即 A 有杜利特分解 $A=LU$.

设 A 另有一个杜利特分解 $A=\overline{L}\,\overline{U}$,则
$$A = LU = \overline{L}\,\overline{U}. \tag{5.18}$$
写为分块形式有
$$\begin{pmatrix} A^{(n-1)} & D \\ E & a_{nn} \end{pmatrix} = \begin{pmatrix} L^{(n-1)} & \\ B & 1 \end{pmatrix}\begin{pmatrix} U^{(n-1)} & C \\ & u_{nn} \end{pmatrix} = \begin{pmatrix} \overline{L}^{(n-1)} & \\ \overline{B} & 1 \end{pmatrix}\begin{pmatrix} \overline{U}^{(n-1)} & \overline{C} \\ & \overline{u}_{nn} \end{pmatrix},$$
$$\tag{5.19}$$
按分块乘法得
$$L^{(n-1)}U^{(n-1)} = \overline{L}^{(n-1)}\overline{U}^{(n-1)}, \tag{5.20}$$
$$BU^{(n-1)} = \overline{B}\,\overline{U}^{(n-1)}, \tag{5.21}$$
$$L^{(n-1)}C = \overline{L}^{(n-1)}\overline{C}, \tag{5.22}$$
$$BC + u_{nn} = \overline{B}\,\overline{C} + \overline{u}_{nn}. \tag{5.23}$$
因为 A 的 $n-1$ 阶顺序主子式 $\triangle_{n-1}\neq 0$,而
$$\triangle_{n-1} = \det(A^{(n-1)})$$
$$= \det(L^{(n-1)})\cdot\det(U^{(n-1)})$$
$$= \det(\overline{L}^{(n-1)})\cdot\det(\overline{U}^{(n-1)}),$$

所以，$n-1$ 阶矩阵 $L^{(n-1)}$，$U^{(n-1)}$，$\overline{L}^{(n-1)}$，$\overline{U}^{(n-1)}$ 均可逆，故由(5.20)有

$$(\overline{L}^{(n-1)})^{-1}L^{(n-1)} = \overline{U}^{(n-1)}(U^{(n-1)})^{-1}.$$

此式左边是 $n-1$ 阶单位下三角阵，右边是上三角阵，二者相等时只能都是 $n-1$ 阶单位矩阵 I_{n-1}，

$$(\overline{L}^{(n-1)})^{-1}L^{(n-1)} = \overline{U}^{(n-1)}(U^{(n-1)})^{-1} = I_{n-1},$$

所以

$$\overline{L}^{(n-1)} = L^{(n-1)}, \quad \overline{U}^{(n-1)} = U^{(n-1)}.$$

再由(5.21)和(5.22)有

$$\overline{B} = B, \quad \overline{C} = C.$$

最后由(5.23)得

$$\overline{u}_{nn} = u_{nn},$$

所以

$$\begin{pmatrix} L^{(n-1)} & \\ B & 1 \end{pmatrix} = \begin{pmatrix} \overline{L}^{(n-1)} & \\ \overline{B} & 1 \end{pmatrix}, \quad \begin{pmatrix} U^{(n-1)} & C \\ & u_{nn} \end{pmatrix} = \begin{pmatrix} \overline{U}^{(n-1)} & \overline{C} \\ & \overline{u}_{nn} \end{pmatrix},$$

即

$$L = \overline{L}, \quad U = \overline{U}.$$

杜利特分解唯一.

为证克劳特分解存在唯一，设有杜利特分解

$$A = \begin{pmatrix} 1 & & & \\ l_{21} & 1 & & \\ \vdots & \vdots & \ddots & \\ l_{n1} & l_{n2} & \cdots & 1 \end{pmatrix} \begin{pmatrix} u_{11} & u_{12} & \cdots & u_{1n} \\ & u_{22} & \cdots & u_{2n} \\ & & \ddots & \vdots \\ & & & u_{nn} \end{pmatrix}, \tag{5.24}$$

因 A 的 $n-1$ 阶顺序主子式 $\Delta_{n-1} = u_{11}u_{22}\cdots u_{n-1,n-1} \neq 0$，故

$$A = \begin{pmatrix} 1 & & & \\ l_{21} & 1 & & \\ \vdots & \vdots & \ddots & \\ l_{n1} & l_{n2} & \cdots & 1 \end{pmatrix} \begin{pmatrix} u_{11} & & & \\ & u_{22} & & \\ & & \ddots & \\ & & & u_{nn} \end{pmatrix} \begin{pmatrix} 1 & u_{12}/u_{11} & \cdots & u_{1n}/u_{11} \\ & 1 & \cdots & u_{2n}/u_{22} \\ & & \ddots & \vdots \\ & & & 1 \end{pmatrix}$$

$$= \begin{pmatrix} u_{11} & & & \\ l_{21}u_{11} & u_{22} & & \\ \vdots & \vdots & \ddots & \\ l_{n1}u_{11} & l_{n2}u_{22} & \cdots & u_{nn} \end{pmatrix} \begin{pmatrix} 1 & u_{12}/u_{11} & \cdots & u_{1n}/u_{11} \\ & 1 & \cdots & u_{2n}/u_{22} \\ & & \ddots & \vdots \\ & & & 1 \end{pmatrix},$$

即 A 有克劳特分解. 用类似于杜利特分解唯一性的证明方法可证克劳特分解是唯一的. #

应该指出,实际中对一个给定矩阵 A 进行三角分解并不是按前边(5.15)～(5.17)所述过程进行的,而是由 $A=LU$ 按矩阵乘法直接进行.

5.2.1　直接三角分解法

直接三角分解法是求解线性方程组 $Ax=b$ 的直接法之一,这里主要以杜利特分解为例进行讨论.

设矩阵 A 有杜利特分解 $A=LU$,则方程组 $Ax=b$ 即 $(LU)x=b$ 显然等价于两个三角方程组

$$\begin{cases} Ly = b & (\text{下三角方程组}), \\ Ux = y & (\text{上三角方程组}), \end{cases}$$

(5.25)

(5.26)

即

$$\begin{pmatrix} 1 & & & \\ l_{21} & 1 & & \\ \vdots & \vdots & \ddots & \\ l_{n1} & l_{n2} & \cdots & 1 \end{pmatrix} \begin{pmatrix} y_1 \\ y_2 \\ \vdots \\ y_n \end{pmatrix} = \begin{pmatrix} b_1 \\ b_2 \\ \vdots \\ b_n \end{pmatrix},$$

(5.25*)

$$\begin{pmatrix} u_{11} & u_{12} & \cdots & u_{1n} \\ & u_{22} & \cdots & u_{2n} \\ & & \ddots & \vdots \\ & & & u_{nn} \end{pmatrix} \begin{pmatrix} x_1 \\ x_2 \\ \vdots \\ x_n \end{pmatrix} = \begin{pmatrix} y_1 \\ y_2 \\ \vdots \\ y_n \end{pmatrix}.$$

(5.26*)

当系数矩阵 A 非奇异时,方程组的解 $x=(x_1,x_2,\cdots,x_n)^{\mathrm{T}}$ 很容易由三角方程组(5.25*)和(5.26*)的如下回代公式所求得

$$\begin{cases} y_1 = b_1, \\ y_k = b_k - \sum_{j=1}^{k-1} l_{kj} y_j & (k=2,3,\cdots,n), \end{cases}$$

(5.27)

$$\begin{cases} x_n = y_n/u_{nn}, \\ x_k = \left(y_k - \sum_{j=k+1}^{n} u_{kj} x_j \right)/u_{kk} & (k=n-1,n-2,\cdots,1). \end{cases}$$

(5.28)

下边将详细讨论矩阵 A 的杜利特分解. 设 $A=LU$,即

$$\begin{pmatrix} a_{11} & a_{12} & \cdots & a_{1n} \\ a_{21} & a_{22} & \cdots & a_{2n} \\ \vdots & \vdots & & \vdots \\ a_{n1} & a_{n2} & \cdots & a_{nn} \end{pmatrix} = \begin{pmatrix} 1 & & & \\ l_{21} & 1 & & \\ \vdots & \vdots & \ddots & \\ l_{n1} & l_{n2} & \cdots & 1 \end{pmatrix} \begin{pmatrix} u_{11} & u_{12} & \cdots & u_{1n} \\ & u_{22} & \cdots & u_{2n} \\ & & \ddots & \vdots \\ & & & u_{nn} \end{pmatrix}.$$

(5.29)

由矩阵乘法,

第 1 步,$a_{1j} = u_{1j}(j=1,2,\cdots,n)$,$a_{i1} = l_{i1} \cdot u_{11}$,故

$$l_{i1} = a_{i1}/u_{11} \quad (i=2,3,\cdots,n).$$

这就求出了 U 矩阵的第 1 行和 L 矩阵的第 1 列元素.

一般地,设 U 矩阵的前 $k-1$ 行和 L 矩阵的前 $k-1$ 列已经求出,则

第 k 步,$a_{kj} = \sum\limits_{m=1}^{k-1} l_{km}u_{mj} + u_{kj}$,故

$$u_{kj} = a_{kj} - \sum_{m=1}^{k-1} l_{km}u_{mj} \quad (j=k,k+1,\cdots,n),$$

又有

$$a_{ik} = \sum_{m=1}^{k-1} l_{im}u_{mk} + l_{ik}u_{kk},$$

故

$$l_{ik} = \left(a_{ik} - \sum_{m=1}^{k-1} l_{im}u_{mk} \right) \Big/ u_{kk} \quad (i=k+1,k+2,\cdots,n).$$

综上所述,A 的杜利特分解公式如下

$$\begin{cases} u_{1j} = a_{1j} \quad (j=1,2,\cdots,n), \\ l_{i1} = a_{i1}/u_{11} \quad (i=2,3,\cdots,n), \\ u_{kj} = a_{kj} - \sum\limits_{m=1}^{k-1} l_{km}u_{mj} \Rightarrow a_{kj} \quad (j=k,k+1,\cdots,n), \\ l_{ik} = \left(a_{ik} - \sum\limits_{m=1}^{k-1} l_{im}u_{mk} \right) \Big/ u_{kk} \Rightarrow a_{ik} \quad (i=k+1,k+2,\cdots,n) \\ \qquad\qquad (k=2,3,\cdots,n). \end{cases} \tag{5.30}$$

公式(5.30)有如下计算特点:U 的元素按行求,L 的元素按列求;先求 U 的第 k 行元素,然后求 L 的第 k 列元素,U 和 L 的元素一行一列交叉计算,见图 5.1 所示的逐框计算.

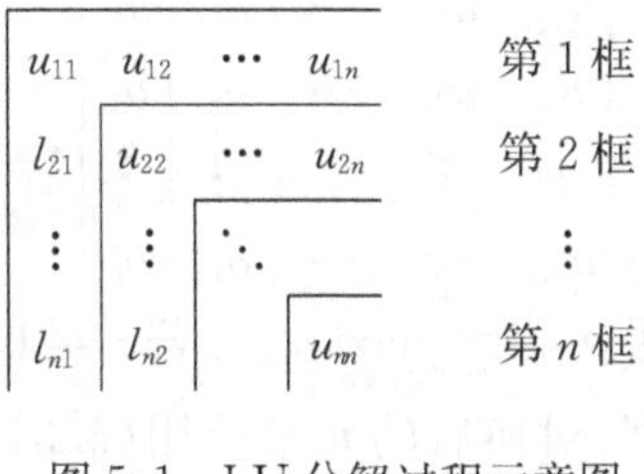

u_{11}	u_{12}	$\cdots$	u_{1n}	第 1 框
l_{21}	u_{22}	$\cdots$	u_{2n}	第 2 框
$\vdots$	$\vdots$	$\ddots$		$\vdots$
l_{n1}	l_{n2}		u_{nn}	第 n 框

图 5.1 LU 分解过程示意图

每次将计算结果 u_{kj} 和 l_{ik} 仍存放在矩阵 A 的相应元素 a_{kj} 和 a_{ik} 所占的单元内,不必再占用新的单元,以四阶矩阵为例,可表示如下:

$$A = \begin{pmatrix} a_{11} & a_{12} & a_{13} & a_{14} \\ a_{21} & a_{22} & a_{23} & a_{24} \\ a_{31} & a_{32} & a_{33} & a_{34} \\ a_{41} & a_{42} & a_{43} & a_{44} \end{pmatrix} \longrightarrow \begin{pmatrix} u_{11} & u_{12} & u_{13} & u_{14} \\ l_{21} & u_{22} & u_{23} & u_{24} \\ l_{31} & l_{32} & u_{33} & u_{34} \\ l_{41} & l_{42} & l_{43} & u_{44} \end{pmatrix}.$$

这称为紧凑存储方式.

例 5.2 用直接三角分解法解方程组

$$\begin{cases} 2x_1 + x_2 + 2x_3 = 6, \\ 4x_1 + 5x_2 + 4x_3 = 18, \\ 6x_1 - 3x_2 + 5x_3 = 5. \end{cases}$$

解 由三角分解法按紧凑方式存储得

$$\begin{bmatrix} 2 & 1 & 2 & 6 \\ 4 & 5 & 4 & 18 \\ 6 & -3 & 5 & 5 \end{bmatrix} \longrightarrow \begin{bmatrix} 2 & 1 & 2 & 6 \\ 2 & 3 & 0 & 6 \\ 3 & -2 & -1 & -1 \end{bmatrix}.$$

折线右上方(竖线以左)的元素为上三角阵 U 的元素,竖线右端的向量为由回代公式(5.27)所求得的向量 y,于是原方程组的解可回代求得

$$x_3 = \frac{-1}{-1} = 1, \quad x_2 = (6 - 0 \cdot x_3)/3 = 2,$$

$$x_1 = (6 - 2x_3 - x_2)/2 = 1. \qquad\qquad\qquad \#$$

必须指出,上边讲述的直接三角分解法对应的是高斯顺序消去法,二者的乘除运算量是相同的,实际中对阶数较高的线性方程组应该用选主元的三角分解法去求解,以保证计算结果的可靠性.

*5.2.2 列主元三角分解法

列主元直接三角分解法对应于高斯列主元消去法. 设有方程组 $Ax = b$,其中 A 是 n 阶非奇异矩阵,相应的增广矩阵为

$$\begin{bmatrix} a_{11} & a_{12} & \cdots & a_{1n} & b_1 \\ a_{21} & a_{22} & \cdots & a_{2n} & b_2 \\ \vdots & \vdots & & \vdots & \vdots \\ a_{n1} & a_{n2} & \cdots & a_{nn} & b_n \end{bmatrix}. \tag{5.31}$$

第 1 步,求行号 i_1,使 $|a_{i_1 1}| = \max\limits_{1 \leqslant i \leqslant n} |a_{i1}|$. 若 $i_1 \neq 1$,则对换增广矩阵(5.31)中的第 1 行与第 i_1 行元素,对换后的元素仍用(5.31)中的元素符号表示,此时 a_{11} 已是第 1 列的主元. 由杜利特分解公式(5.30),

$$\begin{cases} u_{1j} = a_{1j} & (j = 1, 2, \cdots, n) \\ l_{i1} = a_{i1}/u_{11} \Rightarrow a_{i1} & (i = 2, 3, \cdots, n) \end{cases}$$

这就求出了三角分解 $A=LU$ 中 U 的第 1 行与 L 的第 1 列元素,再由回代公式(5.27)得到 $y_1=b_1$,将求出的这些元素仍存放在原增广矩阵(5.31)的相应位置,于是得

$$
\begin{pmatrix}
u_{11} & u_{12} & \cdots & u_{1n} & y_1 \\
l_{21} & a_{22} & \cdots & a_{2n} & b_2 \\
\vdots & \vdots & & \vdots & \vdots \\
l_{n1} & a_{n2} & \cdots & a_{nn} & b_n
\end{pmatrix}. \tag{5.32}
$$

一般地,设 $k-1$ 步已完成,U 的前 $k-1$ 行与 L 的前 $k-1$ 列以及 $y_1,\cdots,y_{k-1}$ 已求出,矩阵(5.32)已化为

$$
\begin{pmatrix}
u_{11} & u_{12} & \cdots & u_{1,k-1} & u_{1k} & \cdots & u_{1n} & y_1 \\
l_{21} & u_{22} & \cdots & u_{2,k-1} & u_{2k} & \cdots & u_{2n} & y_2 \\
\vdots & \vdots & & \vdots & \vdots & & \vdots & \vdots \\
l_{k-1,1} & l_{k-1,2} & \cdots & u_{k-1,k-1} & u_{k-1,k} & \cdots & u_{k-1,n} & y_{k-1} \\
l_{k1} & l_{k2} & \cdots & l_{k,k-1} & a_{kk} & \cdots & a_{kn} & b_k \\
\vdots & \vdots & & \vdots & \vdots & & \vdots & \vdots \\
l_{n1} & l_{n2} & \cdots & l_{n,k-1} & a_{nk} & \cdots & a_{nn} & b_n
\end{pmatrix}, \tag{5.33}
$$

则有

第 k 步,首先令

$$
s_{ik} = a_{ik} - \sum_{m=1}^{k-1} l_{im} u_{mk} \quad (i=k,k+1,\cdots,n).
$$

当 $i=k$ 时,s_{kk} 就是杜利特分解公式(5.30)最后一式的分母 u_{kk},而当 $i=k+1,k+2,\cdots,n$ 时,s_{ik} 就是该式中的分子. 由于 $|s_{kk}|=|u_{kk}|$ 相对于分子 $|s_{ik}|(i=k+1,\cdots,n)$ 可能比较小,因此 u_{kk} 不宜作分母,此时选取行号 i_k,使

$$
|s_{i_k k}| = \max_{k \leqslant i \leqslant n} |s_{ik}|. \tag{5.34}
$$

若 $i_k \neq k$,则对调(5.33)第 k 行与 i_k 行元素,对调后的元素仍用(5.33)中的元素符号表示,此时 $s_{kk}=u_{kk}$ 已是 $s_{ik}(i=k,k+1,\cdots,n)$ 中的主元. 由杜利特分解公式(5.30)求出 $u_{kj}(j=k,k+1,\cdots,n)$ 和 $l_{ik}(i=k+1,k+2,\cdots,n)$,于是完成了 U 的第 k 行和 L 的第 k 列元素的计算,再由(5.27)回代求出 y_k.

当 $k=2,3,\cdots,n$ 时,上述按列选主元的直接三角分解法就将增广矩阵(5.31)逐步化为

$$
\begin{pmatrix}
u_{11} & u_{12} & \cdots & u_{1n} & y_1 \\
l_{21} & u_{22} & \cdots & u_{2n} & y_2 \\
\vdots & \vdots & & \vdots & \vdots \\
l_{n1} & l_{n2} & \cdots & u_{nn} & y_n
\end{pmatrix}.
$$

最后由回代公式(5.28)即可求出方程组 $Ax=b$ 的解.

简单地说,按列选主元的三角分解法,除了按(5.34)选主元并在(5.33)中换行外,其三角分解公式仍然是使用前述的(5.30).

5.2.3　平方根法

许多实际问题的求解所归结出来的线性方程组 $Ax=b$,其系数矩阵常常是对称正定的.毫无疑问,这样的矩阵一定有唯一杜利特分解(定理 5.3),因此完全可以用前述直接三角分解法求解 $Ax=b$,但如果利用 A 的对称正定特性则可以建立更好的三角分解法,这就是所谓的平方根法.

定义 5.3　设 A 是 n 阶($n \geqslant 2$)对称正定矩阵,L 是非奇异下三角矩阵.称 $A=LL^{\mathrm{T}}$ 为矩阵 A 的楚列斯基(Cholesky)分解.

定理 5.4　n 阶($n \geqslant 2$)对称正定矩阵 A 有如下分解:
$$A = LDL^{\mathrm{T}}, \tag{5.35}$$
其中 L 是单位下三角阵,D 是对角元全为正的对角阵,并且这种分解是唯一的.

证明　因为 A 对称正定,故其顺序主子式全大于零,从而 A 有唯一杜利特分解

$$A = \begin{pmatrix} 1 & & & \\ l_{21} & 1 & & \\ \vdots & \vdots & \ddots & \\ l_{n1} & l_{n2} & \cdots & 1 \end{pmatrix} \begin{pmatrix} u_{11} & u_{12} & \cdots & u_{1n} \\ & u_{22} & \cdots & u_{2n} \\ & & \ddots & \vdots \\ & & & u_{nn} \end{pmatrix}, \tag{5.36}$$

因 $\triangle_k = u_{11}u_{22}\cdots u_{kk} > 0 (k=1,2,\cdots,n)$,故上式可化为

$$A = \begin{pmatrix} 1 & & & \\ l_{21} & 1 & & \\ \vdots & \vdots & \ddots & \\ l_{n1} & l_{n2} & \cdots & 1 \end{pmatrix} \begin{pmatrix} u_{11} & & & \\ & u_{22} & & \\ & & \ddots & \\ & & & u_{nn} \end{pmatrix} \begin{pmatrix} 1 & u_{12}/u_{11} & \cdots & u_{1n}/u_{11} \\ & 1 & \cdots & u_{2n}/u_{22} \\ & & \ddots & \vdots \\ & & & 1 \end{pmatrix}.$$

将右端三个矩阵分别记为 L, D 和 R,则因 A 对称有
$$A = LDR = R^{\mathrm{T}}DL^{\mathrm{T}},$$
或者
$$A = L(DR) = R^{\mathrm{T}}(DL^{\mathrm{T}}).$$
因杜利特分解唯一,故 $L=R^{\mathrm{T}}, L^{\mathrm{T}}=R$,
$$A = LDL^{\mathrm{T}}.$$
此分解的唯一性是显然的.　　　　　　　　　　　　　　　　　　　　　＃

定理 5.5　n 阶($n \geqslant 2$)对称正定矩阵 A 一定有楚列斯基分解 $A=LL^{\mathrm{T}}$. 当限定 L 的对角元全为正时,楚列斯基分解是唯一的.

证明 由定理 5.4, 有单位下三角阵 L_1, 对角元全为正的对角阵 $D=$ $\mathrm{diag}(u_{11}, u_{22}, \cdots, u_{nn})$, 使

$$A = L_1 D L_1^{\mathrm{T}}.$$

记 $D^{\frac{1}{2}} = \mathrm{diag}(\sqrt{u_{11}}, \sqrt{u_{22}}, \cdots, \sqrt{u_{nn}})$, 则上式可写为

$$A = L_1 D^{\frac{1}{2}} \cdot (L_1 D^{\frac{1}{2}})^{\mathrm{T}}.$$

又记 $L = L_1 D^{\frac{1}{2}}$, 它是非奇异下三角阵, 故 A 有楚列斯基分解 $A = LL^{\mathrm{T}}$. 当 L 的对角元全为正时, 可由杜利特分解的唯一性立即推出楚列斯基分解的唯一性.

$$\#$$

下边推导楚列斯基分解的计算公式.

设 $A = LL^{\mathrm{T}}$, 即

$$
\begin{pmatrix}
a_{11} & a_{12} & \cdots & a_{1n} \\
a_{21} & a_{22} & \cdots & a_{2n} \\
\vdots & \vdots & & \vdots \\
a_{n1} & a_{n2} & \cdots & a_{nn}
\end{pmatrix}
=
\begin{pmatrix}
l_{11} & & & \\
l_{21} & l_{22} & & \\
\vdots & \vdots & \ddots & \\
l_{n1} & l_{n2} & \cdots & l_{nn}
\end{pmatrix}
\begin{pmatrix}
l_{11} & l_{21} & \cdots & l_{n1} \\
& l_{22} & \cdots & l_{n2} \\
& & \ddots & \vdots \\
& & & l_{nn}
\end{pmatrix},
$$

$$(5.37)$$

其中 $a_{ij} = a_{ji} (i, j = 1, 2, \cdots, n), l_{ii} > 0 (i = 1, 2, \cdots, n)$.

第 1 步, 由矩阵乘法有 $a_{11} = l_{11}^2$, 且 $a_{i1} = l_{i1} \cdot l_{11}$, 故求得

$$l_{11} = \sqrt{a_{11}}, \quad l_{i1} = a_{i1}/l_{11} \quad (i = 2, 3, \cdots, n). \quad (5.38)$$

一般地, 设 L 矩阵的前 $k-1$ 列元素已求出, 则

第 k 步, 由矩阵乘法得

$$\sum_{m=1}^{k-1} l_{km}^2 + l_{kk}^2 = a_{kk}, \quad \sum_{m=1}^{k-1} l_{im} l_{km} + l_{ik} l_{kk} = a_{ik},$$

于是

$$
\begin{cases}
l_{kk} = \sqrt{a_{kk} - \displaystyle\sum_{m=1}^{k-1} l_{km}^2}, \\
l_{ik} = \left(a_{ik} - \displaystyle\sum_{m=1}^{k-1} l_{im} l_{km} \right) \Big/ l_{kk}
\end{cases}
\quad
\begin{array}{l}
(i = k+1, k+2, \cdots, n) \\
(k = 2, 3, \cdots, n).
\end{array}
\quad (5.39)
$$

(5.38) 和 (5.39) 就是对称正定矩阵 A 的楚列斯基分解公式. 利用楚列斯基分解求解方程组 $Ax = b$ 时, 由于分解公式 (5.39) 中的每步都有开方运算, 故也称楚列斯基分解法为平方根法.

注意到 $a_{kk} = \displaystyle\sum_{m=1}^{k} l_{km}^2$, 所以

$$l_{km}^2 \leqslant a_{kk} \leqslant \max_{1 \leqslant i \leqslant n} a_{ii}.$$

这说明在分解过程中元素 l_{kn} 的平方不会超过 A 的最大对角元,因而舍入误差的放大受到了控制.所以用平方根法求解对称正定方程组时可以不考虑选主元的问题.

可以证明,若用高斯顺序消去法求解对称正定方程组 $Ax=b$,则有

$$\max_{1\leqslant i,j\leqslant n}|a_{ij}^{(k)}|\leqslant\max_{1\leqslant i\leqslant n}a_{ii}\quad(k=1,2,\cdots,n),$$

其中 $a_{ij}^{(k)}$ 是第 k 步高斯顺序消去过程所得到的元素,这说明用按顺序的高斯消去法求解对称正定方程组也可以不选主元.

但从运算量的角度看,平方根法是有利的.事实上,可以统计用平方根法求解 $Ax=b$ 所需的乘除运算次数为

$$\frac{1}{6}(n^3+9n^2+2n),$$

另外还有 n 次开平方运算.n 个开平方运算一般用迭代法,所需乘除运算次数大约是 n 的常数倍,所以平方根法的乘除运算次数为

$$\frac{1}{6}(n^3+9n^2+cn)\sim\frac{1}{6}n^3\quad(c\text{ 为常数}),$$

这比高斯消去法的乘除运算次数

$$\frac{n^3}{3}+n^2-\frac{n}{3}\sim\frac{1}{3}n^3$$

要少(当 n 比较大时).

为避免平方根法的开方运算,也可对 A 作 LDL^{T} 分解(定理 5.4),读者可参阅文献[6].

例 5.3　用平方根法解方程组

$$\begin{pmatrix}3&2&3\\2&2&0\\3&0&12\end{pmatrix}\begin{pmatrix}x_1\\x_2\\x_3\end{pmatrix}=\begin{pmatrix}5\\3\\7\end{pmatrix}.$$

解　由平方根分解法可得

$$\begin{pmatrix}3&2&3\\2&2&0\\3&0&12\end{pmatrix}=\begin{pmatrix}\sqrt{3}&&\\2/\sqrt{3}&\sqrt{2}/\sqrt{3}&\\\sqrt{3}&-\sqrt{6}&\sqrt{3}\end{pmatrix}\begin{pmatrix}\sqrt{3}&2/\sqrt{3}&\sqrt{3}\\&\sqrt{2}/\sqrt{3}&-\sqrt{6}\\&&\sqrt{3}\end{pmatrix},$$

求解

$$\begin{pmatrix}\sqrt{3}&&\\2/\sqrt{3}&\sqrt{2}/\sqrt{3}&\\\sqrt{3}&-\sqrt{6}&\sqrt{3}\end{pmatrix}\begin{pmatrix}y_1\\y_2\\y_3\end{pmatrix}=\begin{pmatrix}5\\3\\7\end{pmatrix},$$

得 $(y_1,y_2,y_3)^\mathrm{T}=(5/\sqrt{3},-1/\sqrt{6},\sqrt{3}/3)^\mathrm{T}$，再解

$$
\begin{bmatrix}
\sqrt{3} & 2/\sqrt{3} & \sqrt{3} \\
 & \sqrt{2}/\sqrt{3} & -\sqrt{6} \\
 & & \sqrt{3}
\end{bmatrix}
\begin{bmatrix}
x_1 \\ x_2 \\ x_3
\end{bmatrix}
=
\begin{bmatrix}
y_1 \\ y_2 \\ y_3
\end{bmatrix},
$$

得 $(x_1,x_2,x_3)^\mathrm{T}=(1,1/2,1/3)^\mathrm{T}$.　　　　　　　　　　　　　#

5.2.4　三对角和块三对角方程组的追赶法

在二阶常微分方程边值问题、热传导问题以及三次样条插值等问题的求解时，经常遇到如下三对角方程组 $Ax=d$，即

$$
\begin{bmatrix}
b_1 & c_1 \\
a_2 & b_2 & c_2 \\
 & \ddots & \ddots & \ddots \\
 & & a_{n-1} & b_{n-1} & c_{n-1} \\
 & & & a_n & b_n
\end{bmatrix}
\begin{bmatrix}
x_1 \\ x_2 \\ \vdots \\ x_{n-1} \\ x_n
\end{bmatrix}
=
\begin{bmatrix}
d_1 \\ d_2 \\ \vdots \\ d_{n-1} \\ d_n
\end{bmatrix},
\tag{5.40}
$$

而且系数矩阵常常是按行严格对角占优的，即

$$
\begin{cases}
|b_1| > |c_1|, \\
|b_i| > |a_i|+|c_i|, & i=2,3,\cdots,n-1, \\
|b_n| > |a_n|.
\end{cases}
\tag{5.41}
$$

根据线性代数理论，当矩阵 A 按行严格对角占优时，其各阶顺序主子式必不为零，故 (5.40) 的系数矩阵必有唯一杜利特分解，但不必用一般的杜利特分解公式 (以避免大量零元参与运算)，根据 A 三对角的特点，可知三对角阵有如下更特殊的三角分解形式 $A=LU$，即

$$
\begin{bmatrix}
b_1 & c_1 \\
a_2 & b_2 & c_2 \\
 & \ddots & \ddots & \ddots \\
 & & a_{n-1} & b_{n-1} & c_{n-1} \\
 & & & a_n & b_n
\end{bmatrix}
=
\begin{bmatrix}
1 \\
l_2 & 1 \\
 & \ddots & \ddots \\
 & & l_{n-1} & 1 \\
 & & & l_n & 1
\end{bmatrix}
\begin{bmatrix}
u_1 & c_1 \\
 & u_2 & c_2 \\
 & & \ddots & \ddots \\
 & & & u_{n-1} & c_{n-1} \\
 & & & & u_n
\end{bmatrix}.
$$

$$\tag{5.42}$$

利用矩阵乘法运算易得如下三角分解公式：

$$
\begin{cases}
u_1 = b_1, \\
l_i = \dfrac{a_i}{u_{i-1}}, & (i=2,3,\cdots,n). \\
u_i = b_i - l_i c_{i-1},
\end{cases}
\tag{5.43}
$$

求解方程组 $Ax=d$ 化为解两个二对角方程组 $Ly=d$ 和 $Ux=y$,计算公式是

$$\begin{cases} y_1 = d_1, \\ y_i = d_i - l_i y_{i-1}, \quad i = 2,3,\cdots,n, \end{cases} \tag{5.44}$$

$$\begin{cases} x_n = y_n/u_n, \\ x_i = (y_i - c_i x_{i+1})/u_i, \quad i = n-1,n-2,\cdots,1. \end{cases} \tag{5.45}$$

计算过程(5.43)~(5.45)称为解三对角方程组(5.40)的追赶法或托马斯(Thomas)方法.

如前所述,只要三对角阵按行严格对角占优,则追赶法就一定能进行下去,且不必要选主元,计算过程是稳定的,另外追赶法的乘除运算次数仅为 $5n-4$.

有些方程组虽然不是三对角的,但有时可写为分块三对角的形式

$$\begin{pmatrix} B_1 & C_1 & & & \\ A_2 & B_2 & C_2 & & \\ & \ddots & \ddots & \ddots & \\ & & A_{p-1} & B_{p-1} & C_{p-1} \\ & & & A_p & B_p \end{pmatrix} \begin{pmatrix} x_1 \\ x_2 \\ \vdots \\ x_{p-1} \\ x_p \end{pmatrix} = \begin{pmatrix} d_1 \\ d_2 \\ \vdots \\ d_{p-1} \\ d_p \end{pmatrix}, \tag{5.46}$$

其中 A_i,B_i 和 C_i 都是 q 阶矩阵,x_i,d_i 是 q 维向量.对于这种方程组,可类似地建立追赶法.设

$$\begin{pmatrix} B_1 & C_1 & & & \\ A_2 & B_2 & C_2 & & \\ & \ddots & \ddots & \ddots & \\ & & A_{p-1} & B_{p-1} & C_{p-1} \\ & & & A_p & B_p \end{pmatrix} = \begin{pmatrix} I & & & & \\ L_2 & I & & & \\ & \ddots & \ddots & & \\ & & L_{p-1} & I & \\ & & & L_p & I \end{pmatrix} \begin{pmatrix} U_1 & C_1 & & & \\ & U_2 & C_2 & & \\ & & \ddots & \ddots & \\ & & & U_{p-1} & C_{p-1} \\ & & & & U_p \end{pmatrix},$$

$$\tag{5.47}$$

其中 I 是 q 阶单位矩阵,L_i 和 U_i 是 q 阶矩阵.

根据矩阵的分块运算,易得求解块三对角方程组(5.46)的追赶法如下:

$$\begin{cases} U_1 = B_1, \\ L_i = A_i U_{i-1}^{-1}, \quad\quad i = 2,3,\cdots,p. \\ U_i = B_i - L_i C_{i-1}, \end{cases} \tag{5.48}$$

$$\begin{cases} y_1 = d_1, \\ y_i = d_i - L_i y_{i-1}, \quad i = 2,3,\cdots,p. \end{cases} \tag{5.49}$$

$$\begin{cases} x_p = U_p^{-1} d_p, \\ x_i = U_i^{-1}(y_i - C_i x_{i+1}), \quad i = p-1,p-2,\cdots,1. \end{cases} \tag{5.50}$$

(5.48)~(5.50)与(5.43)~(5.45)的形式是很类似的.

5.3 矩阵的条件数和方程组的性态

这一节将讨论线性方程组 $Ax=b$ 的解对 A 和 b 的敏感性问题. 因为要涉及解向量的误差,为衡量其大小,这里首先引入向量和矩阵的范数.

5.3.1 向量和矩阵范数

设 $\mathbf{R}^n$ 是 n 维向量空间. $\forall x=(x_1,x_2,\cdots,x_n)^{\mathrm{T}}\in\mathbf{R}^n$,分别定义 x 的非负实函数如下:

$$\|x\|_1=\sum_{i=1}^n|x_i|,$$

$$\|x\|_2=\sqrt{\sum_{i=1}^n x_i^2},$$

$$\|x\|_\infty=\max_{1\leqslant i\leqslant n}|x_i|,$$

可以验证,它们都满足线性空间范数定义(定义 3.1)的三个条件,因而都是向量范数,这是常用的三种向量范数,分别叫 1 范数,2 范数和 ∞ 范数.

$\mathbf{R}^n$ 上的向量范数具有如下性质.

定理 5.6(连续性定理) 设 $\|x\|$ 是 $x\in\mathbf{R}^n$ 的某种范数,则 $\|x\|$ 是分量 $x_1,x_2,\cdots,x_n$ 的连续函数.

证明 记 $e_i=(0,\cdots,0,1,0,\cdots,0)^{\mathrm{T}}$(分量 1 在第 i 个位置),$i=1,2,\cdots,n$,则 $x=(x_1,x_2,\cdots,x_n)^{\mathrm{T}}$ 和 $y=(y_1,y_2,\cdots,y_n)^{\mathrm{T}}$ 可表示为

$$x=\sum_{i=1}^n x_i e_i, \quad y=\sum_{i=1}^n y_i e_i.$$

由于范数具有齐次性和三角不等式,于是

$$\big|\,\|x\|-\|y\|\,\big|\leqslant\|x-y\|\leqslant\sum_{i=1}^n|x_i-y_i|\cdot\|e_i\|.$$

$$\leqslant\max_{1\leqslant i\leqslant n}|x_i-y_i|\cdot\sum_{i=1}^n\|e_i\|,$$

所以当 $|x_i-y_i|\to 0(i=1,2,\cdots,n)$ 时,$\|x\|\to\|y\|$. ♯

定理 5.7(等价性定理) 设 $\|\cdot\|_p$ 及 $\|\cdot\|_q$ 是 $\mathbf{R}^n$ 上的两种向量范数,则有与 x 无关的常数 c_1,c_2,使

$$c_1\|x\|_p\leqslant\|x\|_q\leqslant c_2\|x\|_p,\quad\forall x\in\mathbf{R}^n. \tag{5.51}$$

证明 当 $x=0$ 时(5.51)显然成立. 以下设 $x\neq 0$. 记

$$S=\{x\mid\|x\|_\infty=1,x\in\mathbf{R}^n\},$$

它是 $\mathbf{R}^n$ 中 $\|\cdot\|_\infty$ 范数意义下的单位球面. 由定理 5.6, $\|x\|_q$ 是有界闭集 S 上的连续函数,它在 S 上有最大值 a_2 和最小值 a_1. 因为

$$\frac{x}{\|x\|_\infty} \in S,$$

于是
$$a_1 \leqslant \|\frac{x}{\|x\|_\infty}\|_q \leqslant a_2, \tag{5.52}$$

$$a_1 \|x\|_\infty \leqslant \|x\|_q \leqslant a_2 \|x\|_\infty.$$

类似地,有常数 b_1, b_2,使

$$b_1 \|x\|_\infty \leqslant \|x\|_p \leqslant b_2 \|x\|_\infty, \tag{5.53}$$

由(5.52)和(5.53)知

$$a_1 \frac{1}{b_2} \|x\|_p \leqslant \|x\|_q \leqslant a_2 \frac{1}{b_1} \|x\|_p.$$

记 $c_1 = \dfrac{a_1}{b_2}, c_2 = \dfrac{a_2}{b_1}$,则

$$c_1 \|x\|_p \leqslant \|x\|_q \leqslant c_2 \|x\|_p, \quad \forall x \in \mathbf{R}^n. \qquad \#$$

等价性定理说明,范数 $\|\cdot\|_q$ 由范数 $\|\cdot\|_p$ 所控制,当然,完全类似地可知,范数 $\|\cdot\|_p$ 也可由 $\|\cdot\|_q$ 所控制. 一般地,有如下定理.

定理 5.8 $\mathbf{R}^n$ 上的所有范数是等价的.

设 $\mathbf{R}^{n\times n}$ 是 n 阶实矩阵集合按实数域上矩阵的线性运算构成的线性空间.

定义 5.4 矩阵 $A \in \mathbf{R}^{n\times n}$ 的非负实函数 $\|A\|$ 若满足:

(1)(正定性) $\|A\| \geqslant 0$,且 $\|A\| = 0 \Leftrightarrow A = 0$;

(2)(齐次性) $\forall c \in \mathbf{R}$,有 $\|cA\| = |c| \cdot \|A\|$;

(3)(三角不等式) $\forall A, B \in \mathbf{R}^{n\times n}, \|A+B\| \leqslant \|A\| + \|B\|$,

(4) $\|AB\| \leqslant \|A\| \|B\|$,

则称 $\|A\|$ 是矩阵 A 的范数.

设 $A = (a_{ij})_{n\times n}$,常用的矩阵范数有

$$\|A\|_1 = \max_{1\leqslant j\leqslant n} \sum_{i=1}^n |a_{ij}|, \qquad （列范数）$$

$$\|A\|_\infty = \max_{1\leqslant i\leqslant n} \sum_{j=1}^n |a_{ij}|, \qquad （行范数）$$

$$\|A\|_2 = \sqrt{\lambda_{\max}(A^{\mathrm{T}}A)}, \qquad （谱范数）$$

$$\|A\|_F = \sqrt{\sum_{i=1}^n \sum_{j=1}^n a_{ij}^2}. \qquad （F 范数）$$

在误差估计问题中经常遇到矩阵和向量相乘,如果对矩阵范数 $\|A\|$ 和某种向量范数 $\|x\|_p$,有

$$\|Ax\|_p \leqslant \|A\| \cdot \|x\|_p, \quad \forall A \in \mathbf{R}^{n \times n}, \quad x \in \mathbf{R}^n,$$

则称矩阵范数 $\|\cdot\|$ 和向量范数 $\|\cdot\|_p$ 相容. 相容性将给误差估计带来方便.

还有一种矩阵范数是由向量范数导出的.

定义 5.5 设 $x \in \mathbf{R}^n, A \in \mathbf{R}^{n \times n}, \|x\|_p$ 为某种向量范数. 定义矩阵 A 的非负函数

$$\|A\|_p = \max_{x \neq 0} \frac{\|Ax\|_p}{\|x\|_p}.$$

可验证它满足矩阵范数的条件, 称为从属于向量范数 $\|\cdot\|_p$ 的矩阵范数, 简称**从属范数**, 也称**算子范数**.

事实上, 由定义有

$$\|A\|_p = \max_{x \neq 0} \frac{\|Ax\|_p}{\|x\|_p} \geqslant \frac{\|Ax\|_p}{\|x\|_p},$$

$$\|Ax\|_p \leqslant \|A\|_p \|x\|_p.$$

显然 $\|A\|_p \geqslant 0$, 当 $A = 0$ 时 $\|A\|_p = 0$; 当 $A \neq 0$ 时存在 $x^{(0)} \in \mathbf{R}^n, x^{(0)} \neq 0$, 使 $Ax^{(0)} \neq 0$, 从而

$$\|A\|_p \geqslant \frac{\|Ax^{(0)}\|_p}{\|x^{(0)}\|_p} > 0,$$

于是 $\|A\|_p = 0 \Leftrightarrow A = 0$.

$\forall c \in \mathbf{R}$, 有

$$\|cA\|_p = \max_{x \neq 0} \frac{\|(cA)x\|_p}{\|x\|_p} = |c| \max_{x \neq 0} \frac{\|Ax\|_p}{\|x\|_p} = |c| \|A\|_p.$$

$\forall A, B \in \mathbf{R}^{n \times n}$, 有

$$\|A+B\|_p = \max_{x \neq 0} \frac{\|(A+B)x\|_p}{\|x\|_p}$$

$$\leqslant \max_{x \neq 0} \frac{\|Ax\|_p}{\|x\|_p} + \max_{x \neq 0} \frac{\|Bx\|_p}{\|x\|_p}$$

$$= \|A\|_p + \|B\|_p.$$

$$\|AB\|_p = \max_{x \neq 0} \frac{\|ABx\|_p}{\|x\|_p} \leqslant \max_{x \neq 0} \frac{\|A\|_p \|Bx\|_p}{\|x\|_p}$$

$$\leqslant \max_{x \neq 0} \frac{\|A\|_p \|B\|_p \|x\|_p}{\|x\|_p}$$

$$= \|A\|_p \|B\|_p.$$

所以 $\|A\|_p$ 是 $\mathbf{R}^{n \times n}$ 上的矩阵范数.

显然, 向量范数 $\|x\|_p$ 所导出的矩阵范数 $\|A\|_p$ 与该向量范数是相容的.

定理 5.9 矩阵范数 $\|A\|_1$，$\|A\|_\infty$，$\|A\|_2$ 分别是向量范数 $\|x\|_1$，$\|x\|_\infty$，$\|x\|_2$ 的从属范数.

证明 （1）首先证明 $\|A\|_\infty = \max\limits_{x \neq 0} \dfrac{\|Ax\|_\infty}{\|x\|_\infty}$. 设

$$x = (x_1, x_2, \cdots, x_n)^{\mathrm{T}} \neq 0, \quad A \neq 0.$$

令

$$t = \max_{1 \leqslant i \leqslant n} |x_i| = \|x\|_\infty, \quad \mu = \max_{1 \leqslant i \leqslant n} \sum_{j=1}^n |a_{ij}| = \|A\|_\infty,$$

则

$$\|Ax\|_\infty = \max_{1 \leqslant i \leqslant n} \left| \sum_{j=1}^n a_{ij} x_j \right| \leqslant \max_{1 \leqslant i \leqslant n} \sum_{j=1}^n |a_{ij}| |x_j|$$

$$\leqslant t \cdot \max_{1 \leqslant i \leqslant n} \sum_{j=1}^n |a_{ij}| = t\mu.$$

于是对任意非零向量 $x \in \mathbf{R}^n$，有

$$\frac{\|Ax\|_\infty}{\|x\|_\infty} \leqslant \mu.$$

下面说明至少有一向量 $x_0 \neq 0$，使 $\dfrac{\|Ax_0\|_\infty}{\|x_0\|_\infty} = \mu$. 设

$$\mu = \sum_{j=1}^n |a_{i_0 j}|,$$

取向量

$$x_0 = (\zeta_1, \zeta_2, \cdots, \zeta_n)^{\mathrm{T}}, \quad \zeta_j = \mathrm{sign}(a_{i_0 j}) \quad (j = 1, 2, \cdots, n).$$

由符号函数 sign 的定义，显然 $\|x_0\|_\infty = 1$. 而

$$\|Ax_0\|_\infty = \max_{1 \leqslant i \leqslant n} \left| \sum_{j=1}^n a_{ij} \zeta_j \right| = \sum_{j=1}^n |a_{i_0 j}| = \mu,$$

即

$$\frac{\|Ax_0\|_\infty}{\|x_0\|_\infty} = \mu = \|A\|_\infty.$$

（2）再来证明 $\|A\|_1 = \max\limits_{x \neq 0} \dfrac{\|Ax\|_1}{\|x\|_1}$.

设

$$t = \sum_{j=1}^n |x_j| = \|x\|_1, \quad \mu = \max_{1 \leqslant j \leqslant n} \sum_{i=1}^n |a_{ij}| = \|A\|_1,$$

则

$$\|Ax\|_1 = \sum_{i=1}^n \left| \sum_{j=1}^n a_{ij} x_j \right| \leqslant \sum_{i=1}^n \sum_{j=1}^n |a_{ij}| |x_j|$$

$$= \sum_{j=1}^{n} \left(\sum_{i=1}^{n} |a_{ij}| \right) |x_j| \leqslant \mu \sum_{j=1}^{n} |x_j|.$$

所以对任何非零向量 $x \in \mathbf{R}^n$, 有

$$\frac{\|Ax\|_1}{\|x\|_1} \leqslant \mu = \|A\|_1.$$

设 $\mu = \sum_{i=1}^{n} |a_{ij_0}|$, 取向量 $x_0 = (\zeta_1, \zeta_2, \cdots, \zeta_n)^{\mathrm{T}}$, 其中 $\zeta_{j_0} = 1, \zeta_i = 0 (i \neq j_0)$, 则显然 $\|x_0\|_1 = 1$, 而

$$\|Ax_0\|_1 = \sum_{i=1}^{n} \left| \sum_{j=1}^{n} a_{ij} \zeta_j \right| = \sum_{i=1}^{n} |a_{ij_0}| = \mu,$$

所以

$$\frac{\|Ax_0\|_1}{\|x_0\|_1} = \|A\|_1.$$

(3) 最后证明 $\|A\|_2 = \max\limits_{x \neq 0} \dfrac{\|Ax\|_2}{\|x\|_2}$.

显然对任意 $x \in \mathbf{R}^n$ 有 $x^{\mathrm{T}} A^{\mathrm{T}} A x \geqslant 0$, 所以 $A^{\mathrm{T}} A$ 对称且半正定. 设 $A^{\mathrm{T}} A$ 的特征值排列为 $\lambda_1 \geqslant \lambda_2 \geqslant \cdots \geqslant \lambda_n \geqslant 0$, 相应的标准正交的特征向量为 $u_1, u_2, \cdots, u_n$. 对任意非零向量 $x \in \mathbf{R}^n$ 有

$$x = \sum_{i=1}^{n} c_i u_i, \quad A^{\mathrm{T}} A x = \sum_{i=1}^{n} c_i \lambda_i u_i,$$

所以

$$\frac{\|Ax\|_2^2}{\|x\|_2^2} = \frac{x^{\mathrm{T}} A^{\mathrm{T}} A x}{x^{\mathrm{T}} x} = \frac{\displaystyle\sum_{i=1}^{n} \lambda_i c_i^2}{\displaystyle\sum_{i=1}^{n} c_i^2} \leqslant \lambda_1.$$

另一方面, 若取 $x = u_1$, 则 $\dfrac{\|Au_1\|_2^2}{\|u_1\|_2^2} = \lambda_1 = \lambda_{\max}(A^{\mathrm{T}} A)$, 故

$$\|A\|_2 = \max_{x \neq 0} \frac{\|Ax\|_2}{\|x\|_2}. \qquad\qquad \#$$

5.3.2 扰动方程组解的误差界

实际求解方程组 $Ax = b$ 时, 系数矩阵 A 和右端 b 都有可能产生小扰动 (微小变化), 例如计算机计算时产生的舍入误差, 那么此时方程组 $Ax = b$ 的解变化如何呢? 这是一个具有实际意义的问题. 先看一个例子.

例 5.4 方程组

$$\begin{bmatrix} 5 & 2 \\ 5.001 & 2 \end{bmatrix} \begin{bmatrix} x_1 \\ x_2 \end{bmatrix} = \begin{bmatrix} 7 \\ 7.001 \end{bmatrix} \tag{5.54}$$

的精确解是 $x_1=x_2=1$. 考虑系数矩阵及右端项有小扰动的方程组

$$\begin{bmatrix} 5 & 2 \\ 4.999 & 2 \end{bmatrix}\begin{pmatrix} x_1 \\ x_2 \end{pmatrix}=\begin{pmatrix} 7 \\ 7.002 \end{pmatrix}, \tag{5.55}$$

其精确解为 $x_1=-2, x_2=8.5$.

从本例可以看出, 系数矩阵和右端向量的变化很微小, 但解的误差却很大, 这说明方程组 (5.54) 的解对系数矩阵和右端项的扰动很敏感. 方程组 (5.54) 的系数矩阵的行列式为 -0.002, 方程组的解为两条接近平行的直线的交点, 因而当其中一条直线稍有变化时, 新交点与原交点相差比较远. 下边就一般方程组讨论扰动方程组解的误差界.

定理 5.10 设有 n 阶非齐次方程组 $Ax=b$, 其中 A 非奇异. 设系数阵和右端项有小扰动 δA 和 δb, 扰动后的方程组为

$$(A+\delta A)(x+\delta x)=b+\delta b, \tag{5.56}$$

则当 $\|A^{-1}\| \cdot \|\delta A\|<1$ 时, 有

$$\frac{\|\delta x\|}{\|x\|} \leqslant \frac{\|A^{-1}\| \|A\|}{1-\|A^{-1}\| \|\delta A\|}\left(\frac{\|\delta A\|}{\|A\|}+\frac{\|\delta b\|}{\|b\|}\right). \tag{5.57}$$

这里用到的是任何一种向量范数以及从属于它的矩阵范数.

证明 (5.56) 与 $Ax=b$ 相减得

$$(A+\delta A)\delta x+\delta A x=\delta b,$$
$$A\delta x+\delta A\delta x+\delta A x=\delta b,$$
$$\delta x=A^{-1}(\delta b-\delta A\delta x-\delta A x),$$
$$\|\delta x\| \leqslant \|A^{-1}\|(\|\delta b\|+\|\delta A\| \|\delta x\|+\|\delta A\| \|x\|),$$

解出 $\|\delta x\|$ 有

$$\|\delta x\| \leqslant \frac{\|A^{-1}\|}{1-\|A^{-1}\| \|\delta A\|}(\|\delta A\| \|x\|+\|\delta b\|).$$

因 $Ax=b$, $\|b\| \leqslant \|A\| \cdot \|x\|$, 故上式为

$$\|\delta x\| \leqslant \frac{\|A^{-1}\|}{1-\|A^{-1}\| \|\delta A\|}\left(\|\delta A\| \|x\|+\frac{\|\delta b\|}{\|b\|}\|A\| \|x\|\right),$$

所以

$$\frac{\|\delta x\|}{\|x\|} \leqslant \frac{\|A^{-1}\| \|A\|}{1-\|A^{-1}\| \|\delta A\|}\left(\frac{\|\delta A\|}{\|A\|}+\frac{\|\delta b\|}{\|b\|}\right). \qquad \#$$

公式 (5.57) 给出了原方程扰动后解的相对误差的上界. 如果方程组仅有右端项扰动 δb, 即 $\delta A=0$, 此时 (5.57) 为

$$\frac{\|\delta x\|}{\|x\|} \leqslant \|A^{-1}\| \|A\| \frac{\|\delta b\|}{\|b\|}.$$

而如果仅有系数阵扰动 δA, $\delta b=0$, 则由 (5.57) 有

$$\frac{\|\delta x\|}{\|x\|} \leqslant \|A^{-1}\| \|A\| \frac{\|\delta A\|}{\|A\|}(1+O(\|\delta A\|)).$$

总之,解的相对误差是在扰动相对误差 $\dfrac{\|\delta A\|}{\|A\|}$ 和 $\dfrac{\|\delta b\|}{\|b\|}$ 的基础上通过量 $\|A^{-1}\| \|A\|$ 所刻画的,它的大小反映了解的相对误差的大小.

5.3.3 矩阵的条件数和方程组的性态

定义 5.6 设 A 是 n 阶非奇异矩阵,称
$$\mathrm{Cond}(A) = \|A^{-1}\| \|A\|$$
为矩阵 A 的条件数.

用条件数的概念,(5.57)可写为

$$\frac{\|\delta x\|}{\|x\|} \leqslant \frac{\mathrm{Cond}(A)}{1-\mathrm{Cond}(A)\dfrac{\|\delta A\|}{\|A\|}}\left(\frac{\|\delta A\|}{\|A\|}+\frac{\|\delta b\|}{\|b\|}\right), \quad (5.58)$$

由此看到,当条件数 $\mathrm{Cond}(A)$ 比较大时,A 和 b 的小扰动会引起解的较大误差,所以条件数 $\mathrm{Cond}(A)$ 刻画了方程组 $Ax=b$ 的性态. 如果条件数比较大,就说方程组是"病态"的;如果条件数比较小,就说方程组是"良态"的. 当然,病态和良态是相对的.

例 5.5 著名的 n 阶希尔伯特(Hilbert)矩阵

$$H_n = \begin{bmatrix} 1 & \dfrac{1}{2} & \cdots & \dfrac{1}{n} \\ \dfrac{1}{2} & \dfrac{1}{3} & \cdots & \dfrac{1}{n+1} \\ \vdots & \vdots & & \vdots \\ \dfrac{1}{n} & \dfrac{1}{n+1} & \cdots & \dfrac{1}{2n-1} \end{bmatrix}$$

的条件数可求得如表 5.1 所示.

表 5.1 希尔伯特矩阵的条件数

n	$\mathrm{Cond}_2(H_n)$	n	$\mathrm{Cond}_2(H_n)$
3	5.24×10^2	7	4.75×10^8
4	1.55×10^4	8	1.53×10^{10}
5	4.77×10^5	9	4.93×10^{11}
6	1.50×10^7	10	1.60×10^{13}

$\mathrm{Cond}_2(H_n)$ 使用的是矩阵的谱范数. 从表中可以看出,随着矩阵阶数 n 的增高,H_n 的条件数急剧增大,此时以 H_n 为系数矩阵的方程组 $H_n x = b$ 是严

重病态的.

　　对于给定的方程组 $Ax=b$,要判断它是否病态一般并不很容易,这是因为条件数 $\mathrm{Cond}(A)=\parallel A\parallel\parallel A^{-1}\parallel$ 涉及了系数矩阵的逆矩阵. 按照定义,如果方程组 $Ax=b$ 的解 x 和有小扰动的方程组 $\widetilde{A}\widetilde{x}=\widetilde{b}$ 的解 $\widetilde{x}$ 误差很大,则原方程组是病态的,但这不是一个实用的判断方法. 一种可能的情况是,如果 $|\det(A)|$ 接近于零或者说 A 的行向量组(或列向量组)近似线性相关,则有可能方程组 $Ax=b$ 病态. 至于 $|\det(A)|$ 是否接近于零,可在列主元消去法的进行过程中观察是否有某个主元 $a_{kk}^{(k)}$ 绝对值很小而进行判断. 另外,当 A 的元素的数量级差别很大且无一定规则时,方程组 $Ax=b$ 可能病态. 例如

$$A=\begin{bmatrix}0.1 & 0.1\\ 0.1 & 10^{10}\end{bmatrix},\quad \mathrm{Cond}_{\infty}(A)\approx 10^{11},$$

相应的方程组 $Ax=b$ 是病态的. 但对于

$$A=\begin{pmatrix}10^{10} & 0.1\\ 0.1 & 10^{10}\end{pmatrix},\quad \mathrm{Cond}_{\infty}(A)\approx 1,$$

相应的方程组 $Ax=b$ 是良态的.

5.3.4 关于病态方程组的求解

　　一般病态方程组的求解是比较困难的. 应该指出,方程组给定后,其系数矩阵的条件数就随之确定,所以方程组的性态是方程组的固有性质,与求解方法无关. 一般来说,在计算机上求解的方程组都是所给方程组的扰动方程,这是因为将增广矩阵的元素输入计算机后机器要作数的十进制和二进制转换,由于字长的限制,因此一般总有舍入误差. 对于良态方程组,只要求解方法稳定,即可得到比较满意的计算结果. 但对于病态方程组,即使使用稳定性好的算法求解也未必理想.

　　对于病态方程组 $Ax=b$,可在计算实践中考虑下述方法的使用:

　　(1) 采用高精度的算术运算,例如采用双精度运算,使由于舍入误差的放大损失若干有效数位之后,还能保留一些有效数位,从而改善和减轻"病态"的影响.

　　(2) 在求解方程组之前,对原方程组作一些预处理,有关这方面的内容可参考文献[25].

习　题　5

1. 用高斯顺序消去法和高斯列主元消去法求解下列方程组:

$$\begin{cases} 3x_1 - x_2 + 4x_3 = 7, \\ -x_1 + 2x_2 - 2x_3 = -1, \\ 2x_1 - 3x_2 - 2x_3 = 0. \end{cases}$$

2. 用矩阵的杜利特分解法解方程组

$$\begin{pmatrix} 6 & 2 & 1 & -1 \\ 2 & 4 & 1 & 0 \\ 1 & 1 & 4 & -1 \\ -1 & 0 & -1 & 3 \end{pmatrix} \begin{pmatrix} x_1 \\ x_2 \\ x_3 \\ x_4 \end{pmatrix} = \begin{pmatrix} 6 \\ -1 \\ 5 \\ -5 \end{pmatrix}.$$

3. 用平方根法求解如下方程组:

$$\begin{pmatrix} 4 & -1 & 1 \\ -1 & 4.25 & 2.75 \\ 1 & 2.75 & 3.5 \end{pmatrix} \begin{pmatrix} x_1 \\ x_2 \\ x_3 \end{pmatrix} = \begin{pmatrix} 6 \\ -0.5 \\ 1.25 \end{pmatrix}.$$

4. 设 $A = (a_{ij})_{n \times n}$ 为可逆的上三角阵. 证明 A^{-1} 仍为上三角阵,并导出求逆算法.

5. 设 A 为 n 阶非奇异矩阵,且有杜利特分解 $A = LU$. 求证 A 的所有顺序主子式不为零.

6. 设 $A = (a_{ij})_{n \times n}$ 按行严格对角占优,经高斯顺序消去法一步后 A 变为

$$\begin{pmatrix} a_{11} & * \cdots * \\ 0 & \\ \vdots & A_2 \\ 0 & \end{pmatrix},$$

证明 $n-1$ 阶矩阵 A_2 仍然按行严格对角占优.

7. 设 $A = (a_{ij})_{n \times n}$ 对称正定. A 经过高斯顺序消去法一步后变为

$$\begin{pmatrix} a_{11} & * \cdots * \\ 0 & \\ \vdots & A_2 \\ 0 & \end{pmatrix},$$

证明 $n-1$ 阶矩阵 A_2 仍对称正定.

8. 设 $A = (a_{ij})_{n \times n}$ 为带宽 $2t+1$ 的带状矩阵(即当 $|i-j| > t$ 时有 $a_{ij} = 0$)且满足三角分解的条件. 令 $A = LU$,试推导带状矩阵的如下三角分解公式:

$$u_{kj} = a_{kj} - \sum_{m = \max(1, k-t)}^{k-1} l_{km} u_{mj},$$
$$j = k, k+1, \cdots, \min(n, k+t),$$
$$l_{ik} = \left(a_{ik} - \sum_{m = \max(1, i-t)}^{k-1} l_{im} u_{mk} \right) \Big/ u_{kk},$$
$$i = k+1, k+2, \cdots, \min(n, k+t), \quad k = 1, 2, \cdots, n.$$

9. 设 $A = (a_{ij})_{n \times n}$ 按行严格对角占优,证明 A 是非奇异矩阵.

10. 设矩阵 Q 对称正定. 证明 $\sqrt{x^{\mathrm{T}} Q x}$ 是一种向量范数.

11. 设 $x \in \mathbf{R}^n, A \in \mathbf{R}^{n \times n}$,证明

(1) $\| x \|_{\infty} \leqslant \| x \|_1 \leqslant n \| x \|_{\infty}$.

(2) $\dfrac{1}{\sqrt{n}} \| A \|_F \leqslant \| A \|_2 \leqslant \| A \|_F$.

12. 设 A 是 n 阶实对称矩阵,其特征值为 $\lambda_1, \lambda_2, \cdots, \lambda_n$. 证明 $\| A \|_F = (\lambda_1^2 + \lambda_2^2 + \cdots + \lambda_n^2)^{\frac{1}{2}}$.

13. 设 $A, B \in \mathbf{R}^{n \times n}$ 均非奇异, $\| \cdot \|$ 是任何矩阵范数,证明条件数具有如下性质:

(1) $\mathrm{Cond}(A) \geqslant 1$. 如果 A 为正交矩阵,则 $\mathrm{Cond}_2(A) = 1$.

(2) $\mathrm{Cond}(kA) = \mathrm{Cond}(A)$ ($k \neq 0$ 是常数).

(3) $\mathrm{Cond}(AB) \leqslant \mathrm{Cond}(A) \mathrm{Cond}(B)$.

(4) 设 A 是实对称矩阵,则

$$\mathrm{Cond}_2(A) = \left| \frac{\lambda_1}{\lambda_n} \right|,$$

其中 λ_1 和 λ_n 分别是 A 的按模最大和按模最小的特征值.

14. 设 $A, B \in \mathbf{R}^{n \times n}$ 均非奇异, $\| \cdot \|$ 是任何矩阵范数. 证明

(1) $\| A^{-1} \| \geqslant \dfrac{1}{\| A \|}$.

(2) $\| A^{-1} - B^{-1} \| \leqslant \| A^{-1} \| \| B^{-1} \| \| A - B \|$.

第6章 解线性代数方程组的迭代法

本章讨论解线性方程组的迭代法. 由于迭代法涉及序列的收敛性, 为了后边讨论的需要, 首先介绍向量序列和矩阵序列的极限概念.

6.1 向量和矩阵序列的极限

6.1.1 极限概念

定义 6.1 设 $\{x^{(k)}\}$ 是 $\mathbf{R}^n$ 中的向量序列, 若有向量 $x^* \in \mathbf{R}^n$, 使 $\lim\limits_{k\to\infty} \| x^{(k)} - x^* \| = 0$, 则称 $\{x^{(k)}\}$ 收敛于 x^*, 记为 $\lim\limits_{k\to\infty} x^{(k)} = x^*$.

该定义形式上依赖于所选择的向量范数, 但由于 $\mathbf{R}^n$ 中范数具有等价性, 故若 $\{x^{(k)}\}$ 对某一种范数而言收敛于 x^*, 则对其他范数而言也一定收敛于 x^*. 这说明 $\{x^{(k)}\}$ 的收敛性实际上与所选择的范数无关.

定义 6.2 设 $\{A^{(k)}\}$ 是 $\mathbf{R}^{n \times n}$ 中的矩阵序列, 若有矩阵 $A \in \mathbf{R}^{n \times n}$, 使 $\lim\limits_{k\to\infty} \| A^{(k)} - A \| = 0$, 则称 $\{A^{(k)}\}$ 收敛于 A, 记为 $\lim\limits_{k\to\infty} A^{(k)} = A$.

与向量类似, $\mathbf{R}^{n \times n}$ 中的任何两种矩阵范数也具有等价性, 因而定义 6.2 也与所选择的范数无关.

6.1.2 序列收敛的等价条件

定理 6.1 设 $x^{(k)} = (x_1^{(k)}, x_2^{(k)}, \cdots, x_n^{(k)})^{\mathrm{T}}$, $x^* = (x_1^*, x_2^*, \cdots, x_n^*)^{\mathrm{T}}$, 则 $\lim\limits_{k\to\infty} x^{(k)} = x^*$ 等价于 $\lim\limits_{k\to\infty} x_i^{(k)} = x_i^*$ $(i = 1, 2, \cdots, n)$.

证明 $\lim\limits_{k\to\infty} x^{(k)} = x^*$, 即 $\lim\limits_{k\to\infty} \| x^{(k)} - x^* \| = 0$, 又等价于

$$\lim_{k\to\infty} \| x^{(k)} - x^* \|_\infty = 0,$$

$$\lim_{k\to\infty} \max_{1 \leqslant i \leqslant n} | x_i^{(k)} - x_i^* | = 0,$$

$$\lim_{k\to\infty} | x_i^{(k)} - x_i^* | = 0 \quad (i = 1, 2, \cdots, n),$$

即等价于 $\lim\limits_{k\to\infty} x_i^{(k)} = x_i^*$ $(i = 1, 2, \cdots, n)$. ♯

该定理说明, 向量序列按范数收敛等价于按分量收敛. 类似可证如下定理.

定理 6.2 设 $A^{(k)} = (a_{ij}^{(k)})_{n \times n}$, $A = (a_{ij})_{n \times n}$, 则 $A^{(k)}$ 收敛于 A 等价于 $a_{ij}^{(k)}$

收敛于 $a_{ij}(i,j=1,2,\cdots,n)$.

即矩阵序列按范数收敛等价于按矩阵元素收敛.

不管是向量序列还是矩阵序列,也不管是定义中的按范数收敛还是定理中的按分量(元素)收敛,统统都是转化为数列的收敛.

定理 6.3　$\lim\limits_{k\to\infty}A^{(k)}=0$ 的充要条件是

$$\lim_{k\to\infty}A^{(k)}x=0,\quad \forall x\in \mathbf{R}^n. \tag{6.1}$$

证明　必要性是显然的. 设(6.1)成立,取 x 为第 i 个单位向量 $e_i=(0,\cdots,0,1,0,\cdots)^{\mathrm{T}}$,则 $\lim\limits_{k\to\infty}A^{(k)}e_i=0$,这意味 $A^{(k)}$ 的第 i 列元素极限为零,取 $i=1,2,\cdots,n$,则充分性得证.　　　　　　　　　　　　　　　　　　　#

定理 6.4　设 $B\in\mathbf{R}^{n\times n}$,则 $\lim\limits_{k\to\infty}B^k=0$ 的充要条件是 $\rho(B)<1$. 其中 $\rho(B)=\max\limits_{1\leqslant i\leqslant n}|\lambda_i(B)|$ 叫矩阵 B 的谱半径.

证明　根据线性代数理论,任何矩阵 B 总相似于它的若尔当(Jordan)标准形,即存在可逆阵 P,使

$$P^{-1}BP=J\quad 或\quad B=PJP^{-1}, \tag{6.2}$$

这里 J 是 B 的若尔当标准形,其形式为对角块

$$J=\begin{pmatrix} J_1 & & & \\ & J_2 & & \\ & & \ddots & \\ & & & J_r \end{pmatrix}$$

而每个 $J_i(i=1,2,\cdots,r)$ 叫若尔当块,其形式为

$$J_i=\begin{pmatrix} \lambda_i & 1 & & \\ & \lambda_i & \ddots & \\ & & \ddots & 1 \\ & & & \lambda_i \end{pmatrix}_{n_i\times n_i}$$

$$\tag{6.3}$$

这里 n_i 是 B 的特征值 λ_i 的重数,$\sum\limits_{i=1}^{r}n_i=n$. 由(6.2),

$$B^k=PJ^kP^{-1}=P\begin{pmatrix} J_1^k & & & \\ & J_2^k & & \\ & & \ddots & \\ & & & J_r^k \end{pmatrix}P^{-1}.$$

显然

$$\lim_{k\to\infty}B^k = 0 \Leftrightarrow \lim_{k\to\infty}J_i^k = 0 \quad (i=1,2,\cdots,r). \tag{6.4}$$

注意 J_i 的形式(6.3),用归纳法可证

$$J_i^k = \begin{bmatrix} \lambda_i^k & \mathrm{C}_k^1\lambda_i^{k-1} & \mathrm{C}_k^2\lambda_i^{k-2} & \cdots & \mathrm{C}_k^{n_i-1}\lambda_i^{k+1-n_i} \\ & \lambda_i^k & \mathrm{C}_k^1\lambda_i^{k-1} & \cdots & \mathrm{C}_k^{n_i-2}\lambda_i^{k+2-n_i} \\ & & \ddots & \ddots & \vdots \\ & & & \lambda_i^k & \mathrm{C}_k^1\lambda_i^{k-1} \\ & & & & \lambda_i^k \end{bmatrix}_{n_i\times n_i} \quad (i=1,2,\cdots,r),$$

其中 $\mathrm{C}_k^m = \dfrac{1}{m!}k(k-1)\cdots(k-m+1)(m=1,2,\cdots,n_i-1)$. 由此易知

$$\lim_{k\to\infty}J_i^k = 0 \Leftrightarrow \lim_{k\to\infty}\lambda_i^k = 0 \quad (i=1,2,\cdots,r)$$
$$\Leftrightarrow |\lambda_i| < 1 \quad (i=1,2,\cdots,r)$$
$$\Leftrightarrow \rho(B) < 1,$$

再由(6.4)得

$$\lim_{k\to\infty}B^k = 0 \Leftrightarrow \rho(B) < 1. \qquad\qquad \#$$

6.2 迭代法的基本理论

迭代法的一般格式是

$$x^{(k+1)} = f_k(x^{(k)}, x^{(k-1)}, \cdots, x^{(k-m)}) \quad (k=m, m+1, \cdots),$$

因计算 $x^{(k+1)}$ 一般用到前边多步的值 $x^{(k)}, x^{(k-1)}, \cdots, x^{(k-m)}$,所以称之为多步迭代法. 若 $x^{(k+1)}$ 只与 $x^{(k)}$ 有关,即

$$x^{(k+1)} = f_k(x^{(k)}) \quad (k=0, 1, \cdots),$$

则称之为单步迭代法. 又设 f_k 是线性的,即

$$x^{(k+1)} = B_k x^{(k)} + g_k \quad (k=0, 1, \cdots),$$

这称为单步线性迭代法,B_k 称为**迭代矩阵**. 若 B_k 和 g_k 与 k 无关,即

$$x^{(k+1)} = Bx^{(k)} + g \quad (k=0, 1, \cdots), \tag{6.5}$$

则称(6.5)为单步定常线性迭代法,或称**简单迭代法**,本章主要讨论简单迭代法.

6.2.1 简单迭代法的构造

设有 n 阶线性方程组 $Ax = b$,其中 $A\in\mathbf{R}^{n\times n}$ 为 n 阶非奇异矩阵. 将 $Ax = b$

等价变形为

$$x = Bx + g \qquad\qquad (6.6)$$

的形式(方式不唯一),由此便可构造一个简单迭代法

$$x^{(k+1)} = Bx^{(k)} + g \quad (k = 0, 1, \cdots). \qquad\qquad (6.7)$$

当取定初始向量 $x^{(0)} \in \mathbf{R}^n$ 后,式(6.7)便产生一个向量序列

$$x^{(1)}, x^{(2)}, \cdots, x^{(k)}, x^{(k+1)}, \cdots. \qquad\qquad (6.8)$$

若它收敛于某向量 x^* ,则 x^* 一定是(6.6)的解,当然也是原方程组 $Ax=b$ 的解,此时称简单迭代法(6.7)关于初始向量 $x^{(0)}$ 收敛.

需要指出,方程组等价变形为(6.6)后,其中的迭代矩阵 B 是不唯一的. 例如,将 A 可分解为

$$A = M - N, \qquad\qquad (6.9)$$

其中 M 非奇异,于是 $Ax=b$ 等价于

$$x = M^{-1}Nx + M^{-1}b.$$

记 $B = M^{-1}N, g = M^{-1}b$,则上式为

$$x = Bx + g.$$

容易看出系数矩阵的分解(6.9)中的 M 和 N 不唯一,因而这里的 B 和 g 不唯一,于是对同一方程组可建立不同的简单迭代法.

由于简单迭代法(6.7)中的 B 和 g 不唯一,因而由此产生的向量序列(6.8)也就不同,有的可能收敛,有的可能不收敛,当收敛时,只要 k 充分大,则 $x^{(k+1)}$ 就可作为近似解.

另外,同一简单迭代法(6.7)关于某个初始向量 $x^{(0)}$ 收敛,而关于另外一个初始向量可能又不收敛,因此,简单迭代法的收敛性有时也与初始向量的选取有关,参见习题 6 第 6~8 题.

6.2.2   简单迭代法的收敛性和收敛速度

判别一个简单迭代法是否收敛是很重要的.

定理 6.5   简单迭代法

$$x^{(k+1)} = Bx^{(k)} + g \quad (k = 0, 1, 2, \cdots) \qquad\qquad (6.10)$$

对任意初始向量 $x^{(0)}$ 都收敛的充要条件是迭代矩阵的谱半径 $\rho(B) < 1$.

证明   设 x^* 是方程 $x = Bx + g$ 的解,即

$$x^* = Bx^* + g,$$

与(6.10)相减有

$$x^{(k+1)} - x^* = B(x^{(k)} - x^*) = B^2(x^{(k-1)} - x^*) = \cdots$$
$$= B^{k+1}(x^{(0)} - x^*).$$

由于 $x^{(0)}$ 的任意性,根据定理 6.3,上式右端趋于零的充要条件是 $\lim\limits_{k\to\infty} B^{k+1}=0$,再由定理 6.4 知 $x^{(k+1)}-x^*$ 趋于零的充要条件是 $\rho(B)<1$.　　　#

应该指出,当 $\rho(B)\geqslant 1$ 时,并不能说简单迭代法关于任何初始向量都不收敛,而有可能存在初始向量 $y^{(0)}$,使得简单迭代法关于 $y^{(0)}$ 是收敛的(见习题 6 第 7 题).

应用定理 6.5 时需要求迭代矩阵 B 的特征值,比较麻烦,下面介绍几个容易判定的充分条件.

定理 6.6 对任意矩阵 $B\in \mathbf{R}^{n\times n}$ 有
$$\rho(B)\leqslant \|B\|,$$
其中 $\|\cdot\|$ 是 $\mathbf{R}^{n\times n}$ 上的任何一种矩阵范数.

证明 设 λ 是 B 的任一特征值,$x\neq 0$ 是相应的特征向量,则
$$Bx=\lambda x.$$
用 x^{T} 右乘上式得
$$Bxx^{\mathrm{T}}=\lambda xx^{\mathrm{T}}.$$
由矩阵范数定义,$|\lambda|\,\|xx^{\mathrm{T}}\|\leqslant \|B\|\cdot\|xx^{\mathrm{T}}\|$,由此得
$$|\lambda|\leqslant \|B\|,$$
因 λ 是 B 的任一特征值,故有 $\rho(B)\leqslant\|B\|$.　　　#

定理 6.7 设有简单迭代法
$$x^{(k+1)}=Bx^{(k)}+g \quad (k=0,1,2,\cdots),$$
对任一种矩阵范数 $\|\cdot\|$,只要迭代矩阵 B 满足 $\|B\|<1$,则该简单迭代法关于任意初始向量 $x^{(0)}$ 收敛.

证明 由定理 6.5 和定理 6.6 直接得证.　　　#

由于范数 $\|B\|_1$,$\|B\|_\infty$ 容易计算,因此实际应用中用 $\|B\|_1<1$ 或 $\|B\|_\infty<1$ 作为收敛的充分条件较为方便.

定理 6.8 设方程 $x=Bx+g$ 有唯一解 x^*. 如果 $\|B\|<1$,则由简单迭代法 $x^{(k+1)}=Bx^{(k)}+g(k=0,1,\cdots)$ 产生的向量序列 $\{x^{(k)}\}$ 满足如下误差估计式

$$\|x^{(k)}-x^*\|\leqslant \frac{\|B\|}{1-\|B\|}\|x^{(k)}-x^{(k-1)}\|, \tag{6.11}$$

$$\|x^{(k)}-x^*\|\leqslant \frac{\|B\|^k}{1-\|B\|}\|x^{(1)}-x^{(0)}\|, \tag{6.12}$$

上式用到的矩阵范数要求与用到的向量范数相容.

证明 因为
$$x^*=Bx^*+g,$$

$$x^{(k+1)} = Bx^{(k)} + g,$$

相减有

$$\| x^* - x^{(k+1)} \| = \| B(x^* - x^{(k)}) \| \leqslant \| B \| \| x^* - x^{(k)} \|, (6.13)$$

另外有

$$\| x^{(k+1)} - x^{(k)} \| \leqslant \| B \| \| x^{(k)} - x^{(k-1)} \| \leqslant \cdots$$
$$\leqslant \| B \|^k \| x^{(1)} - x^{(0)} \|. \tag{6.14}$$

所以

$$\| x^{(k)} - x^* \|$$
$$\leqslant \| x^{(k)} - x^{(k+1)} + x^{(k+1)} - x^* \|$$
$$\leqslant \| x^{(k+1)} - x^{(k)} \| + \| x^{(k+1)} - x^* \|$$
$$\leqslant \| B \| \| x^{(k)} - x^{(k-1)} \| + \| B \| \| x^{(k)} - x^* \|, \quad (注意(6.13),(6.14)式)$$

从而

$$\| x^{(k)} - x^* \| \leqslant \frac{\| B \|}{1 - \| B \|} \| x^{(k)} - x^{(k-1)} \| \leqslant \frac{\| B \|^k}{1 - \| B \|} \| x^{(1)} - x^{(0)} \|.$$

从(6.12)可以看出,若 $\| B \| < 1$,且 $\| B \|$ 越小,则 $x^{(k)}$ 收敛到解的速度越快. 实际上,由定理 6.4 的证明可以看出,确切地说,谱半径 $\rho(B)$ 比 1 越小,则 $x^{(k)}$ 收敛的速度越快.

由 $x^* = Bx^* + g$ 和 $x^{(k)} = Bx^{(k-1)} + g$ 还可得

$$x^{(k)} - x^* = B(x^{(k-1)} - x^*) = B^2(x^{(k-2)} - x^*) = \cdots$$
$$= B^k(x^{(0)} - x^*),$$
$$\| x^{(k)} - x^* \| \leqslant \| B \|^k \| x^{(0)} - x^* \|. \tag{6.15}$$

若要求迭代 k 次后将所产生误差缩小为初始误差的 10^{-m},即

$$\| x^{(k)} - x^* \| \leqslant 10^{-m} \| x^{(0)} - x^* \|, \tag{6.16}$$

则由(6.15),这只需要

$$\| B \|^k \leqslant 10^{-m}. \tag{6.17}$$

可以证明(见[1]),$\forall \varepsilon > 0$,则存在从属矩阵范数 $\| \cdot \|$,使 $\| B \| - \rho(B) < \varepsilon$. 故条件(6.17)可近似代替为

$$\rho^k(B) \leqslant 10^{-m}, \tag{6.18}$$

解出 k 得

$$k \geqslant \frac{m \ln 10}{-\ln \rho(B)}. \tag{6.19}$$

为了达到所提出的误差要求,(6.16),(6.19)式给出了大约所需要的迭代次数,当误差压缩量 10^{-m} 确定后,这个次数主要是由分母

$$\eta = -\ln \rho(B) \tag{6.20}$$

所刻画的, η 越大, 则迭代次数越少, 收敛越快. 一般将 η 定义为简单迭代法的收敛速度. $\qquad\qquad\qquad\qquad\qquad\qquad\qquad\qquad\qquad\qquad$ #

6.2.3 高斯-赛德尔迭代法及其收敛性

设有简单迭代法

$$x^{(k+1)} = Bx^{(k)} + g \quad (k = 0, 1, 2, \cdots),$$

将迭代矩阵 $B = (b_{ij})_{n \times n}$ 分解为

$$B = B_1 + B_2,$$

其中

$$B_1 = \begin{pmatrix} 0 & & & \\ b_{21} & 0 & & \\ \vdots & \vdots & \ddots & \\ b_{n1} & b_{n2} & \cdots & 0 \end{pmatrix}, \quad B_2 = \begin{pmatrix} b_{11} & b_{12} & \cdots & b_{1n} \\ & b_{22} & \cdots & b_{2n} \\ & & \ddots & \vdots \\ & & & b_{nn} \end{pmatrix}.$$

则

$$x^{(k+1)} = B_1 x^{(k)} + B_2 x^{(k)} + g \quad (k = 0, 1, 2, \cdots),$$

将其修改为

$$x^{(k+1)} = B_1 x^{(k+1)} + B_2 x^{(k)} + g \quad (k = 0, 1, 2, \cdots), \qquad (6.21)$$

称之为由简单迭代法导出的高斯-赛德尔(Gauss-Seidel)迭代法, 简称高斯-赛德尔迭代法. 其分量形式为

$$x_i^{(k+1)} = \sum_{j=1}^{i-1} b_{ij} x_j^{(k+1)} + \sum_{j=i}^{n} b_{ij} x_j^{(k)} + g_i \quad (i = 1, 2, \cdots, n). \quad (6.22)$$

它的特点在于, 计算第 i 个分量 $x_i^{(k+1)}$ 时, 前边的 $i-1$ 个分量用的是最新算出的 $x_1^{(k+1)}, \cdots, x_{i-1}^{(k+1)}$, 而不是旧值 $x_1^{(k)}, \cdots, x_{i-1}^{(k)}$, 这样有可能提高收敛速度.

高斯-赛德尔迭代法(6.21)可以化为简单迭代法的形式

$$x^{(k+1)} = (I - B_1)^{-1} B_2 x^{(k)} + (I - B_1)^{-1} g.$$

从而可以使用简单迭代法收敛性的各种判别方法. 下面再给出高斯-赛德尔迭代法的一个收敛判别定理.

定理 6.9 设简单迭代法的迭代矩阵 $B = B_1 + B_2$ 满足 $\| B \|_\infty < 1$ 或 $\| B \|_1 < 1$, 则相应的高斯-赛德尔迭代法(6.21)关于任意初始向量收敛.

证明 仅以 $\| B \|_\infty = \max\limits_{1 \leqslant i \leqslant n} \sum\limits_{j=1}^{n} |b_{ij}| < 1$ 为例进行证明. (6.21)与 $x = Bx + g$ 的第 i 个方程相减有

$$x_i^{(k+1)} - x_i = \sum_{j=1}^{i-1} b_{ij} (x_j^{(k+1)} - x_j) + \sum_{j=i}^{n} b_{ij} (x_j^{(k)} - x_j) \quad (i = 1, 2, \cdots, n).$$

记 $\delta_k = \max\limits_{1 \leqslant i \leqslant n} |x_i^{(k)} - x_i|$，$\beta_i = \sum\limits_{j=1}^{i-1} |b_{ij}|$，$\gamma_i = \sum\limits_{j=i}^{n} |b_{ij}|$，则由上式得

$$|x_i^{(k+1)} - x_i| \leqslant \sum_{j=1}^{i-1} |b_{ij}| |x_j^{(k+1)} - x_j| + \sum_{j=i}^{n} |b_{ij}| |x_j^{(k)} - x_j|$$

$$\leqslant \delta_{k+1}\beta_i + \delta_k\gamma_i.$$

因上式对 $i = 1, 2, \cdots, n$ 都成立，故有 $i = i_0$，使 $|x_{i_0}^{(k+1)} - x_{i_0}| = \delta_{k+1}$，于是

$$\delta_{k+1} \leqslant \delta_{k+1}\beta_{i_0} + \delta_k\gamma_{i_0},$$

而

$$0 \leqslant \beta_{i_0} + \gamma_{i_0} = \sum_{j=1}^{n} |b_{i_0 j}| \leqslant \|B\|_\infty < 1,$$

故

$$0 \leqslant \frac{\gamma_{i_0}}{1 - \beta_{i_0}} < 1,$$

$$\delta_{k+1} \leqslant \frac{\gamma_{i_0}}{1 - \beta_{i_0}}\delta_k \leqslant \cdots \leqslant \left(\max_{i_0} \frac{\gamma_{i_0}}{1 - \beta_{i_0}}\right)^{k+1}\delta_0, \tag{6.23}$$

由 (6.23) 易知，$\delta_{k+1} = \max\limits_{1 \leqslant i \leqslant n} |x_i^{(k+1)} - x_i| \to 0 (k \to \infty)$.   ♯

结合定理 6.7 便知，当 $\|B\|_\infty < 1$ 或 $\|B\|_1 < 1$ 时，简单迭代法 $x^{(k+1)} = Bx^{(k)} + g (k = 0, 1, 2, \cdots)$ 与相应的高斯-赛德尔迭代法同时关于任意初始向量收敛.

6.3　几种常用的迭代法

6.3.1　雅可比迭代法

设有 n 阶方程组 $Ax = b$，其中 $A = (a_{ij})_{n \times n}$ 非奇异，并且对角元 $a_{ii} \neq 0$ $(i = 1, 2, \cdots, n)$.

将 A 作如下分解

$$A = L + D + U,$$

即

$$A = \begin{pmatrix} 0 & & & \\ a_{21} & 0 & & \\ \vdots & \vdots & \ddots & \\ a_{n1} & a_{n2} & \cdots & 0 \end{pmatrix} + \begin{pmatrix} a_{11} & & & \\ & a_{22} & & \\ & & \ddots & \\ & & & a_{nn} \end{pmatrix} + \begin{pmatrix} 0 & a_{12} & \cdots & a_{1n} \\ & 0 & \cdots & a_{2n} \\ & & \ddots & \vdots \\ & & & 0 \end{pmatrix}, \tag{6.24}$$

故 $Ax = b$ 等价于

$$(L + D + U)x = b,$$

$$Dx = -(L+U)x + b,$$
$$x = -D^{-1}(L+U)x + D^{-1}b.$$

记 $B_J = -D^{-1}(L+U), g = D^{-1}b$,则

$$x = B_J x + g.$$

构造迭代公式

$$x^{(k+1)} = B_J x^{(k)} + g \quad (k = 0, 1, \cdots),$$

称之为**雅可比**(Jacobi)**迭代法**,称

$$B_J = -D^{-1}(L+U) = \begin{pmatrix} 0 & -\dfrac{a_{12}}{a_{11}} & \cdots & -\dfrac{a_{1n}}{a_{11}} \\ -\dfrac{a_{21}}{a_{22}} & 0 & \cdots & -\dfrac{a_{2n}}{a_{22}} \\ \vdots & \vdots & \ddots & \vdots \\ -\dfrac{a_{n1}}{a_{nn}} & -\dfrac{a_{n2}}{a_{nn}} & \cdots & 0 \end{pmatrix} \quad (6.25)$$

为雅可比迭代矩阵. 雅可比法的分量形式为

$$x_i^{(k+1)} = \frac{1}{a_{ii}}\left[b_i - \sum_{\substack{j=1 \\ j \neq i}}^{n} a_{ij} x_j^{(k)} \right] \quad (i = 1, 2, \cdots, n; k = 0, 1, 2, \cdots). \quad (6.26)$$

根据定理 6.5 和定理 6.7,雅可比法关于任意初始向量 $x^{(0)}$ 都收敛的充要条件是 $\rho(B_J) < 1$,充分条件是 $\| B_J \| < 1$. 另外有

定理 6.10 设系数矩阵 $A = (a_{ij})_{n \times n}$ 严格对角占优,即

$$|a_{ii}| > \sum_{\substack{j=1 \\ j \neq i}}^{n} |a_{ij}| \quad (i = 1, 2, \cdots, n) \quad (\text{按行}) \quad (6.27)$$

或

$$|a_{jj}| > \sum_{\substack{i=1 \\ i \neq j}}^{n} |a_{ij}| \quad (j = 1, 2, \cdots, n) \quad (\text{按列}) \quad (6.28)$$

至少有一个成立,则求解 $Ax = b$ 的雅可比迭代法关于任意初始向量 $x^{(0)}$ 收敛.

证明 迭代矩阵 $B_J = -D^{-1}(L+U)$,设其特征值为 λ,则

$$|\lambda I - B_J| = |\lambda I + D^{-1}(L+U)| = |D^{-1}||\lambda D + L + U| = 0.$$

若 $|\lambda| \geqslant 1$,则 $\lambda D + L + U$ 也严格对角占优,从而

$$|\lambda D + L + U| \neq 0, \quad |\lambda I - B_J| \neq 0.$$

与上式 $|\lambda I - B_J| = 0$ 矛盾,所以 $|\lambda| < 1, \rho(B_J) < 1$,于是结论得证. #

定义 6.3 设 $A = (a_{ij}) \in \mathbf{R}^{n \times n}$,若

$$|a_{ii}| \geqslant \sum_{\substack{j=1 \\ j \neq i}}^{n} |a_{ij}| \quad (i=1,2,\cdots,n)$$

且其中至少有一个严格不等式成立,则称 A 为弱对角占优矩阵.

定义 6.4　设 $A \in \mathbf{R}^{n \times n}$,若 A 不能经过行置换与相应的列置换化为

$$\begin{pmatrix} A_{11} & A_{12} \\ 0 & A_{22} \end{pmatrix},$$

其中 A_{11} 和 A_{22} 是方阵,则称 A 为**不可约矩阵**.

显然,若 A 可约,则方程组 $Ax=b$ 可化为低阶方程组. 实际中经常遇到的 A 是不可约矩阵,下面不加证明地给出一个判定定理.

定理 6.11　设 A 不可约且弱对角占优,则求解 $Ax=b$ 的雅可比迭代法关于任意初始向量 $x^{(0)}$ 收敛.

例 6.1　用雅可比迭代法求如下方程组的近似解 $x^{(k+1)}$,

$$\begin{pmatrix} 4 & 3 & 0 \\ 3 & 4 & -1 \\ 0 & -1 & 4 \end{pmatrix} \begin{pmatrix} x_1 \\ x_2 \\ x_3 \end{pmatrix} = \begin{pmatrix} 24 \\ 30 \\ -24 \end{pmatrix},$$

要求 $\| x^{(k+1)} - x^{(k)} \|_\infty < 10^{-5}$(准确解为 $x_1=3, x_2=4, x_3=-5$).

解　雅可比迭代公式为

$$\begin{cases} x_1^{(k+1)} = \dfrac{1}{4}[24 - 3x_2^{(k)}], \\ x_2^{(k+1)} = \dfrac{1}{4}[30 - 3x_1^{(k)} + x_3^{(k)}], \quad k=0,1,\cdots. \\ x_3^{(k+1)} = \dfrac{1}{4}[-24 + x_2^{(k)}], \end{cases}$$

取 $x^{(0)} = (1,1,1)^{\mathrm{T}}$,则迭代结果如表 6.1.

表 6.1　雅可比迭代法的计算结果

k	$x^{(k)}$
1	$(5.250\,000, 7.000\,000, -5.750\,000)^{\mathrm{T}}$
2	$(0.750\,000, 2.125\,000, -4.250\,000)^{\mathrm{T}}$
3	$(4.406\,250, 5.875\,000, -5.468\,750)^{\mathrm{T}}$
4	$(1.593\,750, 2.828\,125, -4.531\,250)^{\mathrm{T}}$
$\vdots$	$\vdots$
57	$(3.000\,004, 4.000\,006, -5.000\,001)^{\mathrm{T}}$
58	$(2.999\,996, 3.999\,996, -4.999\,999)^{\mathrm{T}}$

6.3.2 与雅可比法相应的高斯-赛德尔迭代法

与雅可比迭代法(6.26)相应的高斯-赛德尔迭代法为

$$x_i^{(k+1)} = \frac{1}{a_{ii}} \left[b_i - \sum_{j=1}^{i-1} a_{ij} x_j^{(k+1)} - \sum_{j=i+1}^{n} a_{ij} x_j^{(k)} \right]$$

$$(i = 1, 2, \cdots, n; k = 0, 1, 2, \cdots). \tag{6.29}$$

今后如果没有特殊说明,凡谈到高斯-赛德尔迭代法,均指与雅可比迭代法相应的高斯-赛德尔迭代法. 当 $i=1$ 时,(6.29)第一个求和理解为零;当 $i=n$ 时,(6.29)第二个求和理解为零.

再考虑 A 的分解(6.24),即

$$A = L + D + U,$$

故 $Ax=b$,即 $(L+D+U)x=b$ 等价于

$$Dx = -Lx - Ux + b.$$

构造迭代法

$$x^{(k+1)} = -D^{-1}Lx^{(k+1)} - D^{-1}Ux^{(k)} + D^{-1}b, \tag{6.30}$$

这正是高斯-赛德尔迭代法(6.29)的矩阵形式,整理为简单迭代法的形式,则

$$x^{(k+1)} = -(D+L)^{-1}Ux^{(k)} + (D+L)^{-1}b, \tag{6.31}$$

其中

$$B_s = -(D+L)^{-1}U$$

是高斯-赛德尔迭代矩阵.

例 6.2 用高斯-赛德尔迭代法求解例 6.1 的方程组.

解 高斯-赛德尔迭代公式为

$$\begin{cases} x_1^{(k+1)} = \frac{1}{4}\left[24 - 3x_2^{(k)}\right], \\ x_2^{(k+1)} = \frac{1}{4}\left[30 - 3x_1^{(k+1)} + x_3^{(k)}\right], \quad k = 0, 1, 2, \cdots. \\ x_3^{(k+1)} = \frac{1}{4}\left[-24 + x_2^{(k+1)}\right], \end{cases}$$

取 $x^{(0)} = (1,1,1)^{\mathrm{T}}$,$\| x^{(k+1)} - x^{(k)} \|_{\infty} < 10^{-5}$,则迭代结果如表 6.2.

表 6.2 高斯-赛德尔迭代法的计算结果

k	$x^{(k)}$
1	$(5.250\,000, 3.812\,500, -5.046\,875)^{\mathrm{T}}$
2	$(3.140\,625, 3.882\,813, -5.029\,297)^{\mathrm{T}}$
3	$(3.087\,891, 3.926\,758, -5.018\,311)^{\mathrm{T}}$

续表

k	$x^{(k)}$
4	$(3.054\,932, 3.954\,224, -5.011\,444)^{\mathrm{T}}$
⋮	⋮
21	$(3.000\,019, 3.999\,985, -5.000\,004)^{\mathrm{T}}$
22	$(3.000\,011, 3.999\,998, -5.000\,002)^{\mathrm{T}}$

从本例计算结果看,高斯-赛德尔法显然比雅可比迭代法收敛快.

但应该注意,并不是任何时候高斯-赛德尔迭代法都比雅可比法收敛快,甚至有雅可比法收敛而高斯-赛德尔法不收敛的例子(习题 6 第 3 题).

由定理 6.5 和定理 6.7,高斯-赛德尔迭代法关于任意初始向量 $x^{(0)}$ 都收敛的充要条件是 $\rho(B_s)<1$,充分条件是 $\parallel B_s \parallel<1$. 另外有下列定理:

定理 6.12   设系数矩阵 $A=(a_{ij})_{n\times n}$ 严格对角占优,则求解 $Ax=b$ 的高斯-赛德尔迭代法关于任意初始向量 $x^{(0)}$ 收敛.

此定理的证明留作练习.

定理 6.10 和定理 6.12 说明,A 严格对角占优时雅可比迭代法与相应的高斯-赛德尔迭代法均关于任意初始向量收敛.

定理 6.13   设 A 不可约且弱对角占优,则求解 $Ax=b$ 的高斯-赛德尔迭代法关于任意初始向量收敛.

证明略.

定理 6.14   设系数矩阵 A 对称正定,则求解 $Ax=b$ 的高斯-赛德尔迭代法关于任意初始向量收敛.

证明   系数矩阵 A 对称正定,则高斯-赛德尔迭代法的迭代矩阵为 $B_s=-(D+L)^{-1}L^{\mathrm{T}}$. 设 λ 为 B_s 的任一特征值,$x(\neq 0)$ 为 B_s 的对应于 λ 的特征向量,则

$$-(D+L)^{-1}L^{\mathrm{T}}x=\lambda x,$$

所以

$$-L^{\mathrm{T}}x=\lambda(D+L)x=\lambda(A-L^{\mathrm{T}})x,$$
$$-(1-\lambda)L^{\mathrm{T}}x=\lambda Ax.$$

两边左乘以 x 的共轭 x^{H},得

$$-(1-\lambda)x^{\mathrm{H}}L^{\mathrm{T}}x=\lambda x^{\mathrm{H}}Ax,$$

由 A 对称正定和上式知,$\lambda\neq 1$. 于是

$$x^{\mathrm{H}}L^{\mathrm{T}}x=-\frac{\lambda}{1-\lambda}x^{\mathrm{H}}Ax,$$

再对上式两端取共轭转置,得

$$x^{\mathrm{H}}Lx = -\frac{\bar{\lambda}}{1-\bar{\lambda}}x^{\mathrm{H}}Ax,$$

此式与上式相加,得

$$x^{\mathrm{H}}(L+L^{\mathrm{T}})x = x^{\mathrm{H}}(A-D)x = -\left(\frac{\lambda}{1-\lambda}+\frac{\bar{\lambda}}{1-\bar{\lambda}}\right)x^{\mathrm{H}}Ax,$$

$$x^{\mathrm{H}}Dx = \left(1+\frac{\lambda}{1-\lambda}+\frac{\bar{\lambda}}{1-\bar{\lambda}}\right)x^{\mathrm{H}}Ax = \frac{1-|\lambda|^2}{|1-\lambda|^2}x^{\mathrm{H}}Ax.$$

因 A,D 都对称正定,且 $x \neq 0$,所以 $x^{\mathrm{H}}Ax > 0, x^{\mathrm{H}}Dx > 0$;又因 $\lambda \neq 1$,故 $|1-\lambda| > 0$. 再由上式得 $1-|\lambda|^2 > 0$,即 $|\lambda| < 1, \rho(B_s) < 1$. 根据定理 6.5 知,当系数矩阵 A 对称正定时,求解 $Ax = b$ 的高斯–赛德尔迭代法对任意初始向量 $x^{(0)} \in \mathbf{R}^n$ 都收敛. #

6.3.3　逐次超松弛迭代法

设有方程组 $Ax=b$,其中 $A=(a_{ij})_{n\times n}$ 非奇异,且 $a_{ii} \neq 0, i=1,2,\cdots,n$. 设已求得方程组的第 k 次近似解 $x^{(k)}$,现求第 $k+1$ 次近似解 $x^{(k+1)}$.

一般地说,$x^{(k)}$ 不满足方程,称 $r^{(k)} = b - Ax^{(k)}$ 为残量. 将残量 $r^{(k)}$ 乘以修正因子 ωD^{-1} 补偿到 $x^{(k)}$,则有如下迭代

$$x^{(k+1)} = x^{(k)} + \omega D^{-1} r^{(k)} \quad (k = 0,1,2,\cdots), \tag{6.32}$$

(6.32)称为超松弛迭代法,其分量形式为

$$x_i^{(k+1)} = x_i^{(k)} + \frac{\omega}{a_{ii}}\left(b_i - \sum_{j=1}^{i-1} a_{ij}x_j^{(k)} - \sum_{j=i}^{n} a_{ij}x_j^{(k)}\right)$$
$$(i = 1,2,\cdots,n; k = 0,1,2,\cdots), \tag{6.33}$$

其中 ω 叫松弛因子,如果在第一个求和中换 $x_j^{(k)}$ 为 $x_j^{(k+1)}$,则有

$$x_i^{(k+1)} = x_i^{(k)} + \frac{\omega}{a_{ii}}\left(b_i - \sum_{j=1}^{i-1} a_{ij}x_j^{(k+1)} - \sum_{j=i}^{n} a_{ij}x_j^{(k)}\right)$$
$$(i = 1,2,\cdots,n; k = 0,1,\cdots), \tag{6.34}$$

称之为**逐次超松弛迭代法**(successive over-relaxation, SOR),$\omega=1$ 时它就是与雅可比法相应的高斯–赛德尔方法. (6.34)还可整理为

$$x_i^{(k+1)} = (1-\omega)x_i^{(k)} + \omega\left[\frac{1}{a_{ii}}\left(b_i - \sum_{j=1}^{i-1} a_{ij}x_j^{(k+1)} - \sum_{j=i+1}^{n} a_{ij}x_j^{(k)}\right)\right]$$
$$(i = 1,2,\cdots,n). \tag{6.35}$$

方括号内正是高斯–赛德尔迭代公式,因此,SOR 法也可看作高斯–赛德尔方法的计算值与 $x_i^{(k)}$ 的一种加权平均,如果松弛因子选取得合适,它往往能起到加速收敛的作用.

下面给出 SOR 法的矩阵形式. 将系数矩阵 A 仍分解为 (6.24) 的形式 $A=L+D+U$, 则 (6.35) 对应的矩阵形式为

$$x^{(k+1)} = (1-\omega)x^{(k)} + \omega D^{-1}(b - Lx^{(k+1)} - Ux^{(k)}). \tag{6.36}$$

再整理为简单迭代法的形式得

$$x^{(k+1)} = L_\omega x^{(k)} + \omega(D+\omega L)^{-1}b, \tag{6.37}$$

其中

$$L_\omega = (D+\omega L)^{-1}[(1-\omega)D - \omega U] \tag{6.38}$$

是 SOR 法的迭代矩阵.

定理 6.15　设 $A \in \mathbf{R}^{n \times n}$, 且 $a_{ii} \neq 0 (i=1,2,\cdots,n)$, 则求解 $Ax=b$ 的 SOR 法关于任意初始向量 $x^{(0)}$ 都收敛的必要条件是 $0 < \omega < 2$.

证明　设 SOR 法关于任意 $x^{(0)}$ 收敛, 则 $\rho(L_\omega) < 1$. 设 $\lambda_1, \lambda_2, \cdots, \lambda_n$ 是 L_ω 的特征值, 则

$$|\det(L_\omega)| = |\lambda_1 \lambda_2 \cdots \lambda_n| \leqslant \rho^n(L_\omega) < 1.$$

又由 L_ω 的定义 (6.38),

$$\begin{aligned}
\det(L_\omega) &= \det((D+\omega L)^{-1})\det[(1-\omega)D - \omega U]\\
&= a_{11}^{-1}a_{22}^{-1}\cdots a_{nn}^{-1} \cdot (1-\omega)^n a_{11}a_{22}\cdots a_{nn}\\
&= (1-\omega)^n.
\end{aligned}$$

故 $|1-\omega| < 1, 0 < \omega < 2.$　　　　　　　　　　　　　　　　　　#

定理 6.16　设矩阵 A 对称正定, 且 $0 < \omega < 2$, 则求解 $Ax=b$ 的 SOR 法关于任意初始向量 $x^{(0)}$ 收敛.

证明　设 λ 为 L_ω 的任一特征值, x 为 L_ω 的对应于 λ 的特征向量, 则

$$(D+\omega L)^{-1}[(1-\omega)D - \omega L^{\mathrm{T}}]x = \lambda x,$$

即

$$[(1-\omega)D - \omega L^{\mathrm{T}}]x = \lambda(D+\omega L)x = \lambda(D + \omega(A - D - L^{\mathrm{T}}))x,$$

$$(1-\omega)(1-\lambda)Dx - \omega(1-\lambda)L^{\mathrm{T}}x = \lambda \omega Ax. \tag{6.39}$$

两边左乘以 x 的共轭 x^{H}, 得

$$(1-\omega)(1-\lambda)x^{\mathrm{H}}Dx - \omega(1-\lambda)x^{\mathrm{H}}L^{\mathrm{T}}x = \lambda \omega x^{\mathrm{H}}Ax,$$

由 A 对称正定和上式知, $\lambda \neq 1$. 于是

$$(1-\omega)x^{\mathrm{H}}Dx - \omega x^{\mathrm{H}}L^{\mathrm{T}}x = \frac{\lambda}{1-\lambda}\omega x^{\mathrm{H}}Ax,$$

再对上式两端取共轭转置, 得

$$(1-\omega)x^{\mathrm{H}}Dx - \omega x^{\mathrm{H}}Lx = \frac{\bar{\lambda}}{1-\bar{\lambda}}\omega x^{\mathrm{H}}Ax,$$

此式与上式相加, 得

$$2(1-\omega)x^{\mathrm{H}}Dx-\omega x^{\mathrm{H}}(L+L^{\mathrm{T}})x$$

$$=2(1-\omega)x^{\mathrm{H}}Dx-\omega x^{\mathrm{H}}(A-D)x=\left(\frac{\lambda}{1-\lambda}+\frac{\bar{\lambda}}{1-\bar{\lambda}}\right)\omega x^{\mathrm{H}}Ax,$$

$$(2-\omega)x^{\mathrm{H}}Dx=\left(1+\frac{\lambda}{1-\lambda}+\frac{\bar{\lambda}}{1-\bar{\lambda}}\right)\omega x^{\mathrm{H}}Ax=\frac{1-|\lambda|^{2}}{|1-\lambda|^{2}}\omega x^{\mathrm{H}}Ax. \tag{6.40}$$

由于 A,D 都对称正定,且 $x\neq0,0<\omega<2$,故由上式可推出 $|\lambda|<1,\rho(B_s)<1$. 根据定理 6.5 知,当系数矩阵 A 对称正定时,求解 $Ax=b$ 的 SOR 法对任意初始向量 $x^{(0)}\in\mathbf{R}^n$ 都收敛. ♯

定理 6.17 设矩阵 A 严格对角占优,则当 $0<\omega\leqslant1$ 时,求解 $Ax=b$ 的 SOR 法对任意初始向量 $x^{(0)}\in\mathbf{R}^n$ 都收敛.

证明 设 λ 为 L_ω 的任一特征值,则

$$\det(\lambda I-L_\omega)=\det(\lambda I-(D+\omega L)^{-1}((1-\omega)L-\omega U))=0,$$

由此推得 $\det(\lambda(D+\omega L)-(1-\omega)D+\omega U)=\det((\lambda+\omega-1)D+\lambda\omega L+\omega U)=0$.

下面证明当 $|\lambda|\geqslant1,0<\omega\leqslant1$ 时,矩阵 $(\lambda+\omega-1)D+\lambda\omega L+\omega U$ 严格对角占优. 由于

$$(\lambda+\omega-1)D+\lambda\omega L+\omega U=\begin{pmatrix} (\lambda+\omega-1)a_{11} & \omega a_{12} & \cdots & \omega a_{1n} \\ \lambda\omega a_{21} & (\lambda+\omega-1)a_{22} & \cdots & \omega a_{2n} \\ \vdots & \vdots & & \vdots \\ \lambda\omega a_{n1} & \lambda\omega a_{n2} & \cdots & (\lambda+\omega-1)a_{nn} \end{pmatrix},$$

当 $|\lambda|\geqslant1$ 时,$1-\dfrac{1}{\lambda}\geqslant0,1-\dfrac{1}{\omega}\leqslant0$,且有

$$\left|\frac{\lambda+\omega-1}{\omega}\right|\geqslant\left|\frac{\lambda+\omega-1}{\lambda\omega}\right|=\left|\frac{1}{\omega}+\frac{1}{\lambda}-\frac{1}{\lambda\omega}\right|=\left|1-\left(1-\frac{1}{\lambda}\right)\left(1-\frac{1}{\omega}\right)\right|\geqslant1,$$

矩阵 $(\lambda+\omega-1)D+\lambda\omega L+\omega U$ 仍然严格对角占优,$\det((\lambda+\omega-1)D+\lambda\omega L+\omega U)\neq0$,矛盾. 因此,必有 $|\lambda|<1$,即 $\rho(B_J)<1$. 由定理 6.5 知,当系数矩阵 A 严格对角占优,且 $0<\omega\leqslant1$ 时,求解 $Ax=b$ 的 SOR 法对任意初始向量 $x^{(0)}\in\mathbf{R}^n$ 都收敛. ♯

例 6.3 取初始向量 $x^{(0)}=(1,1,1)^{\mathrm{T}}$,用 SOR 法求解例 6.1 的方程组,使 $\|x^{(k+1)}-x^{(k)}\|_\infty<10^{-5}$.

解 SOR 法的迭代公式为

$$\begin{cases} x_1^{(k+1)}=(1-\omega)x_1^{(k)}+\dfrac{\omega}{4}\big[24-3x_2^{(k)}\big], \\ x_2^{(k+1)}=(1-\omega)x_2^{(k)}+\dfrac{\omega}{4}\big[30-3x_1^{(k+1)}+x_3^{(k)}\big], \\ x_3^{(k+1)}=(1-\omega)x_3^{(k)}+\dfrac{\omega}{4}\big[-24+x_2^{(k+1)}\big]. \end{cases}$$

分别取 $\omega=1.80,1.22$，迭代结果如表 6.3 和表 6.4.

表 6.3　SOR 方法的计算结果($\omega=1.80$)

k	$x^{(k)}$
0	$(1.000\,000,1.000\,000,1.000\,000)^\mathrm{T}$
1	$(8.650\,000,1.472\,500,-10.937\,37)^\mathrm{T}$
2	$(1.892\,126,4.845\,811,0.130\,513\,5)^\mathrm{T}$
3	$(2.744\,454,5.977\,064,-8.214\,729)^\mathrm{T}$
4	$(0.535\,393\,2,4.298\,935,-2.293\,696)^\mathrm{T}$
$\vdots$	$\vdots$
64	$(3.000\,001,3.999\,999,-4.999\,996)^\mathrm{T}$
65	$(3.000\,001,4.000\,001,-5.000\,002)^\mathrm{T}$

表 6.4　SOR 方法的计算结果($\omega=1.22$)

k	$x^{(k)}$
0	$(1.000\,000,1.000\,000,1.000\,000)^\mathrm{T}$
1	$(6.185\,000,3.575\,725,-6.449\,404)^\mathrm{T}$
2	$(2.687\,512,3.937\,199,-4.700\,285)^\mathrm{T}$
3	$(3.126\,210,3.989\,747,-5.069\,064)^\mathrm{T}$
4	$(2.981\,615,3.998\,013,-4.985\,412)^\mathrm{T}$
$\vdots$	$\vdots$
10	$(3.000\,000,3.999\,998,-4.999\,999)^\mathrm{T}$
11	$(3.000\,002,4.000\,000,-5.000\,000)^\mathrm{T}$

　　从表 6.3 和表 6.4 显然可以看出，SOR 法的收敛速度与松弛因子 ω 有关. 本例在误差要求以及初始向量相同的情况下，当 $\omega=1.80$ 时 SOR 法迭代了 65 步，这比雅可比方法的 58 步(表 6.1)还要多，而当 $\omega=1.22$ 时 SOR 法仅迭代了 11 步，这比高斯-赛德尔方法的 22 步(表 6.2)明显少.

　　能使 SOR 法收敛最快的松弛因子叫最佳松弛因子，记为 ω_{opt}. 由于相关理论比较复杂，一般情况下确定 ω_{opt} 并不很容易. 实际计算时可先根据试算的情况确定 ω_{opt} 的一个近似值. 有关最佳松弛因子的讨论读者可参阅[8~10].

*6.4　最速下降法与共轭梯度法

SOR 法当松弛因子选择适当时收敛速度有明显改善. 然而选择最佳松弛

因子往往是很困难的. 共轭梯度法是一种不必选择松弛因子而收敛速度至少不低于 SOR 法的迭代方法. 在介绍共轭梯度法之前, 首先介绍最速下降法, 二者都是一种变分法——求解与方程组等价的变分问题的方法.

考虑方程组

$$Ax = b, \tag{6.41}$$

其中 $A = (a_{ij})_{n \times n}$ 是对称正定矩阵, $x = (x_1, x_2, \cdots, x_n)^{\mathrm{T}}$, $b = (b_1, b_2, \cdots, b_n)^{\mathrm{T}}$.
定义二次函数

$$\pi(x) = \frac{1}{2}(Ax, x) - (b, x)$$

$$= \frac{1}{2} \sum_{i=1}^{n} \sum_{j=1}^{n} a_{ij} x_i x_j - \sum_{j=1}^{n} b_j x_j, \tag{6.42}$$

由定理 3.3, 求解方程组 (6.41) 与求解二次函数 $\pi(x)$ 的极小问题

$$\pi(x^*) = \min_{x \in \mathbf{R}^n} \pi(x) \tag{6.43}$$

是等价的.

6.4.1 最速下降法

最速下降法是求 $\pi(x)$ 的极小点的一种简单而直观的方法. 取定 $x^{(0)} \in \mathbf{R}^n$, 因 A 对称正定, 则 $\pi(x) = \pi(x^{(0)})$, 即

$$\frac{1}{2} \sum_{i=1}^{n} \sum_{j=1}^{n} a_{ij} x_i x_j - \sum_{j=1}^{n} b_j x_j = \pi(x^{(0)})$$

是 n 维空间的一个椭球面. 从 $x^{(0)}$ 出发, 找一个使 $\pi(x)$ 减小最快的方向, 这就是正交于椭球面的 $\pi(x)$ 的负梯度方向

$$-\operatorname{grad} \pi(x^{(0)}) = -\left(\frac{\partial \pi}{\partial x_1}, \frac{\partial \pi}{\partial x_2}, \cdots, \frac{\partial \pi}{\partial x_n} \right)_{x = x^{(0)}}^{\mathrm{T}}. \tag{6.44}$$

由二次函数 $\pi(x)$ 的定义 (6.42), 容易推得

$$\left(\frac{\partial \pi}{\partial x_1}, \frac{\partial \pi}{\partial x_2}, \cdots, \frac{\partial \pi}{\partial x_n} \right)_{x = x_n}^{\mathrm{T}} = Ax^{(0)} - b.$$

记 $r^{(0)} = b - Ax^{(0)}$, 它是 $Ax = b$ 对应于 $x^{(0)}$ 的残向量, 于是

$$-\operatorname{grad} \pi(x^{(0)}) = r^{(0)}.$$

若 $r^{(0)} = 0$, 则 $x^{(0)}$ 是方程组 $Ax = b$ 的解. 若 $r^{(0)} \neq 0$, 则定义

$$x^{(1)} = x^{(0)} + \alpha_0 r^{(0)}, \tag{6.45}$$

它是用参数 α_0 乘以残向量 $r^{(0)}$ 对 $x^{(0)}$ 作了一次修正. 求 α_0, 使 $\pi(x^{(0)} + \alpha_0 r^{(0)}) = \min_{\alpha} \pi(x^{(0)} + \alpha r^{(0)})$, 为此, 令

$$\frac{\mathrm{d} \pi(x^{(0)} + \alpha r^{(0)})}{\mathrm{d} \alpha} \bigg|_{\alpha = \alpha_0} = 0, \tag{6.46}$$

而

$$\pi(x^{(0)} + \alpha r^{(0)}) = \frac{1}{2}(A(x^{(0)} + \alpha r^{(0)}), x^{(0)} + \alpha r^{(0)}) - (b, x^{(0)} + \alpha r^{(0)})$$

$$= \pi(x^{(0)}) + \alpha(Ax^{(0)} - b, r^{(0)}) + \frac{\alpha^2}{2}(Ar^{(0)}, r^{(0)}),$$

代入(6.46)得

$$\alpha_0 = \frac{(r^{(0)}, r^{(0)})}{(Ar^{(0)}, r^{(0)})}.$$

又由 A 的正定性可知

$$\frac{d^2}{d\alpha^2}\pi(x^{(0)} + \alpha r^{(0)}) = (Ar^{(0)}, r^{(0)}) > 0,$$

所以 α_0 使

$$\pi(x^{(1)}) = \min_{\alpha \in \mathbf{R}} \pi(x^{(0)} + \alpha r^{(0)}). \tag{6.47}$$

这样,(6.45)就完成了由 $x^{(0)}$ 到 $x^{(1)}$ 的一次迭代,并且 $x^{(1)}$ 满足(6.47).其他各步的迭代完全类似.

最速下降法的计算过程如下:

(1) 任取 $x^{(0)} \in \mathbf{R}^n$;

(2) 对 $k = 0, 1, 2, \cdots$,

$$r^{(k)} = b - Ax^{(k)},$$

$$\alpha_k = \frac{(r^{(k)}, r^{(k)})}{(Ar^{(k)}, r^{(k)})},$$

$$x^{(k+1)} = x^{(k)} + \alpha_k r^{(k)}.$$

最速下降法前后两次的残向量是正交的,即

$$(r^{(k+1)}, r^{(k)}) = 0. \tag{6.48}$$

事实上,

$$r^{(k+1)} = b - Ax^{(k+1)} = b - A(x^{(k)} + \alpha_k r^{(k)}) = r^{(k)} - \alpha_k Ar^{(k)},$$

$$(r^{(k+1)}, r^{(k)}) = (r^{(k)}, r^{(k)}) - \alpha_k(Ar^{(k)}, r^{(k)})$$

$$= (r^{(k)}, r^{(k)}) - \frac{(r^{(k)}, r^{(k)})}{(Ar^{(k)}, r^{(k)})} \cdot (Ar^{(k)}, r^{(k)}) = 0.$$

另外,由(6.47)可以看出,$\pi(x^{(1)}) \leqslant \pi(x^{(0)})$,一般地,有

$$\pi(x^{(k+1)}) \leqslant \pi(x^{(k)}).$$

再注意到 $\pi(x)$ 是正定二次型,因而 $\{\pi(x^{(k)})\}$ 是单调下降且有下界零的数列,所以必有极限.进一步还可证明

$$\|x^{(k)} - x^*\|_A \leqslant \left(\frac{\lambda_1 - \lambda_n}{\lambda_1 + \lambda_n}\right)^k \|x^{(0)} - x^*\|_A, \tag{6.49}$$

其中 x^* 是变分问题(6.43)的解(也是 $Ax=b$ 的解),而 λ_1 和 λ_n 分别是矩阵 A 的最大与最小特征值,范数 $\parallel \cdot \parallel_A$ 的定义为 $\parallel x \parallel_A=(Ax,x)^{\frac{1}{2}}$.

由(6.49)容易看出,若 λ_1 与 λ_n 相差很大,则 $\dfrac{\lambda_1-\lambda_n}{\lambda_1+\lambda_n}$ 接近于 1,此时最速下降法的收敛是很慢的.

6.4.2　共轭梯度法

仍然考虑方程组(6.41),其中系数矩阵对称正定.

共轭梯度法也称共轭斜量法,它的一般迭代形式是
$$x^{(k+1)}=x^{(k)}+\alpha_k p^{(k)}, \tag{6.50}$$
与最速下降法的迭代形式
$$x^{(k+1)}=x^{(k)}+\alpha_k r^{(k)} \tag{6.51}$$
相比,(6.50)中的向量 $p^{(k)}$ 不同于(6.51)中的残向量 $r^{(k)}$,即 $\pi(x)$ 在 $x^{(k)}$ 的负梯度方向
$$-\operatorname{grad}\pi(x^{(k)})=r^{(k)},$$
$p^{(k)}$ 的选取有特殊的要求,它可以使收敛速度大大加快.

为了使后面叙述方便,首先给出如下定义.

定义 6.5　设矩阵 A 对称正定.如果向量 $x,y\in \mathbf{R}^n$ 满足
$$(Ax,y)=0,$$
则称 x 与 y 为 A-正交或 A-共轭.

下面介绍共轭梯度法的计算过程.

任给初始向量 $x^{(0)}$,有残向量 $r^{(0)}=b-Ax^{(0)}$.

第 1 步,取 $p^{(0)}=r^{(0)}$.设第 k 步已求出 $p^{(k)}$,现按如下方式求 $p^{(k+1)}$.

用参数 α_k 与 $p^{(k)}$ 的乘积 $\alpha_k p^{(k)}$ 去修正第 k 步的近似解 $x^{(k)}$,于是有迭代形式(6.50).其中 α_k 的选取应使
$$\pi(x^{(k+1)})=\pi(x^{(k)}+\alpha_k p^{(k)})=\min_{\alpha}\pi(x^{(k)}+\alpha p^{(k)}), \tag{6.52}$$
为此,令
$$\left.\frac{\mathrm{d}\pi(x^{(k)}+\alpha p^{(k)})}{\mathrm{d}\alpha}\right|_{\alpha=\alpha_k}=0, \tag{6.53}$$
而
$$\pi(x^{(k)}+\alpha p^{(k)})=\frac{1}{2}(A(x^{(k)}+\alpha p^{(k)}),x^{(k)}+\alpha p^{(k)})-(b,x^{(k)}+\alpha p^{(k)})$$
$$=\pi(x^{(k)})+\alpha(Ax^{(k)}-b,p^{(k)})+\frac{\alpha^2}{2}(Ap^{(k)},p^{(k)}),$$

代入(6.53)得

$$\alpha_k = \frac{(r^{(k)}, p^{(k)})}{(Ap^{(k)}, p^{(k)})}.$$ (6.54)

计算残向量

$$r^{(k+1)} = b - Ax^{(k+1)}.$$ (6.55)

然后设

$$p^{(k+1)} = r^{(k+1)} + \beta_k p^{(k)},$$ (6.56)

选 β_k 使 $p^{(k+1)}$ 与 $p^{(k)}$ A-正交,即 $(p^{(k+1)}, Ap^{(k)}) = 0$,由此得

$$\beta_k = -\frac{(r^{(k+1)}, Ap^{(k)})}{(p^{(k)}, Ap^{(k)})}.$$

这样便由(6.56)确定了向量 $p^{(k+1)}$,当 $k = 0, 1, 2, \cdots$ 时 $p^{(1)}, p^{(2)}, p^{(3)}, \cdots$ 就都已确定,从而也就确定了共轭梯度法的迭代公式(6.50). 综上所述,共轭梯度法的计算公式为

$$\begin{cases} p^{(0)} = r^{(0)} = b - Ax^{(0)}, \\ \alpha_k = \dfrac{(r^{(k)}, p^{(k)})}{(Ap^{(k)}, p^{(k)})}, \\ x^{(k+1)} = x^{(k)} + \alpha_k p^{(k)}, \\ r^{(k+1)} = b - Ax^{(k+1)}, \\ \beta_k = -\dfrac{(r^{(k+1)}, Ap^{(k)})}{(p^{(k)}, Ap^{(k)})}, \\ p^{(k+1)} = r^{(k+1)} + \beta_k p^{(k)}. \end{cases}$$ (6.57)

下面进一步讨论共轭梯度法产生的残向量系 $\{r^{(k)}\}$ 和向量系 $\{p^{(k)}\}$ 的性质,进而讨论共轭梯度法的收敛性.

定理 6.18　　　　　　　$(r^{(k)}, p^{(k-1)}) = 0,$ (6.58)

$$(r^{(k)}, p^{(k)}) = (r^{(k)}, r^{(k)}).$$ (6.59)

证明　　　$r^{(k)} = b - Ax^{(k)} = b - A(x^{(k-1)} + \alpha_{k-1} p^{(k-1)})$

$$= r^{(k-1)} - \alpha_{k-1} Ap^{(k-1)},$$

$$(r^{(k)}, p^{(k-1)}) = (r^{(k-1)}, p^{(k-1)}) - \alpha_{k-1}(Ap^{(k-1)}, p^{(k-1)}),$$

由(6.57)中 α_k 的表达式知 $\alpha_{k-1} = \dfrac{(r^{(k-1)}, p^{(k-1)})}{(Ap^{(k-1)}, p^{(k-1)})}$,故上式为零,(6.58)成立.

由(6.57),$p^{(k)} = r^{(k)} + \beta_{k-1} p^{(k-1)}$,所以

$$(r^{(k)}, p^{(k)}) = (r^{(k)}, r^{(k)}) + \beta_{k-1}(r^{(k)}, p^{(k-1)}).$$

由(6.58),右端第二项为零,故(6.59)成立.　　　　　　　　　　　　　　♯

定理 6.19　共轭梯度法产生的残量系 $\{r^{(k)}\}$ 是正交系,向量系 $\{p^{(k)}\}$ 是 A

正交系.

证明 用归纳法. 残向量 $r^{(1)} = b - Ax^{(1)} = b - A(x^{(0)} + \alpha_0 p^{(0)}) = r^{(0)} - \alpha_0 A p^{(0)}$, 由(6.57)中 α_0 的表达式并注意 $p^{(0)} = r^{(0)}$, 则

$$(r^{(1)}, r^{(0)}) = (r^{(0)}, r^{(0)}) - \alpha_0 (r^{(0)}, Ar^{(0)}) = 0.$$

由(6.57), $p^{(1)} = r^{(1)} + \beta_0 r^{(0)}$, 注意 β_0 的表达式, 于是

$$(p^{(1)}, Ap^{(0)}) = (r^{(1)}, Ar^{(0)}) + \beta_0 (r^{(0)}, Ar^{(0)}) = 0.$$

假设

$$r^{(0)}, r^{(1)}, \cdots, r^{(k-1)}, r^{(k)}$$

两两正交,

$$p^{(0)}, p^{(1)}, \cdots, p^{(k-1)}, p^{(k)}$$

两两 A-正交. 现来证 $r^{(k+1)}$ 与 $r^{(i)}(i = 0, 1, 2, \cdots, k)$ 正交, 而 $p^{(k+1)}$ 与 $p^{(i)}(i = 0, 1, 2, \cdots, k)$ A-正交.

由(6.57), 残向量 $r^{(k+1)} = b - Ax^{(k+1)} = b - A(x^{(k)} + \alpha_k p^{(k)}) = r^{(k)} - \alpha_k A p^{(k)}$, $r^{(j)} = p^{(j)} - \beta_{j-1} p^{(j-1)}$, 于是

$$
\begin{aligned}
(r^{(k+1)}, r^{(j)}) &= (r^{(k)}, r^{(j)}) - \alpha_k (Ap^{(k)}, r^{(j)}) \\
&= (r^{(k)}, r^{(j)}) - \alpha_k (Ap^{(k)}, p^{(j)}) + \alpha_k \beta_{j-1} (Ap^{(k)}, p^{(j-1)}).
\end{aligned}
$$

若 $j \leqslant k-1$, 则由归纳法假设, 上式右端三项全为零; 若 $j = k$, 则右端第三项显然为零, 而由 α_k 的计算公式(6.57)及(6.59), 右端前两项之和为

$$(r^{(k)}, r^{(k)}) - \frac{(r^{(k)}, r^{(k)})}{(Ap^{(k)}, p^{(k)})} \cdot (Ap^{(k)}, p^{(k)}) = 0.$$

总之有

$$(r^{(k+1)}, r^{(j)}) = 0 \quad (j = 0, 1, 2, \cdots, k). \tag{6.60}$$

故 $r^{(k+1)}$ 与 $r^{(j)}(j = 0, 1, 2, \cdots, k)$ 正交. 下边证

$$(p^{(k+1)}, Ap^{(j)}) = 0 \quad (j = 0, 1, 2, \cdots, k). \tag{6.61}$$

由(6.57), $p^{(k+1)} = r^{(k+1)} + \beta_k p^{(k)}$, 于是

$$(p^{(k+1)}, Ap^{(j)}) = (r^{(k+1)}, Ap^{(j)}) + \beta_k (p^{(k)}, Ap^{(j)}). \tag{6.62}$$

如果 $j = k$, 则由 β_k 的计算公式立即得(6.61); 如果 $j \leqslant k-1$, 则由

$$
\begin{aligned}
r^{(j+1)} &= b - Ax^{(j+1)} = b - A(x^{(j)} + \alpha_j p^{(j)}) \\
&= r^{(j)} - \alpha_j A p^{(j)}
\end{aligned}
$$

得

$$Ap^{(j)} = \frac{1}{\alpha_j}(r^{(j)} - r^{(j+1)}) \quad (\alpha_j > 0).$$

再由归纳法假设, 将此 $Ap^{(j)}$ 代入(6.62)后右端两项显然为零. 总之, (6.61)成立, 即 $p^{(k+1)}$ 与 $p^{(j)}$ $(j = 0, 1, 2, \cdots, k)$ A-正交. #

由定理 6.18 和定理 6.19 不难推知如下关系：

$$
\begin{cases}
(p^{(k)}, r^{(j)}) = 0 \quad (k < j), \\
(p^{(k)}, r^{(j)}) = (r^{(k)}, r^{(k)}) \quad (k \geqslant j), \\
(Ap^{(k)}, r^{(k)}) = (Ap^{(k)}, p^{(k)}), \\
(Ap^{(k)}, r^{(j)}) = 0 \quad (j \neq k, k+1), \\
x^{(k)} = x^{(0)} + \alpha_0 p^{(0)} + \alpha_1 p^{(1)} + \cdots + \alpha_{k-1} p^{(k-1)}, \\
x^* = x^{(0)} + \alpha_0 p^{(0)} + \alpha_1 p^{(1)} + \cdots + \alpha_{n-1} p^{(n-1)},
\end{cases}
\tag{6.63}
$$

其中前四式给出的是残向量 $r^{(j)}$ 与向量 $p^{(k)}$ 的"交叉形式"的内积结论. 由以上关系还可给出 (6.57) 中 α_k 与 β_k 的另一计算公式

$$
\alpha_k = \frac{(r^{(k)}, r^{(k)})}{(Ap^{(k)}, p^{(k)})}, \quad \beta_k = \frac{(r^{(k+1)}, r^{(k+1)})}{(r^{(k)}, r^{(k)})}.
\tag{6.64}
$$

事实上, (6.64) 的第一式是显然的. 由 β_k 的定义,

$$
\begin{aligned}
\beta_k &= -\frac{(r^{(k+1)}, Ap^{(k)})}{(p^{(k)}, Ap^{(k)})} = -\frac{(r^{(k+1)}, \alpha_k^{-1}(r^{(k)} - r^{(k+1)}))}{(p^{(k)}, Ap^{(k)})} \\
&= \frac{(r^{(k+1)}, r^{(k+1)})}{\alpha_k (p^{(k)}, Ap^{(k)})}.
\end{aligned}
$$

将 (6.64) 第一式代入上式立刻得 (6.64) 的第二式.

定理 6.20　用共轭梯度法求解 n 阶对称正定方程组时最多迭代 n 次就可得到方程组的精确解.

证明　在共轭梯度法的迭代公式 (6.57) 中, 如果残向量 $r^{(k)} = b - Ax^{(k)} = 0$, 则 $x^{(k)}$ 就是精确解 x^*, 而如果 $(Ap^{(k)}, p^{(k)}) = 0$, 则因 A 对称正定, 故 $p^{(k)} = 0$, 再由 (6.59) 有 $(r^{(k)}, r^{(k)}) = (r^{(k)}, p^{(k)}) = 0$, $r^{(k)} = 0$, 即 $x^{(k)}$ 是精确. 由于残向量 $r^{(0)}, r^{(1)}, \cdots, r^{(n)}$ 是正交向量组, 而向量空间 $\mathbf{R}^n$ 中最多有 n 个互相正交的非零向量, 故 $r^{(0)}, r^{(1)}, \cdots, r^{(n)}$ 中至少有一个为零, 从而便得到精确解.　　　#

由该定理的证明可知, 当 $r^{(k)} = 0$ 或 $p^{(k)} = 0$ 时则终止计算, 并且 $x^* = x^{(k)}$, 理论上最多 n 步就可求出 x^*. 所以, 共轭梯度法实际上是直接法, 但它具有迭代法的形式, 因此, 在稀疏矩阵情形只存在非零元素即可, 存储量较消去法小得多. 若迭代次数为 n, 则共轭梯度法的总乘除运算次数可统计出为 $n^2(m+5)$, 其中 m 为非零元数目.

共轭梯度法的缺陷是舍入误差的积累. 计算经验表明, 由于舍入误差的影响, 向量组 $r^{(k)}$ 及 $p^{(k)}$ 很快丧失正交性, 因而严重影响计算精度, 一般来说, n 步并不能得到方程组的精确解. 如何提高共轭梯度法的计算精度是人们长期关心的一个问题. 近年来与预处理技巧相结合的方法引起了人们的关注. 预处理方法是目前的研究热点之一, 有关的原理和方法仍在发展, 读者可参考文献[7].

习　题　6

1. 设有方程组

$$\begin{cases} 5x_1 + 2x_2 + x_3 = -12, \\ -x_1 + 4x_2 + 2x_3 = 20, \\ 2x_1 - 3x_2 + 10x_3 = 3. \end{cases}$$

(1) 证明分别用雅可比迭代法及与之相应的高斯-赛德尔迭代法解此方程组关于任意初
始向量收敛.

(2) 取初始向量 $x^{(0)} = (-3, 1, 1)^{\mathrm{T}}$, 分别用雅可比迭代法与相应的高斯-赛德尔迭代法
求解, 要求 $\| x^{(k+1)} - x^{(k)} \|_\infty \leqslant 10^{-3}$.

2. 取 $\omega = 0.8$, 初始向量 $x^{(0)} = (0, 0, 0)^{\mathrm{T}}$, 用 SOR 法解方程组

$$\begin{pmatrix} 4 & -1 & 0 \\ -1 & 4 & -1 \\ 0 & -1 & 4 \end{pmatrix} \begin{pmatrix} x_1 \\ x_2 \\ x_3 \end{pmatrix} = \begin{pmatrix} 1 \\ 4 \\ -3 \end{pmatrix},$$

要求 $\| x^{(k+1)} - x^{(k)} \|_\infty \leqslant 10^{-4}$.

3. 设有方程组

$$\begin{cases} x_1 + 2x_2 - 2x_3 = -3, \\ x_1 + x_2 + x_3 = 1, \\ 2x_1 + 2x_2 + x_3 = 1, \end{cases}$$

证明解此方程组的雅可比方法关于任意初始向量 $x^{(0)}$ 收敛. 而相应的高斯-赛德尔方法
不是关于任意 $x^{(0)}$ 收敛. 取 $x^{(0)} = (0, 0, 0)^{\mathrm{T}}$, 用雅可比方法进行求解, 要求 $\| x^{(k+1)} - x^{(k)} \|_\infty < 10^{-5}$.

4. 设有方程组

$$\begin{pmatrix} 2 & -1 & 1 \\ 1 & 1 & 1 \\ 1 & 1 & -2 \end{pmatrix} \begin{pmatrix} x_1 \\ x_2 \\ x_3 \end{pmatrix} = \begin{pmatrix} 3 \\ 2 \\ -1 \end{pmatrix},$$

证明雅可比方法求解此方程不是关于任意初始向量都收敛, 而相应的高斯-赛德尔方
法关于任意初始向量都收敛.

5. 设常数 $a \neq 0$, 试求 a 的取值范围, 使得求解方程组

$$\begin{pmatrix} a & 1 & 3 \\ 1 & a & 2 \\ -3 & 2 & a \end{pmatrix} \begin{pmatrix} x_1 \\ x_2 \\ x_3 \end{pmatrix} = \begin{pmatrix} b_1 \\ b_2 \\ b_3 \end{pmatrix}$$

的雅可比迭代法关于任意初始向量都收敛.

6. 设 $B \in \mathbf{R}^{n \times n}, \lambda_i (i = 1, 2, \cdots, n)$ 是 B 的特征值. 如果 $|\lambda_i| > 1 (i = 1, 2, \cdots, n)$, 则简单迭
代法

$$x^{(k+1)} = Bx^{(k)} + g \quad (k = 0, 1, 2, \cdots)$$

关于任意初始向量 $x^{(0)}$（解向量除外）都不收敛.

7. 设 $B \in \mathbf{R}^{n \times n}$, $\rho(B) > 1$, 但 B 有一个特征值 λ 满足 $|\lambda| < 1$. 试证存在初始向量 $x^{(0)}$, 使得简单迭代法

$$x^{(k+1)} = Bx^{(k)} + g \quad (k = 0, 1, 2, \cdots)$$

关于此初始向量收敛.

8. 设 $B \in \mathbf{R}^{n \times n}$, $\rho(B) = 0$. 证明对任意初始向量 $x^{(0)}$, 简单迭代法

$$x^{(k+1)} = Bx^{(k)} + g \quad (k = 0, 1, 2, \cdots)$$

迭代 n 步即得到方程组 $x = Bx + g$ 的精确解 x^*, 即 $x^{(n)} = x^*$.

9. 设 $A, B \in \mathbf{R}^{n \times n}$, A 非奇异, 考虑方程组

$$\begin{cases} Ax + By = b_1, \\ Bx + Ay = b_2, \end{cases}$$

其中 $b_1, b_2 \in \mathbf{R}^n$ 是已知向量, $x, y \in \mathbf{R}^n$ 是待求向量.

(1) 找出下述迭代法关于任意 $x^{(0)}$ 和 $y^{(0)}$ 收敛的充要条件:

$$\begin{cases} Ax^{(k+1)} = -By^{(k)} + b_1, \\ Ay^{(k+1)} = -Bx^{(k)} + b_2 \end{cases} \quad (k = 0, 1, 2, \cdots).$$

(2) 找出下述迭代法关于任意 $x^{(0)}$ 和 $y^{(0)}$ 收敛的充要条件:

$$\begin{cases} Ax^{(k+1)} = -By^{(k)} + b_1, \\ Ay^{(k+1)} = -Bx^{(k+1)} + b_2 \end{cases} \quad (k = 0, 1, 2, \cdots).$$

(3) 比较上面两种方法的收敛速度.

10. 设有矩阵 $A = (a_{ij})_{n \times n}$, $D = \mathrm{diag}(a_{11}, a_{22}, \cdots, a_{nn})$. 若 A 和 $2D - A$ 都对称正定, 则求解 $Ax = b$ 的雅可比方法关于任意初始向量都收敛.

第 7 章　非线性方程求根

本章主要研究求解非线性方程
$$f(x) = 0$$
的数值方法. 其中一类特殊的问题是数值求解多项式方程
$$p_n(x) = a_n x^n + a_{n-1} x^{n-1} + \cdots + a_1 x + a_0 = 0,$$
其中 $a_n, a_{n-1}, \cdots, a_0$ 均为实数, 且 $a_n \neq 0$.

方程 $f(x) = 0$ 的根 x^*, 又称 $f(x)$ 的零点. 对于一般给定的 $f(x)$, x^* 是难以用公式表示的. 即使对于多项式情形, 当 $n \geqslant 5$ 时, x^* 也不能用公式表达. 所以, 求方程的根要用数值方法, 即给出达到一定精度的近似根的方法.

对于多项式方程, 有单根和重根的概念. 这可推广到方程 $f(x) = 0$. 设 $f(x)$ 可分解为
$$f(x) = (x - x^*)^m g(x),$$
其中 m 为正整数, $g(x)$ 满足 $g(x^*) \neq 0$. 显然 x^* 是 $f(x)$ 的零点. 我们称 x^* 是 $f(x)$ 的 m 重零点, 或称 x^* 是方程 $f(x) = 0$ 的 m 重根. 若 $g(x)$ 充分光滑, x^* 是 $f(x)$ 的 m 重零点, 则有
$$f(x^*) = f'(x^*) = \cdots = f^{(m-1)}(x^*) = 0, \quad f^{(m)}(x^*) \neq 0.$$

方程 $f(x) = 0$ 的实根可能有多个. 虽然求方程根的方法中, 有很多方法是把所有根同时求出的, 但本章所讨论的方法都是逐个求出根的近似值. 一般来说, 如果在区间 $[a, b]$ 上方程有实根, $[a, b]$ 就称为方程的一个**有根区间**. 如果在 $[a, b]$ 上方程有且只有一个根, 就称把方程的根隔离出来了. 这时若能把有根区间不断缩小, 便可逐步求根的近似值.

把方程的根隔离出来, 要根据函数 $f(x)$ 的性质来进行. 常用的办法是函数作图法和试算法. 例如, 若知道 $f(a) f(b) < 0$, 由 $f(x)$ 的连续性, $[a, b]$ 一定是一个有根区间. 要找出方程的所有实根, 往往要进行所谓的"根的搜索", 即用各种方法找出若干个有根区间, 然后再用本章讨论的各种方法在各有根区间上求出各个根的近似值.

7.1　二　分　法

设有一个变量的函数方程

$$f(x) = 0, \tag{7.1}$$

其中 $f(x)$ 为 $[a,b]$ 上的连续函数,且 $f(a)f(b)<0$,于是由连续函数的性质知,方程(7.1)在 $[a,b]$ 上至少有一个实根.现在假定式(7.1)在 $[a,b]$ 上有唯一实根 x^*,并将 x^* 求出来.

二分法的基本思想,就是逐步将有根区间分半,通过判别函数值的符号,进一步搜索有根区间,将有根区间缩小到充分小,从而求出满足给定精度的根 x^* 的近似值.其具体做法如下.

记 $a_1=a,b_1=b.$ 先将 $[a,b]$ 分半,计算中点 $x_1=\frac{1}{2}(a_1+b_1)$ 及 $f(x_1)$.如果 $f(x_1)=0$,则 $x_1=x^*$;否则 $f(x_1)f(a_1)<0$ 或 $f(x_1)f(b_1)<0$.不妨设 $f(x_1)f(a_1)<0$,并记 $a_2=a_1,b_2=x_1$,则根 $x^*\in[a_2,b_2]$.这样就得到长度缩小一半的有根区间 $[a_2,b_2]$,即

$$f(a_2)f(b_2)<0, \quad b_2-a_2=\frac{1}{2}(b-a).$$

对有根区间 $[a_2,b_2]$ 重复上述步骤,即分半求中点,判断函数值符号,则可得到长度又缩小一半的有根区间 $[a_3,b_3]$(图 7.1).

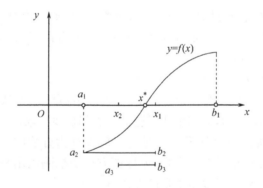

图 7.1　二分法示意图

重复上述过程,第 k 步就得到根 x^* 的近似值序列 $\{x_k\}$ 及包含根 x^* 的区间套,且有

(1) $[a_1,b_1]\supset[a_2,b_2]\supset\cdots\supset[a_k,b_k]\supset\cdots$;

(2) $f(a_k)f(b_k)<0,x^*\in[a_k,b_k]$;

(3) $b_k-a_k=\frac{1}{2}(b_{k-1}-a_{k-1})=\cdots=\frac{1}{2^{k-1}}(b-a)$;

(4) $x_k=\frac{a_k+b_k}{2}$,且 $|x^*-x_k|\leqslant\frac{1}{2^k}(b-a),k=1,2,\cdots.$

由(4)显然有 $\lim\limits_{k\to\infty} x_k = x^*$,且 x_k 以等比数列的收敛速度收敛于 x^*. 因此,用二分法求 $f(x)=0$ 的实根 x^* 可以达到任意指定精度. 事实上,对于任意给定的精度要求 $\varepsilon>0$,由 $|x^*-x_k|\leqslant\dfrac{1}{2^k}(b-a)<\varepsilon$,得

$$k > \frac{\ln(b-a)-\ln\varepsilon}{\ln 2}.$$

这样就得到区间分半次数 k.

总结上述讨论有下列定理.

定理 7.1 给定方程(7.1),设 $f(x)$ 在 $[a,b]$ 上连续,且 $f(a)f(b)<0$,则由二分法产生的序列 $\{x_k\}$ 收敛于方程(7.1)的根 x^*,且具有误差估计

$$|x_k-x^*|\leqslant\frac{1}{2^k}(b-a) \quad (k=1,2,\cdots). \tag{7.2}$$

例 7.1 已知 $f(x)=x^3+4x^2-10=0$ 在 $[1,2]$ 上有一实根 x^*,$f(1)=-5$,$f(2)=14$,用二分法求该实根,要求 $|x_k-x^*|<\dfrac{1}{2}\times10^{-3}$.

解 因 $f(x)=x^3+4x^2-10$,对 $\forall x\in[1,2]$,$f'(x)=3x^2+8x=x(3x+8)>0$,故 $f(x)=0$ 在 $[1,2]$ 上有唯一的实根 x^*. 利用二分法计算结果如表 7.1.

表 7.1 例 7.1 的二分法计算结果

k	有根区间 $[a_k,b_k]$	x_k	$f(x_k)$
1	$[1.0, 2.0]$	1.5	2.375
2	$[1.0, 1.5]$	1.25	$-1.796\ 875$
3	$[1.25, 1.5]$	1.375	$0.162\ 109\ 375$
4	$[1.25, 1.375]$	1.312 5	$-0.848\ 388\ 672$
5	$[1.312\ 5, 1.375]$	1.343 75	$-0.350\ 982\ 666$
6	$[1.343\ 75, 1.375]$	1.359 375	$-0.096\ 408\ 844$
7	$[1.359\ 375, 1.375]$	1.367 187 500	$0.032\ 355\ 785$
8	$[1.359\ 375, 1.367\ 187\ 500]$	1.363 281 250	$-0.032\ 149\ 971$
9	$[1.363\ 281\ 250, 1.367\ 187\ 500]$	1.365 234 375	$0.000\ 072\ 025$
10	$[1.363\ 281\ 250, 1.365\ 234\ 375]$	1.364 257 813	$-0.016\ 046\ 691$
11	$[1.364\ 257\ 813, 1.365\ 234\ 375]$	1.364 746 094	$-0.007\ 989\ 263$
12	$[1.364\ 746\ 094, 1.365\ 234\ 375]$	1.364 990 235	$-0.003\ 959\ 102$

对分 11 次,近似根 $x_{11}=1.364\ 746\ 094$ 即为所求,其误差

$$|x^* - x_{11}| \leqslant \frac{1}{2^{11}} = 0.000\ 488\ 281,$$

实际上 $x^*=1.365\ 230\ 013$,$|x_{11}-x^*|=4.839\ 19\times10^{-4}$.另外,若要求 $\varepsilon=10^{-5}$,可以从式(7.2)确定必要的二分次数 N.即从

$$|x_N - x^*| \leqslant \frac{1}{2^N}(b-a) = 2^{-N},$$

令 $2^{-N}<10^{-5}$,取对数计算得 $N>\dfrac{5\ln 10}{\ln 2}=16.609\ 6$,即进行 17 次二分可满足要求.　　　　　　　　　　　　　　　　　　　　　　　　　　　　　　　　　　　　#

　　二分法的优点是方法及相应的程序均简单,且对函数 $f(x)$ 性质的要求不高,只要连续即可.但二分法不能用于求复根和偶数重根.

7.2　迭代法的基本理论

　　给定函数方程(7.1),在实际应用中往往采用数值方法求其满足一定精度的近似根.迭代法是一种逐步逼近的方法,它是解代数方程、超越方程、方程组、微分方程等的一种基本而重要的数值方法.

7.2.1　不动点迭代法

　　将方程(7.1)转化成等价的形式

$$x = \varphi(x), \tag{7.3}$$

因此,若 x^* 满足 $f(x^*)=0$,则 x^* 也满足 $x^*=\varphi(x^*)$,反之亦然.我们称 x^* 是函数 $\varphi(x)$ 的一个**不动点**,即映射关系 φ 将 x^* 映射到 x^* 自身.求 $f(x)$ 的零点问题就等价地转化为求 φ 的不动点问题.选择一个初始近似值 x_0,然后按以下公式迭代计算:

$$x_{k+1} = \varphi(x_k), \quad k = 0,1,2,\cdots, \tag{7.4}$$

称迭代式(7.4)为**不动点迭代法**(也称**简单迭代法**或**逐次逼近法**),φ 为迭代函数.若式(7.4)产生的序列 $\{x_k\}$ 收敛到 x^*,则 x^* 就是 φ 的不动点,即 f 的零点.

　　可以通过不同的途径将方程(7.1)化成式(7.3)的形式,例如令 $\varphi(x)=x-f(x)$.也可用更复杂的方法.举例如下:

　　例 7.2　已知方程 $x^3+4x^2-10=0$ 在 $[1,2]$ 上有一个根,可以用不同的代数运算得到不同形式的方程(7.3).

　　方法 1　$x=x-x^3-4x^2+10$,即 $\varphi_1(x)=x-x^3-4x^2+10$.

方法 2 原方程写成 $4x^2 = 10 - x^3$, 考虑到所求根为正根, 化成 $x = \dfrac{1}{2}(10 - x^3)^{\frac{1}{2}}$, 即 $\varphi_2(x) = \dfrac{1}{2}(10 - x^3)^{\frac{1}{2}}$.

方法 3 原方程写成 $x^2 = \dfrac{10}{x} - 4x$, 化成 $x = \left(\dfrac{10}{x} - 4x\right)^{\frac{1}{2}}$, 即 $\varphi_3(x) = \left(\dfrac{10}{x} - 4x\right)^{\frac{1}{2}}$.

方法 4 化成 $x = \left(\dfrac{10}{4+x}\right)^{\frac{1}{2}}$, 即 $\varphi_4(x) = \left(\dfrac{10}{4+x}\right)^{\frac{1}{2}}$.

方法 5 化成 $x = x - \dfrac{x^3 + 4x^2 - 10}{3x^2 + 8x}$, 即 $\varphi_5(x) = x - \dfrac{x^3 + 4x^2 - 10}{3x^2 + 8x}$. 注意在 $[1,2]$ 上, $f'(x) = 3x^2 + 8x > 0$, 因此 $\varphi_5(x) = x - \dfrac{f(x)}{f'(x)}$, 容易验证, $f(x) = 0$ 与 $x = \varphi_5(x)$ 是等价的.

取 $x_0 = 1.5$, 用以上五种方法迭代计算, 结果见表 7.2.

表 7.2　不同迭代法计算例 7.2 的结果

k	方法 1	方法 2	方法 3	方法 4	方法 5
0	1.5	1.5	1.5	1.5	1.5
1	-0.875	1.286 953 768	0.816 496 58	1.348 399 725	1.373 333 333
2	6.732 421 875	1.402 540 804	2.996 908 806	1.367 376 372	1.365 262 015
3	$-469.720\ 012$	1.345 458 374	$(-8.650\ 863\ 687)^{\frac{1}{2}}$	1.364 957 015	1.365 230 014
4	$1.027\ 545\ 552 \times 10^8$	1.375 170 253		1.365 264 748	1.365 230 013
5		1.360 094 193		1.365 225 594	
$\vdots$		$\vdots$		$\vdots$	
10		1.365 410 061		1.365 230 014	
11		1.365 137 821		1.365 230 013	
$\vdots$		$\vdots$			
29		1.365 230 013			

显然, 方法 1 是不收敛的, 方法 3 在计算过程中出现负数开平方而不能继续作实数运算. 方法 2 算出 $x_{29} = 1.365\ 230\ 013$, 方法 4 算出 $x_{11} = 1.365\ 230\ 013$, 而方法 5 则有 $x_4 = 1.365\ 230\ 013$, 它们都在字长范围内达到完全精确. 可以看出, 迭代函数 $\varphi(x)$ 选得不同, 相应的 $\{x_k\}$ 的收敛情况也不同.

用迭代法(7.4)求方程 $f(x)=0$ 的根的近似解,需要讨论如下问题:

(1) 如何选取适合的迭代函数 $\varphi(x)$?

(2) 迭代函数 $\varphi(x)$ 应满足什么条件,序列 $\{x_k\}$ 收敛?

(3) 怎样加速序列 $\{x_k\}$ 的收敛?

下面讨论一般的收敛理论.

7.2.2　不动点迭代法的一般理论

首先考察在 $[a,b]$ 上函数 φ 的不动点的存在性,给出不动点存在唯一的充分条件.

定理 7.2(不动点定理)　设 $\varphi(x)\in C[a,b]$,且 $a\leqslant\varphi(x)\leqslant b$ 对一切 $x\in[a,b]$ 成立,则 φ 在 $[a,b]$ 上一定有不动点. 进一步假设 $\varphi\in C^1(a,b)$,且存在常数 $0<L<1$,使对 $\forall x\in(a,b)$,成立

$$|\varphi'(x)|\leqslant L, \tag{7.5}$$

则 φ 在 $[a,b]$ 上的不动点是唯一的.

证明　因 $\varphi\in C[a,b]$,且当 $x\in[a,b]$ 时,$a\leqslant\varphi(x)\leqslant b$,作辅助函数

$$\Psi(x)=\varphi(x)-x,$$

则 $\Psi(x)\in C[a,b]$,且

$$\Psi(a)=\varphi(a)-a\geqslant 0,\quad \Psi(b)=\varphi(b)-b\leqslant 0.$$

当 $\Psi(a)=0$ 或 $\Psi(b)=0$ 成立时,$\varphi(a)=a$ 或 $\varphi(b)=b$,a 或 b 就是 φ 的不动点. 当 $\Psi(a)>0$,$\Psi(b)<0$ 成立时,根据连续函数的性质,一定存在 $x^*\in(a,b)$,使 $\Psi(x^*)=0$,即 $\varphi(x^*)=x^*$,x^* 就是 φ 的不动点.

进一步,设 $\varphi\in C^1(a,b)$ 且满足式(7.5). 若 φ 有两个不同的不动点 x_1^*,$x_2^*\in[a,b]$,则由微分中值定理

$$|x_1^*-x_2^*|=|\varphi(x_1^*)-\varphi(x_2^*)|=|\varphi'(\xi)(x_1^*-x_2^*)|$$
$$\leqslant L|x_1^*-x_2^*|<|x_1^*-x_2^*|$$

引出矛盾. 故 φ 的不动点只能是唯一的.　　　　　　　　　　　　　　#

注记 1　若 $\varphi(x)$ 为定义在区间 $I=[a,b]$ 上的函数,且 $\forall x\in I$,均有 $\varphi(x)\in I$,我们称 $\varphi(x)$ 为 I 自身上的一个映射. 若 $\varphi(x)$ 为 I 自身上的映射,且存在 $0<L<1$,当 $x_1,x_2\in I$ 时,有

$$|\varphi(x_1)-\varphi(x_2)|\leqslant L|x_1-x_2|,$$

则称 $\varphi(x)$ 为 I 上的一个压缩映射,L 为利普希茨(Lipschitz)常数. 可以证明如下结论:

(1) 若 $\varphi(x)$ 为 I 上的压缩映射,则 φ 必为 I 上的连续函数;

(2) 若 $\varphi(x)$ 为 I 自身上的映射，$\varphi(x) \in C^1(I)$，且 $|\varphi'(x)| \leqslant L < 1$，则 $\varphi(x)$ 必是 I 上的一个压缩映射.

这样，读者很容易将定理 7.2 用 I 上的自身映射和压缩映射概念叙述出来.压缩映射、不动点原理在许多领域中都能用到，其详细叙述及在非线性方程求根方面的应用见文献[11].

在不动点存在唯一的情况下，下面给出式(7.4)收敛的一个充分条件.

定理 7.3 设 $\varphi \in C[a,b] \bigcap C^1(a,b)$，且满足

(1) $a \leqslant \varphi(x) \leqslant b$ 对一切 $x \in [a,b]$ 成立；

(2) 存在常数 $0 < L < 1$，使 $|\varphi'(x)| \leqslant L$ 对一切 $x \in (a,b)$ 成立.

则有如下结论：

(1) 对任意的 $x_0 \in [a,b]$，由式(7.4)产生的序列 $\{x_k\}$ 必收敛到 φ 的不动点 x^*；

(2) $\{x_k\}$ 有误差估计

$$|x_k - x^*| \leqslant \frac{L}{1-L} |x_k - x_{k-1}| \tag{7.6}$$

和

$$|x_k - x^*| \leqslant \frac{L^k}{1-L} |x_1 - x_0|. \tag{7.7}$$

证明 (1) 在本定理的条件下，由定理 7.2 保证了 φ 存在唯一的不动点 $x^* \in [a,b]$.由条件(1)，式(7.4)产生的 $x_k (= \varphi(x_{k-1}))$ 必满足 $x_k \in [a,b]$，$k = 0, 1, 2, \cdots$.再由条件(2)可得

$$|x_k - x^*| = |\varphi(x_{k-1}) - \varphi(x^*)| = |\varphi'(\xi)| \cdot |x_{k-1} - x^*|$$
$$\leqslant L|x_{k-1} - x^*| \quad (k = 1, 2, \cdots), \tag{7.8}$$

其中 ξ 介于 x_{k-1} 与 x^* 之间，故 $\xi \in (a,b)$.反复利用上述不等式，得

$$|x_k - x^*| \leqslant L|x_{k-1} - x^*| \leqslant L^2 |x_{k-2} - x^*| \leqslant \cdots$$
$$\leqslant L^k |x_0 - x^*| \quad (k = 0, 1, 2, \cdots). \tag{7.9}$$

因 $L < 1$，$|x_0 - x^*|$ 与 k 无关，故 $\lim\limits_{k \to \infty}(x_k - x^*) = 0$，即 $\{x_k\}$ 收敛于 x^*.

(2) 估计不等式(7.6)和(7.7).由于

$$|x_{k+1} - x_k| = |\varphi(x_k) - \varphi(x_{k-1})| = |\varphi'(\xi)(x_k - x_{k-1})|$$
$$\leqslant L|x_k - x_{k-1}| \quad (k = 1, 2, \cdots), \tag{7.10}$$

ξ 介于 x_k 与 x_{k-1} 之间，$\xi \in [a,b]$，于是

$$|x_k - x^*| = |x_k - x_{k+1} + x_{k+1} - x^*|$$
$$\leqslant |x_k - x_{k+1}| + |x_{k+1} - x^*|$$
$$\leqslant |x_k - x_{k+1}| + L|x_k - x^*|. \quad (利用式(7.8))$$

从而

$$|x_k - x^*| \leqslant \frac{1}{1-L}|x_{k+1} - x_k| \quad (k = 0,1,2,\cdots).$$

利用上述不等式及式(7.10),得

$$|x_k - x^*| \leqslant \frac{1}{1-L}|x_{k+1} - x_k|$$

$$\leqslant \frac{L}{1-L}|x_k - x_{k-1}| \leqslant \cdots$$

$$\leqslant \frac{L^k}{1-L}|x_1 - x_0|. \qquad\qquad\qquad \#$$

从式(7.7)知,$|x_1 - x_0|$ 是与 k 无关的,若 $L \approx 1$,则 x_k 必然收敛慢;若 $L \ll 1$,则收敛快. 若给定了 x_0(从而定出 x_1)及误差 ε,从式(7.7)可估计出所需迭代次数. 当然,这样的估计和所确定的 L 有关.

利用定理 7.3 我们来分析例 7.2 的几种方法. 对 $\varphi_1(x)$,$\varphi_1'(x) = 1 - 3x^2 - 8x$,$x^* = 1.365\ 230\ 013$,找不到包含 x^* 的区间 $[a,b]$,使在其中 $|\varphi_1'(x)| < 1$,故不能用定理 7.3 保证其收敛性. 对于 $\varphi_3(x)$,设 $[a,b] = [1,2]$,不能保证 $a \leqslant x \leqslant b$ 时 $a \leqslant \varphi_3(x) \leqslant b$(从表 7.2 中可以看出),同时 $|\varphi_3'(x^*)| \approx 3.4$,也找不到包含 x^* 的区间使在其上 $|\varphi_3'(x)| < 1$. 对于 $\varphi_2(x)$,$\varphi_2'(x) = -\frac{3}{4}x^2 \times (10 - x^3)^{-\frac{1}{2}}$,若取 $[a,b]$ 为 $[1,2]$,因 $|\varphi_2'(2)| \approx 2.12$,不能满足定理的条件(2). 我们改为考虑 $[1,1.5]$,可验证其上

$$|\varphi_2'(x)| \leqslant |\varphi_2'(1.5)| \approx 0.66.$$

而 $\varphi_2(x)$ 是 x 的减函数,$1.28 \approx \varphi_2(1.5) \leqslant \varphi(x) \leqslant \varphi_2(1) = 1.5$,在 $[1,1.5]$ 上 $\varphi_2(x)$ 满足定理条件,若取 $x_0 \in [1,1.5]$,迭代收敛. 对 φ_4 也可作类似分析,可得估计 $|\varphi_4'(x)| < 0.15 (1 \leqslant x \leqslant 2)$,$\varphi_4(x)$ 对应的 L 比 φ_2 对应的 L 小,故收敛较快. 分析 φ_5 满足定理条件较困难,我们将在 7.4 节中给出收敛的其他判断方法.

从以上例子可以看出,利用定理 7.3 分析 $[a,b]$ 上迭代过程的收敛性是比较困难的,定理 7.3 给出的是 $[a,b]$ 上的收敛性,称之为**全局收敛性**. 满足定理 7.3 条件的迭代,可用图 7.2 和图 7.3 说明. 当然还可有其他形式的图形. 读者可自己画出其他收敛的图形和不满足定理 7.3 条件而迭代发散的图形.

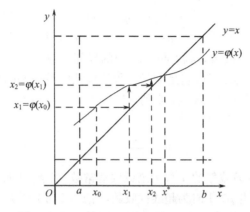

图 7.2 $0<\varphi'(x)<1$ 时定理 7.3 的示意图

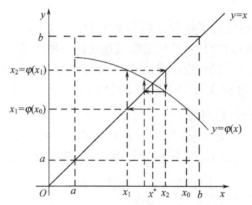

图 7.3 $-1<\varphi'(x)<0$ 时定理 7.3 的示意图

7.2.3 局部收敛性和收敛阶

如上所述,讨论 $[a,b]$ 上的全局收敛性比较困难,下面转向讨论在 x^* 附近的收敛性.

定义 7.1 若存在 φ 的不动点 x^* 的一个闭邻域 $N(x^*)=[x^*-\delta,x^*+\delta]$ $(\delta>0)$,对任意的 $x_0\in N(x^*)$,式(7.4)产生的序列 $\{x_k\}$ 均收敛于 x^*,就称求 x^* 的迭代法(7.4)**局部收敛**.

定理 7.4 设 x^* 为 φ 的不动点,$\varphi'(x)$ 在 x^* 的某邻域连续,且 $|\varphi'(x^*)|\leqslant L^*<1$,则迭代法(7.4)局部收敛.

证明 因 $\varphi'(x)$ 连续,所以存在 x^* 的一个邻域
$$N(x^*)=[x^*-\delta,x^*+\delta],$$
在其上 $|\varphi'(x)|\leqslant L<1$,且有

$$|\varphi(x) - x^*| = |\varphi(x) - \varphi(x^*)| \leqslant L|x - x^*| < \delta.$$

即对一切 $x \in N(x^*)$,有 $x^* - \delta < \varphi(x) < x^* + \delta$. 根据定理 7.3,迭代法(7.4)
对任意 $x_0 \in N(x^*)$ 收敛,这就是式(7.4)的局部收敛性.　　　　　　　　　 #

下面讨论迭代法的阶,它是度量一种迭代法收敛快慢的标志.

定义 7.2　设序列 $\{x_k\}$ 收敛到 x^*,$e_k = x_k - x^*$,$x_k \neq x^*$,若存在实数
$p \geqslant 1$ 及非零常数 $c > 0$,使

$$\lim_{k \to \infty} \frac{|e_{k+1}|}{|e_k|^p} = c, \tag{7.11}$$

则称序列 $\{x_k\}$ 是 **p 阶收敛的**,c 称为**渐近误差常数**. 当 $p = 1$ 且 $0 < c < 1$ 时,$\{x_k\}$
称为线性收敛的,当 $p > 1$ 时为超线性收敛,当 $p = 2$ 时为平方收敛或二次收敛.

如果由迭代过程(7.4)产生的序列 $\{x_k\}$ 是 p 阶收敛的,则称迭代式(7.4)
是 p 阶收敛的.

显然,p 的大小反映了迭代法收敛的快慢. p 越大,$\{x_k\}$ 收敛于 x^* 就越
快. 所以迭代法的收敛阶是对迭代法收敛速度的一种度量.

现在看一种特殊情形,设迭代法(7.4)中 φ 满足定理 7.3 或定理 7.4 的条
件,则 $\lim\limits_{k \to \infty} x_k = x^*$. 再设在 $[a,b]$ 或 x^* 的邻域 $\varphi'(x) \neq 0$. 若取 $x_0 \neq x^*$,必有
$x_k \neq x^*$ ($k = 1, 2, \cdots$). 这时有

$$e_{k+1} = x_{k+1} - x^* = \varphi(x_k) - \varphi(x^*) = \varphi'(\xi) e_k,$$

其中 ξ 介于 x_k 与 x^* 之间. 当 $k \to \infty$ 时,由 $\varphi'(x)$ 的连续性得

$$\lim_{k \to \infty} \frac{|e_{k+1}|}{|e_k|} = |\varphi'(x^*)| \neq 0,$$

所以这种情况下迭代是线性收敛的. 这启发我们,要想得到超线性收敛的方
法,式(7.4)中的 φ 必须满足 $\varphi'(x^*) = 0$. 以下给出 p 为大于 1 的整数时的一
个定理.

定理 7.5　设迭代式(7.4)的迭代函数 φ 的高阶导数 $\varphi^{(p+1)}$(p 为大于 1
的整数)在不动点 x^* 的邻域内连续,则式(7.4)是 p 阶收敛的充要条件是

$$\varphi(x^*) = x^*, \quad \varphi^{(l)}(x^*) = 0, \quad l = 1, 2, \cdots, p-1, \quad \varphi^{(p)}(x^*) \neq 0, \tag{7.12}$$

且有

$$\lim_{k \to \infty} \frac{e_{k+1}}{e_k^p} = \frac{1}{p!} \varphi^{(p)}(x^*) \neq 0. \tag{7.13}$$

证明　**充分性**　对 $p > 1$,因 $\varphi'(x^*) = 0$,定理 7.4 保证了式(7.4)的局部
收敛性(收敛于 x^*). 取充分接近 x^* 的初值 $x_0 \neq x^*$,可验证 $x_k \neq x^*$,$k = 1$,
$2, \cdots$. 由泰勒展开式,

$$\varphi(x_k) = \varphi(x^*) + \varphi'(x^*)(x_k - x^*) + \cdots$$

$$+\frac{1}{(p-1)!}\varphi^{(p-1)}(x^*)(x_k-x^*)^{p-1}+\frac{1}{p!}\varphi^{(p)}(\xi)(x_k-x^*)^p,$$

其中 ξ 介于 x_k 与 x^* 之间,利用条件(7.12),得

$$x_{k+1}-x^*=\frac{1}{p!}\varphi^{(p)}(\xi)(x_k-x^*)^p.$$

由 $\varphi^{(p)}$ 的连续性及 e_k 的定义,就得式(7.13).

必要性 设式(7.4)是 p 阶收敛的,则有 $\lim_{k\to\infty}x_k=x^*$,也就是 $\lim_{k\to\infty}e_k=0$,由 φ 的连续性即得 $x^*=\varphi(x^*)$.现用反证法证明 $\varphi^{(l)}(x^*)=0,l=1,2,\cdots,p-1$. 若式(7.12)不成立,则必有最小正整数 p_0,使成立

$$\varphi^{(l)}(x^*)=0,\quad l=1,2,\cdots,p_0-1,\quad \varphi^{(p_0)}(x^*)\neq 0,$$

其中 $p_0\neq p$.不妨先考虑 $p_0\leqslant p-1$ 的情况,由已证明的充分条件知,迭代式(7.4)是 p_0 阶收敛的,即有

$$\lim_{k\to\infty}\frac{e_{k+1}}{e_k^{p_0}}=\frac{1}{p_0!}\varphi^{(p_0)}(x^*),\quad p_0\leqslant p-1,$$

显然

$$\frac{e_{k+1}}{e_k^p}=\frac{e_{k+1}}{e_k^{p_0}}\cdot\frac{1}{e_k^{p-p_0}}$$

极限不存在,与 $\{x_k\}$ 是 p 阶收敛的假设矛盾.对于 $p_0\geqslant p+1$ 的情况也同样可引出矛盾,因此必有 $p_0=p$. $\#$

最后直观地看一下一阶和二阶方法迭代步数的差别.设有两个迭代序列 $\{x_k\}$ 和 $\{\tilde{x}_k\}$,且 $\{x_k\}$ 为线性收敛的,$\{\tilde{x}_k\}$ 为平方收敛的,且有

$$\lim_{k\to\infty}\frac{|e_{k+1}|}{|e_k|}=c(0<c<1),\quad \lim_{k\to\infty}\frac{|\tilde{e}_{k+1}|}{|\tilde{e}_k|^2}=\tilde{c}(\tilde{c}>0,|\tilde{c}\tilde{e}_0|<1),$$

则

$$|e_{k+1}|\approx c|e_k|\approx c^2|e_{k-1}|\approx\cdots\approx c^{k+1}|e_0|,$$
$$|\tilde{e}_{k+1}|\approx\tilde{c}|\tilde{e}_k|^2\approx\tilde{c}\tilde{c}^2|\tilde{e}_{k-1}|^4\approx\cdots$$
$$\approx\tilde{c}^{(2^{k+1}-1)}|\tilde{e}_0|^{2^{k+1}}$$
$$=(\tilde{c}|\tilde{e}_0|)^{(2^{k+1}-1)}|\tilde{e}_0|.$$

若 $|e_0|=|\tilde{e}_0|=1,c=\tilde{c}=0.75$,欲使误差小于 10^{-8},则对于线性收敛的 $\{x_k\}$,由 $(0.75)^{k+1}\leqslant 10^{-8}$,可得

$$k+1\geqslant\frac{-8}{\lg 0.75}\approx 64.$$

因此大约需要 64 次迭代.而对于平方收敛的 $\{\tilde{x}_k\}$,由 $(0.75)^{(2^{k+1}-1)}\leqslant 10^{-8}$,可得

$$2^{k+1} \geqslant \frac{-8}{\lg 0.75} + 1 \approx 65, \quad k \geqslant 5.02.$$

大约需要 6 次迭代. 可见, 平方收敛序列的收敛速度要快得多.

7.3　迭代的加速收敛方法

本节讨论迭代法加速收敛问题, 这些方法常用于线性收敛迭代法的加速.

7.3.1　使用两个迭代值的组合方法

将式(7.3)两边同减去 θx, 得 $(1-\theta)x = \varphi(x) - \theta x$, 当 $\theta \neq 0$ 和 $\theta \neq 1$ 时, 可将这个方程变为

$$x = \frac{1}{1-\theta}\big[\varphi(x) - \theta x\big], \tag{7.14}$$

相应的迭代公式为

$$x_{k+1} = \frac{1}{1-\theta}\big[\varphi(x_k) - \theta x_k\big], \quad k = 0,1,2,\cdots. \tag{7.15}$$

式(7.15)也可写成

$$x_{k+1} = \varphi(x_k) + \frac{\theta}{1-\theta}\big[\varphi(x_k) - x_k\big], \quad k = 0,1,2,\cdots.$$

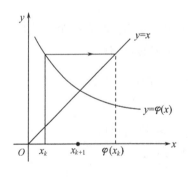

对式(7.15)中的 θ 取不同的值或表达式, 就可得到不同的迭代方法. 选取特殊的 θ, 有可能使迭代加速.

取 $\theta = -1$, 则式(7.15)变成

$$x_{k+1} = \frac{1}{2}\big[\varphi(x_k) + x_k\big], \quad k = 0,1,2,\cdots, \tag{7.16}$$

其几何意义见图 7.4. 这种迭代对原迭代式(7.4)的各近似值在根 x^* 的两侧往复地趋于 x^* 时较为有效. 在这种情形, 除能加

图 7.4　迭代式(7.16)示意图

快新序列 $\{x_k\}$ 收敛外, 还能有效地防止死循环的出现.

例 7.3　用式(7.16)及例 7.2 中的 $\varphi_2(x)$ 求方程

$$x^3 + 4x^2 - 10 = 0$$

在 $[1,2]$ 上的根 x^*.

解　$\varphi_2(x) = \frac{1}{2}(10 - x^3)^{\frac{1}{2}}$, 仍取 $x_0 = 1.5$, 利用迭代式(7.16)的计算结果列于表 7.3 中.

表 7.3 $x_0=1.5$,迭代式(7.16)的计算结果

k	x_k	k	x_k	k	x_k
0	1.500 000 000	5	1.365 326 571	10	1.365 230 097
1	1.393 476 884	6	1.365 253 573	11	1.365 230 034
2	1.371 931 816	7	1.365 235 762	12	1.365 230 018
3	1.366 854 766	8	1.365 231 416	13	1.365 230 015
4	1.365 625 862	9	1.365 230 356	14	1.365 230 014

#

与例 7.2 对比可看出,式(7.16)确能加速收敛.需要指出的是,若 $\{x_k\}$ 单调趋于 x^* 时,式(7.16)不能加速收敛.请读者试着证明,只有当 $0\geqslant\varphi'(x)\geqslant-L>-1$ 且 L 较大时,加速效果才会明显.

在式(7.15)中取 $\theta=\varphi'(x^*)$,则新的迭代函数 $\overline{\varphi}(x)=\dfrac{1}{1-\varphi'(x^*)}\times[\varphi(x)-\varphi'(x^*)x]$,当 $\varphi'(x^*)\neq1$ 时,$\overline{\varphi}'(x^*)=0$,根据定理 7.5 知,迭代式(7.15)至少是二阶的.但由于 x^* 不知道,故 $\varphi'(x^*)$ 也得不到,因此将 θ 取作 $\varphi'(x^*)$ 的近似值,即 $\theta=c\approx\varphi'(x^*)$,得到

$$x_{k+1}=\varphi(x_k)+\frac{c}{1-c}(\varphi(x_k)-x_k),\quad k=0,1,2,\cdots. \qquad (7.17)$$

例 7.4 用式(7.17)及例 7.2 中的 $\varphi_2(x)$ 求方程

$$x^3+4x^2-10=0$$

在 $[1,2]$ 上的根 x^*.

解 显然,式(7.17)中的 c 取得越接近 $\varphi'(x^*)$ 越好.由 7.2 节知,当 $x\in[1,1.5]$ 时 $\varphi_2'(x)<0$ 且 $|\varphi_2'(x)|\leqslant0.66$,因此,取 $c=-0.6$,代入式(7.17),迭代计算得表 7.4 中结果.

表 7.4 $x_0=1.5$,迭代式(7.17)的计算结果

k	x_k	k	x_k
0	1.500 000 000	4	1.365 230 280
1	1.366 846 105	5	1.365 230 028
2	1.365 318 168	6	1.365 230 014
3	1.365 234 862	7	1.365 230 013

此时已满足 $|x_7-x_6|<10^{-9}$.可以看出,若 c 选取得当,式(7.17)确有加速收敛作用.

#

该加速技术的不足是需估计 $\varphi'(x^*)$ 的近似值.

7.3.2　使用三个迭代值的组合方法

由初值 x_0 出发,计算出 $\overline{x}_1 = \varphi(x_0)$, $\overline{x}_2 = \varphi(\overline{x}_1)$ 后,便可在曲线 $y = \varphi(x)$ 上找到两个点 $P_0(x_0, \overline{x}_1)$ 和 $P_1(\overline{x}_1, \overline{x}_2)$,见图 7.5.用直线连接 P_0, P_1 两点,它与 $y=x$ 的交点设为 P_3,则 P_3 点的坐标 (x_1, x_1) 应满足下式

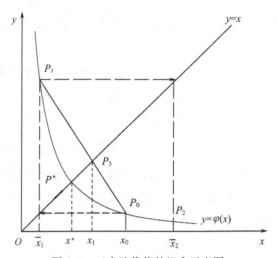

图 7.5　三个迭代值的组合示意图

$$\frac{x_1 - \overline{x}_1}{x_1 - x_0} = \frac{\overline{x}_2 - \overline{x}_1}{\overline{x}_1 - x_0},$$

解出 x_1,得

$$x_1 = \frac{x_0 \overline{x}_2 - \overline{x}_1^2}{x_0 - 2\overline{x}_1 + \overline{x}_2}.$$

将 x_1 视为新的初值,重复上述步骤可得

$$x_2 = \frac{x_1 \overline{x}_3 - \overline{x}_2^2}{x_1 - 2\overline{x}_2 + \overline{x}_3},$$

其中 $\overline{x}_2 = \varphi(x_1)$, $\overline{x}_3 = \varphi(\overline{x}_2)$. 其一般形式为:由 x_k, $\overline{x}_{k+1} = \varphi(x_k)$, $\overline{x}_{k+2} = \varphi(\overline{x}_{k+1})$ 组合

$$x_{k+1} = \frac{x_k \overline{x}_{k+2} - \overline{x}_{k+1}^2}{x_k - 2\overline{x}_{k+1} + \overline{x}_{k+2}} = \frac{x_k \varphi(\varphi(x_k)) - [\varphi(x_k)]^2}{x_k - 2\varphi(x_k) + \varphi(\varphi(x_k))},$$

或写成

$$x_{k+1} = x_k - \frac{(\overline{x}_{k+1} - x_k)^2}{\overline{x}_{k+2} - 2\overline{x}_{k+1} + x_k}$$

$$= x_k - \frac{(\varphi(x_k) - x_k)^2}{\varphi(\varphi(x_k)) - 2\varphi(x_k) + x_k}. \tag{7.18}$$

这个方法称为**艾特肯**(Aitken)**加速收敛方法**.

若记 $y_k = \varphi(x_k), z_k = \varphi(y_k), k = 0, 1, 2, \cdots$, 则式(7.18)可以写成如下所谓的**斯蒂芬森**(Steffensen)**迭代法**:

$$\begin{cases} y_k = \varphi(x_k), z_k = \varphi(y_k), \\ x_{k+1} = x_k - \dfrac{(y_k - x_k)^2}{z_k - 2y_k + x_k}, \quad k = 0, 1, 2, \cdots. \end{cases} \tag{7.19}$$

关于艾特肯迭代式(7.18)或斯蒂芬森迭代式(7.19), 我们有如下定理.

定理 7.6 设不动点迭代(7.4)的迭代函数 $\varphi(x)$ 在其不动点 x^* 的某邻域内具有二阶连续导数, $\varphi'(x^*) = A \neq 1$ 且 $A \neq 0$, 则斯蒂芬森的迭代技术是二阶收敛的, 而且其极限仍为 x^*.

证明 不难看出, 若设式(7.18)(或(7.19))为

$$x_{k+1} = \Psi(x_k), \tag{7.20}$$

则迭代函数 $\Psi(x)$ 由下式确定:

$$\begin{aligned} \Psi(x) &= \frac{x\varphi(\varphi(x)) - [\varphi(x)]^2}{\varphi(\varphi(x)) - 2\varphi(x) + x} \\ &= x - \frac{[\varphi(x) - x]^2}{\varphi(\varphi(x)) - 2\varphi(x) + x} \\ &= x - \frac{[\varphi(x) - x]^2}{[\varphi(\varphi(x)) - \varphi(x)] - [\varphi(x) - x]}. \end{aligned} \tag{7.21}$$

可以验证 $\varphi(x)$ 与 $\Psi(x)$ 有相同的不动点 x^*. 首先, 若 x^* 是 $\Psi(x)$ 的不动点, 即 $x^* = \Psi(x^*)$, 则

$$[\varphi(x^*) - x^*]^2 = [x^* - \Psi(x^*)][\varphi(\varphi(x^*)) - 2\varphi(x^*) + x^*] = 0,$$

所以有 $x^* = \varphi(x^*)$, 即 x^* 也是 φ 的不动点. 反之, 若 x^* 是 $\varphi(x)$ 的不动点, 由假设 $\varphi'(x^*) \neq 1$, 则式(7.21)用洛必达法则计算 $x \to x^*$ 时的极限, 得到 $\Psi(x^*) = x^*$. 这就证明了 φ 与 Ψ 有共同的不动点.

下证迭代式(7.20), (7.21)是二阶收敛的. 由 φ 有二阶连续导数知

$$\begin{aligned} \varphi(x) &= \varphi(x^*) + \varphi'(x^*)(x - x^*) + \frac{1}{2}\varphi''(\xi)(x - x^*)^2 \\ &= x^* + A(x - x^*) + O((x - x^*)^2), \end{aligned}$$

所以有如下一些关系式:

$$\begin{aligned} \varphi(x) - x &= \varphi(x) - x^* - (x - x^*) \\ &= A(x - x^*) - (x - x^*) + O((x - x^*)^2) \\ &= (A - 1)(x - x^*) + O((x - x^*)^2), \\ \varphi(\varphi(x)) - \varphi(x) &= (A - 1)A(x - x^*) + O((x - x^*)^2), \end{aligned}$$

故

$$x_{k+1}-x^* = \Psi(x_k)-x^*$$

$$=x_k-x^* - \frac{\left[\varphi(x_k)-x_k\right]^2}{\left[\varphi(\varphi(x_k))-\varphi(x_k)\right]-\left[\varphi(x_k)-x_k\right]}$$

$$=x_k-x^* - \frac{(A-1)^2(x_k-x^*)^2+O((x_k-x^*)^3)}{(A-1)A(x_k-x^*)-(A-1)(x_k-x^*)+O((x_k-x^*)^2)}$$

$$=x_k-x^* - \frac{(A-1)^2(x_k-x^*)^2+O((x_k-x^*)^3)}{(A-1)^2(x_k-x^*)+O((x_k-x^*)^2)}$$

$$=\frac{O((x_k-x^*)^3)}{(A-1)^2(x_k-x^*)+O((x_k-x^*)^2)} = O((x_k-x^*)^2),$$

因此,我们有

$$\lim_{k\to\infty}\frac{\Psi(x_k)-x^*}{(x_k-x^*)^2} = c,$$

即式(7.20),(7.21)具有二阶收敛性.   ♯

　　这里我们可以看到,斯蒂芬森加速迭代技术中的条件只是 $\varphi'(x^*)\neq 1$. 我们知道 $0<|\varphi'(x^*)|<1$ 时,不动点迭代 $x_{k+1}=\varphi(x_k)$ 是线性收敛的,而当 $|\varphi'(x^*)|>1$ 时是不收敛的. 但在两种情形都有 $\varphi'(x^*)\neq 1$,$x_{k+1}=\Psi(x_k)$ 却是二阶收敛的. 所以迭代函数由 φ 改为 Ψ,不但能改进收敛速度,有时也能把不收敛的迭代改进为收敛的二阶方法. 这是很了不起的.

　　注记 2　严格来讲,艾特肯加速技术可对线性收敛的序列 $\{\overline{x}_k\}$ 进行加速,不管这个序列 $\{\overline{x}_k\}$ 是如何得来的. 此时,加速公式为

$$x_k = \overline{x}_k - \frac{(\overline{x}_{k+1}-\overline{x}_k)^2}{\overline{x}_{k+2}-2\overline{x}_{k+1}+\overline{x}_k}.$$

可以证明,$\{x_k\}$ 比 $\{\overline{x}_k\}$ 较快地收敛于极限 x^*. 详细证明见文献[2]. 只有对由不动点迭代 $x_{k+1}=\varphi(x_k)$ 产生的序列 $\{x_k\}$ 应用艾特肯加速技术时,得到的迭代公式才叫斯蒂芬森迭代.

　　例 7.5　对例 7.2 中的不动点迭代函数 $\varphi_1,\varphi_2,\varphi_3$ 及 φ_4,用斯蒂芬森加速方法(7.19)求解方程

$$x^3 + 4x^2 - 10 = 0$$

在[1,2]上的根的近似值,要求 $|x_{k+1}-x_k|<10^{-9}$.

　　解　由例 7.2 知,以 $\varphi_1(x)=x-x^3-4x^2+10$ 和 $\varphi_3(x)=\left(\dfrac{10}{x}-4x\right)^{\frac{1}{2}}$ 作迭代函数时,不收敛;以 $\varphi_2(x)=\dfrac{1}{2}(10-x^3)^{\frac{1}{2}}$ 和 $\varphi_4(x)=\left(\dfrac{10}{4+x}\right)^{\frac{1}{2}}$ 作迭代函数时迭代收敛且 φ_2 比 φ_4 收敛得慢. 分别将上述 $\varphi_i(i=1,2,3,4)$ 代入迭代式(7.19),计算结果列于表 7.5 中.

表 7.5 斯蒂芬森迭代法对例 7.2 中各种迭代法的加速收敛效果

k	加速 φ_1 的 x_k	加速 φ_2 的 x_k	加速 φ_3 的 x_k	加速 φ_4 的 x_k
0	1.500 000 000	1.500 000 000	1.500 000 000	1.500 000 000
1	0.934 944 238	1.361 886 481	1.336 874 761	1.365 265 224
2	1.005 032 899	1.365 228 237	1.363 130 339	1.365 230 013
3	1.075 462 690	1.365 230 013	1.365 220 123	1.365 230 013
4	1.145 492 383	1.365 230 013	1.365 230 013	
5	1.213 437 452		1.365 230 013	
$\vdots$	$\vdots$			
11	1.365 230 013			
12	1.365 230 013			

从上述计算结果看出,斯蒂芬森迭代技术的加速收敛效果确实是非常显著的,特别是将原来不收敛的迭代经加速技术变得收敛,且只要 $|\varphi'(x^*)| \neq 1$,在 x^* 的邻近就是二阶收敛的.

需要指出的是,斯蒂芬森加速技术一般不对高阶收敛的迭代法进行加速,因此时加速效果不明显.

7.4 牛顿迭代法

本节我们利用定理 7.5 的思想构造一种平方收敛的不动点迭代法——牛顿迭代法.

7.4.1 标准牛顿迭代法及其收敛阶

用不动点迭代法(7.4)求方程(7.1)的根 x^*,十分重要的问题是构造满足定理 7.3 或定理 7.4 中条件的迭代函数 $\varphi(x)$. 一个很自然的选择是取 $\varphi(x) = x + cf(x)$,其中 c 是一个非零常数. 容易看出,当且仅当 $x^* = \varphi(x^*)$ 时,$f(x^*) = 0$. 由 7.2.2 小节可以看出,为了加速不动点迭代的收敛过程,应尽可能使迭代函数 $\varphi(x)$ 在 $x = x^*$ 处有更多阶导数等于零. 现在 $\varphi'(x) = 1 + cf'(x)$,要使 $\varphi'(x^*) = 0$,就要求 $c = -\dfrac{1}{f'(x^*)}$. 但 x^* 的值是不知道的,因而不可能定出常数 c 的值.

现在设 $\varphi(x) = x + h(x)f(x)$,并且要根据 $\varphi'(x^*) = 0$ 去确定函数 $h(x)$ 的结构. 由

$$\varphi'(x^*) = 1 + h'(x^*)f(x^*) + h(x^*)f'(x^*) = 1 + h(x^*)f'(x^*) = 0$$

知，$h(x)$ 必须满足 $h(x^*) = -\dfrac{1}{f'(x^*)}$，且 $f'(x^*) \neq 0$. 显然，当 $f'(x) \neq 0$ 时，

$h(x) = -\dfrac{1}{f'(x)}$ 就具有这样的性质. 于是选择迭代函数 $\varphi(x) = x - \dfrac{f(x)}{f'(x)}$ 就

能满足 $\varphi'(x^*) = 0$，从而得出下面的不动点迭代法.

$$x_{k+1} = x_k - \frac{f(x_k)}{f'(x_k)}, \quad k = 0, 1, 2, \cdots. \tag{7.22}$$

式 (7.22) 确定的迭代法一般称为**牛顿-拉弗森**（Newton-Raphson）**方法**，或简称**牛顿迭代法**.

例 7.2 中的方法 5 就是牛顿迭代法，可以看出，只需四步就可达到十位以上有效数字的解，收敛速度比线性收敛的方法 2 和方法 4 都要快得多.

把前面的分析与定理 7.4 相结合就可得出关于牛顿迭代法的局部收敛性定理.

定理 7.7　设 x^* 是方程 (7.1) 的根，在包含 x^* 的某个开区间内 $f''(x)$ 连续且 $f'(x) \neq 0$，则存在 $\delta > 0$，当 $x_0 \in [x^* - \delta, x^* + \delta]$ 时，由牛顿迭代法 (7.22) 产生的序列 $\{x_k\}$ 以不低于二阶的收敛速度收敛于 x^*.

此定理的证明留给读者完成.

下面给出牛顿迭代法的非局部收敛性定理.

定理 7.8　给定方程 (7.1) 且 $f(x) \in C^2[a, b]$，如果满足条件：

(1) $f(a)f(b) < 0$;

(2) $f'(x) \neq 0, f''(x) \neq 0, \forall x \in [a, b]$;

(3) 选取 $x_0 \in [a, b]$，使 $f(x_0)f''(x_0) > 0$，

则由牛顿迭代法 (7.22) 产生的序列 $\{x_k\}$ 二阶收敛于方程 (7.1) 的唯一实根 x^*，且有

$$\lim_{k \to \infty} \frac{x_{k+1} - x^*}{(x_k - x^*)^2} = \frac{f''(x^*)}{2f'(x^*)}. \tag{7.23}$$

证明　因 $f(x)$ 在 $[a, b]$ 上连续，由条件 (1) 知方程 (7.1) 在 (a, b) 内有根 x^*；再由条件 (2) $f'(x) \neq 0$ 知，根 x^* 在 (a, b) 内是唯一的.

条件 (1) 和 $f''(x) \neq 0$ 共有四种情形：

(1) $f(a) < 0, f(b) > 0$，当 $x \in [a, b]$ 时 $f''(x) > 0$;

(2) $f(a) < 0, f(b) > 0$，当 $x \in [a, b]$ 时 $f''(x) < 0$;

(3) $f(a) > 0, f(b) < 0$，当 $x \in [a, b]$ 时 $f''(x) > 0$;

(4) $f(a) > 0, f(b) < 0$，当 $x \in [a, b]$ 时 $f''(x) < 0$.

今就情形(1)进行证明,其余情形证明方法是类似的.

下面证明情形(1)时,牛顿迭代法的迭代序列$\{x_k\}$单调下降且有下界x^*.

由中值定理,存在$\xi \in (a,b)$,使得

$$f'(\xi) = \frac{f(b) - f(a)}{b - a} > 0,$$

因而$f'(x)$在$[a,b]$上恒大于零,即$f(x)$在$[a,b]$上单增.

由$x_0 \in [a,b]$,$f(x_0)f''(x_0) > 0$可知$f(x_0) > 0$,$x_0 > x^*$.由式(7.22)有

$$x_1 = x_0 - \frac{f(x_0)}{f'(x_0)} < x_0.$$

另一方面,由泰勒展开得

$$f(x) = f(x_0) + f'(x_0)(x - x_0) + \frac{1}{2!} f''(\xi_0)(x - x_0)^2,$$

其中ξ_0介于x与x_0之间.利用$f(x^*) = 0$,得

$$f(x_0) + f'(x_0)(x^* - x_0) + \frac{1}{2!} f''(\xi_0)(x^* - x_0)^2 = 0,$$

$$x^* = x_0 - \frac{f(x_0)}{f'(x_0)} - \frac{1}{2} \frac{f''(\xi_0)}{f'(x_0)}(x^* - x_0)^2$$

$$= x_1 - \frac{1}{2} \frac{f''(\xi_0)}{f'(x_0)}(x^* - x_0)^2.$$

当$x \in [a,b]$时由$f''(x) > 0$,$f'(x) > 0$,以及前已证明的$x_1 < x_0$,有

$$x^* < x_1 < x_0.$$

一般地,设$x^* < x_k < x_{k-1}$,则必有$f(x_k) > 0$,且

$$x_{k+1} = x_k - \frac{f(x_k)}{f'(x_k)} < x_k,$$

再由泰勒展开式

$$f(x) = f(x_k) + f'(x_k)(x - x_k) + \frac{1}{2!} f''(\xi_k)(x - x_k)^2$$

及$f(x^*) = 0$,可得

$$f(x_k) + f'(x_k)(x^* - x_k) + \frac{1}{2!} f''(\xi_k)(x^* - x_k)^2 = 0,$$

$$x^* = x_k - \frac{f(x_k)}{f'(x_k)} - \frac{1}{2} \frac{f''(\xi_k)}{f'(x_k)}(x^* - x_k)^2$$

$$= x_{k+1} - \frac{1}{2} \frac{f''(\xi_k)}{f'(x_k)}(x^* - x_k)^2 < x_{k+1} < x_k. \tag{7.24}$$

根据归纳法原理知,数列$\{x_k\}$单调下降且有下界x^*.由单调有界原理知,$\{x_k\}$有极限l.对式$x_{k+1} = x_k - \frac{f(x_k)}{f'(x_k)}$取$k \to \infty$时的极限,并利用$f,f'$的连续性,

知 $f(l)=0$，即 $l=x^{*}$.

再由式(7.24)及 $f''(x)$ 的连续性，即可得式(7.23).　　　　　　　　　　＃

牛顿迭代法有明显的几何意义. 由式(7.22)知，x_{k+1} 是点 $(x_{k}, f(x_{k}))$ 处 $y=f(x)$ 的切线

$$y = f(x_{k}) + f'(x_{k})(x - x_{k})$$

与 x 轴的交点的横坐标. 也就是说，新的近似值 x_{k+1} 是用代替曲线 $y=f(x)$ 的切线与 x 轴相交得到的. 继续取点 $(x_{k+1}, f(x_{k+1}))$，再作切线与 x 轴相交，又可得 $x_{k+2}, x_{k+3}, \cdots$. 只有初值 x_{0} 取得充分靠近 x^{*} 时，这个序列才会很快收敛于 x^{*}，见图 7.6.

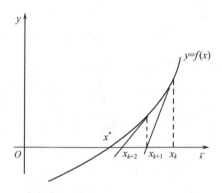

图 7.6　牛顿迭代法的几何意义

正因为牛顿迭代法是用切线方程的零点近似代替曲线 $y=f(x)$ 的零点，因此牛顿迭代法也称切线法.

定理 7.8 中初始值 x_{0} 的选取多少还带有一定的强制性. 下面的定理是更一般的非局部性收敛定理.

定理 7.9　设 $f''(x)$ 在 $[a,b]$ 上连续，且

(1) $f(a)f(b)<0$；

(2) $f'(x)\neq0, f''(x)\neq0$，对 $\forall x\in[a,b]$；

(3) $\left|\dfrac{f(a)}{f'(a)}\right|\leqslant b-a, \left|\dfrac{f(b)}{f'(b)}\right|\leqslant b-a$，

则对 $\forall x_{0}\in[a,b]$，牛顿迭代序列 $\{x_{k}\}$ 二阶收敛于方程 $f(x)=0$ 在 $[a,b]$ 内的唯一实根 x^{*}.

本定理的证明从略，读者可自行证明.

定理 7.8 与定理 7.9 的差别仅在于条件(3)，该条件的几何意义见图 7.7. 读者可就满足定理 7.9 中条件的 f 详细分析条件(3)的意义.

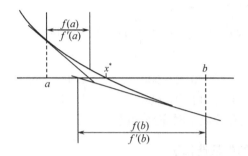

图 7.7 定理 7.9 的几何意义示意图

例 7.6 设 $a>0$,试建立计算 $x=\sqrt{a}$ 的收敛的牛顿迭代公式,并就 $a=2$ 实际进行迭代计算.

解 对正数 a 开平方问题可转化为求方程 $x^2-a=0$ 的正根问题. 应用牛顿迭代法求解时,可设 $f(x)=x^2-a\,(x>0)$. 这样 $f'(x)=2x>0$,牛顿迭代公式为

$$x_{k+1}=x_k-\frac{x_k^2-a}{2x_k}$$

$$=\frac{1}{2}\left(x_k+\frac{a}{x_k}\right),\quad k=0,1,2,\cdots,\quad (7.25)$$

其中 $x_0>0$(参见图 7.8).

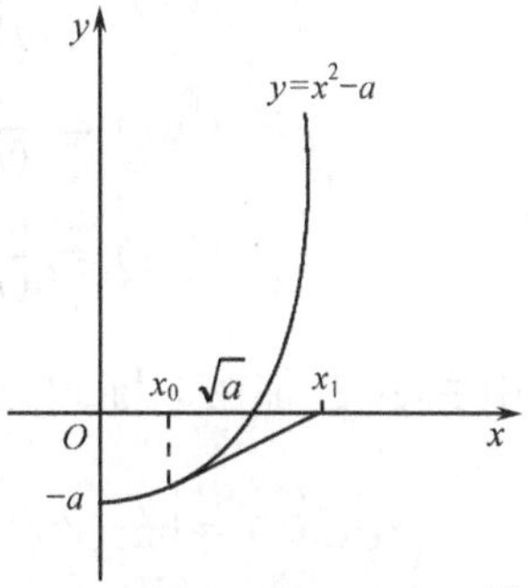

下面证明对任何初始值 $x_0>0$,迭代过程 (7.25) 都是收敛的.

由于在区间 $(0,+\infty)$ 内 $f'(x)=2x>0$,

图 7.8 例 7.6 当 $0<x_0<\sqrt{a}$ 时牛顿迭代法示意图

$f''(x)=2>0$,根据定理 7.8,对于任何 $x_0\geqslant\sqrt{a}$,该迭代公式产生的序列 $\{x_k\}$ 都收敛于 $\sqrt{a}$. 又当 $x_0\in(0,\sqrt{a})$ 时,由 f 的单增性知

$$x_1=x_0-\frac{f(x_0)}{f'(x_0)}=x_0-\frac{f(\sqrt{a})+f(x_0)-f(\sqrt{a})}{f'(x_0)}$$

$$=x_0-\frac{f(\sqrt{a})+f'(\xi)(x_0-\sqrt{a})}{f'(x_0)}\qquad (\text{中值定理},x_0<\xi<\sqrt{a})$$

$$=x_0+\frac{f'(\xi)}{f'(x_0)}(\sqrt{a}-x_0)\qquad (f(\sqrt{a})=0)$$

$$>x_0+(\sqrt{a}-x_0)=\sqrt{a},\qquad (f'(\xi)>f'(x_0)>0)$$

这样,从 x_1 起,以后的 $x_k(k\geqslant2)$ 就都大于 $\sqrt{a}$,由上段知,$\{x_k\}$ 平方收敛于 $\sqrt{a}$.

当 $a=2$ 时,式(7.25)为

$$x_{k+1} = \frac{1}{2}\left(x_k + \frac{2}{x_k}\right), \quad k = 0,1,2,\cdots.$$

取 $x_0=1$,则得到

$$x_1 = 1.500\ 000\ 000, \quad x_2 = 1.416\ 666\ 667,$$
$$x_3 = 1.414\ 215\ 686, \quad x_4 = 1.414\ 213\ 562,$$

x_4 与精确解取十位有效数字时完全相同.   #

7.4.2　重根情形的牛顿迭代法

在定理 7.8 中假定了 $f'(x^*)\neq 0$,即 x^* 是 $f(x)=0$ 的单根. 本段讨论 $f(x)=0$ 有多重根时牛顿迭代法的收敛情况. 设 x^* 为 $f(x)=0$ 的 m 重根 $(m\geqslant 2)$, $f(x)$ 在 x^* 的某邻域内有 m 阶连续导数,这时

$$f(x^*) = f'(x^*) = \cdots = f^{(m-1)}(x^*) = 0, \quad f^{(m)}(x^*) \neq 0.$$

由泰勒公式得

$$f(x) = \frac{1}{m!}f^{(m)}(\xi_1)(x-x^*)^m,$$

$$f'(x) = \frac{1}{(m-1)!}f^{(m)}(\xi_2)(x-x^*)^{m-1},$$

$$f''(x) = \frac{1}{(m-2)!}f^{(m)}(\xi_3)(x-x^*)^{m-2},$$

其中 ξ_1,ξ_2,ξ_3 都在 x 与 x^* 之间. 由牛顿迭代法的迭代函数 $\varphi(x)=x-\dfrac{f(x)}{f'(x)}$,得

$$\varphi(x^*) = \lim_{x\to x^*}\varphi(x) = \lim_{x\to x^*}\left[x - \frac{(x-x^*)f^{(m)}(\xi_1)}{mf^{(m)}(\xi_2)}\right] = x^*,$$

$$\varphi'(x^*) = \lim_{x\to x^*}\varphi'(x) = \lim_{x\to x^*}\frac{f(x)f''(x)}{[f'(x)]^2}$$

$$= \lim_{x\to x^*}\frac{(m-1)f^{(m)}(\xi_1)f^{(m)}(\xi_3)}{m[f^{(m)}(\xi_2)]^2}$$

$$= 1 - \frac{1}{m}. \tag{7.26}$$

由于 $0<\varphi'(x^*)<1$,所以对于 m 重根 $(m\geqslant 2)$,牛顿迭代法(7.22)的迭代仍然收敛,但只具有线性敛速.

不难看出,若取 $\varphi(x)=x-m\dfrac{f(x)}{f'(x)}$,从以上分析知 $\varphi'(x^*)=0$,由此得到平方收敛的方法

$$x_{k+1} = x_k - m\frac{f(x_k)}{f'(x_k)}, \quad k = 0,1,2,\cdots. \tag{7.27}$$

但实际上,事先很难知道根 x^* 的重数 m,因此难以使用式(7.27).

另一个修改的方法是令 $\mu(x)=\dfrac{f(x)}{f'(x)}$,若 x^* 是 $f(x)$ 的 m 重零点,则 x^* 是 $\mu(x)$ 的单重零点,取迭代函数 $\varphi(x)=x-\dfrac{\mu(x)}{\mu'(x)}=x-\dfrac{f(x)f'(x)}{[f'(x)]^2-f(x)f''(x)}$,则迭代式

$$x_{k+1}=x_k-\frac{f(x_k)f'(x_k)}{[f'(x_k)]^2-f(x_k)f''(x_k)} \tag{7.28}$$

仍然是二阶收敛的,其缺点是需要计算 $f''(x_k)$,计算量稍大些.

例 7.7　已知方程

$$f(x)=x^4-4x^2+4=0$$

有一个二重根 $x^*=\sqrt{2}$,试分别用牛顿迭代法(7.22)、m 重根的牛顿迭代法(7.27)及公式(7.28)求其近似值,要求 $|x_{k+1}-x_k|<10^{-9}$.

解　　　　　　　$f'(x)=4x^3-8x,\quad f''(x)=12x^2-8,$

$$\mu(x)=\frac{f(x)}{f'(x)}=\frac{x^2-2}{4x},$$

由定理 7.7 知,牛顿迭代法(7.22)具有局部收敛性.分别将 $f(x),f'(x)$ 及 $f''(x)$ 的表达式代入式(7.22)、(7.27)及(7.28),取 $x_0=1.5$ 进行计算,其结果见表 7.6.

表 7.6　例 7.7 的计算结果

k	式(7.22)x_k	k	式(7.22)x_k	k	式(7.27)x_k	式(7.28)x_k
0	1.5	$\vdots$	...	0	1.5	1.5
1	1.458 333 333	10	1.414 302 417	1	1.416 666 667	1.411 764 706
2	1.436 607 143	$\vdots$	...	2	1.414 215 686	1.414 211 439
3	1.425 497 619	24	1.414 213 561	3	1.414 213 562	1.414 213 562
4	1.419 877 922	25	1.414 213 565			
5	1.417 051 391	26	1.414 213 564			

从表 7.6 可以看出,要达到 $|x_{k+1}-x_k|<10^{-9}$,修改的牛顿迭代法(7.27)和(7.28)都仅需三次迭代,它们都是二阶收敛的方法.而原始的牛顿迭代法(7.22)要进行 26 次迭代才能达到同样的精度要求.

*7.4.3　牛顿下山法

由牛顿迭代法的收敛性定理知,牛顿迭代法对初值 x_0 的要求是很苛刻

的. 在实际应用中往往难以给出较好的初值 x_0. 牛顿下山法是一种降低对初值要求的修正牛顿迭代法.

方程 $f(x)=0$ 的解 x^* 是 $|f(x)|$ 的最小值点, 即

$$0 = \left|f(x^*)\right| = \min_x \left|f(x)\right|. \tag{7.29}$$

若我们视 $|f(x)|$ 为 $f(x)$ 在 x 处的高度, 则 x^* 是山谷最低点. 若序列 $\{x_k\}$ 满足 $|f(x_{k+1})| < |f(x_k)|$, 则称 $\{x_k\}$ 是 $f(x)$ 的一个下山序列. 下山序列的一个极限点不一定是 $f(x)=0$ 的解. 但收敛的牛顿序列除去有限点外一定是下山序列. 这是因为

$$f(x_{k+1}) = f'(\xi_{k+1})(x_{k+1}-x^*) = \frac{f'(\xi_{k+1})f''(\eta_k)}{2f'(x_k)}(x_k-x^*)^2 \qquad (\text{式}(7.24))$$

$$= \frac{f'(\xi_{k+1})f''(\eta_k)}{2f'(x_k)}\left[\frac{f(x_k)}{f'(\xi_k)}\right]^2 \quad (f(x_k)=f'(\xi_k)(x_k-x^*)).$$

当 $k \to \infty$ 时, $\dfrac{f(x_{k+1})}{f^2(x_k)} \to \dfrac{f''(x^*)}{2[f'(x^*)]^2}$. 于是当 k 充分大时, $|f(x_{k+1})| < |f(x_k)|$.

引理 7.1　若 $f(x) \in C^2[a,b]$, 且 $f(x) \neq 0$, $f'(x) \neq 0$, 则存在 $\delta > 0$, 使得当 $0 < t < \delta$ 时,

$$\left|f\left[x - t\frac{f(x)}{f'(x)}\right]\right| < |f(x)|, \quad x \in [a,b].$$

证明　将 $f\left[x - t\dfrac{f(x)}{f'(x)}\right]$ 在 x 处展开, 得

$$f\left[x - t\frac{f(x)}{f'(x)}\right] = f(x) - t\frac{f(x)}{f'(x)}f'(x) + O(t^2),$$

所以

$$\lim_{t \to 0} \frac{f\left[x - t\dfrac{f(x)}{f'(x)}\right] - f(x) - \left[-t\dfrac{f(x)}{f'(x)}\right]f'(x)}{-t\dfrac{f(x)}{f'(x)}} = 0.$$

于是存在 $1 > \delta > 0$, 当 $t \in (0, \delta)$ 时有

$$\left|\frac{f\left[x - t\dfrac{f(x)}{f'(x)}\right] - f(x) - \left[-t\dfrac{f(x)}{f'(x)}\right]f'(x)}{-t\dfrac{f(x)}{f'(x)}}\right| \leqslant \frac{1}{2}|f'(x)|,$$

从而, 当 $0 < t < \delta < 1$ 时

$$\left| f\left[x - t\,\frac{f(x)}{f'(x)} \right] - (1-t)f(x) \right| \leqslant \frac{t}{2}\,|f(x)|,$$

$$\left| f\left[x - t\,\frac{f(x)}{f'(x)} \right] \right| \leqslant \left| f\left[x - t\,\frac{f(x)}{f'(x)} \right] - (1-t)f(x) \right| + |\,(1-t)f(x)\,|$$

$$\leqslant \frac{t}{2}\,|\,f(x)\,| + (1-t)\,|\,f(x)\,|$$

$$= \left(1 - \frac{t}{2} \right)\left|\,f(x)\,\right| < |\,f(x)\,|. \qquad\qquad \#$$

引理 7.1 表明, $-\dfrac{f(x)}{f'(x)}$ 是 $f(x)$ 在 x 点的下山方向. 可以选择适当的 $t_k >$ 0, 使 $x_{k+1} = x_k - t_k \dfrac{f(x_k)}{f'(x_k)}$ 满足 $|f(x_{k+1})| < |f(x_k)|$, $k=0,1,2,\cdots$. 在牛顿迭代法中引进下山因子 $t_k \in (0,1]$, 将迭代式修改为

$$x_{k+1} = x_k - t_k \frac{f(x_k)}{f'(x_k)}, \quad k = 0,1,2,\cdots, \qquad (7.30)$$

使得 $|f(x_{k+1})| < |f(x_k)|$. 为保证收敛性, t_k 不能太小; 为保证牛顿迭代法的高阶收敛性, 希望 k 充分大时, $t_k = 1$, 转化为标准的牛顿迭代法. 下山因子 t_k 的一种常用取法是取自集合 $\left\{ 1, \dfrac{1}{2}, \dfrac{1}{4}, \cdots \right\}$. 这种把下山法和牛顿迭代法结合起来使用的方法, 称为**牛顿下山法**.

牛顿下山法的计算步骤如下:

(i) 选取初始值 x_0;

(ii) 对 t 赋值 1;

(iii) 计算 $x_{k+1} = x_k - t\,\dfrac{f(x_k)}{f'(x_k)}$;

(iv) 判断条件 $|f(x_{k+1})| < |f(x_k)|$ 是否成立.

(1) 如果 $|f(x_{k+1})| < |f(x_k)|$, 则有两种情况:

(a) 当 $|x_{k+1} - x_k| < \varepsilon_x$ 时, $x^* \approx x_{k+1}$, 计算终止;

(b) 当 $|x_{k+1} - x_k| \geqslant \varepsilon_x$ 时, 把 x_{k+1} 作为新的 x_k, 转 (ii) 继续迭代.

(2) 如果 $|f(x_{k+1})| \geqslant |f(x_k)|$, 也有两种情况:

(a) 当 $t > \varepsilon_t$ 且 $|f(x_{k+1})| \geqslant \varepsilon_f$ 时, 将 t 缩小一半, 转 (iii), 继续迭代;

(b) 当 $t \leqslant \varepsilon_t$ 且 $|f(x_{k+1})| < \varepsilon_f$ 时, 则 $x^* \approx x_{k+1}$, 终止计算, 否则, 取 $x_{k+1} + \delta$ (δ 为一适当增量) 作为新的 x_k, 转 (ii) 继续迭代.

上述步骤中 $\varepsilon_x,\varepsilon_f$ 分别表示根的允许误差和残量精度要求，ε_t 为下山因子下界，它的引入也是必需的(为什么?).

例 7.8　取 $x_0=-500,\varepsilon_x=\varepsilon_f=10^{-9}$，分别用标准的牛顿迭代法(7.22)和牛顿下山法(7.30)计算 $x^3+4x^2-10=0$ 的根.

解　若用标准的牛顿迭代法(7.22)，取 $x_0=-500,\varepsilon=10^{-9}$，则需要 64 次迭代，结果为 $x_{64}=1.365\ 230\ 013$.

牛顿下山法的迭代次数与所选取的 ε_t 和增量 δ 都有关. 例如取 $x_0=-500,\varepsilon_x=\varepsilon_f=10^{-9}$ 固定时，若 $\varepsilon_t=10^{-5},\delta=0.001$，需要 43 步达到 $x_{43}=1.365\ 230\ 013$；若 $\varepsilon_t=10^{-6},\delta=0.001$，需 32 步达到要求；若 $\varepsilon_t=10^{-7},\delta=0.001$，需 87 步达到精度要求；若 $\varepsilon_t=10^{-6},\delta=0.01$，需 135 步；若 $\varepsilon_t=10^{-6}$，$\delta=0.0001$，需 224 步. 　　　　　　　　　　　　　　　♯

由此可以看出，要用牛顿下山法求解方程的根，需要一定的经验才行. 当函数形状复杂时，牛顿下山法有可能收敛很慢. 对计算结果仔细分析可知，只有 x_k 充分接近 x^* 时，才有二阶收敛速度. 另外，对形状复杂的函数使用牛顿迭代法和牛顿下山法时，程序中应加上 $f'(x_k)$ 是否为零的判断，以排除 $f'(x_k)=0$ 不能进行迭代的可能.

上例中函数 $f(x)=x^3+4x^2-10$ 的图形见图 7.9. 读者可以分析用牛顿迭代法或牛顿下山法计算时，初值 x_0 的不同选取可能引起的种种问题，从而体会收敛性定理的条件及使用时应注意的问题.

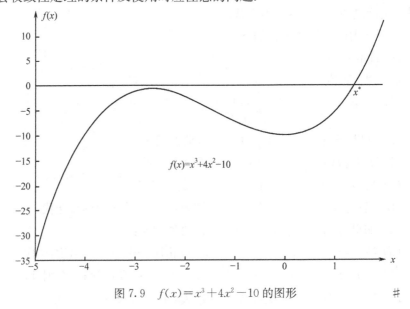

图 7.9　$f(x)=x^3+4x^2-10$ 的图形　　　　　　　　♯

7.5 弦割法和抛物线法

7.5.1 弦割法及其收敛性

牛顿迭代法(7.22)是二阶方法,每步要计算 $f(x_k)$ 和 $f'(x_k)$. 在很多情况下计算导数值比较困难,而且计算量较大.这里考虑牛顿迭代法的一种修改,以 x_{k-1},x_k 点处的一阶差商代替 $f'(x_k)$,得到

$$x_{k+1} = x_k - \frac{f(x_k)(x_k - x_{k-1})}{f(x_k) - f(x_{k-1})} = \frac{x_{k-1}f(x_k) - x_k f(x_{k-1})}{f(x_k) - f(x_{k-1})}. \quad (7.31)$$

这就是**弦割法**的迭代公式.它的几何意义如图 7.10 所示.不是用 $f(x)$ 的切线方程的零点近似代替 $f(x)$ 的零点,而是用通过 $(x_{k-1},f(x_{k-1}))$ 和 $(x_k,f(x_k))$ 的弦线的零点近似代替 $f(x)$ 的零点.弦线方程为

$$y = f(x_k) + \frac{f(x_k) - f(x_{k-1})}{x_k - x_{k-1}}(x - x_k),$$

其零点为

$$x = x_k - \frac{f(x_k)(x_k - x_{k-1})}{f(x_k) - f(x_{k-1})}.$$

将 x 用 x_{k+1} 表示,即得式(7.31).

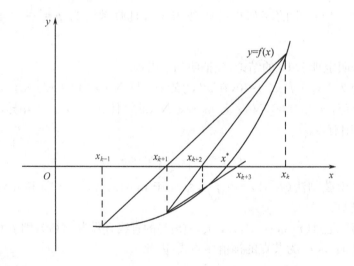

图 7.10 弦割法示意图

例 7.9 用弦割法(7.31)求方程

$$x^3 + 4x^2 - 10 = 0.$$

在 $[1,2]$ 上的近似根，要求 $|x_{k+1}-x_k|<10^{-9}$.

解　设 $f(x)=x^3+4x^2-10$，则 $f(1)=-5$，$f(2)=14$，取 $x_0=1$，$x_1=2$，利用式 (7.31) 计算的结果见表 7.7.

表 7.7　例 7.9 的计算结果

k	x_k	$f(x_k)$	k	x_k	$f(x_k)$
0	1.0	-5.0	5	1.365 211 903	$-2.990\ 607\ 1\times10^{-4}$
1	2.0	14.0	6	1.365 230 001	-2.0416×10^{-7}
2	1.263 157 895	$-1.602\ 274\ 384$	7	1.365 230 013	0.0
3	1.338 827 839	$-0.430\ 364\ 744$	8	1.365 230 013	0.0
4	1.366 616 395	0.022 909 427			

♯

将本题结果与例 7.2 的结果相比较可以看出，弦割法比线性收敛的不动点迭代法收敛得快，但比牛顿迭代法收敛得慢一些.

我们有如下的局部收敛性定理.

定理 7.10　设 $f(x^*)=0$，$f'(x^*)\neq0$，$f''(x)$ 在 x^* 的某邻域内连续，则存在 x^* 的一个邻域 $N_\delta(x^*)=[x^*-\delta,x^*+\delta](\delta>0)$，当 $x_0,x_1\in N_\delta(x^*)$ 时，弦割法 (7.31) 产生的序列 $\{x_k\}$ 收敛于 x^*，且收敛阶为 $p=\dfrac{1}{2}(1+\sqrt{5})\approx1.618$.

为证明定理 7.10 的结论，先证明如下引理.

引理 7.2　设 $f(x^*)=0$，在 x^* 的某个邻域 $N_\delta(x^*)=[x^*-\delta,x^*+\delta]$ 内 $f''(x)$ 连续且 $f'(x)\neq0$，又设 $x_{k-1},x_k\in N_\delta(x^*)$ 且 x_{k-1},x_k,x^* 互异，记 $e_k=x_k-x^*$，则有

$$e_{k+1}=\frac{f''(\eta_k)}{2f'(\xi_k)}e_{k-1}e_k,\tag{7.32}$$

其中 x_{k+1} 由弦割法 (7.31) 产生，η_k,ξ_k 介于 $\min\{x_{k-1},x_k,x^*\}$ 和 $\max\{x_{k-1},x_k,x^*\}$ 之间.

证明　记过 $(x_{k-1},f(x_{k-1}))$，$(x_k,f(x_k))$ 的直线方程为 $p_1(x)$，则 $p_1(x)$ 可以看作是以 x_{k-1},x_k 为节点的插值多项式，因此

$$f(x)-p_1(x)=\frac{1}{2}f''(\eta)(x-x_{k-1})(x-x_k),$$

η 介于 x_{k-1} 与 x_k 之间. 注意到 $f(x^*)=0$，知

$$p_1(x^*)=-\frac{1}{2}f''(\eta_k)(x^*-x_{k-1})(x^*-x_k)=-\frac{1}{2}f''(\eta_k)e_{k-1}e_k.$$

另一方面,由于 x_{k+1} 是 $p_1(x)=0$ 的根,故

$$p_1(x^*)=p_1(x^*)-p_1(x_{k+1})=p_1'(\xi)(x^*-x_{k+1})$$

$$=-\frac{f(x_k)-f(x_{k-1})}{x_k-x_{k-1}}e_{k+1}=-f'(\xi_k)e_{k+1},$$

ξ_k 介于 x^* 与 x_{k+1} 之间. 上面两个式子联立,即可得出

$$e_{k+1}=\frac{1}{2}\frac{f''(\eta_k)}{f'(\xi_k)}e_{k-1}e_k.$$

ξ_k,η_k 均在 x_{k-1},x_k,x^* 所界定的范围内,当 $x_{k-1},x_k\in N_\delta(x^*)$ 时,有 $\xi_k,$ $\eta_k\in N_\delta(x^*)$.   #

定理 7.10 的证明 分三步证明定理的结论.

(1) 证明存在 x^* 的某邻域 $N_\delta(x^*)=[x^*-\delta,x^*+\delta]$,使当 $x_0,x_1\in$ $N_\delta(x^*)$ 时,由式(7.31)产生的 $x_k(k\geqslant 2)$ 都属于 $N_\delta(x^*)$.

由于 $f'(x),f''(x)$ 在 x^* 的某邻域内连续,且 $f'(x^*)\neq 0$,故存在 $\varepsilon>0$ 及相应的邻域 $N_\varepsilon(x^*)=[x^*-\varepsilon,x^*+\varepsilon]$,使当 $x\in N_\varepsilon(x^*)$ 时,$f'(x)\neq 0$. 令

$$M_\varepsilon=\max_{x\in N_\varepsilon(x^*)}|f''(x)|\Big/\Big(2\min_{x\in N_\varepsilon(x^*)}|f'(x)|\Big),$$

则对一切 $x_0,x_1\in N_\varepsilon(x^*)$,利用式(7.32),有

$$|e_2|\leqslant M_\varepsilon|e_0|\cdot|e_1|.$$

今取 $\delta>0$,要求 $\delta<\varepsilon,\delta M_\delta<1$,则当 $x_0,x_1\in N_\delta(x^*)\subset N_\varepsilon(x^*)$ 时,有 $|e_0|<\delta,$ $|e_1|<\delta$. 再利用式(7.32)得

$$|e_2|\leqslant M_\delta\delta\delta=\delta M_\delta\cdot\delta<\delta,$$

即 $x_2\in N_\delta(x^*)$. 一般地,若 $x_{k-1},x_k\in N_\delta(x^*)$,利用式(7.32)可得

$$|e_{k+1}|\leqslant M_\delta|e_{k-1}|\cdot|e_k|\leqslant M_\delta\cdot\delta\cdot\delta<\delta,$$

即得 $x_{k+1}\in N_\delta(x^*)$.

(2) 证明 $\{x_k\}$ 的收敛性. 由式(7.32)及递推关系,当 $k\geqslant 1$ 时,

$$|e_k|\leqslant M_\delta|e_{k-2}|\cdot|e_{k-1}|\leqslant M_\delta\cdot\delta|e_{k-1}|$$

$$\leqslant(\delta M_\delta)^2|e_{k-2}|\leqslant\cdots\leqslant(\delta M_\delta)^k|e_0|.$$

因 $\delta M_\delta<1$,所以当 $k\to\infty$ 时 $e_k\to 0$,即 $\{x_k\}$ 收敛于 x^*.

(3) 分析收敛阶. 令 $M^*=|f''(x^*)|/(2|f'(x^*)|)$,显然有 $M^*\leqslant M_\delta$. 因 $\{x_k\}$ 的收敛性,当 k 充分大时,式(7.32)可写成

$$|e_{k+1}|\approx M^*|e_{k-1}||e_k|, \tag{7.33}$$

再引入 $d_k=M^*|e_k|,d=M_\delta\cdot\delta$,显然有 $d_k\leqslant d<1$. 对式(7.32)两边同乘以 M^*,得

$$d_{k+1}\approx d_k\cdot d_{k-1}. \tag{7.34}$$

设 $d_k = d^{m_k}, k = 0, 1, 2, \cdots$，则 $\{m_k\}$ 满足差分方程

$$m_{k+1} = m_k + m_{k-1}, \quad k = 1, 2, \cdots. \tag{7.35}$$

初始条件 m_0, m_1 由迭代初值决定. 由 $d_0 \leqslant d, d_1 \leqslant d$ 知，差分方程（7.35）的初始条件是 $m_0 \geqslant 1, m_1 \geqslant 1$. 差分方程式（7.35）的特征方程为（背景知识见附录）

$$\lambda^2 - \lambda - 1 = 0,$$

解得特征根为

$$\lambda_1 = \frac{1}{2}(1 + \sqrt{5}) \approx 1.618, \quad \lambda_2 = \frac{1}{2}(1 - \sqrt{5}) \approx -0.618.$$

因而 m_k 可表为

$$m_k = \alpha_1 \lambda_1^k + \alpha_2 \lambda_2^k. \tag{7.36}$$

α_1, α_2 可由 $m_0 \geqslant 1, m_1 \geqslant 1$ 来确定，最终得到

$$\alpha_1 = \frac{m_1 - \lambda_2 m_0}{\lambda_1 - \lambda_2} = \frac{m_1 + |\lambda_2| m_0}{\lambda_1 - \lambda_2} > 0,$$

$$\alpha_2 = \frac{m_0 \lambda_1 - m_1}{\lambda_1 - \lambda_2}.$$

因 $|\lambda_1| > |\lambda_2|$，且 $\alpha_1 \neq 0$，故当 k 充分大时有

$$m_k \approx \alpha_1 \lambda_1^k,$$

所以

$$d_k = d^{m_k} \approx d^{\alpha_1 \lambda_1^k},$$

$$d_{k+1} = d^{m_{k+1}} \approx d^{\alpha_1 \lambda_1^{k+1}},$$

$$\frac{d_{k+1}}{d_k^{\lambda_1}} \approx 1 \quad \text{或} \quad \frac{M^* |e_{k+1}|}{(M^* |e_k|)^{\lambda_1}} \approx 1.$$

故有

$$\frac{|e_{k+1}|}{|e_k|^{\lambda_1}} \approx (M^*)^{\lambda_1 - 1} = \left| \frac{f''(x^*)}{2f'(x^*)} \right|^{0.618}. \tag{7.37}$$

这表明，弦割法为 $p = 1.618$ 阶迭代方法.　　　　　　　　　　　　　　　　　♯

与牛顿迭代法相比，弦割法不必计算 $f'(x_k)$，作为代价，其收敛阶比牛顿迭代法低，并且需要两个初始值 x_0, x_1.

不难证明下述定理的正确性，它也可以看作是弦割法的非局部收敛性定理.

定理 7.11　设 $f''(x)$ 在 $[a, b]$ 上连续，且

(1) $f(a)f(b) < 0$;

(2) 对一切 $x \in [a, b], f'(x) \neq 0, f''(x) \neq 0$;

(3) $\left| \dfrac{f(a)}{f'(a)} \right| \leqslant b - a, \left| \dfrac{f(b)}{f'(b)} \right| \leqslant b - a,$

则对任意的初始值 $x_0, x_1 \in [a,b]$，弦割法式(7.31)产生的迭代序列 $\{x_k\}$ 收敛于 x^*，且 x^* 是 f 在 $[a,b]$ 内的唯一零点.

这一定理的条件同定理7.9的完全一样. 读者可通过几何图形来验证定理的结论.

注记3 弦割法与7.3节中的斯蒂芬森迭代法有着密切的关系. 设 $f(x) = 0$ 的等价方程为 $x = \varphi(x)$，$y_k = \varphi(x_k)$，$z_k = \varphi(y_k) = \varphi(\varphi(x_k))$. 对 $g(x) = x - \varphi(x) = 0$ 在 $(x_k, g(x_k))$，$(y_k, g(y_k))$ 使用弦割法，求出的值记为 x_{k+1}，则

$$
\begin{aligned}
x_{k+1} &= x_k - \frac{y_k - x_k}{g(y_k) - g(x_k)} g(x_k) \\
&= x_k - \frac{(y_k - x_k)^2}{z_k - 2y_k + x_k} \\
&= x_k - \frac{(\varphi(x_k) - x_k)^2}{\varphi(\varphi(x_k)) - 2\varphi(x_k) + x_k}.
\end{aligned}
$$

这就是斯蒂芬森迭代法(7.18)式.

对于给定的 $f(x) = 0$，令 $\varphi(x) = x + f(x)$，则 $f(x) = 0$ 与 $x = \varphi(x)$ 等价. 对如此特定的 $\varphi(x)$ 应用斯蒂芬森迭代，有

$$
\begin{cases}
x_{k+1} = \Psi(x_k), \quad k = 0, 1, 2, \cdots, \\
\Psi(x) = x - \dfrac{f^2(x)}{f(x + f(x)) - f(x)}.
\end{cases} \tag{7.38}
$$

该迭代式也叫斯蒂芬森迭代公式，它也可看作是对牛顿迭代法和弦割法的一种修改. 这一迭代公式既不要计算牛顿迭代法中的导数 $f'(x_k)$，也不需要弦割法中的两个初值. 它是一种单点迭代法. 在一定条件下，可以证明它是一种二阶方法，详见本章习题13.

例7.10 用斯蒂芬森迭代式(7.38)求方程

$$
x^3 + 4x^2 - 10 = 0
$$

在 $[1,2]$ 上的根，要求 $|x_{k+1} - x_k| < 10^{-9}$.

解 取初始值 $x_0 = 1.5$，利用式(7.38)计算，其结果列于表7.8中.

表7.8 例7.10的计算结果

k	x_k	$f(x_k)$	k	x_k	$f(x_k)$
0	1.5	2.375	4	1.365 960 464	0.012 066 536
1	1.446 722 748	1.400 027 257	5	1.365 234 573	0.000 075 301
2	1.402 262 394	0.622 683 675	6	1.365 230 014	0.000 000 003
3	1.374 728 399	0.157 581 871	7	1.365 230 013	0.000 000 000

可以看出,斯蒂芬森迭代公式(7.38)的收敛速度确实较快,其迭代次数与例 7.9 中的弦割法的迭代次数差不多.这说明,式(7.38)的收敛也是局部的,对初始值 x_0 的选取也有较高的要求.

读者可取 $x_0 = 1.3$ 或 $x_0 = 1.4$ 进行计算,考察其迭代次数.

7.5.2   抛物线法

弦割法可以看作是以 x_{k-1}, x_k 为节点作线性插值,用插出的函数(直线)的零点作为 x_{k+1} 的.自然会想到用通过 $(x_{k-2}, f(x_{k-2}))$, $(x_{k-1}, f(x_{k-1}))$ 及 $(x_k, f(x_k))$ 三点作抛物线,

$$
\begin{aligned}
p_2(x) = & \frac{(x - x_{k-1})(x - x_k)}{(x_{k-2} - x_{k-1})(x_{k-2} - x_k)} f(x_{k-2}) \\
& + \frac{(x - x_{k-2})(x - x_k)}{(x_{k-1} - x_{k-2})(x_{k-1} - x_k)} f(x_{k-1}) \\
& + \frac{(x - x_{k-2})(x - x_{k-1})}{(x_k - x_{k-2})(x_k - x_{k-1})} f(x_k).
\end{aligned} \tag{7.39}
$$

用该抛物线的零点作为 x_{k+1},也许会得到更好的迭代方法.用这种方法得到的迭代法称为**抛物线法**,也称**穆勒(Müller)法**.

一般地,一条抛物线有两个实零点时,我们取距 x_k 较近的那个零点作为 x_{k+1}.参见图 7.11.

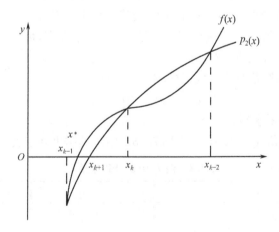

图 7.11   抛物线法示意图

二次插值多项式 $p_2(x)$ 只有写成 $ax^2 + bx + c$ 时才能给出零点的表达式,为此我们需要给出 x_{k+1} 的规范化计算公式.

引入新变量

$$
\begin{cases}
\lambda = \dfrac{x - x_k}{x_k - x_{k-1}}, \\[2mm]
\lambda_3 = \dfrac{x_k - x_{k-1}}{x_{k-1} - x_{k-2}}, \\[2mm]
\delta_3 = 1 + \lambda_3 = \dfrac{x_k - x_{k-2}}{x_{k-1} - x_{k-2}},
\end{cases}
\tag{7.40}
$$

于是,以 x_{k-2}, x_{k-1}, x_k 三点为插值节点的二次多项式(7.39)可表达成 λ 的二次函数

$$
p_2(\lambda) = \frac{1}{\delta_3}(a\lambda^2 + b\lambda + c),
\tag{7.41}
$$

其中

$$
\begin{cases}
a = f(x_{k-2})\lambda_3^2 - f(x_{k-1})\lambda_3\delta_3 + f(x_k)\lambda_3, \\
b = f(x_{k-2})\lambda_3^2 - f(x_{k-1})\delta_3^2 + f(x_k)(\lambda_3 + \delta_3), \\
c = f(x_k)\delta_3.
\end{cases}
\tag{7.42}
$$

式(7.41)的两个零点为

$$
\lambda = \frac{-b \pm \sqrt{b^2 - 4ac}}{2a} = \frac{-2c}{b \pm \sqrt{b^2 - 4ac}}.
\tag{7.43}
$$

从式(7.40)中 λ 的表达式知,取模小的 λ,得到的 x_{k+1} 与 x_k 较为接近,即式(7.43)中取分母大的零点作为 λ_4,即

$$
\lambda_4 = \frac{-2c}{b + \mathrm{sign}(b)\sqrt{b^2 - 4ac}}.
\tag{7.44}
$$

再由 λ 的表达式知,x^* 的新的近似值

$$
x_{k+1} = x_k + \lambda_4(x_k - x_{k-1}).
\tag{7.45}
$$

综上所述,抛物线法的规范化计算步骤为

(1) 按式(7.40)计算 λ_3, δ_3;

(2) 按式(7.42)计算 a, b, c;

(3) 按式(7.44)计算 λ_4;

(4) 按式(7.45)计算 x_{k+1};

(5) 用 x_{k-1}, x_k, x_{k+1} 分别代替 x_{k-2}, x_{k-1}, x_k,用 $f(x_{k-1}), f(x_k), f(x_{k+1})$ 分别代替 $f(x_{k-2}), f(x_{k-1}), f(x_k)$,以便下一步迭代.

在计算过程中,若 $|\lambda_4(x_k - x_{k-1})| < \varepsilon$,$x_{k+1}$ 可以作为 x^* 的近似值;否则,重复(1)~(5)的迭代计算.

定理 7.12 设 $f(x^*) = 0$,$f'(x^*) \neq 0$,$f'''(x)$ 在 x^* 的某邻域内连续,则存在 x^* 的一个邻域 $N_\delta(x^*) = [x^* - \delta, x^* + \delta]$,当 $x_0, x_1, x_2 \in N_\delta(x^*)$ 时,由

抛物线法产生的序列 $\{x_k\}$ 收敛于 x^*,且

$$\lim_{k \to \infty} \frac{|x_{k+1} - x^*|}{|x_k - x^*|^p} = \left| \frac{f'''(x^*)}{6f'(x^*)} \right|^{(p-1)/2}, \tag{7.46}$$

其中 p 是方程 $\lambda^3 - (\lambda^2 + \lambda + 1) = 0$ 的根,约等于 1.839.

读者可仿照定理 7.10 的证明过程完成本定理的证明,也可参考文献 [12].

进一步仔细研究知,抛物线法对初值的选取范围较牛顿迭代法和弦割法的宽. 此外,弦割法在重根时有可能不收敛,而抛物线法仍然收敛,但收敛速度可能很慢. 因此,抛物线法是一个比较有效的求根方法. 其缺点是每迭代一步所需的计算量比弦割法的大. 抛物线法也可用于求方程的复根.

例 7.11   用抛物线法求方程 $x^3 + 4x^2 - 10 = 0$ 在 $[1,2]$ 的根,要求 $|x_{k+1} - x_k| < 10^{-9}$.

解   取初始近似值 $x_0 = 1.0, x_1 = 1.5, x_2 = 2.0$,按照规范化计算过程计算,所得结果列于表 7.9 中.

表 7.9   例 7.11 的计算结果

k	x_k	k	x_k
0	1.0	4	1.365 220 284
1	1.5	5	1.365 230 014
2	2.0	6	1.365 230 013
3	1.367 098 179	7	

♯

比较上述结果与例 7.8、例 7.2 中方法 5(即牛顿迭代法)的结果可以看出,抛物线法确实比弦割法收敛得快,但比牛顿迭代法收敛得慢.

注记 4   有的教材上还讲到单点弦割法,但该方法是线性收敛的,有兴趣的读者可参考文献 [12]. 由于三次以上多项式方程的根一般已不好计算,因此一般不再用三次以上插值多项式来构造求根方法.

*7.6   非线性方程组的迭代解法简介

7.6.1   一般概念

含有 n 个方程的 n 元非线性方程组的一般形式是

$$\begin{cases} f_1(x_1,x_2,\cdots,x_n)=0, \\ f_2(x_1,x_2,\cdots,x_n)=0, \\ \qquad\cdots\cdots \\ f_n(x_1,x_2,\cdots,x_n)=0, \end{cases} \tag{7.47}$$

其中 $f_i(i=1,2,\cdots,n)$ 是定义在区域 $D\subset\mathbf{R}^n$ 上的 n 元实值函数,且 f_i 中至少有一个是非线性函数. 令

$$x=(x_1,x_2,\cdots,x_n)^{\mathrm{T}},$$
$$F(x)=(f_1(x),f_2(x),\cdots,f_n(x))^{\mathrm{T}},$$

则方程组(7.47)可表示成向量形式

$$F(x)=0, \tag{7.48}$$

其中 $F:D\subset\mathbf{R}^n\rightarrow\mathbf{R}^n$,即 F 是定义在区域 $D\subset\mathbf{R}^n$ 上且是 n 维实向量值函数. 若存在 $x^*\in D$ 使 $F(x^*)=0$,则称 x^* 是方程组(7.48)的解.

对非线性方程组(7.48)的解的存在性和有效解法的研究已有很多成果,本节只能简要介绍其中的几种迭代法. 为此先介绍有关概念.

定义 7.3 设 $f:D\subset\mathbf{R}^n\rightarrow\mathbf{R}^1,x\in\mathrm{int}(D)$(即 x 是 D 的内点),若存在向量 $l(x)\in\mathbf{R}^n$,使极限

$$\lim_{h\rightarrow0}\frac{f(x+h)-f(x)-l(x)^{\mathrm{T}}h}{\|h\|}=0 \tag{7.49}$$

成立,则称 f 在 x 处可微,向量 $l(x)$ 称为 f 在 x 处的导数,记为 $f'(x)=l(x)$;若 D 是开区域且 f 在 D 内每点处都可微,则称 f 在 D 可微.

定理 7.13 若 $f:D\subset\mathbf{R}^n\rightarrow\mathbf{R}^1$ 在 $x\in\mathrm{int}(D)$ 处可微,则 f 在 x 处关于各自变量的偏导数 $\dfrac{\partial f(x)}{\partial x_j}(j=1,2,\cdots,n)$ 存在,且有

$$f'(x)=\left(\frac{\partial f(x)}{\partial x_1},\frac{\partial f(x)}{\partial x_2},\cdots,\frac{\partial f(x)}{\partial x_n}\right)^{\mathrm{T}}.$$

证明 记 $l(x)=(l_1(x),l_2(x),\cdots,l_n(x))^{\mathrm{T}}$,取 $h=he_j$(实数 $h\neq0,e_j$ 为 n 维基本单位向量),由于式(7.49)成立,故有

$$\lim_{h\rightarrow0}\frac{f(x+he_j)-f(x)-l_j(x)h}{h}=0,\quad j=1,2,\cdots,n,$$

因而

$$l_j(x)=\lim_{h\rightarrow0}\frac{f(x+he_j)-f(x)}{h}=\frac{\partial f(x)}{\partial x_j},\quad j=1,2,\cdots,n$$

存在,且有

$$f'(x)=l(x)=\left(\frac{\partial f(x)}{\partial x_1},\frac{\partial f(x)}{\partial x_2},\cdots,\frac{\partial f(x)}{\partial x_n}\right)^{\mathrm{T}}. \qquad \#$$

f 在 x 处的导数 $f'(x)$ 又称为 f 在 x 处的梯度,有时也记为 $\mathrm{grad}f(x)$ 或 $\nabla f(x)$.

定义 7.4　设 $F:D \subset \mathbf{R}^n \rightarrow \mathbf{R}^n, x \in \mathrm{int}(D)$,若存在矩阵 $A(x) \in \mathbf{R}^{n \times n}$,使极限

$$\lim_{h \rightarrow 0} \frac{\| F(x+h) - F(x) - A(x)h \|}{\| h \|} = 0 \tag{7.50}$$

成立,则称 F 在 x 处**可微**,矩阵 $A(x)$ 称为 F 在 x 处的**导数**,记为 $F'(x) = A(x)$;若 D 是开区域且 F 在 D 内每点都可微,则称 F 在 D 可微.

定理 7.14　设 $F:D \subset \mathbf{R}^n \rightarrow \mathbf{R}^n$,$F$ 在 $x \in \mathrm{int}(D)$ 处可微的充要条件是 F 的所有分量 $f_i(i=1,2,\cdots,n)$ 在 x 点处可微;若 F 在 x 处可微,则

$$F'(x) = \left(\frac{\partial f_i(x)}{\partial x_j} \right)_{n \times n} = \begin{pmatrix} \dfrac{\partial f_1(x)}{\partial x_1} & \dfrac{\partial f_1(x)}{\partial x_2} & \cdots & \dfrac{\partial f_1(x)}{\partial x_n} \\ \vdots & \vdots & & \vdots \\ \dfrac{\partial f_n(x)}{\partial x_1} & \dfrac{\partial f_n(x)}{\partial x_2} & \cdots & \dfrac{\partial f_n(x)}{\partial x_n} \end{pmatrix}.$$

证明　由于 $F(x) = (f_1(x),\cdots,f_n(x))^{\mathrm{T}}$,所以存在向量 $l_i(x) \in \mathbf{R}^n$ 使极限

$$\lim_{h \rightarrow 0} \frac{f_i(x+h) - f_i(x) - l_i(x)^{\mathrm{T}}h}{\| h \|} = 0, \quad i = 1,2,\cdots,n$$

成立与存在矩阵 $A(x) \in \mathbf{R}^{n \times n}$ 使极限式(7.50)成立是等价的,并且 $A(x) = (l_1(x),l_2(x),\cdots,l_n(x))^{\mathrm{T}}$,即 $f_i(i=1,2,\cdots,n)$ 在 x 处可微是 F 在 x 处可微的充要条件. 又根据定理 7.13,当 F 在 x 处可微时,

$$F'(x) = A(x) = \left(\frac{\partial f_i(x)}{\partial x_j} \right)_{n \times n}. \qquad\qquad \#$$

矩阵 $\left(\dfrac{\partial f_i(x)}{\partial x_j} \right)_{n \times n}$ 称为 F 在 x 处的雅可比矩阵.

定理 7.15　设 $F:D \subset \mathbf{R}^n \rightarrow \mathbf{R}^n$,

(1) 若 F 在 $x \in \mathrm{int}(D)$ 处的雅可比矩阵存在且连续,则 F 在 x 处可微,并称 F 在 x 处连续可微,且 $F'(x) = \left(\dfrac{\partial f_i(x)}{\partial x_j} \right)_{n \times n}$.

(2) 若 F 在 $x \in \mathrm{int}(D)$ 处可微,则 F 在 x 处连续.

(3) 若 F 在开区域 D 内可微,$D_0 \subset D$ 为开凸域,则对任意的 $x \in D_0$ 和 $x + h \in D_0$,等式

$$F(x+h)-F(x) = \begin{pmatrix} f_1'(x+\theta_1 h)^{\mathrm{T}} \\ f_2'(x+\theta_2 h)^{\mathrm{T}} \\ \vdots \\ f_n'(x+\theta_n h)^{\mathrm{T}} \end{pmatrix} h \qquad (7.51)$$

成立,其中 $0<\theta_i<1, i=1,2,\cdots,n.$

证明从略.

定义 7.5 若 $F: D \subset \mathbf{R}^n \to \mathbf{R}^n$ 的各个分量 $f_i(x)(i=1,2,\cdots,n)$ 的二阶偏导数在 $x \in \mathrm{int}(D)$ 处连续,则称 $F(x)$ 在 x 处二次连续可微.

定义 7.6 设向量序列 $\{x_k\}$ 收敛于 $x^*, e_k = x_k - x^* \neq 0 (k=0,1,2,\cdots)$,若存在常数 $p \geqslant 1$ 和常数 $c>0$,使得极限

$$\lim_{k\to\infty} \frac{\|e_{k+1}\|}{\|e_k\|^p} = c$$

成立,或者使当 $k \geqslant K$(某个正整数)时

$$\|e_{k+1}\| \leqslant c \|e_k\|^p$$

成立,则称序列 $\{x_k\}$ 是 p 阶收敛的,c 称为收敛因子.

当 $p=1$ 时,称序列 $\{x_k\}$ 是线性收敛的,此时必有 $0<c<1$;当 $p>1$ 时称为超线性收敛;当 $p=2$ 时称为平方收敛.

7.6.2 不动点迭代法

把方程组(7.48)改写成与之等价的形式

$$x = G(x), \qquad (7.52)$$

其中 $G: D \subset \mathbf{R}^n \to \mathbf{R}^n$. 若 $x^* \in D$ 满足 $x^* = G(x^*)$,则称 x^* 为函数 $G(x)$ 的不动点. 因此 $G(x^*)$ 的不动点就是方程组(7.48)的解,求方程组(7.48)的解就转化为求函数 $G(x)$ 的不动点.

适当选取初始向量 $x^{(0)} \in D$,利用方程组(7.52)的形式,构成迭代公式

$$x^{(k+1)} = G(x^{(k)}), \quad k=0,1,2,\cdots, \qquad (7.53)$$

称式(7.53)为求解方程组(7.52)的不动点迭代法或简单迭代法,$G(x)$ 称为迭代函数.

定义 7.7 假设 $G: D \subset \mathbf{R}^n \to \mathbf{R}^n$,若存在常数 $L \in (0,1)$,使对 $\forall x, y \in D_0 \subset D$,成立

$$\|G(x)-G(y)\| \leqslant L \|x-y\|, \qquad (7.54)$$

则称 $G(x)$ 在 D_0 上为压缩映射,L 称为压缩系数.

从定义可以看出,若 $G(x)$ 在 D_0 上为压缩映射,则 $G(x)$ 在 D_0 上必连续,这里的压缩性与所取范数有关,即 $G(x)$ 对一种范数是压缩的而对另一种范数

可能不是压缩的.

定理 7.16（压缩映射原理）　设 $G:D \subset \mathbf{R}^n \to \mathbf{R}^n$ 在闭区域 $D_0 \subset D$ 上满足：

(1) G 把 D_0 映入它自身，即 $G(D_0) \subset D_0$；

(2) G 在 D_0 上是压缩映射，压缩因子为 L，

则下列结论成立：

(1) $G(x)$ 在 D_0 上存在唯一的不动点 x^*；

(2) 对任意的 $x^{(0)} \in D_0$，不动点迭代法(7.53)产生的序列 $\{x^{(k)}\} \subset D_0$，且收敛于 x^*；

(3) 成立误差估计式

$$\| x^{(k)} - x^* \| \leqslant \frac{L^k}{1-L} \| x^{(1)} - x^{(0)} \|, \tag{7.55}$$

$$\| x^{(k)} - x^* \| \leqslant \frac{L}{1-L} \| x^{(k)} - x^{(k-1)} \|. \tag{7.56}$$

证明　由 $x^{(0)} \in D_0$ 及条件(1)知，迭代式(7.53)产生的序列 $\{x^{(k)}\} \subset D_0$. 又由条件(2)得

$$\| x^{(k+1)} - x^{(k)} \| = \| G(x^{(k)}) - G(x^{(k-1)}) \| \leqslant L \| x^{(k)} - x^{(k-1)} \|$$
$$\leqslant \cdots \leqslant L^k \| x^{(1)} - x^{(0)} \|,$$

于是，对正整数 $m \geqslant 1$，有

$$\| x^{(k+m)} - x^{(k)} \| \leqslant \sum_{i=1}^{m} \| x^{(k+i)} - x^{(k+i-1)} \|$$
$$\leqslant \sum_{i=1}^{m} L^{k+i-1} \| x^{(1)} - x^{(0)} \|$$
$$\leqslant \frac{L^k}{1-L} \| x^{(1)} - x^{(0)} \|. \tag{7.57}$$

因 $0 < L < 1$，根据柯西收敛原理知，序列 $\{x^{(k)}\}$ 收敛. 又因 D_0 是闭区域，故存在 $x^* \in D_0$，使 $\lim\limits_{k\to\infty} x^{(k)} = x^*$. 由条件(2)的压缩性，$G(x)$ 连续，故有

$$x^* = \lim_{k\to\infty} x^{(k+1)} = \lim_{k\to\infty} G(x^{(k)}) = G(x^*),$$

即 x^* 是 $G(x)$ 的不动点.

设 $x^*, y^* \in D_0$ 是 $G(x)$ 的两个不动点，由于 $G(x)$ 在 D_0 内为压缩映射，于是有

$$\| x^* - y^* \| = \| G(x^*) - G(y^*) \|$$
$$\leqslant L \| x^* - y^* \| < \| x^* - y^* \|,$$

矛盾. 这说明 x^*, y^* 不能同时为 $G(x)$ 和 D_0 中的不动点.

在式(7.57)中令 $m \to \infty$，就得式(7.55).

又当 $m \geqslant 1$ 时,有

$$\| x^{(k+m)} - x^{(k)} \| \leqslant \sum_{i=1}^{m} \| x^{(k+i)} - x^{(k+i-1)} \|$$

$$\leqslant \sum_{i=1}^{m} L^i \| x^{(k)} - x^{(k-1)} \|$$

$$\leqslant \frac{L}{1-L} \| x^{(k)} - x^{(k-1)} \|.$$

再令 $m \to \infty$,即得式(7.56). #

在定理 7.16 的条件下,不动点迭代法(7.53)产生的序列 $\{x^{(k)}\}$ 满足

$$\| x^{(k+1)} - x^* \| = \| G(x^{(k)}) - G(x^*) \| \leqslant L \| x^{(k)} - x^* \|,$$

其中 $0 < L < 1$,因此,序列 $\{x^{(k)}\}$ 是线性收敛的.

一个映射 $G(x)$ 在某个闭区域 D_0 上是否为压缩映射不易验证. 当 $G(x)$ 在 D_0 上连续可微时,定理 7.16 中的压缩条件可以用更强的条件

$$\| G'(x) \| \leqslant L < 1, \quad \forall x \in D_0 \tag{7.58}$$

来代替. 其中矩阵范数是向量范数的算子范数.

实际应用迭代式(7.53)时,若 $x^{(0)}$ 在不动点 x^* 邻近,则有如下的局部收敛性定理.

定理 7.17(局部收敛定理) 若映射 $G(x)$ 在不动点 x^* 的 δ 邻域

$$D_\delta = \{x \mid \| x - x^* \| \leqslant \delta\} \subset D_0$$

上满足条件

$$\| G(x) - x^* \| \leqslant L \| x - x^* \|, \quad 0 < L < 1, \quad \forall x \in D_\delta,$$

则对任意的 $x^{(0)} \in D_\delta$,由式(7.53)产生的迭代序列 $\{x^{(k)}\}$ 收敛到 x^*,且有估计式

$$\| x^{(k)} - x^* \| \leqslant L^k \| x^{(0)} - x^* \|, \quad k = 0, 1, 2, \cdots.$$

证明十分容易,请读者自己完成.

定理 7.18(局部收敛定理) 设映射 $G(x)$ 在不动点 x^* 处可微,且 $G'(x^*)$ 的谱半径 $\rho(G'(x^*)) < 1$,则存在开球 $D_0 = \{x \mid \| x - x^* \| < \delta, \delta > 0\} \subset D$,使对 $\forall x^{(0)} \in D_0$,由迭代式(7.53)产生的序列 $\{x^{(k)}\} \subset D_0$ 且收敛于 x^*.

证明从略,读者可见文献[14]第 21 页.

例 7.12 用不动点迭代法求解下列方程组

$$\begin{cases} x_1^2 - 10x_1 + x_2^2 + 8 = 0, \\ x_1 x_2^2 + x_1 - 10x_2 + 8 = 0. \end{cases}$$

解 将方程组改为不动点形式 $x = G(x)$,其中

$$x = \begin{pmatrix} x_1 \\ x_2 \end{pmatrix}, \quad G(x) = \begin{pmatrix} g_1(x) \\ g_2(x) \end{pmatrix} = \begin{pmatrix} \dfrac{x_1^2 + x_2^2 + 8}{10} \\ \dfrac{x_1 x_2^2 + x_1 + 8}{10} \end{pmatrix},$$

设 $D_0 = \{(x_1, x_2) \mid 0 \leqslant x_1, x_2 \leqslant 1.5\}$，不难验证

$$0.8 \leqslant g_1(x) \leqslant 1.25, \quad 0.8 \leqslant g_2(x) \leqslant 1.2875,$$

故有 $G(D_0) \subset D_0$. 又对 $\forall x, y \in D_0$，有

$$|g_1(y) - g_1(x)| = \frac{1}{10} |y_1^2 + y_2^2 - x_1^2 - x_2^2|$$

$$\leqslant \frac{3}{10} (|y_1 - x_1| + |y_2 - x_2|),$$

$$|g_2(y) - g_2(x)| = \frac{1}{10} |y_1 y_2^2 - x_1 x_2^2 + y_1 - x_1|$$

$$\leqslant \frac{4.5}{10} (|y_1 - x_1| + |y_2 - x_2|),$$

于是有

$$\| G(y) - G(x) \|_1 \leqslant 0.75 \| y - x \|_1, \quad \forall x, y \in D_0$$

成立，即 $G(x)$ 满足压缩条件，根据压缩映射原理，$G(x)$ 在 D_0 内存在唯一不动点 x^*. 取 $x^{(0)} = (0, 0)^{\mathrm{T}}$，由 $x^{(k+1)} = G(x^{(k)})$，$k = 0, 1, 2, \cdots$ 迭代，其结果列于表 7.10 中. 表中最终结果满足 $\| x^{(k+1)} - x^{(k)} \|_1 < 10^{-9}$.

表 7.10　例 7.12 的计算结果

k	$x_1^{(k)}$	$x_2^{(k)}$	k	$x_1^{(k)}$	$x_2^{(k)}$
0	0.000 000 000	0.000 000 000	$\vdots$	$\vdots$	$\vdots$
1	0.800 000 000	0.800 000 000	10	0.999 957 057	0.999 957 058
2	0.928 000 000	0.931 200 000	$\vdots$	$\vdots$	$\vdots$
3	0.972 831 744	0.973 269 983	20	0.999 999 995	0.999 999 995
4	0.989 365 606	0.989 435 095	$\vdots$	$\vdots$	$\vdots$
5	0.995 782 611	0.995 793 654	23	1.000 000 000	1.000 000 000

#

由

$$G'(x) = \begin{pmatrix} \dfrac{\partial g_1}{\partial x_1} & \dfrac{\partial g_1}{\partial x_2} \\ \dfrac{\partial g_2}{\partial x_1} & \dfrac{\partial g_2}{\partial x_2} \end{pmatrix} = \begin{pmatrix} \dfrac{1}{5} x_1 & \dfrac{1}{5} x_2 \\ \dfrac{x_2^2 + 1}{10} & \dfrac{x_1 x_2}{5} \end{pmatrix},$$

知 $G'(x^*) = \begin{pmatrix} 0.2 & 0.2 \\ 0.2 & 0.2 \end{pmatrix}$，$\| G'(x^*) \|_1 = 0.4 < 1$，$\rho(G'(x^*)) \leqslant 0.4$，它表明定理 7.16 的条件成立.

7.6.3 牛顿迭代法

设方程组(7.48)存在解 $x^* \in \text{int}(D)$，$F(x)$ 在 x^* 的某个开邻域 $D_0 = \{x \mid \parallel x - x^* \parallel \leqslant \delta, \delta > 0\} \subset D$ 内可微. 又设 $x^{(k)} \in D_0$ 是方程组(7.48)的第 k 次近似解. 由泰勒公式可得

$$f_i(x) \approx f_i(x^{(k)}) + \sum_{j=1}^{n} \frac{\partial f_i(x^{(k)})}{\partial x_j}(x_j - x_j^{(k)}), \quad i = 1, 2, \cdots, n,$$

今用线性方程组

$$f_i(x^{(k)}) + \sum_{j=1}^{n} \frac{\partial f_i(x^{(k)})}{\partial x_j}(x_j - x_j^{(k)}) = 0, \quad i = 1, 2, \cdots, n,$$

即

$$F'(x^{(k)})(x - x^{(k)}) = -F(x^{(k)}) \tag{7.59}$$

近似代替非线性方程组(7.48)，用线性方程组(7.59)的解作为非线性方程组(7.48)的第 $k+1$ 次近似解，得到求解非线性方程组(7.48)的牛顿迭代法：

$$x^{(k+1)} = x^{(k)} - [F'(x^{(k)})]^{-1} F(x^{(k)}), \quad k = 0, 1, 2, \cdots. \tag{7.60}$$

定理 7.19 设 $x^* \in \text{int}(D)$ 是方程组(7.48)的解，$F: D \subset \mathbf{R}^n \rightarrow \mathbf{R}^n$ 在包含 x^* 的某个开区域 $S \subset D$ 内连续可微，且 $F'(x^*)$ 非奇异，则存在闭球 $D_0 = \{x \mid \parallel x - x^* \parallel \leqslant \delta, \delta > 0\} \subset S$，使对任意的 $x^{(0)} \in D_0$，由牛顿迭代法(7.60)产生的序列 $\{x^{(k)}\} \subset D_0$ 且超线性收敛于 x^*；若更有 $F(x)$ 在域 S 内二次连续可微，则序列 $\{x^{(k)}\}$ 至少是平方收敛的.

证明从略.

在使用牛顿迭代法(7.60)求解非线性方程组时，一般采用如下的算法：

(1) 在 x^* 附近选取 $x^{(0)} \in D$，给定允许误差 $\varepsilon > 0$ 和最大迭代次数 $K_{\max}$.

(2) 对于 $k = 0, 1, 2, \cdots, K_{\max}$，执行：

1° 计算 $F(x^{(k)})$ 和 $F'(x^{(k)})$.

2° 求解关于 $\Delta x^{(k)} = x^{(k+1)} - x^{(k)}$ 的线性方程组

$$F'(x^{(k)}) \Delta x^{(k)} = -F(x^{(k)}).$$

3° 计算 $x^{(k+1)} = x^{(k)} + \Delta x^{(k)}$.

4° 若 $\parallel \Delta x^{(k)} \parallel / \parallel x^{(k)} \parallel < \varepsilon$，则 $x^* \approx x^{(k+1)}$，停止计算；否则，将 $x^{(k+1)}$ 作为新的 $x^{(k)}$，转 5°.

5° 若 $k < K_{\max}$，则继续；否则，输出 $K_{\max}$ 次迭代不成功的信息，并停止计算.

例 7.13   用牛顿迭代法求解例 7.12 的方程组,要求 $\|\Delta x^{(k)}\|_1 < 10^{-9}$.
解

$$F(x) = \begin{pmatrix} x_1^2 - 10x_1 + x_2^2 + 8 \\ x_1 x_2^2 + x_1 - 10x_2 + 8 \end{pmatrix},$$

$$F'(x) = \begin{pmatrix} 2x_1 - 10 & 2x_2 \\ x_2^2 + 1 & 2x_1 x_2 - 10 \end{pmatrix},$$

选取初始近似 $x^{(0)} = (0,0)^{\mathrm{T}}$,解方程 $F'(x^{(0)})\Delta x^{(0)} = -F(x^{(0)})$,即解方程组

$$\begin{bmatrix} -10 & 0 \\ 1 & -10 \end{bmatrix} \Delta x^{(0)} = - \begin{bmatrix} 8 \\ 8 \end{bmatrix}.$$

其解为 $\Delta x^{(0)} = (0.8, 0.88)^{\mathrm{T}}$.按牛顿算法继续进行迭代计算,结果见表 7.11.

表 7.11   例 7.13 的计算结果

k	$x_1^{(k)}$	$x_2^{(k)}$	k	$x_1^{(k)}$	$x_2^{(k)}$
0	0.000 000 000	0.000 000 000	3	0.999 975 229	0.999 968 524
1	0.800 000 000	0.880 000 000	4	1.000 000 000	1.000 000 000
2	0.991 787 221	0.991 711 737	5	1.000 000 000	1.000 000 000

$\#$

可见,牛顿迭代法比例 7.12 中的不动点迭代法收敛快得多.

牛顿迭代法的优点是收敛速度快,一般能达到平方收敛.但该方法也有明显的不足.首先,牛顿迭代法每步都要计算 $F'(x^{(k)})$,它是由 n^2 个偏导数构成的矩阵,即每步要求 n^2 个偏导数值.不仅如此,每步还需解线性方程组 $F'(x^{(k)})\Delta x^{(k)} = -F(x^{(k)})$,当 n 较大时,其工作量也是巨大的.其次,在许多情况下,初值 $x^{(0)}$ 要有较严格的限制,在实际应用中给出确保收敛的初值是十分困难的.非线性问题通常又是多解的,给出收敛到所需解的初值就更加困难.再有,迭代过程中如果某一步 $x^{(k)}$ 处 $F'(x^{(k)})$ 奇异或几乎奇异,则牛顿迭代法的计算将无法进行下去.特别在 $F(x) = 0$ 的解 x^* 处有 $F'(x^*)$ 奇异,不仅计算困难,而且问题本身也变得十分复杂.以一元函数方程为例,这时方程产生重根.

为了克服上述缺点,出现了许多变形的牛顿迭代法,如牛顿下山法、阻尼牛顿迭代法、循环牛顿迭代法、弦割法以及各种拟牛顿迭代法等.感兴趣的读者可参看文献[11,14,15].

非线性方程组的求解问题还有其他类的方法,如最优化方法等,有关内容见文献[11,14,15].

习 题 7

1. 用二分法求方程 $e^x+10x-2=0$ 在 $(0,1)$ 内的根,要求 $|x_k-x^*|<10^{-3}$. 若要求 $|x_k-x^*|<10^{-6}$,需二分区间多少次?

2. 为求方程 $x^3-x^2-1=0$ 在 $x_0=1.5$ 附近的一个根,现将方程改为下列的等价形式,且建立相应的迭代公式:

    (1) $x=1+\dfrac{1}{x^2}$,迭代公式为 $x_{k+1}=1+\dfrac{1}{x_k^2}$;

    (2) $x^3=1+x^2$,迭代公式为 $x_{k+1}=(1+x_k^2)^{\frac{1}{3}}$;

    (3) $x^2=\dfrac{1}{x-1}$,迭代公式为 $x_{k+1}=\dfrac{1}{(x_k-1)^{\frac{1}{2}}}$,

    试分析每一种迭代公式的收敛性,任选一种收敛的迭代公式计算 1.5 附近的根,要求 $|x_{k+1}-x_k|<10^{-5}$.

3. 对上题中方程及三种迭代公式,用斯蒂芬森迭代方法 (7.19) 求 $x=1.5$ 附近的根.

4. 对下列方程,试确定迭代函数 $\varphi(x)$ 及区间 $[a,b]$,使对 $\forall x_0\in[a,b]$,不动点迭代 $x_{k+1}=\varphi(x_k)(k=0,1,2,\cdots)$ 收敛到方程的最小正根,并求该正根,要求 $|x_{n+1}-x_n|<10^{-6}$.

    (1) $3x^2-e^x=0$;   (2) $x=\cos x$.

5. 分别用如下方法解方程 $x^2+2xe^x+e^{2x}=0$,取 $x_0=0$,$|x_{k+1}-x_k|<10^{-5}$ 时结束迭代.

    (1) 标准牛顿迭代法 (7.22);

    (2) 有重根时的牛顿迭代法 (7.27),$m=2$;

    (3) $x_{k+1}=x_k-\dfrac{\mu(x_k)}{\mu'(x_k)}$,$\mu(x)=f(x)\big/f'(x)$.

6. 用牛顿迭代法求方程 $x=\tan(x)$ 的最小正根和 $x=100$ 附近的根,当 $|x_{k+1}-x_k|<10^{-6}$ 时结束迭代.

7. 对下列函数应用牛顿迭代法求根 $x^*=0$,讨论其收敛性及收敛速度.

    (1) $f(x)=\begin{cases}\sqrt{x}, & x\geqslant0,\\ -\sqrt{-x}, & x<0;\end{cases}$ (2) $f(x)=\begin{cases}\sqrt[3]{x^2}, & x\geqslant0,\\ -\sqrt[3]{x^2}, & x<0.\end{cases}$

8. 用下列方法求 $x^3-3x-1=0$ 在 $x_0=2$ 附近的根,根的准确值 $x^*=1.879\,385\,24\cdots$,要求 $|x_{k+1}-x_k|<10^{-6}$.

    (1) 牛顿迭代法;

    (2) 弦割法,取 $x_0=2,x_1=1.9$;

    (3) 抛物线法,取 $x_0=1.0,x_1=3.0,x_2=2.0$.

9. 对于函数 $f(x)$,设对一切 x,$f'(x)$ 连续且 $0<m\leqslant f'(x)\leqslant M$,证明对于范围 $0<\lambda<\dfrac{2}{M}$ 内的任意常数 λ,迭代过程 $x_{k+1}=x_k-\lambda f(x_k)(k=0,1,2,\cdots)$ 均收敛于 $f(x)=0$ 的根 x^*.

10. 设 $f(x)=0$ 有单根 x^*,$x=\varphi(x)$ 是 $f(x)=0$ 的等价方程,$x_{k+1}=\varphi(x_k)(k=0,1,2,\cdots)$

收敛. 若 $\varphi(x)=x-m(x)f(x)$, 证明: 当 $m(x^*)\neq\dfrac{1}{f'(x^*)}$ 时, $\varphi(x)$ 为一阶的; 当 $m(x^*)=\dfrac{1}{f'(x^*)}$ 时, $\varphi(x)$ 至少为二阶的.

11. 设 $\varphi(x)=x+c(x^2-3)$, 应如何选取 c 才能使迭代 $x_{k+1}=\varphi(x_k)\,(k=0,1,2,\cdots)$ 具有局部收敛性? c 取何值时, 这个迭代收敛最快?

取 $x_0=2$, 分别取 $c=-\dfrac{1}{4},-\dfrac{1}{2\sqrt{3}}$ 计算 $\varphi(x)$ 的不动点, $|x_{k+1}-x_k|<10^{-7}$ 时结束迭代.

12. 证明在牛顿迭代法中, 比值

$$R_k=\frac{x_k-x_{k-1}}{(x_{k-1}-x_{k-2})^2}$$

收敛于 $-\dfrac{f''(x^*)}{2f'(x^*)}$, 其中 x^* 是 $f(x)=0$ 的单根.

13. 设 $f(x)$ 在其零点 x^* 附近满足 $f'(x)\neq0$, $f''(x)$ 连续, 证明斯蒂芬森迭代法(7.38)在 x^* 附近是平方收敛的.

14*. 设迭代式(7.21)中的 $\varphi(x)$ 具有二阶连续导数, 试利用定理 7.5 证明: 当 $\varphi'(x^*)\neq1$ 时, 斯蒂芬森迭代式(7.20), (7.21)具有二阶收敛速度. 即证明

$$\lim_{x\to x^*}\Psi(x)=x^*,$$
$$\lim_{x\to x^*}\Psi'(x)=0,$$
$$\lim_{x\to x^*}\Psi''(x)=\frac{[3\varphi'(x^*)-4]\varphi''(x^*)}{3[\varphi'(x^*)-1]}.$$

15. 证明迭代式

$$x_0>0,\quad x_{k+1}=\frac{x_k(x_k^2+3a)}{3x_k^2+a},\quad k=0,1,2,\cdots$$

是计算 $\sqrt{a}$ 的三阶方法. 假设 x_0 充分接近于 $\sqrt{a}$, 求极限

$$\lim_{k\to\infty}\frac{x_{k+1}-\sqrt{a}}{(x_k-\sqrt{a})^3}.$$

16. 证明定理 7.9.

17. 给定非线性方程组

$$\begin{cases}x_1=0.75\sin x_1+0.2\cos x_2=g_1(x_1,x_2),\\ x_2=0.70\cos x_1+0.2\sin x_2=g_2(x_1,x_2).\end{cases}$$

(1) 应用压缩映射原理证明 $G=\begin{pmatrix}g_1\\g_2\end{pmatrix}$ 在 $D=\{(x_1,x_2)\mid0\leqslant x_1,x_2\leqslant1.0\}$ 中有唯一的不动点;

(2) 用不动点迭代法求方程组的解, 当 $\|x^{(k+1)}-x^{(k)}\|_2<\dfrac{1}{2}\times10^{-3}$ 时停止迭代.

18. 利用非线性方程组的牛顿迭代法，解方程组

(1) $\begin{cases} x_1^2 + x_2^2 - 4 = 0, \\ x_1^2 - x_2^2 - 1 = 0, \end{cases}$ 分别取 $x^{(0)} = (1.6, 1.2), (-1.6, 1.2), (-1.6, -1.2), (1.6, -1.2)$.

(2) $\begin{cases} 3x_1^2 - x_2^2 = 0, \\ 3x_1 x_2^2 - x_1^3 - 1 = 0, \end{cases}$ 分别取 $x^{(0)} = (0.8, 0.4), (-0.8, 0.4), (-0.8, -0.4), (0.8, -0.4)$，要求迭代到 $\| x^{(k+1)} - x^{(k)} \|_2 < \frac{1}{2} \times 10^{-5}$ 为止。

第8章　矩阵特征值与特征向量计算

设 A 为 $n \times n$ 的矩阵,所谓 A 的特征值问题是求数 λ 和非零向量 x,使

$$Ax = \lambda x \tag{8.1}$$

成立. 数 λ 叫做 A 的一个特征值,非零向量 x 叫做与特征值 λ 对应的特征向量. 这个问题等价于求使方程组 $(A - \lambda I)x = 0$ 有非零解的数 λ 和相应的非零向量 x.

线性代数理论中是通过求解特征多项式 $\det(A - \lambda I)$ 的零点而得到 λ,然后通过求解退化的方程组 $(A - \lambda I)x = 0$ 而得到非零向量 x. 当矩阵阶数很高时,这种方法是极为困难的. 目前用数值方法计算矩阵的特征值与特征向量的较有效的方法是迭代法和变换法,在以后的各节中将依次介绍几种常用的方法.

8.1　乘幂法与反幂法

8.1.1　乘幂法

在有些问题中只需要求出矩阵的按模最大的特征值(称为 A 的主特征值) 和相应的特征向量. 乘幂法就是求矩阵主特征值及相应的特征向量的一种迭代方法.

设实矩阵 A 的特征值为 $\lambda_1, \lambda_2, \cdots, \lambda_n$,相应的特征向量 $x_1, x_2, \cdots, x_n$ 线性无关. 再设 A 的特征值按模排序为

$$|\lambda_1| \geqslant |\lambda_2| \geqslant \cdots \geqslant |\lambda_n|, \tag{8.2}$$

于是对任一非零向量 $V^{(0)} \in \mathbf{R}^n$,可以得到

$$V^{(0)} = a_1 x_1 + a_2 x_2 + \cdots + a_n x_n = \sum_{j=1}^{n} a_j x_j. \tag{8.3}$$

令

$$V^{(k+1)} = AV^{(k)}, \quad k = 0, 1, 2, \cdots, \tag{8.4}$$

可得到一向量序列 $\{V^{(k)}\}$:

$$\begin{cases} V^{(1)} = \sum_{j=1}^{n} \lambda_j a_j x_j, \\ V^{(2)} = \sum_{j=1}^{n} \lambda_j^2 a_j x_j, \\ \quad\cdots\cdots \\ V^{(k)} = \sum_{j=1}^{n} \lambda_j^k a_j x_j. \end{cases} \tag{8.5}$$

下面分四种情况讨论:

(1) $|\lambda_1| > |\lambda_j|$, $j = 2, 3, \cdots, n$.

由式(8.4)和(8.5)知

$$V^{(k)} = AV^{(k-1)} = A^k V^{(0)} = \lambda_1^k \left(a_1 x_1 + \sum_{j=2}^{n} a_j \left(\frac{\lambda_j}{\lambda_1} \right)^k x_j \right).$$

若 $a_1 \neq 0$,则当 k 充分大时,有

$$V^{(k)} = \lambda_1^k (a_1 x_1 + \varepsilon_k) \approx \lambda_1^k a_1 x_1, \tag{8.6}$$

其中 $\varepsilon_k = \sum_{j=2}^{n} a_j \left(\frac{\lambda_j}{\lambda_1} \right)^k x_j$. 当 k 充分大时,由 $\left| \frac{\lambda_j}{\lambda_1} \right|^k \to 0$ 知 $\varepsilon_k \to 0$. 由于特征向量可以相差一个非零倍数,因此式(8.6)表明,$V^{(k)}$ 就是相应于 λ_1 的近似特征向量. 至于特征值 λ_1,由式(8.6)不难看出,若用 $V_l^{(k)}$ 表示 $V^{(k)}$ 的第 l 个分量,则

$$\frac{V_l^{(k+1)}}{V_l^{(k)}} = \frac{\lambda_1^{k+1}(a_1 x_1 + \varepsilon_{k+1})_l}{\lambda_1^k (a_1 x_1 + \varepsilon_k)_l} \approx \lambda_1. \tag{8.7}$$

具体计算时,$V^{(0)}$ 的选取很难保证一定有 $a_1 \neq 0$. 但由于舍入误差的影响,只要迭代次数足够多,比如 $V^{(m)} = a_1' x_1 + a_2' x_2 + \cdots + a_n' x_n$,就会有 $a_1' \neq 0$,因而最后的结论是成立的.

(2) 主特征值是实的,但不是单根,即 $\lambda_1 = \lambda_2 = \cdots = \lambda_r$,且 $|\lambda_1| > |\lambda_j|$, $j = r+1, r+2, \cdots, n$.

这时

$$V^{(k)} = \lambda_1^k \left(\sum_{j=1}^{r} a_j x_j + \sum_{j=r+1}^{n} a_j \left(\frac{\lambda_j}{\lambda_1} \right)^k x_j \right), \tag{8.8}$$

当 k 充分大时,$V^{(k)}$ 仍然是相应于 λ_1 的近似特征向量. 由式(8.7)仍然可以得到 λ_1 的近似值. 但由于这时相应于 λ_1 的特征向量子空间可能不是一维的,由式(8.8)得到的近似特征向量只是该子空间的一个特征向量. 而且不同的 $V^{(0)}$ 可能得到线性无关的 $V^{(k)}$.

(3) $\lambda_1 = -\lambda_2$，$|\lambda_1| = |\lambda_2| > |\lambda_j|$，$j = 3, 4, \cdots, n$.

这时,我们有

$$V^{(k)} = \lambda_1^k\left[a_1 x_1 + (-1)^k a_2 x_2 + \sum_{j=3}^{n} a_j\left(\frac{\lambda_j}{\lambda_1}\right)^k x_j\right],$$

当 $a_1 \neq 0, a_2 \neq 0$,且 k 充分大时,

$$V^{(k)} \approx \lambda_1^k(a_1 x_1 + (-1)^k a_2 x_2). \tag{8.9}$$

$\{V^{(k)}\}$ 呈有规律的摆动,不收敛于一个具体向量. 但 $V^{(k)}$ 与 $V^{(k+2)}$ 几乎仅相差一个常数因子 λ_1^2,于是有

$$\lambda_1^2 \approx \frac{V_l^{(k+2)}}{V_l^{(k)}}, \quad V_l^{(k)} \neq 0, \tag{8.10}$$

$\lambda_1 = (V_l^{(k+2)}/V_l^{(k)})^{\frac{1}{2}}$, $\lambda_2 = -\lambda_1$.

由式(8.9)可以得到

$$\begin{cases} V^{(k+1)} + \lambda_1 V^{(k)} \approx 2\lambda_1^{k+1} a_1 x_1, \\ V^{(k+1)} - \lambda_1 V^{(k)} \approx 2(-1)^{k+1}\lambda_1^{k+1} a_2 x_2, \end{cases} \tag{8.11}$$

因此, λ_1, λ_2 对应的近似特征向量分别为 $V^{(k+1)} + \lambda_1 V^{(k)}$ 和 $V^{(k+1)} - \lambda_1 V^{(k)}$.

(4) 若 $\lambda_1 = \overline{\lambda}_2$ 为一对共轭复特征值, $|\lambda_1| = |\lambda_2| > |\lambda_j|$, $j = 3, 4, \cdots, n$.

此时,由于 A 为实矩阵, $Ax_1 = \lambda_1 x_1$,故有 $A\overline{x}_1 = \overline{\lambda}_1 \overline{x}_1$,说明 x_2 可取为 $\overline{x}_1$,并且当 $V^{(0)}$ 为实向量时,

$$V^{(0)} = a_1 x_1 + \overline{a}_1 \overline{x}_1 + \sum_{j=3}^{n} a_j x_j,$$

$$V^{(k)} = \lambda_1^k a_1 x_1 + \overline{\lambda}_1^k \overline{a}_1 \overline{x}_1 + \sum_{j=3}^{n} a_j \lambda_j^k x_j,$$

$V^{(k)}$ 的变化没有规律. 当 k 充分大时

$$\begin{cases} V^{(k)} \approx \lambda_1^k a_1 x_1 + \overline{\lambda}_1^k \overline{a}_1 \overline{x}_1, \\ V^{(k+1)} \approx \lambda_1^{k+1} a_1 x_1 + \overline{\lambda}_1^{k+1} \overline{a}_1 \overline{x}_1, \\ V^{(k+2)} \approx \lambda_1^{k+2} a_1 x_1 + \overline{\lambda}_1^{k+2} \overline{a}_1 \overline{x}_1. \end{cases} \tag{8.12}$$

容易验证, $V^{(k)}, V^{(k+1)}, V^{(k+2)}$ 满足如下近似关系:

$$V^{(k+2)} - (\lambda_1 + \overline{\lambda}_1)V^{(k+1)} + \lambda_1 \overline{\lambda}_1 V^{(k)} \approx 0.$$

若存在二实数 p 和 q,使

$$V^{(k+2)} + pV^{(k+1)} + qV^{(k)} = 0, \tag{8.13}$$

将式(8.12)代入式(8.13)得到

$$\begin{cases} \lambda_1^k(\lambda_1^2 + p\lambda_1 + q) = 0, \\ \overline{\lambda}_1^k(\overline{\lambda}_1^2 + p\overline{\lambda}_1 + q) = 0. \end{cases} \tag{8.14}$$

说明 $\lambda_1, \overline{\lambda}_1$ 是方程 $\lambda^2 + p\lambda + q = 0$ 的一对共轭复根. 这里的系数 p 和 q 可用式(8.13)的分量形式确定,即

$$\begin{cases} V_l^{(k+2)} + pV_l^{(k+1)} + qV_l^{(k)} = 0, \\ V_j^{(k+2)} + pV_j^{(k+1)} + qV_j^{(k)} = 0, \end{cases} \quad 1 \leqslant l, j \leqslant n, \quad l \neq j. \tag{8.15}$$

解出 p 和 q 后,即可由式(8.14)求得

$$\lambda_{1,2} = -\frac{p}{2} \pm \mathrm{i}\sqrt{q - \left(\frac{p}{2}\right)^2}, \quad \mathrm{i} = \sqrt{-1}, \tag{8.16}$$

又因为

$$\begin{cases} V^{(k+1)} - \lambda_2 V^{(k)} \approx \lambda_1^k(\lambda_1 - \lambda_2)a_1 x_1, \\ V^{(k+1)} - \lambda_1 V^{(k)} \approx \lambda_2^k(\lambda_2 - \lambda_1)a_2 x_2, \end{cases} \tag{8.17}$$

故与 λ_1 和 λ_2 对应的近似特征向量分别为 $V^{(k+1)} - \lambda_2 V^{(k)}$ 和 $V^{(k+1)} - \lambda_1 V^{(k)}$.

以上讨论只是说明了乘幂法的基本原理. 当 $|\lambda_1|$ 太小或太大时,将会使 $\|V^{(k)}\|_\infty$ 过小或过大,以致运算无法继续进行. 因此实际计算时需作规范化运算. 具体方法如下:

任取 $V^{(0)} \in \mathbf{R}^n, V^{(0)} \neq 0$,令 $U^{(0)} = V^{(0)}$,按下列公式反复计算:

$$\begin{cases} V^{(k)} = AU^{(k-1)}, \\ U^{(k)} = V^{(k)}/\max(V^{(k)}), \quad k = 1, 2, \cdots, \end{cases} \tag{8.18}$$

这里 $\max(V)$ 表示向量 V 的按模最大的分量. 例如 $V = (1, -3, 2)^{\mathrm{T}}$,则 $\max(V) = -3$.

对于规范化幂法,我们有如下收敛性定理.

定理8.1 设 A 为 $n \times n$ 的实矩阵,其特征值满足 $|\lambda_1| > |\lambda_2| \geqslant \cdots \geqslant |\lambda_n|$,向量序列 $\{U^{(k)}, V^{(k)}\}$ 由式(8.18)确定,则 $\max(V^{(k)}) \to \lambda_1, U^{(k)} \to x_1/\max(x_1)$ $(k \to \infty)$.

证明　因为

$$
\begin{cases}
V^{(0)} = \sum_{j=1}^{n} a_j x_j, \\[2mm]
V^{(1)} = AU^{(0)} = AV^{(0)}, \\[2mm]
U^{(1)} = \dfrac{V^{(1)}}{\max(V^{(1)})} = \dfrac{AV^{(0)}}{\max(AV^{(0)})}, \\[3mm]
V^{(2)} = AU^{(1)} = \dfrac{A^2 V^{(0)}}{\max(AV^{(0)})}, \\[3mm]
U^{(2)} = \dfrac{V^{(2)}}{\max(V^{(2)})} = \dfrac{A^2 V^{(0)}}{\max(AV^{(0)})} \Big/ \max\Big(\dfrac{A^2 V^{(0)}}{\max(AV^{(0)})} \Big) \\[3mm]
\qquad = \dfrac{A^2 V^{(0)}}{\max(A^2 V^{(0)})}, \\[2mm]
\qquad\qquad\qquad \cdots\cdots \\[2mm]
V^{(k)} = AU^{(k-1)} = \dfrac{A^k V^{(0)}}{\max(A^{k-1} V^{(0)})}, \\[3mm]
U^{(k)} = \dfrac{A^k V^{(0)}}{\max(A^k V^{(0)})},
\end{cases}
\tag{8.19}
$$

而

$$
A^k V^{(0)} = \lambda_1^k \Big(a_1 x_1 + \sum_{j=2}^{n} a_j \Big(\frac{\lambda_j}{\lambda_1} \Big)^k x_j \Big),
$$

所以

$$
\begin{aligned}
U^{(k)} &= \frac{\lambda_1^k \Big(a_1 x_1 + \sum_{j=2}^{n} a_j \Big(\frac{\lambda_j}{\lambda_1} \Big)^k x_j \Big)}{\max\Big[\lambda_1^k \Big(a_1 x_1 + \sum_{j=2}^{n} a_j \Big(\frac{\lambda_j}{\lambda_1} \Big)^k x_j \Big) \Big]} \\[3mm]
&= \frac{a_1 x_1 + \sum_{j=2}^{n} a_j \Big(\frac{\lambda_j}{\lambda_1} \Big)^k x_j}{\max\Big[a_1 x_1 + \sum_{j=2}^{n} a_j \Big(\frac{\lambda_j}{\lambda_1} \Big)^k x_j \Big]} \\[3mm]
&\to \frac{x_1}{\max(x_1)} \quad (k \to \infty).
\end{aligned}
$$

同理可得 $\max(V^{(k)}) \to \lambda_1 (k \to \infty)$.　　　　　　　　　　　　　　　　　　♯

当 $\lambda_1 = -\lambda_2$ 时, $\{U^{(2k)}\}$ 和 $\{U^{(2k+1)}\}$ 分别有两个不同的极限,这时若有 m,使

$$
\| U^{(m)} - U^{(m-2)} \|_\infty < \varepsilon,
$$

再作两次迭代

$$
V^{(m+1)} = AU^{(m)}, \quad V^{(m+2)} = AV^{(m+1)},
\tag{8.20}
$$

则有

$$
\lambda_1 = (V_l^{(m+2)} / U_l^{(m)})^{\frac{1}{2}}, \quad \lambda_2 = -\lambda_1, U_l^{(m)} \neq 0.
\tag{8.21}
$$

特征向量分别为 $x_1 \approx V^{(m+2)} + \lambda_1 V^{(m+1)}, x_2 \approx V^{(m+2)} - \lambda_1 V^{(m+1)}$.

当 $\lambda_1 = \bar{\lambda}_2$ 时,用规范化公式(8.18)得到的 $\{U^{(k)}\}$ 无规律可循. 对于给定的初始向量 $V^{(0)} \neq 0$,先用式(8.18)迭代 m 次,发现 $\{U^{(k)}\}$ 无规律时,就用公式

$$V^{(m+1)} = AU^{(m)}, \quad V^{(m+2)} = AV^{(m+1)}, \quad V^{(m+3)} = AV^{(m+2)} \quad (8.22)$$

作三次迭代,然后按式(8.15)计算 p 和 q,再用计算所得的 p 和 q 计算 $\| V^{(m+3)} + pV^{(m+2)} + qV^{(m+1)} \|_\infty$,若其值 $< \varepsilon$,就按式(8.16),(8.17)计算特征值与特征向量;否则以 $U^{(m+3)} = V^{(m+3)} / \max(V^{(m+3)})$ 作初始向量,重复以上计算步骤,直至 $\| V^{(m+3)} + pV^{(m+2)} + qV^{(m+1)} \|_\infty < \varepsilon$ 为止.

例 8.1　用乘幂法求矩阵

$$A = \begin{pmatrix} -12 & 3 & 3 \\ 3 & 1 & -2 \\ 3 & -2 & 7 \end{pmatrix}$$

的主特征值与特征向量.

解　取 $V^{(0)} = U^{(0)} = (1,1,1)^T$,用式(8.18)计算结果见表 8.1,收敛标准为 $|\max(V^{(k+1)}) - \max(V^{(k)})| < 10^{-6}$.

表 8.1　例 8.1 的计算结果

k	$(V^{(k)})^T$	$(U^{(k)})^T$	$\max(V^{(k)})$
0	$(1,1,1)$	$(1,1,1)$	1
1	$(-6,2,8)$	$(-0.75, 0.25, 1)$	8
2	$(12.75, -4, 4.25)$	$(1.000\,000\,000, -0.313\,725\,490,$ $0.333\,333\,333)$	12.75
3	$(-11.941\,176\,471, 2.019\,607\,843,$ $5.960\,784\,314)$	$(1.000\,000\,000, -0.169\,129\,721,$ $-0.499\,178\,982)$	$-11.941\,176\,471$
$\vdots$	$\vdots$	$\vdots$	$\vdots$
31	$(-13.220\,179\,441, 3.108\,136\,355,$ $2.268\,864\,454)$	$(1.000\,000\,000, -0.235\,105\,459,$ $-0.171\,621\,305)$	$-13.220\,179\,441$
32	$(-13.220\,180\,293, 3.108\,137\,152,$ $2.268\,861\,780)$	$(1.000\,000\,000, -0.235\,105\,504,$ $-0.171\,621\,092)$	$-13.220\,180\,293$

所以,主特征值的近似值为 $\lambda_1 \approx -13.220\,180\,293$,对应的特征向量为 $U^{(32)} \approx (1, -0.235\,105\,504, -0.171\,621\,092)^T$.　　　　　　　＃

例 8.2　用乘幂法求矩阵

$$A = \begin{pmatrix} 4 & -1 & 1 \\ 16 & -2 & -2 \\ 16 & -3 & -1 \end{pmatrix}$$

的主特征值及对应的特征向量.

解　取 $V^{(0)} = U^{(0)} = (1,1,1)^T$,按式(8.18)计算结果见表 8.2. 容易判

断,A 的特征值分布情况属 $\lambda_1 = -\lambda_2$ 的情形,并且对 $\varepsilon = 10^{-6}$,有 $\| U^{(5)} - U^{(3)} \|_\infty < \varepsilon$. 再按式(8.20) 有

$$V^{(6)} = AU^{(5)} = (1.333\ 333\ 332, 1.333\ 333\ 328, 1.333\ 333\ 328)^{\mathrm{T}},$$
$$V^{(7)} = AV^{(6)} = (5.333\ 333\ 328, 16, 16)^{\mathrm{T}}.$$

表 8.2　例 8.2 的计算结果

k	$(V^{(k)})^{\mathrm{T}}$	$(U^{(k)})^{\mathrm{T}}$	$\max(V^{(k)})$
0	$(1,1,1)$	$(1,1,1)$	1
1	$(4.000\ 000\ 000, 12.000\ 000\ 000, 12.000\ 000\ 000)$	$(0.333\ 333\ 333, 1.000\ 000\ 000, 1.000\ 000\ 000)$	12
2	$(1.333\ 333\ 333, 1.333\ 333\ 333, 1.333\ 333\ 333)$	$(1.000\ 000\ 000, 1.000\ 000\ 000, 1.000\ 000\ 000)$	1.333 333 333
3	$(4.000\ 000\ 000, 12.000\ 000\ 000, 12.000\ 000\ 000)$	$(0.333\ 333\ 333, 1.000\ 000\ 000, 1.000\ 000\ 000)$	12.000 000 000
4	$(1.333\ 333\ 333, 1.333\ 333\ 333, 1.333\ 333\ 333)$	$(1.000\ 000\ 000, 1.000\ 000\ 000, 1.000\ 000\ 000)$	1.333 333 333
5	$(4.000\ 000\ 000, 12.000\ 000\ 000, 12.000\ 000\ 000)$	$(0.333\ 333\ 333, 1.000\ 000\ 000, 1.000\ 000\ 000)$	12.000 000 000

因而 $\lambda_1 \approx (V_2^{(7)}/U_2^{(5)})^{\frac{1}{2}} = \sqrt{16} = 4, \lambda_2 \approx -4$. 特征向量分别为

$$x_1 \approx V^{(7)} + \lambda_1 V^{(6)} = (10.666\ 666\ 656, 21.333\ 333\ 312, 21.333\ 333\ 312)^{\mathrm{T}},$$
$$x_2 \approx V^{(7)} - \lambda_1 V^{(6)} = (0.000\ 000\ 000, 10.666\ 666\ 690, 10.666\ 666\ 690)^{\mathrm{T}}. \quad \#$$

例 8.3　用乘幂法求矩阵

$$A = \begin{pmatrix} 2 & 0 & 1 \\ 1 & 1 & 0 \\ -1 & 0 & 2 \end{pmatrix}$$

的主特征值及对应的特征向量.

解　取 $U^{(0)} = V^{(0)} = (1,0,1)^{\mathrm{T}}$,用式(8.18) 计算的结果见表 8.3.

表 8.3　例 8.3 的计算结果

k	$(V^{(k)})^{\mathrm{T}}$	$(U^{(k)})^{\mathrm{T}}$	$\max(V^{(k)})$
0	$(1, 0, 1)$	$(1, 0, 1)$	1
1	$(3.000\ 000\ 00, 1.000\ 000\ 00, 1.000\ 000\ 00)$	$(1.000\ 000\ 00, 0.333\ 333\ 33, 0.333\ 333\ 33)$	3
2	$(2.333\ 333\ 33, 1.333\ 333\ 33, -0.333\ 333\ 33)$	$(1.000\ 000\ 00, 0.571\ 428\ 57, -0.142\ 857\ 14)$	2.333 333 33
3	$(1.857\ 142\ 85, 1.571\ 428\ 57, -1.285\ 714\ 28)$	$(1.000\ 000\ 00, 0.846\ 153\ 84, -0.692\ 307\ 69)$	1.857 142 85
4	$(1.307\ 692\ 30, 1.846\ 153\ 84, -2.384\ 615\ 38)$	$(-0.548\ 387\ 09, -0.774\ 193\ 54, 1.000\ 000\ 00)$	-2.384 615 38
5	$(-0.096\ 774\ 19, -1.322\ 580\ 64, 2.548\ 387\ 09)$	$(-0.037\ 974\ 68, -0.518\ 987\ 34, 1.000\ 000\ 00)$	2.548 387 09
6	$(0.924\ 050\ 63, -0.556\ 962\ 02, 2.037\ 974\ 68)$	$(0.453\ 416\ 14, -0.273\ 291\ 92, 1.000\ 000\ 00)$	2.037 974 68
7	$(1.906\ 832\ 29, 0.180\ 124\ 22, 1.546\ 583\ 85)$	$(1.000\ 000\ 00, 0.094\ 462\ 54, 0.811\ 074\ 91)$	1.906 832 29
8	$(2.811\ 074\ 91, 1.094\ 462\ 54, 0.622\ 149\ 83)$	$(1.000\ 000\ 00, 0.389\ 339\ 51, 0.221\ 320\ 97)$	2.811 074 91
9	$(2.221\ 320\ 97, 1.389\ 339\ 51, -0.557\ 358\ 05)$	$(1.000\ 000\ 00, 0.625\ 456\ 44, -0.250\ 912\ 88)$	2.221 320 97

k	$(V^{(k)})^{\mathrm{T}}$	$(U^{(k)})^{\mathrm{T}}$	$\max(V^{(k)})$
10	$(1.749\ 087\ 11, 1.625\ 456\ 44, -1.501\ 825\ 76)$	$(1.000\ 000\ 00, 0.929\ 317\ 02, -0.858\ 634\ 05)$	$1.749\ 087\ 11$
11	$(1.141\ 365\ 95, 1.929\ 317\ 02, -2.717\ 268\ 10)$	$(-0.420\ 041\ 71, -0.710\ 020\ 86, 1.000\ 000\ 00)$	$-2.717\ 268\ 10$

由表 8.3 可以看出, 数据间毫无规律可循. 由此可以判断, 原矩阵 A 可能有一对共轭的复主特征值. 令

$$V^{(12)} = AU^{(11)}, \quad V^{(13)} = AV^{(12)}, \quad V^{(14)} = AV^{(13)},$$

得

$$V^{(12)} = \begin{Bmatrix} 0.159\ 916\ 58 \\ -1.130\ 062\ 57 \\ 2.420\ 041\ 71 \end{Bmatrix}, \quad V^{(13)} = \begin{Bmatrix} 2.739\ 874\ 87 \\ -0.970\ 145\ 99 \\ 4.680\ 166\ 84 \end{Bmatrix}, \quad V^{(14)} = \begin{Bmatrix} 10.159\ 916\ 58 \\ 1.769\ 728\ 88 \\ 6.620\ 458\ 81 \end{Bmatrix}.$$

考察 $V^{(12)}, V^{(13)}, V^{(14)}$ 是否存在线性关系. 先考察第一、二个分量, 使其满足线性关系. 令

$$\begin{cases} 10.159\ 916\ 58 + 2.739\ 874\ 87p + 0.159\ 916\ 58q = 0, \\ 1.769\ 728\ 88 - 0.970\ 145\ 99p - 1.130\ 062\ 57q = 0, \end{cases}$$

解得 $p = -3.999\ 999\ 997 \approx -4, q = 4.999\ 999\ 988 \approx 5$. 将 $p = -4, q = 5$ 代入 $V^{(12)}, V^{(13)}, V^{(14)}$ 的第三个分量, 仍然有

$$6.620\ 458\ 81 + 4.680\ 166\ 84p + 2.420\ 041\ 71q = 0,$$

所以, $V^{(12)}, V^{(13)}, V^{(14)}$ 之间存在线性关系

$$V^{(14)} + V^{(13)}p + V^{(12)}q = 0.$$

解一元二次方程 (见式(8.14))

$$\lambda^2 - 4\lambda + 5 = 0,$$

得主特征值 $\lambda_{1,2} = 2 \pm \mathrm{i}, \mathrm{i} = \sqrt{-1}$. 读者可以自行计算 A 的三个特征值来验证本节计算的结果.

再由式(8.17) 可求得对应于特征值 λ_1, λ_2 的特征向量分别为

$$V^{(14)} - \lambda_2 V^{(13)} = \begin{Bmatrix} 4.680\ 166\ 84 + 2.739\ 874\ 87\mathrm{i} \\ 3.710\ 020\ 86 - 0.970\ 145\ 99\mathrm{i} \\ -2.739\ 866\ 84 + 4.680\ 166\ 84\mathrm{i} \end{Bmatrix},$$

$$V^{(14)} - \lambda_1 V^{(13)} = \begin{Bmatrix} 4.680\ 166\ 84 - 2.739\ 874\ 87\mathrm{i} \\ 3.710\ 020\ 86 + 0.970\ 145\ 99\mathrm{i} \\ -2.739\ 866\ 84 - 4.680\ 166\ 84\mathrm{i} \end{Bmatrix}. \qquad \#$$

8.1.2 乘幂法的加速技术

由前面讨论知, 应用乘幂法计算 A 的主特征值的收敛速度取决于比值

$$r = \left| \frac{\lambda_{j_0}}{\lambda_1} \right|$$,j_0 表示满足 $|\lambda_1| = |\lambda_2| = \cdots = |\lambda_{j_0-1}| > |\lambda_{j_0}| \geqslant \cdots \geqslant |\lambda_n|$ 的那个下标. 当 $r < 1$ 但接近于 1 时, 收敛可能很慢. 一个补救的办法是采用加速收敛的方法.

1. 原点平移法

设 $B = A - pI$, 这里 p 为可选择的参数. 当 A 的特征值为 λ_i 时, B 的特征值 $\mu_i = \lambda_i - p$, 且 A 与 B 有相同的特征向量 x_i, $i = 1, 2, \cdots, n$.

若 A 的主特征值为 λ_1, $j_0 = 2$, 则要选择适当的参数 p, 使其满足

(1) $\lambda_1 - p$ 是 B 的主特征值, 即 $|\lambda_1 - p| > |\lambda_j - p|$, $j = 2, 3, \cdots, n$;

(2) $\max\limits_{2 \leqslant j \leqslant n} \left| \dfrac{\lambda_j - p}{\lambda_1 - p} \right| < \left| \dfrac{\lambda_2}{\lambda_1} \right|$.

对 B 应用乘幂法, 使得计算 B 的主特征值 $\mu_1 = \lambda_1 - p$ 的过程得到加速. 这种方法通常称为**原点平移法**. 参数 p 的选择有赖于对 A 的特征值分布的大致了解. 可以通过盖尔 (Gerschgorin) 圆盘定理得到矩阵的特征值分布.

定理 8.2 (盖尔圆盘定理)　设 A 为 $n \times n$ 实矩阵, 则

(1) A 的每一个特征值必属于下述 n 个圆盘 (称为盖尔圆)

$$|\lambda - a_{ii}| \leqslant r_i = \sum_{\substack{j=1 \\ j \neq i}}^{n} |a_{ij}|, \quad i = 1, 2, \cdots, n \tag{8.23}$$

的并集之中;

(2) 由矩阵 A 的所有盖尔圆组成的连通部分中任取一个, 如果它是由 k 个盖尔圆构成的, 则在这个连通部分中有且仅有 A 的 k 个特征值 (盖尔圆相重时重复计算, 特征值相同时也重复计数).

证明略, 读者可参考文献 [16].

求得 $\mu_1 = \lambda_1 - p$ 后, $\lambda_1 = \mu_1 + p$ 自然得到.

例 8.4　对例 8.1 的矩阵 A, 取 $p = 4.6$, 用原点平移法求其主特征值及相应的特征向量.

解　对 $B = A - pI = A - 4.6I$ 应用乘幂法 (8.18), 计算结果见表 8.4.

表 8.4　例 8.4 的计算结果

k	$V^{(k)}$	$U^{(k)}$	$\max(V^{(k)})$
0	$(1, 1, 1)$	$(1, 1, 1)$	1
1	$(-10.6, -2.6, 3.4)$	$(1, 0.245\,283\,0, -0.320\,754\,7)$	-10.6
2	$(-16.826\,416\,0, 2.758\,490\,6, 1.739\,622\,7)$	$(1, -0.163\,938\,1, -0.103\,386\,4)$	$-16.826\,416\,0$

续表

k	$V^{(k)}$	$U^{(k)}$	$\max(V^{(k)})$
3	$(-17.401\,973\,7, 3.796\,949\,9, 3.079\,748\,6)$	$(1, -0.218\,190\,8, -0.176\,977\,0)$	$-17.401\,973\,7$
$\vdots$	$\vdots$	$\vdots$	$\vdots$
11	$(-17.820\,180\,9, 4.189\,621\,9, 3.058\,320\,0)$	$(1, -0.235\,105\,5, -0.171\,621\,2)$	$-17.820\,180\,9$
12	$(-17.820\,180\,9, 4.189\,621\,6, 3.058\,320\,3)$	$(1, -0.235\,105\,5, -0.171\,621\,6)$	$-17.820\,180\,9$

由此可知 A 的主特征值 $\lambda_1 = p + \max(V^{(12)}) \approx 4.6 + (-17.820\,180\,9) = -13.220\,180\,9$, 特征向量为 $x_1 \approx (1, -0.235\,105\,5, -0.171\,621\,6)^{\mathrm{T}}$. #

需要说明的是, 虽然常常能够选择有利的 p 值使乘幂法得到加速, 但由于 A 的所有特征值是未知的, 因此设计一个自动选择适当参数的过程是困难的. 原点平移法的价值不在于直接使用它可以使迭代过程收敛得快一些, 而在于把原点平移法与别的方法结合起来使用会有极好的效果, 可见反幂法与 QR 方法.

2. 瑞利商加速法

定义 8.1 设 A 为 n 阶实对称矩阵, x 为任一非零向量, 则函数

$$R(x) = \frac{(Ax, x)}{(x, x)}$$

称为 A 关于 x 的**瑞利**(Rayleigh) **商**.

定理 8.3 设 A 为 n 阶实对称矩阵, 特征值满足

$$|\lambda_1| > |\lambda_2| \geqslant \cdots \geqslant |\lambda_n|,$$

$\{U^{(k)}\}$ 和 $\{V^{(k)}\}$ 是由式 (8.18) 计算得到的向量序列, 则对任意的 $V^{(0)} \neq 0$, 当 k 充分大时, 有

$$R(U^{(k)}) = \lambda_1 + O\left(\left(\frac{\lambda_2}{\lambda_1}\right)^{2k}\right). \tag{8.24}$$

证明 设 $x_1, x_2, \cdots, x_n$ 分别为与 A 的特征值 $\lambda_1, \lambda_2, \cdots, \lambda_n$ 对应的标准正交特征向量, 令

$$V^{(0)} = U^{(0)} = \sum_{j=1}^{n} a_j x_j,$$

则

$$A^k V^{(0)} = \sum_{j=1}^{n} a_j \lambda_j^k x_j.$$

利用式 (8.19) 可得

$$R(U^{(k)}) = \frac{(AU^{(k)}, U^{(k)})}{(U^{(k)}, U^{(k)})} = \frac{(A^{k+1}V^{(0)}, A^k V^{(0)})}{(A^k V^{(0)}, A^k V^{(0)})}$$

$$= \frac{\displaystyle\sum_{j=1}^{n} a_j^2 \lambda_j^{2k+1}}{\displaystyle\sum_{j=1}^{n} a_j^2 \lambda_j^{2k}}$$

$$= \lambda_1 \frac{1 + \displaystyle\sum_{j=2}^{n} \left(\frac{a_j}{a_1}\right)^2 \left(\frac{\lambda_j}{\lambda_1}\right)^{2k+1}}{1 + \displaystyle\sum_{j=2}^{n} \left(\frac{a_j}{a_1}\right)^2 \left(\frac{\lambda_j}{\lambda_1}\right)^{2k}}$$

$$= \lambda_1 + O\left(\left(\frac{\lambda_2}{\lambda_1}\right)^{2k}\right). \tag*{\#}$$

例 8.5　对例 8.1 的矩阵 A 用瑞利商加速法计算主特征值.

解　计算结果见表 8.5.

表 8.5　例 8.5 的计算结果

k	$U^{(k)}$	$R(U^{(k)})$
0	$(1,1,1)$	
1	$(-0.75, 0.25, 1)$	$-3.884\ 615$
2	$(1, -0.313\ 725\ 5, 0.333\ 333\ 3)$	$-8.753\ 654$
3	$(1, -0.169\ 129\ 7, -0.499\ 179\ 0)$	$-11.406\ 22$
⋮	⋮	⋮
16	$(1, -0.235\ 178\ 8, -0.171\ 274\ 2)$	$-13.220\ 18$
17	$(1, -0.235\ 062\ 0, -0.171\ 826\ 6)$	$-13.220\ 18$

#

8.1.3　反幂法

设 A 为 $n \times n$ 的非奇异矩阵, 特征值 $\lambda_i (i = 1, 2, \cdots, n)$ 次序记为

$$|\lambda_1| \geqslant |\lambda_2| \geqslant \cdots \geqslant |\lambda_n| > 0,$$

对应的特征向量为 $x_1, x_2, \cdots, x_n$, 则 A^{-1} 的特征值 $\dfrac{1}{\lambda_i}(i = 1, 2, \cdots, n)$ 满足

$$\frac{1}{|\lambda_1|} \leqslant \frac{1}{|\lambda_2|} \leqslant \cdots \leqslant \frac{1}{|\lambda_n|}.$$

其对应的特征向量仍为 $x_1, x_2, \cdots, x_n$. 因此, 计算 A 的按模最小的特征值 λ_n 的问题就是计算 A^{-1} 的按模最大的特征值问题.

对 A^{-1} 应用乘幂法 (称为**反幂法**), 可求 A^{-1} 的主特征值 $\dfrac{1}{\lambda_n}$, 从而可求 A 的按模最小的特征值.

反幂法的计算过程为:

任取初始向量 $V^{(0)} = U^{(0)} \neq 0$,按下列公式反复计算

$$\begin{cases} V^{(k)} = A^{-1}U^{(k-1)}, \\ U^{(k)} = V^{(k)}/\max(V^{(k)}), \quad k = 1,2,\cdots. \end{cases} \quad (8.25)$$

由定理 8.1 知,当 $\dfrac{1}{|\lambda_n|} > \dfrac{1}{|\lambda_{n-1}|} \geqslant \cdots \geqslant \dfrac{1}{|\lambda_1|}$ 时,用式 (8.25) 得到的 $U^{(k)} \to$

$\dfrac{x_n}{\max(x_n)}$,$\max(V^{(k)}) \to \dfrac{1}{\lambda_n}(k \to \infty)$.

为避免矩阵求逆,式 (8.25) 中的 $V^{(k)} = A^{-1}U^{(k-1)}$ 可通过求解方程组

$$AV^{(k)} = U^{(k-1)} \quad (8.26)$$

得到. 由于需要反复求解式 (8.26),不宜用消元法求解. 若 A 满足直接三角分解的条件,我们可采用三角分解法求解式 (8.26).

如果已知 A 的某个特征值 λ_i 的相对分离较好的近似值 p(不要求 p 关于 λ_i 的近似程度有多好,只要求 $j \neq i$ 时,$|\lambda_i - p| < |\lambda_j - p|$),则 $\dfrac{1}{\lambda_i - p}$ 便是 $(A - pI)^{-1}$ 的主特征值. 这样一来,结合原点平移的反幂法计算公式为:

取 $V^{(0)} = U^{(0)} \neq 0$,计算

$$\begin{cases} V^{(k)} = (A - pI)^{-1}U^{(k-1)}, \\ U^{(k)} = V^{(k)}/\max(V^{(k)}), \quad k = 1,2,\cdots. \end{cases} \quad (8.27)$$

若 p 是 λ_i 的相对分离较好的近似值(不能取 $p = \lambda_i$),$\{U^{(k)}, V^{(k)}\}$ 是由式 (8.27) 确定的向量序列,则由定理 8.1 知,当 $|\lambda_i - p| \ll |\lambda_j - p| (j \neq i)$ 时

$$U^{(k)} \to \frac{x_i}{\max(x_i)}, \quad \max(V^{(k)}) = \frac{1}{\lambda_i - p} \quad (k \to \infty),$$

从而可得

$$p + \frac{1}{\max(V^{(k)})} \to \lambda_i, \quad U^{(k)} \to \frac{x_i}{\max(x_i)} \quad (k \to \infty).$$

例 8.6 用反幂法求例 8.1 中矩阵 A 的最接近 $p = -13$ 的特征值及特征向量.

解 $p = -13$,对 $A - pI$ 进行 LU 分解,有

$$A - pI = \begin{pmatrix} 1 & 3 & 3 \\ 3 & 14 & -2 \\ 3 & -2 & 20 \end{pmatrix} = \begin{pmatrix} 1 & & \\ 3 & 1 & \\ 3 & -\dfrac{11}{5} & 1 \end{pmatrix}\begin{pmatrix} 1 & 3 & 3 \\ & 5 & -11 \\ & & -\dfrac{66}{5} \end{pmatrix} \overset{\triangle}{=} LR.$$

令 $RV^{(k)} = y^{(k)}$,则式 (8.27) 可变为如下过程

$$\begin{cases} Ly^{(k)} = U^{(k-1)}, \\ RV^{(k)} = y^{(k)}, \\ U^{(k)} = V^{(k)}/\max(V^{(k)}), \quad k = 1,2,\cdots. \end{cases} \quad (8.28)$$

取初始向量 $V^{(0)} = U^{(0)} = (1,1,1)^{\mathrm{T}}$. 由式 (8.28) 计算得结果见表 8.6.

表 8.6　例 8.6 的计算结果

k	$V^{(k)}$	$U^{(k)}$	$p + \dfrac{1}{\max(V^{(k)})}$
0	$(1,1,1)$	$(1,1,1)$	
1	$(-2.454\,545\,0, 0.666\,666\,69, 0.484\,848\,50)$	$(1, -0.271\,604\,96, -0.197\,530\,87)$	$-13.407\,41$
2	$(-4.597\,082\,14, 1.078\,189\,37, 0.787\,504\,67)$	$(1, -0.234\,537\,77, -0.171\,305\,33)$	$-13.217\,53$
3	$(-4.540\,941\,72, 1.067\,640\,54, 0.779\,340\,09)$	$(1, -0.235\,114\,35, -0.171\,625\,21)$	$-13.220\,22$
4	$(-4.541\,751\,38, 1.067\,790\,03, 0.779\,460\,37)$	$(1, -0.235\,105\,35, -0.171\,621\,10)$	$-13.220\,18$
5	$(-4.541\,738\,51, 1.067\,787\,65, 0.779\,458\,52)$	$(1, -0.235\,105\,48, -0.171\,621\,17)$	$-13.220\,18$

\#

8.2　雅可比方法

雅可比方法是计算实对称矩阵的全部特征值及特征向量的一个变换方法. 它的基本思想是通过一系列正交相似变换, 化实对称矩阵为对角阵, 这个对角阵的对角元素就是该矩阵的特征值, 这些正交阵的乘积矩阵的各列就是相应的特征向量.

本节将用到以下代数知识:

(1) 若矩阵 A 与 B 相似, 则 A 与 B 有相同的特征值.

(2) 若 Q 为实矩阵, 且 $Q^{\mathrm{T}}Q = I$, 则称 Q 为正交矩阵. 正交矩阵的乘积仍为正交矩阵.

(3) 实对称矩阵的特征值均为实数, 且存在标准正交的特征向量系.

(4) 对任何实对称矩阵 A, 总存在正交矩阵 Q, 使得 $QAQ^{\mathrm{T}} = \mathrm{diag}(\lambda_1, \lambda_2, \cdots, \lambda_n)$, 其中 $\lambda_i (i = 1, 2, \cdots, n)$ 为 A 的特征值, Q^{T} 的各列是相应的特征向量.

(5) 设 A 为实对称矩阵, Q 为正交矩阵, 则 $\| A \|_F^2 = \| QA \|_F^2 = \| AQ \|_F^2 = \| QAQ^{\mathrm{T}} \|_F^2 = \sum_{j=1}^{n} \lambda_j^2(A)$.

由上述 (4) 知, 求实对称矩阵的特征值问题等于求正交矩阵 Q, 使 $QAQ^{\mathrm{T}} = \mathrm{diag}(\lambda_1, \lambda_2, \cdots, \lambda_n)$, 而这个问题的主要困难在于如何构造 Q.

8.2.1　古典雅可比方法

首先考虑二阶实对称矩阵 $A = (a_{ij})_{2 \times 2}$, 且 $a_{12} = a_{21} \neq 0$. 令

$$R = \begin{pmatrix} \cos\theta & \sin\theta \\ -\sin\theta & \cos\theta \end{pmatrix},$$

易知,对任何 θ,R 为正交矩阵. 称 R 为平面旋转矩阵. 再令

$$A^{(1)} = RAR^{\mathrm{T}} = (a_{ij}^{(1)})_{2\times 2},$$

由矩阵乘法不难求得

$$\begin{cases} a_{11}^{(1)} = a_{11}\cos^2\theta + 2a_{12}\sin\theta\cos\theta + a_{22}\sin^2\theta, \\ a_{22}^{(1)} = a_{11}\sin^2\theta - 2a_{12}\sin\theta\cos\theta + a_{22}\cos^2\theta, \\ a_{12}^{(1)} = a_{21}^{(1)} = (a_{22} - a_{11})\sin\theta\cos\theta + a_{12}(\cos^2\theta - \sin^2\theta). \end{cases} \tag{8.29}$$

由式(8.29)的最后一式知,当 θ 满足

$$\tan(2\theta) = \frac{2a_{12}}{a_{11} - a_{22}}$$

时,有 $a_{21}^{(1)} = a_{12}^{(1)} = 0$(当 $a_{11} = a_{22}$ 时可选 $\theta = \pi/4$).

这就是说,当 A 为二阶实对称阵时,用适当的正交相似变换一次即可把 A 化为对角阵. 当 A 为 n 阶实对称阵时,要用到 **n 阶旋转矩阵**(也称**吉文斯 (Givens) 旋转矩阵**):

$$R(p,q,\theta) = \begin{pmatrix} 1 & & & & & & & & \\ & \ddots & & & & & & & \\ & & 1 & & & & & & \\ & & & \cos\theta & \cdots & \sin\theta & & & \\ & & & \vdots & \ddots & \vdots & & & \\ & & & -\sin\theta & \cdots & \cos\theta & & & \\ & & & & & & 1 & & \\ & & & & & & & \ddots & \\ & & & & & & & & 1 \end{pmatrix} \begin{matrix} \\ \\ \\ \leftarrow p\text{ 行} \\ \\ \leftarrow q\text{ 行} \\ \\ \\ \end{matrix} .$$

$$\qquad\qquad\qquad\uparrow\qquad\quad\uparrow$$
$$\qquad\qquad\qquad p\text{ 列}\qquad q\text{ 列}$$

它与单位矩阵的区别仅在于 (p,p),(p,q),(q,p),(q,q) 四个位置的元素不一样. 容易验证 $R(p,q,\theta)$ 具有如下性质:

(1) $R(p,q,\theta)$ 为正交矩阵;

(2) RA 只改变 A 的第 p 行与第 q 行元素,AR^{T} 只改变 A 的第 p 列与第 q 列元素,RAR^{T} 只改变 A 的第 p 行、第 q 行、第 p 列、第 q 列元素.

雅可比方法就是用一系列的旋转相似变换逐渐将 A 化为对角阵的过程:

$$\begin{cases} A_0 = A, \\ A_{k+1} = R_{k+1}A_k R_{k+1}^{\mathrm{T}}, \quad k = 0,1,2,\cdots. \end{cases} \tag{8.30}$$

恰当地选取每个旋转阵 R_{k+1},就可使 A_k 趋于对角阵.

设 $R_{k+1} = R(p,q,\theta)$. 由 R_{k+1} 正交知,A_{k+1} 与 A_k 相似,且 A_k 都为实对称阵. A_{k+1} 与 A_k 的差别仅在于 p 和 q 行与 p 和 q 列的元素. 由矩阵乘法可得

$$\begin{cases} a_{pj}^{(k+1)} = a_{pj}^{(k)}\cos\theta + a_{qj}^{(k)}\sin\theta = a_{jp}^{(k+1)}, \\ a_{qj}^{(k+1)} = -a_{pj}^{(k)}\sin\theta + a_{qj}^{(k)}\cos\theta = a_{jq}^{(k+1)}, \end{cases} \quad j \neq p,q, \qquad (8.31)$$

$$\begin{cases} a_{pp}^{(k+1)} = a_{pp}^{(k)}\cos^2\theta + 2a_{pq}^{(k)}\sin\theta\cos\theta + a_{qq}^{(k)}\sin^2\theta, \\ a_{qq}^{(k+1)} = a_{pp}^{(k)}\sin^2\theta - 2a_{pq}^{(k)}\sin\theta\cos\theta + a_{qq}^{(k)}\cos^2\theta, \\ a_{pq}^{(k+1)} = (a_{qq}^{(k)} - a_{pp}^{(k)})\sin\theta\cos\theta + a_{pq}^{(k)}(\cos^2\theta - \sin^2\theta) = a_{qp}^{(k+1)}, \end{cases} \qquad (8.32)$$

$$a_{ij}^{(k+1)} = a_{ij}^{(k)}, \quad i,j \neq p,q. \qquad (8.33)$$

由式 $(8.31) \sim (8.33)$ 易知

$$(a_{pj}^{(k+1)})^2 + (a_{qj}^{(k+1)})^2 = (a_{pj}^{(k)})^2 + (a_{qj}^{(k)})^2, \quad j \neq p,q,$$

$$(a_{ij}^{(k+1)})^2 = (a_{ij}^{(k)})^2, \quad i,j \neq p,q.$$

再由正交矩阵的性质知

$$(a_{pp}^{(k+1)})^2 + (a_{qq}^{(k+1)})^2 + 2(a_{pq}^{(k+1)})^2 = (a_{pp}^{(k)})^2 + (a_{qq}^{(k)})^2 + 2(a_{pq}^{(k)})^2.$$

若 $a_{pq}^{(k)} \neq 0$,选 θ 使 $a_{pq}^{(k+1)} = 0$,只需 θ 满足

$$\tan(2\theta) = \frac{2a_{pq}^{(k)}}{a_{pp}^{(k)} - a_{qq}^{(k)}}, \qquad (8.34)$$

则有

$$(a_{pp}^{(k+1)})^2 + (a_{qq}^{(k+1)})^2 = (a_{pp}^{(k)})^2 + (a_{qq}^{(k)})^2 + 2(a_{pq}^{(k)})^2.$$

引入记号

$$D(A) = \sum_{i=1}^n a_{ii}^2, \quad S(A) = \sum_{i \neq j} a_{ij}^2,$$

由于 $a_{ii}^{(k+1)} = a_{ii}^{(k)}\,(i \neq p,q)$,所以

$$\begin{cases} D(A_{k+1}) = D(A_k) + 2(a_{pq}^{(k)})^2, \\ S(A_{k+1}) = S(A_k) - 2(a_{pq}^{(k)})^2. \end{cases} \qquad (8.35)$$

这就是说,只要 $a_{pq}^{(k)} \neq 0$,则按上述方法构造的旋转矩阵 $R(p,q,\theta)$ 对 A_k 变换后就会使对角线元素平方和增加,非对角元素的平方和减小. 需要指出的是,若 $a_{pq}^{(k+1)} = 0$,则 $a_{pq}^{(m)}\,(m > k+1)$ 可能又不为零. 因此不要以为经过有限次这样的旋转相似变换就可将 A 化为对角阵. 但雅可比方法确实是收敛于对角阵的. 我们将在下文中证明这一结论.

雅可比方法每一步的具体计算过程如下.

(1) 确定旋转矩阵 $R(p,q,\theta),p<q$.

设 $p,q(p < q)$ 使 $|a_{pq}^{(k)}| = \max_{i<j}|a_{ij}^{(k)}| \neq 0$,由式 (8.34) 知 $\tan(2\theta) =$

$$\frac{2a_{pq}^{(k)}}{a_{pp}^{(k)}-a_{qq}^{(k)}}\left(这里限定\,|\theta|\leqslant\frac{\pi}{4}\right).\,当\,a_{pp}^{(k)}=a_{qq}^{(k)}\,时,取\,\theta=\mathrm{sign}(a_{pq}^{(k)})\,\frac{\pi}{4},所以$$

$$\begin{cases}\cos\theta=\dfrac{\sqrt{2}}{2},\\[2mm]\sin\theta=\mathrm{sign}(a_{pq}^{(k)})\cos\theta.\end{cases}\tag{8.36}$$

当 $a_{pp}^{(k)}\neq a_{qq}^{(k)}$ 时,令

$$\tan(2\theta)=\frac{1}{d}=\frac{2a_{pq}^{(k)}}{a_{pp}^{(k)}-a_{qq}^{(k)}},\tag{8.37}$$

则

$$\tan^2\theta+2d\,\tan\theta-1=0,$$
$$\tan\theta=-d\pm\sqrt{d^2+1}.$$

为避免数值相近的数相减,取

$$t=\tan\theta=\frac{\mathrm{sign}(d)}{|d|+\sqrt{d^2+1}},\tag{8.38}$$

最后得

$$\cos\theta=\frac{1}{\sqrt{1+t^2}},\quad\sin\theta=t\cos\theta.\tag{8.39}$$

(2) 旋转阵乘积的计算.

由式(8.30)知,$A_k=R_kA_{k-1}R_k^{\mathrm{T}}=\cdots=R_kR_{k-1}\cdots R_1A_0R_1^{\mathrm{T}}R_2^{\mathrm{T}}\cdots R_k^{\mathrm{T}}$,记 $H_0^{\mathrm{T}}=I,H_k^{\mathrm{T}}=R_1^{\mathrm{T}}R_2^{\mathrm{T}}\cdots R_k^{\mathrm{T}}$,则

$$\begin{cases}H_k^{\mathrm{T}}=H_{k-1}^{\mathrm{T}}R_k^{\mathrm{T}},\\[1mm]A_k=H_kA_0H_k^{\mathrm{T}},\quad k=1,2,\cdots.\end{cases}\tag{8.40}$$

如果 A_k 趋于对角阵 $\mathrm{diag}(\lambda_1,\cdots,\lambda_n)$,则 H_k^{T} 的各列就是近似特征向量. H_k^{T} 的计算可用递推关系式(8.40)的第一式. 其元素间的关系为

$$\begin{cases}h_{ip}^{(k)}=h_{ip}^{(k-1)}\cos\theta+h_{iq}^{(k-1)}\sin\theta,\\[1mm]h_{iq}^{(k)}=-h_{ip}^{(k-1)}\sin\theta+h_{iq}^{(k-1)}\cos\theta,\quad i=1,2,\cdots,n.\\[1mm]h_{ij}^{(k)}=h_{ij}^{(k-1)},\quad j\neq p,q,\end{cases}\tag{8.41}$$

所以雅可比方法的计算步骤为

(1) 选主元,即确定 $p,q(p<q)$,使

$$|a_{pq}^{(k)}|=\max_{i<j}|a_{ij}^{(k)}|;$$

(2) 按式(8.36)或式(8.39)计算 $\cos\theta,\sin\theta$;

(3) 按式(8.41)计算新正交阵 H_{k+1}^{T} 的元素;

(4) 按式(8.31)~式(8.33)计算 A_{k+1} 的元素,其中 $a_{pq}^{(k+1)}=0$. 反复执行以上各步,直至 $S(A_{k+1})<\varepsilon$ 为止,这里 ε 为给定的误差界.

下面证明古典雅可比法的收敛性.

定理 8.4　设 A 为实对称矩阵,则由 $A_0 = A$ 出发,经计算公式(8.30)～(8.41)产生的矩阵序列 $\{A_k\}$ 收敛于对角阵 $\Lambda = \mathrm{diag}(\lambda_1, \lambda_2, \cdots, \lambda_n)$,且 λ_1, $\lambda_2, \cdots, \lambda_n$ 就是 A 的全部特征值.

证明　由式(8.35)知

$$S(A_{k+1}) = S(A_k) - 2(a_{pq}^{(k)})^2,$$

由于 $|a_{pq}^{(k)}| = \max\limits_{i<j}|a_{ij}^{(k)}|$,故

$$S(A_k) = \sum_{i\neq j}(a_{ij}^{(k)})^2 \leqslant \sum_{i\neq j}(a_{pq}^{(k)})^2 = 2\cdot\frac{n(n-1)}{2}(a_{pq}^{(k)})^2,$$

故

$$(a_{pq}^{(k)})^2 \geqslant \frac{1}{n(n-1)}S(A_k),$$

$$S(A_{k+1}) = S(A_k) - 2(a_{pq}^{(k)})^2$$

$$\leqslant S(A_k) - \frac{2}{n(n-1)}S(A_k)$$

$$= \Big(1 - \frac{2}{n(n-1)}\Big)S(A_k).$$

从而

$$S(A_{k+1}) \leqslant \Big(1 - \frac{2}{n(n-1)}\Big)^{k+1}S(A_0).$$

当 $n > 2$ 时,显然有 $\lim\limits_{k\to\infty}S(A_k) = 0$,即非对角元的平方和趋于零,$A_k$ 趋于对角阵,雅可比法收敛.　　　　　　　　　　　　　　　　　　　　　　　　#

例 8.7　用古典雅可比法求例 8.1 中实对称矩阵的全部特征值与特征向量.

解　按照前述的计算公式与步骤,编程上机,计算结果见表 8.7.

表 8.7　例 8.7 的计算结果

k	A_k			H_k^{T}		
0	A			I		
1	$-12.658\,910\,532$	$0.000\,000\,000$	$3.359\,203\,406$	$0.976\,718\,840$	$0.214\,523\,443$	$0.000\,000\,000$
	$0.000\,000\,000$	$1.658\,910\,532$	$-1.309\,867\,350$	$-0.214\,523\,443$	$0.976\,718\,840$	$0.000\,000\,000$
	$3.359\,203\,406$	$-1.309\,867\,350$	$7.000\,000\,000$	$0.000\,000\,000$	$0.000\,000\,000$	$1.000\,000\,000$
2	$-13.217\,065\,114$	$0.214\,699\,855$	$0.000\,000\,000$	$0.963\,509\,070$	$0.214\,523\,443$	$0.160\,093\,611$
	$0.214\,699\,855$	$1.658\,910\,532$	$-1.292\,151\,867$	$-0.211\,622\,091$	$0.976\,718\,840$	$-0.035\,162\,455$
	$0.000\,000\,000$	$-1.292\,151\,867$	$7.558\,154\,582$	$-0.163\,909\,617$	$0.000\,000\,000$	$0.986\,475\,361$
$\vdots$	$\vdots$			$\vdots$		

续表

k	A_k	H_k^{T}
6	$\begin{pmatrix} -13.220\ 179\ 976 & -0.000\ 001\ 323 & 0.000\ 000\ 000 \\ -0.000\ 001\ 323 & 1.391\ 318\ 328 & 0.000\ 000\ 000 \\ 0.000\ 000\ 000 & 0.000\ 000\ 000 & 7.828\ 861\ 648 \end{pmatrix}$	$\begin{pmatrix} 0.960\ 150\ 872 & 0.256\ 628\ 940 & 0.110\ 688\ 255 \\ -0.225\ 736\ 830 & 0.945\ 606\ 089 & -0.234\ 247\ 748 \\ -0.164\ 782\ 240 & 0.199\ 926\ 764 & 0.965\ 855\ 115 \end{pmatrix}$
7	$\begin{pmatrix} -13.220\ 179\ 976 & 0.000\ 000\ 000 & 0.000\ 000\ 000 \\ 0.000\ 000\ 000 & 1.391\ 318\ 328 & 0.000\ 000\ 000 \\ 0.000\ 000\ 000 & 0.000\ 000\ 000 & 7.828\ 861\ 648 \end{pmatrix}$	$\begin{pmatrix} 0.960\ 150\ 895 & 0.256\ 628\ 853 & 0.110\ 688\ 255 \\ -0.225\ 736\ 744 & 0.945\ 606\ 110 & -0.234\ 247\ 748 \\ -0.164\ 782\ 221 & 0.199\ 926\ 779 & 0.965\ 855\ 115 \end{pmatrix}$

故 A 的特征值分别为 $\lambda_1 \approx -13.220\ 18, \lambda_2 \approx 1.391\ 318, \lambda_3 \approx 7.828\ 862$，对应的特征向量分别为

$$x_1 \approx (0.960\ 150\ 9, -0.225\ 736\ 7, -0.164\ 782\ 2)^{\mathrm{T}},$$
$$x_2 \approx (0.256\ 628\ 9, 0.945\ 606\ 1, 0.199\ 926\ 8)^{\mathrm{T}},$$
$$x_3 \approx (0.110\ 688\ 3, -0.234\ 247\ 7, 0.965\ 855\ 1)^{\mathrm{T}}. \qquad \#$$

8.2.2 雅可比过关法

使用古典雅可比法时，每次先要在非对角元中挑选主元，这要花费很多机时. 实用中常采用所谓的雅可比过关法，其方法如下：

(1) 给定控制误差限 ε；

(2) 计算非对角元素的平方和 $v_0 = 2\sum\limits_{i=1}^{n-1}\sum\limits_{j=i+1}^{n} a_{ij}^2$；

(3) 设置一个阈值 $v_1 > 0$，如 $v_1 = \dfrac{v_0}{n}$；

(4) 对 A 的非对角元 $a_{ij}(i<j)$ 逐个扫描，若某个 $|a_{ij}| > v_1$，则立即对 A 做一次旋转相似变换，之后对所得的新矩阵继续扫描，只要有非对角元的绝对值大于 v_1，就用旋转相似变换将其变为零. 如此多次扫描和变换，直到每个非对角元 $|a_{ij}| \leqslant v_1$；

(5) 若 $v_1 \leqslant \varepsilon$，则结束计算，得到特征值与特征向量；否则转向(6)；

(6) 缩小阀值，比如用 $\dfrac{v_1}{n}$ 代替 v_1，重复(4)～(5).

雅可比算法数值稳定性好，精度高，求得的特征向量正交性好；缺点是当 A 为稀疏矩阵时，雅可比变换将破坏其稀疏性.

8.3 QR 方法

QR 方法是求一般矩阵的全部特征值与特征向量的最有效的方法之一，

它是弗朗西斯于 1961 年首次提出的. QR 方法的基本原理如下.

设一般的实矩阵 $A=(a_{ij})_{n\times n}$ 可以分解为

$$A=QR$$

的形式,其中 Q 为正交阵,R 为上三角阵. 令

$$A_1=A=Q_1R_1, A_2=R_1Q_1=Q_2R_2,\cdots.$$

一般地,

$$A_k=Q_kR_k,\quad A_{k+1}=R_kQ_k=Q_{k+1}R_{k+1},\quad k=1,2,\cdots. \tag{8.42}$$

这样可以产生一矩阵序列 $\{A_k\}$. 由于

$$A_{k+1}=R_kQ_k=Q_k^{\mathrm{T}}A_kQ_k,$$

所以 $\{A_k\}$ 中的所有矩阵都彼此相似,故它们有相同的特征值. 如果 A_k 趋于一个对角阵或上(下)三角阵,则当 k 充分大时,A_k 的对角元素就可作为 A 的特征值.

现在的问题有:①A 的 QR 分解是否存在,如果存在 A 的 QR 分解,这样的分解是否唯一?② 在何种条件下 A_k 收敛于上述的对角阵或上(下)三角阵?我们分步骤分别论述这些问题.

8.3.1　反射矩阵与平面旋转矩阵

1. 反射矩阵(也叫豪斯霍尔德(Householder) 矩阵)

设 $v\in\mathbf{R}^n$, $\|v\|_2=1$,称矩阵

$$H=I-2vv^{\mathrm{T}} \tag{8.43}$$

为**反射矩阵**. 不难验证,H 是对称阵,也是正交阵.

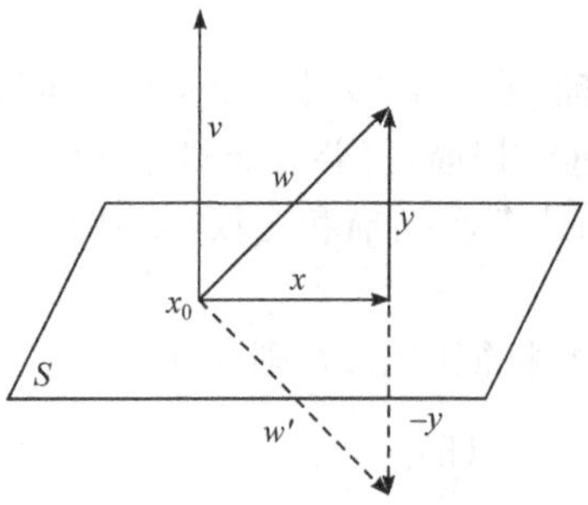

图 8.1　反射矩阵几何性质示意图

如图 8.1,考虑以 v 为法向量,过原点 x_0 的超平面

$$S=\{x\mid(v,x)=0,x\in\mathbf{R}^n\}.$$

设 w 为 $\mathbf{R}^n$ 中任一向量,于是有

$$w=x+y,$$

其中 $x\in S$, $y\in S^{\perp}$ (S 的正交补空间). 显然

$$Hx=(I-2vv^{\mathrm{T}})x=x-2v(v^{\mathrm{T}}x)=x\in S.$$

由于 $y\in S^{\perp}$,故 $y=cv$(c 为常数),因此

$$\begin{aligned}Hy&=(I-2vv^{\mathrm{T}})y=y-2v(v^{\mathrm{T}}y)\\&=cv-2cv=-cv=-y,\end{aligned}$$

从而
$$Hw = H(x+y) = Hx + Hy = x - y = w'.$$
可以看出, w' 是 w 关于 S 的镜面反射, S 的法向量就是 H 中的单位向量 v. 这就是反射阵的几何意义.

关于反射矩阵 H, 有如下重要性质.

定理 8.5 对于任意向量 $x, y \in \mathbf{R}^n$, $\| x \|_2 = \| y \|_2$, 总存在反射阵 H, 使得 $Hx = y$.

证明 若 $x = y$, 则取 $v \perp y$ 且 $\| v \|_2 = 1$ 即可. 今设 $x \neq y$, 为确定 v, 使得
$$Hx = (I - 2vv^{\mathrm{T}})x = y,$$
只需
$$-2v(v^{\mathrm{T}}x) = y - x$$
即可, 即取 v 为平行于 $y - x$ 的单位向量即可, 故取
$$v = \pm \frac{y-x}{\| y-x \|_2}.$$
可以验证, 这样的 v 确定的反射矩阵 H 满足 $Hx = y$.   ♯

由该定理的结论知, 利用反射阵, 可将任一非零向量 x 变成与另一个向量 y 平行的向量, 该向量的长度与 x 的长度相同.

推论 8.1 设 $x = (x_1, x_2, \cdots, x_n)^{\mathrm{T}} \neq 0$, 则存在反射阵 H, 使 $Hx = -\sigma e_1$, 其中
$$\begin{cases} H = I - \beta^{-1}uu^{\mathrm{T}}, \\ \sigma = \mathrm{sign}(x_1) \| x \|_2 = \mathrm{sign}(x_1)\left(\sum_{i=1}^{n} x_i^2\right)^{\frac{1}{2}}, \\ u = x + \sigma e_1, \quad e_1 = (1, 0, \cdots, 0)^{\mathrm{T}}, \\ \beta = \frac{1}{2} \| u \|_2^2 = \sigma(\sigma + x_1) = u^{\mathrm{T}}x. \end{cases} \tag{8.44}$$

证明 显然 $\| x \|_2 = \| -\sigma e_1 \|_2$. 由定理 8.5 知, 若记 $y = -\sigma e_1$, 必存在反射阵 $H = I - 2vv^{\mathrm{T}}, v = \dfrac{x-y}{\| x-y \|_2}$, 使 $Hx = y = -\sigma e_1$. 而
$$v = \frac{x-y}{\| x-y \|_2} = \frac{x + \sigma e_1}{\| x + \sigma e_1 \|_2} = \frac{u}{\| u \|_2},$$
其中 $u = x + \sigma e_1 = (x_1 + \sigma, x_2, \cdots, x_n)^{\mathrm{T}}$. 于是
$$H = I - 2vv^{\mathrm{T}} = I - 2\frac{uu^{\mathrm{T}}}{\| u \|_2^2} = I - \beta^{-1}uu^{\mathrm{T}},$$
$$\beta = \frac{1}{2} \| u \|_2^2 = \frac{1}{2}\left[(x_1 + \sigma)^2 + x_2^2 + \cdots + x_n^2\right] = \sigma(\sigma + x_1) = u^{\mathrm{T}}x. \quad ♯$$

由该推论知,反射矩阵 H 可将一个向量中的多个元素一次性变为零.

2. 平面旋转矩阵(也叫吉文斯矩阵)

反射阵 H 对于大量引进零元素是方便的. 然而在许多计算中必须有选择地消去一些元素(例如 8.2 节中的雅可比方法),平面旋转矩阵是解决这一问题的工具.

平面旋转矩阵的表达式见 8.2 节中的 $R(p,q,\theta)$. 除 8.2 节中介绍过的一些性质外,此处仅介绍下文要用到的如下重要定理.

定理 8.6　设已知向量 $x = (x_1, x_2, \cdots, x_n)^\mathrm{T}$,其中 x_i, x_j 不全为零,则可选择平面旋转矩阵 $R(i, j, \theta)$,使

$$Rx = (x_1, \cdots, x_i', \cdots, x_j', \cdots, x_n)^\mathrm{T}, \tag{8.45}$$

其中

$$\begin{cases} x_i' = (x_i^2 + x_j^2)^{\frac{1}{2}}, \quad x_j' = 0, \\ \cos\theta = x_i/x_i' = \dfrac{x_i}{\sqrt{x_i^2 + x_j^2}}, \quad \sin\theta = x_j/x_i' = \dfrac{x_j}{\sqrt{x_i^2 + x_j^2}}. \end{cases} \tag{8.46}$$

证明　由

$$Rx = \begin{pmatrix} 1 & & & & & & & & \\ & \ddots & & & & & & & \\ & & 1 & & & & & & \\ & & & \cos\theta & & & \sin\theta & & \\ & & & & 1 & & & & \\ & & & & & \ddots & & & \\ & & & & & & 1 & & \\ & & & -\sin\theta & & & \cos\theta & & \\ & & & & & & & 1 & \\ & & & & & & & & \ddots \\ & & & & & & & & & 1 \end{pmatrix} \begin{pmatrix} x_1 \\ \vdots \\ x_i \\ \vdots \\ x_j \\ \vdots \\ x_n \end{pmatrix} = \begin{pmatrix} x_1' \\ \vdots \\ x_i' \\ \vdots \\ x_j' \\ \vdots \\ x_n' \end{pmatrix},$$

显然有

$$\begin{cases} x_i' = \cos\theta \cdot x_i + \sin\theta \cdot x_j, \\ x_j' = -\sin\theta \cdot x_i + \cos\theta \cdot x_j, \\ x_k' = x_k, \quad k \neq i, j, \end{cases}$$

于是可选择 $R(i, j, \theta)$ 使 $x_j' = -\sin\theta \cdot x_i + \cos\theta \cdot x_j = 0$,即选取

$$\begin{cases} \cos\theta = x_i \Big/ \sqrt{x_i^2 + x_j^2}, \\ \sin\theta = x_j \Big/ \sqrt{x_i^2 + x_j^2}, \end{cases}$$

就可使 $x_j' = 0$,从而有

$$x_i' = \sqrt{x_i^2 + x_j^2}. \qquad\qquad \#$$

例 8.8 分别用反射变换和平面旋转变换把向量 $x = (1,2,0,2)^T$ 变为与 $e_1 = (1,0,0,0)^T$ 平行的向量.

解 利用推论 8.1 的结论式 (8.44) 知, 存在反射阵 H, 使 $Hx = -\sigma e_1$. 利用式 (8.44), 有

$$\sigma = \text{sign}(x_1) \parallel x \parallel_2 = \left(\sum_{i=1}^4 x_i^2\right)^{\frac{1}{2}} = (1^2 + 2^2 + 0^2 + 2^2)^{\frac{1}{2}} = 3,$$

$$u = x + \sigma e_1 = (1,2,0,2)^T + 3(1,0,0,0)^T = (4,2,0,2)^T,$$

$$\beta = \frac{1}{2} \parallel u \parallel_2^2 = \sigma(\sigma + x_1) = 12,$$

$$H = I - \beta^{-1} u u^T = \begin{pmatrix} 1 & 0 & 0 & 0 \\ 0 & 1 & 0 & 0 \\ 0 & 0 & 1 & 0 \\ 0 & 0 & 0 & 1 \end{pmatrix} - \frac{1}{12} \begin{pmatrix} 4 \\ 2 \\ 0 \\ 2 \end{pmatrix} (4,2,0,2)$$

$$= \begin{pmatrix} -\dfrac{1}{3} & -\dfrac{2}{3} & 0 & -\dfrac{2}{3} \\ -\dfrac{2}{3} & \dfrac{2}{3} & 0 & -\dfrac{1}{3} \\ 0 & 0 & 1 & 0 \\ -\dfrac{2}{3} & -\dfrac{1}{3} & 0 & \dfrac{2}{3} \end{pmatrix}.$$

容易验证, $Hx = -3e_1$.

要用平面旋转变换将 x 变为与 e_1 平行的向量, 需要两次连续的变换. 具体办法如下. 先将 $x_2 = 2$ 变为零. 利用式 (8.46), 得

$$\cos\theta_1 = \frac{x_1}{\sqrt{x_1^2 + x_2^2}} = \frac{1}{\sqrt{1^2 + 2^2}} = \frac{1}{\sqrt{5}}, \quad \sin\theta_1 = \frac{x_2}{\sqrt{x_1^2 + x_2^2}} = \frac{2}{\sqrt{5}},$$

$$R_1 = \begin{pmatrix} \dfrac{1}{\sqrt{5}} & \dfrac{2}{\sqrt{5}} & 0 & 0 \\ -\dfrac{2}{\sqrt{5}} & \dfrac{1}{\sqrt{5}} & 0 & 0 \\ 0 & 0 & 1 & 0 \\ 0 & 0 & 0 & 1 \end{pmatrix}, \quad R_1 x = \begin{pmatrix} \sqrt{5} \\ 0 \\ 0 \\ 2 \end{pmatrix}.$$

再对向量 $R_1 x$ 作平面旋转变换, 即可将 x 变为与 e_1 平行的向量. 对 $R_1 x$ 所作的变换中

$$\cos\theta_2 = \frac{\sqrt{5}}{\sqrt{(\sqrt{5})^2 + 2^2}} = \frac{\sqrt{5}}{3}, \quad \sin\theta_2 = \frac{2}{\sqrt{(\sqrt{5})^2 + 2^2}} = \frac{2}{3},$$

$$R_2 = \begin{pmatrix} \dfrac{\sqrt{5}}{3} & 0 & 0 & \dfrac{2}{3} \\ 0 & 1 & 0 & 0 \\ 0 & 0 & 1 & 0 \\ -\dfrac{2}{3} & 0 & 0 & \dfrac{\sqrt{5}}{3} \end{pmatrix}, \quad R_2(R_1 x) = \begin{pmatrix} 3 \\ 0 \\ 0 \\ 0 \end{pmatrix}.$$

若令 $R = R_2 R_1$,则 $Rx = 3e_1$.　　　　　　　　　　　　　　　　　　　　　　　　　♯

从上例可以看出两种变换的作法与功效. 有关上述两种矩阵的进一步讨论见文献 [17].

8.3.2　矩阵的 QR 分解

关于一般的非奇异矩阵,我们有如下的分解定理.

定理 8.7　设 $A = (a_{ij})_{n\times n}$ 为实非奇异矩阵,则 A 有正交分解

$$A = QR,$$

其中 Q 为正交矩阵,R 为上三角阵,且当 R 具有正对角元时,分解 $A = QR$ 是唯一的.

本定理其他的证明可见文献 [5,17] 及习题 11. 这里仅给出用反射矩阵进行分解的证明.

证明　第 1 步,对非奇异矩阵 A 按列分块,记为

$$A = A_1 = (a_{ij}^{(1)})_{n\times n} = (a_1, a_2, \cdots, a_n).$$

由于 $a_1 \neq 0$,故存在反射阵 H_1,使

$$H_1 a_1 = -\sigma_1 e_1,$$

$$H_1 A = (H_1 a_1, H_1 a_2, \cdots, H_1 a_n)$$

$$= \begin{pmatrix} -\sigma_1 & a_{12}^{(2)} & \cdots & a_{1n}^{(2)} \\ 0 & a_{22}^{(2)} & \cdots & a_{2n}^{(2)} \\ \vdots & \vdots & & \vdots \\ 0 & a_{n2}^{(2)} & \cdots & a_{nn}^{(2)} \end{pmatrix} = \left(\begin{array}{c|c} -\sigma_1 & r_2 \mid B_2 \\ \hline 0 & C_2 \mid D_2 \end{array} \right),$$

其中 $C_2 = (a_{22}^{(2)}, \cdots, a_{n2}^{(2)})^{\mathrm{T}} \in \mathbf{R}^{n-1}, D_2 \in \mathbf{R}^{(n-1)\times(n-2)}, H_1$ 的定义见式 (8.44).

第 2 步,由 $C_2 \neq 0$ 知,存在 $(n-1)$ 阶反射阵 H_2',使

$$H_2' C_2 = -\sigma_2 e_1' \quad (e_1' \text{为 } n-1 \text{ 维欧氏空间的第一个标准正交基向量}),$$

定义反射阵 H_2 为

$$H_2 = \begin{pmatrix} 1 & 0 \\ 0 & H_2' \end{pmatrix},$$

则易证 H_2 仍为反射阵,且

$$H_2 H_1 A_1 = A_3,$$

$$A_3 = \begin{pmatrix} -\sigma_1 & a_{12}^{(2)} & a_{13}^{(2)} & \cdots & a_{1n}^{(2)} \\ & -\sigma_2 & a_{23}^{(3)} & \cdots & a_{2n}^{(3)} \\ & & a_{33}^{(3)} & \cdots & a_{3n}^{(3)} \\ & & \vdots & & \vdots \\ & & a_{n3}^{(3)} & \cdots & a_{nn}^{(3)} \end{pmatrix} = \left(\begin{array}{cc|c} -\sigma_1 & a_{12}^{(2)} & r_3 \quad B_3 \\ & -\sigma_2 & \\ \hline & & C_3 \quad D_3 \end{array} \right),$$

其中 $C_3 \in \mathbf{R}^{n-2}, D_3 \in \mathbf{R}^{(n-2)\times(n-3)}$.

第 k 步,设已完成对 A 的第一步至第 $k-1$ 变换过程,即存在反射阵 H_1, $H_2, \cdots, H_{k-1}$,使

$$H_{k-1} H_{k-2} \cdots H_1 A_1 = A_k,$$

$$A_k = \left(\begin{array}{cccc|ccc} -\sigma_1 & a_{12}^{(2)} & \cdots & \cdots & a_{1k}^{(2)} & \cdots & a_{1n}^{(2)} \\ & -\sigma_2 & & \cdots & a_{2k}^{(3)} & \cdots & a_{2n}^{(3)} \\ & & \ddots & -\sigma_{k-1} & \vdots & & \vdots \\ \hline & & & & a_{kk}^{(k)} & a_{k,k+1}^{(k)} \cdots a_{kn}^{(k)} \\ & & & & \vdots & \vdots \qquad \vdots \\ & & & & a_{nk}^{(k)} & a_{n,k+1}^{(k)} \cdots a_{nn}^{(k)} \end{array} \right)$$

$$= \left. \left(\begin{array}{c|c|c} R_k & r_k & B_k \\ \hline O & C_k & D_k \end{array} \right) \right\} {\scriptstyle k-1 \atop n-k+1},$$

其中 R_k 为 $k-1$ 阶上三角阵,$C_k \in \mathbf{R}^{n-k+1}, D_k \in \mathbf{R}^{(n-k+1)\times(n-k)}$.

由于 $C_k \neq 0$,存在反射阵

$$H_k' = I' - \beta_k^{-1} u_k' u_k'^{\mathrm{T}},$$

使

$$H_k' C_k = -\sigma_k e_1',$$

这里的 e_1' 为 $(n-k+1)$ 维单位向量 $(1, 0, \cdots, 0)^{\mathrm{T}}$. 计算反射阵 H_k' 的公式为

$$\begin{cases} \sigma_k = \mathrm{sign}(a_{kk}^{(k)})\left[\sum_{i=k}^{n}(a_{ik}^{(k)})^2\right]^{\frac{1}{2}}, \\ u_k' = (a_{kk}^{(k)}+\sigma_k, a_{k+1,k}^{(k)}, \cdots, a_{nk}^{(k)})^{\mathrm{T}}, \\ \beta_k = \dfrac{1}{2}\parallel u_k' \parallel_2^2 = \sigma_k(\sigma_k + a_{kk}^{(k)}). \end{cases} \tag{8.47}$$

再令

$$H_k = \begin{pmatrix} I_{k-1} & 0 \\ 0 & H_k' \end{pmatrix}_{n-k+1}^{k-1}, \tag{8.48}$$

则

$$\begin{aligned} H_k A_k = H_k H_{k-1}\cdots H_1 A &= A_{k+1} \\ &= \begin{pmatrix} I_{k-1} & \\ & H_k' \end{pmatrix}\begin{pmatrix} R_k & r_k & B_k \\ 0 & C_k & D_k \end{pmatrix} \\ &= \begin{pmatrix} R_k & r_k & B_k \\ 0 & -\sigma_k e_1' & H_k' D_k \end{pmatrix}. \end{aligned}$$

这样就使 A 的三角分解过程前进了一步. 当进行 $(n-1)$ 步后有

$$H_{n-1} H_{n-2}\cdots H_1 A = A_n,$$

A_n 为上三角阵,可记为 R,即 $R = A_n$.

由于 $H_1, H_2, \cdots, H_{n-1}$ 都是正交阵,正交阵的乘积仍为正交阵,正交阵的逆阵也为正交阵,故若记 $Q = H_1^{\mathrm{T}} H_2^{\mathrm{T}}\cdots H_{n-1}^{\mathrm{T}}$,则

$$A = H_1^{\mathrm{T}} H_2^{\mathrm{T}}\cdots H_{n-1}^{\mathrm{T}} R = QR.$$

下证分解的唯一性. 设 $A = Q_1 R_1 = Q_2 R_2$,Q_1, Q_2 均为正交阵,R_1, R_2 为非奇异上三角阵且对角元均为正,则

$$A^{\mathrm{T}} A = R_1^{\mathrm{T}} Q_1^{\mathrm{T}} Q_1 R_1 = R_1^{\mathrm{T}} R_1,$$
$$A^{\mathrm{T}} A = R_2^{\mathrm{T}} Q_2^{\mathrm{T}} Q_2 R_2 = R_2^{\mathrm{T}} R_2.$$

由假设及对称正定矩阵的楚列斯基分解的唯一性得

$$R_1 = R_2. \qquad\qquad\qquad\qquad \#$$

实际计算 H_k 时,可按更简便的方法进行. 即在式(8.47)中将 u_k' 直接写成 $u_k = (0, 0, \cdots, 0, a_{kk}^{(k)}+\sigma_k, a_{k+1,k}^{(k)}\cdots, a_{nk}^{(k)})^{\mathrm{T}}$,得到 $H_k = I_n - \beta_k^{-1} u_k u_k^{\mathrm{T}}$. 进而通过 $A_{k+1} = H_k A_k = (I_n - \beta_k^{-1} u_k u_k^{\mathrm{T}}) A_k = A_k - \beta_k^{-1} u_k (u_k^{\mathrm{T}} A_k)$ 得到 A_{k+1}. 这样总的计算量要小一些.

对于一般的实矩阵 $A \in \mathbf{R}^{n\times n}$,我们有如下的分解定理.

定理 8.8（实舒尔（Schur）分解定理）　设 $A \in \mathbf{R}^{n\times n}$,则存在正交矩阵 $Q \in \mathbf{R}^{n\times n}$,使

$$Q^\mathrm{T}AQ = R = \begin{pmatrix} R_{11} & R_{12} & \cdots & R_{1m} \\ & R_{22} & \cdots & R_{2m} \\ & & \ddots & \vdots \\ & & & R_{mm} \end{pmatrix},$$

其中每个 R_{ii} 是 1×1 或 2×2 的矩阵. 若是 1×1 的,其元素就是 A 的特征值;若是 2×2 的,R_{ii} 的特征值就是 A 的一对共轭复特征值.

证明从略,可参考文献[7].

本定理表明,可以通过正交相似变换将 A 化为块上三角阵. 一旦将 A 化为块上三角阵就可求得 A 的特征值. 但一般很难直接求得定理中的 Q 和 R. 为克服这一困难,需介绍如下的方法.

8.3.3 豪斯霍尔德方法

先引入海森伯格(Hessenberg)阵的概念.

设 $B = (b_{ij})_{n \times n}$,如果当 $i > j + 1$ 时,$b_{ij} = 0$,则称 B 为**上海森伯格阵**,即

$$B = \begin{pmatrix} b_{11} & b_{12} & \cdots & & b_{1n} \\ b_{21} & b_{22} & \cdots & & b_{2n} \\ & b_{32} & \ddots & & b_{3n} \\ & & \ddots & \ddots & \vdots \\ & & & b_{n,n-1} & b_{nn} \end{pmatrix}.$$

如果 $b_{i+1,i} \neq 0 (i = 1, 2, \cdots, n-1)$,则称 B 为**不可约上海森伯格阵**. 类似地可定义**下海森伯格阵**.

豪斯霍尔德方法是先用反射阵将 A 正交相似变换为上海森伯格阵,然后对所得的上海森伯格阵使用 QR 方法(8.42). 这时的 QR 分解常用平面旋转矩阵来实现.

定理 8.9 设 A 为 n 阶实矩阵,则存在反射阵 $H_1, H_2, \cdots, H_{n-2}$,使

$$H_{n-2}H_{n-3}\cdots H_1 A H_1 H_2 \cdots H_{n-2} = B, \tag{8.49}$$

其中 B 为上海森伯格阵.

证明的办法同定理 8.7,请读者自行完成. 也可见文献[5,17].

推论 8.2 当 A 为实对称矩阵时,存在反射阵 $H_1, H_2, \cdots, H_{n-2}$,使

$$H_{n-2}H_{n-3}\cdots H_1 A H_1 \cdots H_{n-2} = \begin{pmatrix} a_{11}^{(1)} & -\sigma_1 & & & \\ -\sigma_1 & a_{22}^{(2)} & -\sigma_2 & & \\ & \ddots & \ddots & \ddots & \\ & & & & -\sigma_{n-1} \\ & & & -\sigma_{n-1} & a_{nn}^{(n-1)} \end{pmatrix}$$

综上所述,QR 方法的计算过程为:

(1) 用豪斯霍尔德变换(8.47)(8.48)(8.49)化矩阵 A 为上海森伯格阵 B. 仍用 A 记上海森伯格阵 B.

(2) 用平面旋转变换(8.45)(8.46)对 A 进行 QR 分解 $A = QR$. 可以证明:RQ 仍为上海森伯格阵.

(3) 用式(8.42)反复进行 QR 分解,直到 A_k 趋于一个对角阵或上三角阵.

(4) 求出(3)中所得的矩阵的对角元,即原矩阵的特征值.

详细的计算实施办法可见参考文献[2].

8.3.4　QR 方法的收敛性

在 A 受相当限制的假设下,由式(8.42)产生的矩阵 $\{A_k\}$ 基本上收敛于上三角阵.

定理 8.10（QR 方法的收敛性）　设 $A = (a_{ij})_{n \times n}$,且

(1) A 的特征值满足 $|\lambda_1| > |\lambda_2| > \cdots > |\lambda_n| > 0$;

(2) 存在非奇异矩阵 X,使 $A = XDX^{-1}$,$D = \mathrm{diag}(\lambda_1, \lambda_2, \cdots, \lambda_n)$,且设 X^{-1} 有三角分解 $X^{-1} = LU$(L 为单位下三角阵,U 为上三角阵),则 QR 算法产生的 $\{A_k\}$ 基本上收敛于上三角阵,即

$$\lim_{k \to \infty} A_k = R = \begin{bmatrix} \lambda_1 & * & \cdots & * \\ & \lambda_2 & * & \vdots \\ & & \ddots & \vdots \\ & & & \lambda_n \end{bmatrix}.$$

这里基本收敛的意思是 $\lim\limits_{k \to \infty} a_{ii}^{(k)} = \lambda_i (i = 1, 2, \cdots, n)$,$\lim\limits_{k \to \infty} a_{ij}^{(k)} = 0 (i > j)$,但 $\lim\limits_{k \to \infty} a_{ij}^{(k)} (i < j)$ 不一定存在.

由于证明比较复杂,在此省略,感兴趣的读者可参见文献[5,9].

推论 8.3　若 A 为 n 阶实对称矩阵且满足定理 8.10 的条件,则由 QR 方法产生的 $\{A_k\}$ 收敛于对角阵 $D = \mathrm{diag}(\lambda_1, \lambda_2, \cdots, \lambda_n)$.

对于一般的实矩阵,QR 方法产生的 $\{A_k\}$ 的收敛情况很复杂,在某些条件下,$\{A_k\}$ 收敛到实舒尔型的矩阵.

例 8.9　试把例 8.1 中的 A 化为与之相似的上海森伯格阵,然后用 QR 方法求 A 的全部特征值.

解
$$A = \begin{bmatrix} -12 & 3 & 3 \\ 3 & 1 & -2 \\ 3 & -2 & 7 \end{bmatrix},$$

记 $a^{(1)} = (3,3)^{\mathrm{T}}$,由式(8.47) 得

$$\sigma_1 = \mathrm{sign}(a_1^{(1)}) \left[\sum_{i=1}^{2} (a_i^{(1)})^2 \right]^{\frac{1}{2}} = (3^2 + 3^2)^{\frac{1}{2}} = 3\sqrt{2} = 4.242\,640\,687,$$

$$u_1' = (a_1^{(1)} + \sigma_1, a_2^{(1)})^{\mathrm{T}} = (3 + 3\sqrt{2}, 3)^{\mathrm{T}} = (7.242\,640\,687, 3)^{\mathrm{T}},$$

$$\beta_1 = \frac{1}{2} \parallel u_1' \parallel_2^2 = \sigma_1(\sigma_1 + a_1^{(1)}) = 30.727\,922\,061,$$

$$H_1' = I_2 - \beta_1^{-1} u_1' u_1'^{\mathrm{T}}$$

$$= \begin{pmatrix} 1 & 0 \\ 0 & 1 \end{pmatrix} - \frac{1}{30.727\,922\,061} \begin{pmatrix} 7.242\,640\,687 \\ 3 \end{pmatrix} (7.242\,640\,687, 3)$$

$$= \begin{pmatrix} 1 & 0 \\ 0 & 1 \end{pmatrix} - \frac{1}{30.727\,922\,061} \begin{pmatrix} 52.455\,844\,16 & 21.727\,922\,07 \\ 21.727\,922\,07 & 9 \end{pmatrix}$$

$$= \begin{pmatrix} -0.707\,106\,781 & -0.707\,106\,781 \\ -0.707\,106\,781 & 0.707\,106\,781 \end{pmatrix},$$

$$H_1 = \begin{pmatrix} 1 & 0 & 0 \\ 0 & -0.707\,106\,781 & -0.707\,106\,781 \\ 0 & -0.707\,106\,781 & 0.707\,106\,781 \end{pmatrix},$$

$$B = H_1 A H_1 = \begin{pmatrix} -12 & -4.242\,640\,687 & 0 \\ -4.242\,640\,687 & 2 & -3 \\ 0 & -3 & 6 \end{pmatrix}.$$

下面对 B 进行 QR 分解,采用的方法是平面旋转变换. 下面将上述 B 仍记为 A,用式(8.42) 计算.

根据式(8.46) 有

$$\cos\theta_1 = (-12) \Big/ \sqrt{(-12)^2 + (-4.242\,640\,687)^2} = -0.942\,809\,041,$$

$$\sin\theta_1 = (-4.242\,640\,69) \Big/ \sqrt{(-12)^2 + (-4.242\,640\,687)^2}$$

$$= -0.333\,333\,333,$$

$$R(1,2,\theta_1) = \begin{pmatrix} \cos\theta_1 & \sin\theta_1 & 0 \\ -\sin\theta_1 & \cos\theta_1 & 0 \\ 0 & 0 & 1 \end{pmatrix},$$

$$R(1,2,\theta_1)A = \begin{pmatrix} 12.727\,922\,061 & 3.333\,333\,333 & 1 \\ 0 & -3.299\,831\,646 & 2.828\,427\,125 \\ 0 & -3 & 6 \end{pmatrix},$$

$$\cos\theta_2 = (-3.299\,832\,03) \Big/ \sqrt{(-3.299\,832\,03)^2 + (-3)^2} = -0.739\,922\,992,$$

$$\sin\theta_2 = (-3) \Big/ \sqrt{(-3.299\,832\,03)^2 + (-3)^2} = -0.672\,691\,583,$$

$$R(2,3,\theta_2) = \begin{pmatrix} 1 & 0 & 0 \\ 0 & -0.739\,922\,992 & -0.672\,691\,583 \\ 0 & 0.672\,691\,583 & -0.739\,922\,992 \end{pmatrix},$$

$$R_1 = R(2,3,\theta_2)R(1,2,\theta_1)A$$

$$= \begin{pmatrix} 12.727\,922\,061 & 3.333\,333\,333 & 1 \\ 0 & 4.459\,696\,053 & -6.128\,967\,761 \\ 0 & 0 & -2.536\,878\,828 \end{pmatrix},$$

所以

$$Q_1 = R(1,2,\theta_1)^{\mathrm{T}}R(2,3,\theta_2)^{\mathrm{T}}$$

$$= \begin{pmatrix} -0.942\,809\,042 & -0.246\,640\,997 & 0.224\,230\,528 \\ -0.333\,333\,333 & 0.697\,606\,087 & -0.634\,219\,707 \\ 0 & -0.672\,691\,583 & -0.739\,922\,992 \end{pmatrix}.$$

这就实现了一次对 A 的 QR 分解 $A_1 = Q_1 R_1$,下一步,应对

$$A_2 = R_1 Q_1$$

$$= \begin{pmatrix} -13.111\,111\,111 & -1.486\,565\,351 & 0 \\ -1.486\,565\,351 & 7.234\,016\,139 & 1.706\,537\,036 \\ 0 & 1.706\,537\,036 & 1.877\,094\,972 \end{pmatrix}.$$

进行 QR 分解. 注意 A_2 仍为上海森伯格阵. 类似于前一步,对 A_2 用平面旋转变换进行 QR 分解; $A_2 = Q_2 R_2$, $A_3 = R_2 Q_2 = Q_3 R_3$, $\cdots$,直到基本收敛. 具体结果见表 8.8.

表 8.8   对例 8.9 中所得的上海森伯格阵反复进行 QR 分解的结果

k	A_k	k	A_k
1	$\begin{pmatrix} -12.000\,000\,000 & -4.242\,640\,687 & 0.000\,000\,000 \\ -4.242\,640\,687 & 2.000\,000\,000 & -3.000\,000\,000 \\ 0.000\,000\,000 & -3.000\,000\,000 & 6.000\,000\,000 \end{pmatrix}$	5	$\begin{pmatrix} -13.215\,949\,778 & -0.298\,368\,281 & 0.000\,000\,000 \\ -0.298\,368\,281 & 7.824\,614\,860 & -0.010\,335\,717 \\ 0.000\,000\,000 & 0.010\,335\,717 & 1.391\,334\,918 \end{pmatrix}$
2	$\begin{pmatrix} -13.111\,111\,111 & -1.486\,565\,351 & 0.000\,000\,000 \\ -1.486\,565\,351 & 7.234\,016\,139 & 1.706\,537\,036 \\ 0.000\,000\,000 & 1.706\,537\,036 & 1.877\,094\,972 \end{pmatrix}$	⋮	⋮
3	$\begin{pmatrix} -13.185\,705\,169 & -0.850\,676\,294 & 0.000\,000\,000 \\ -0.850\,676\,294 & 7.777\,808\,899 & -0.326\,646\,366 \\ 0.000\,000\,000 & -0.326\,646\,366 & 1.407\,896\,270 \end{pmatrix}$	33	$\begin{pmatrix} -13.220\,179\,976 & -0.000\,000\,120 & 0.000\,000\,000 \\ -0.000\,000\,120 & 7.828\,861\,648 & -0.000\,000\,056 \\ 0.000\,000\,000 & -0.000\,000\,056 & 1.391\,318\,328 \end{pmatrix}$
4	$\begin{pmatrix} -13.208\,120\,566 & -0.503\,671\,005 & 0.000\,000\,000 \\ -0.503\,671\,005 & 7.816\,277\,097 & 0.058\,164\,661 \\ 0.000\,000\,000 & 0.058\,164\,661 & 1.391\,843\,468 \end{pmatrix}$	34	$\begin{pmatrix} -13.220\,179\,976 & 0.000\,000\,120 & 0.000\,000\,000 \\ 0.000\,000\,120 & 7.828\,861\,648 & 0.000\,000\,056 \\ 0.000\,000\,000 & 0.000\,000\,056 & 1.391\,318\,328 \end{pmatrix}$

　　与例 8.7 的结果比较,QR 方法的收敛速度是比较慢的. 通常使用带原点平移的 QR 方法来求矩阵 A 的全部特征值.

*8.3.5　带原点平移的 QR 方法

　　假定 A 已经是上海森伯格阵了. 为使 QR 方法收敛得更快,常使用带原点平移的 QR 方法. 其一般形式如下:

$$\begin{cases} A_1 = A, \\ A_k - s_k I = Q_k R_k, \\ A_{k+1} = s_k I + R_k Q_k, \quad k = 1, 2, \cdots, \end{cases} \tag{8.50}$$

其中 s_k 为平移量. 这样产生的矩阵序列 $\{A_k\}$ 有下列性质:

　　(1) A_{k+1} 与 A_k 相似;

　　(2) 当 A_k 为上海森伯格阵时,如果 QR 分解采用平面旋转变换,则 A_{k+1} 也为上海森伯格阵.

　　迭代若干步后,若 $|a_{n,n-1}^{(k+1)}|$ 足够小,就可认为 $a_{nn}^{(k+1)}$ 是特征值的近似值,然后将 A_{k+1} 的第 n 行、n 列去掉(剩下的 $(n-1)$ 阶矩阵仍为上海森伯格阵),对压缩后的矩阵重复上述分解过程.

　　恰当选取平移量 s_k 可加速分解过程的收敛. s_k 的选取常用两种方法.

　　(1) 直接取 $s_k = a_{nn}^{(k)}$;

　　(2) 当初始矩阵为实对称时,经反复正交相似变换将其变为实对称三对角阵. 当再用一系列旋转变换进行分解时,对称性保持不变,可以证明这种情况下平移量 s_k 取二阶矩阵 $\begin{bmatrix} a_{n-1,n-1}^{(k)} & a_{n-1,n}^{(k)} \\ a_{n,n-1}^{(k)} & a_{n,n}^{(k)} \end{bmatrix}$ 的最接近于 $a_{nn}^{(k)}$ 的那一个特征值,能使 $a_{n,n-1}^{(k)}$ 很快趋于零.

　　当 A 的特征值为复数,计算过程限定在实数范围时,应该用双步 QR 方法,见文献[5,12].

*8.4　求实对称三对角阵特征值的二分法

　　由 8.3 节知,实对称矩阵通过正交相似变换,可以化为对称三对角阵. 对于实对称三对角阵,我们可用二分法求其全部特征值.

设

$$
A = \begin{pmatrix}
\alpha_1 & \beta_1 & & & & \\
\beta_1 & \alpha_2 & \beta_2 & & & \\
& \ddots & \ddots & \ddots & & \\
& & \beta_{n-2} & \alpha_{n-1} & \beta_{n-1} \\
& & & \beta_{n-1} & \alpha_n
\end{pmatrix}, \tag{8.51}
$$

且 $\beta_i \neq 0, i = 1, 2, \cdots, n-1$. 否则可将 A 表示成适当的分块对角阵,每一块的次对角元均不为零.

8.4.1　矩阵 A 的特征多项式序列及其性质

称实系数多项式序列

$$
\varphi_0(x), \varphi_1(x), \cdots, \varphi_m(x) \tag{8.52}
$$

为 $\varphi_m(x)$ 在 (a,b) 内的一个施图姆(Sturm)序列,如果它具有以下三个性质:

(1) 最先一个多项式 $\varphi_0(x)$ 在 (a,b) 内无实根;

(2) 序列中任意两个相邻的多项式在 (a,b) 内无公共根;

(3) 设 $x_0 \in (a,b)$,且 $\varphi_j(x_0) = 0$,则 $\varphi_{j-1}(x_0)$ 与 $\varphi_{j+1}(x_0)$ 反号.

为了计算 $f_n(\lambda) = \det(A - \lambda I)$,引进多项式序列

$$
f_k(\lambda) = \det \begin{pmatrix}
\alpha_1 - \lambda & \beta_1 & & & & \\
\beta_1 & \alpha_2 - \lambda & \beta_2 & & & \\
& \ddots & \ddots & \ddots & & \\
& & \beta_{k-2} & \alpha_{k-1} - \lambda & \beta_{k-1} \\
& & & \beta_{k-1} & \alpha_k - \lambda
\end{pmatrix}, \quad 1 \leqslant k \leqslant n, \tag{8.53}
$$

即 $f_k(\lambda)$ 表示 A 的 k 阶顺序主子矩阵的特征多项式. 规定 $f_0(\lambda) = 1$,直接计算有

$$
f_1(\lambda) = \alpha_1 - \lambda,
$$
$$
f_2(\lambda) = (\alpha_2 - \lambda)f_1(\lambda) - \beta_1^2 f_0(\lambda).
$$

一般地,用归纳法可证明

$$
f_k(\lambda) = (\alpha_k - \lambda)f_{k-1}(\lambda) - \beta_{k-1}^2 f_{k-2}(\lambda), \quad k = 2, 3, \cdots, n. \tag{8.54}
$$

序列 $\{f_k(\lambda)\}$ 称为**矩阵 A 的特征多项式序列**.

定理 8.11　序列 $\{f_k(\lambda)\}$ 是 $f_n(\lambda)$ 在 $(-\infty, +\infty)$ 内的施图姆序列.

证明　只需证明 $\{f_k(\lambda)\}$ 满足定义中的三条即可.

(1) $f_0(\lambda) = 1$,故自然满足.

(2) 用反证法证明. 设存在某个 $\lambda \in (-\infty, +\infty)$ 使 $f_j(\lambda) = f_{j-1}(\lambda) = 0$,由递推关系式(8.54)知

$$f_{j-2}(\lambda) = -\frac{1}{\beta_{j-1}^2}[f_j(\lambda) - (\alpha_j - \lambda)f_{j-1}(\lambda)] = 0.$$

同理可知 $f_{j-3}(\lambda) = f_{j-4}(\lambda) = \cdots = f_0(\lambda) = 0$,这与 $f_0(\lambda) \equiv 1$ 矛盾. 故不存在任何实数使 $f_j(\lambda) = f_{j-1}(\lambda) = 0$.

(3) 设 $f_j(\lambda) = 0$,则由关系式(8.54)知

$$f_{j+1}(\lambda) = -\beta_j^2 f_{j-1}(\lambda),$$

又因 $\beta_j \neq 0, f_{j-1}(\lambda) \neq 0$,所以 $f_{j+1}(\lambda) \neq 0$,且与 $f_{j-1}(\lambda)$ 反号. #

定理 8.12 设 A 由式(8.51)给出,$\beta_j \neq 0 (j = 1, 2, \cdots, n-1)$,$\{f_j(\lambda)\}$ 为 A 的特征多项式序列,则 $f_k(\lambda) = 0$ 有 k 个单根$(k = 1, 2, \cdots, n)$,且 $f_k(\lambda) = 0$ 与 $f_{k-1}(\lambda) = 0$ 的根相互交错.

证明 用归纳法. 首先易知 $f_1(\lambda) = \alpha_1 - \lambda = 0$ 只有一个单根 $\lambda = \alpha_1$. 而 $f_2(\lambda) = (\alpha_2 - \lambda)(\alpha_1 - \lambda) - \beta_1^2$,所以 $f_2(\pm\infty) = +\infty$,$f_2(\alpha_1) = -\beta_1^2 < 0$,故 $f_2(\lambda) = 0$ 在 $(-\infty, \alpha_1)$ 及 $(\alpha_1, +\infty)$ 内各有一个根. 这说明 $f_1(\lambda)$ 和 $f_2(\lambda)$ 符合定理结论.

设对于 $f_1(\lambda), f_2(\lambda), \cdots, f_{k-1}(\lambda)$ 定理成立,再证 $f_k(\lambda)$ 与 $f_{k-1}(\lambda)$ 的零点相互交错,且 $f_k(\lambda)$ 有 k 个单根. 将 $f_{k-1}(\lambda)$ 与 $f_{k-2}(\lambda)$ 的零点分别记为 $\lambda_i (i = 1, 2, \cdots, k-1)$ 和 $\mu_i (i = 1, 2, \cdots, k-2)$,且顺序为

$$\lambda_1 < \lambda_2 < \cdots < \lambda_{k-2} < \lambda_{k-1},$$
$$\mu_1 < \mu_2 < \cdots < \mu_{k-3} < \mu_{k-2},$$

由归纳法假设有

$$\lambda_1 < \mu_1 < \lambda_2 < \mu_2 < \cdots < \lambda_{k-2} < \mu_{k-2} < \lambda_{k-1}.$$

由于 $f_k(\lambda) = (-1)^k \lambda^k + $ 低次项,所以

$$\begin{cases} f_k(-\infty) > 0, \\ \mathrm{sign} f_k(+\infty) = \mathrm{sign}(-1)^k, \quad k = 1, 2, \cdots, n. \end{cases} \tag{8.55}$$

再由归纳法假设有

$$f_{k-2}(\lambda_1) > 0, f_{k-2}(\lambda_2) < 0, f_{k-2}(\lambda_3) > 0, \cdots,$$

即 $f_{k-2}(\lambda_j)$ 的符号为 $(-1)^{j+1}$. 然后由 $f_k(\lambda_j) = -\beta_{k-1}^2 f_{k-2}(\lambda_j)$ 知,$f_k(\lambda_j)$ 的符号为 $(-1)^j$,即

$$f_k(-\infty) > 0, f_k(\lambda_1) < 0, f_k(\lambda_2) > 0, \cdots.$$

于是在 $(-\infty, \lambda_1), (\lambda_1, \lambda_2), \cdots, (\lambda_{k-1}, +\infty)$ 内都有 $f_k(\lambda) = 0$ 的根,这里共有 k 个区间,而 $f_k(\lambda) = 0$ 只有 k 个根,故在每个区间上有且仅有一个根. 这就证明了定理的结论. #

定义 8.2 整值函数 $S_n(\lambda)$ 表示数列 $\{f_0(\lambda), f_1(\lambda), \cdots, f_n(\lambda)\}$ 中相邻两数符号相同的个数,将 $S_n(\lambda)$ 称为**数列 $\{f_j(\lambda)\}$ 的同号数**. 计算同号数时约定: 当 $f_j(\lambda) = 0$ 时,$f_j(\lambda)$ 与 $f_{j-1}(\lambda)$ 同号.

例 8.10 设实对称三对角矩阵

$$A = \begin{bmatrix} 2 & 1 & \\ 1 & 2 & 1 \\ & 1 & 2 \end{bmatrix},$$

求 A 的特征多项式序列 $\{f_j(\lambda)\}$ 在 $\lambda = -1, 0, 1, 3, 4$ 处的同号数.

解 A 的特征多项式序列为

$$f_0(\lambda) = 1,$$
$$f_1(\lambda) = 2 - \lambda,$$
$$f_2(\lambda) = (2 - \lambda)^2 - 1,$$
$$f_3(\lambda) = (2 - \lambda)^3 - 2(2 - \lambda),$$

当 λ 分别取 $-1, 0, 1, 3, 4$ 时 $f_j(\lambda)$ 及 $S_3(\lambda)$ 的值见表 8.9.

表 8.9 例 8.10 中矩阵 A 的同号数

λ	-1	0	1	3	4
$f_0(\lambda)$	1	1	1	1	1
$f_1(\lambda)$	3	2	1	-1	-2
$f_2(\lambda)$	8	3	0	0	3
$f_3(\lambda)$	21	4	-1	1	-4
$S_3(\lambda)$	3	3	2	1	0

♯

定理 8.13 设 A 由式 (8.51) 给出,$\beta_j \neq 0, j = 1, 2, \cdots, n-1, \{f_k(\lambda)\}$ 是 A 的特征多项式序列,则

(1) $S_n(c)$ 表示 $f_n(\lambda) = 0$ 在 $[c, +\infty)$ 上根的个数;

(2) 若 $c < d$,则 $f_n(\lambda) = 0$ 在 $[c, d)$ 上根的个数为 $S_n(c) - S_n(d)$.

证明 (2) 的结论容易由 (1) 得出. 下面只证明结论 (1).

用归纳法证明. 当 $n = 1$ 时,

$$\{f_0(c), f_1(c)\} = \{1, \alpha_1 - c\}.$$

当 $\alpha_1 > c$ 时,由于 $f_1(-\infty) > 0, f_1(\alpha_1) = 0, f_1(c) > 0$,故 $S_1(c) = 1, S_1(c)$ 就是 $[c, +\infty)$ 上 $f_1(\lambda) = 0$ 的根的个数. 而当 $\alpha_1 < c$ 时,$f_1(c) < 0, S_1(c) = 0, f_1(\lambda) = 0$ 在 $[c, +\infty)$ 上无根,$S_1(c) = 0$ 也是 $f_1(\lambda) = 0$ 在 $[c, +\infty)$ 上的根的个数.

假设对 $\{f_0(\lambda),f_1(\lambda),\cdots,f_{k-1}(\lambda)\}$ 定理成立,并设 $S_{k-1}(c)=m$,即 $f_{k-1}(\lambda)=0$ 不小于 c 的根为 m 个. 将 $f_{k-1}(\lambda)=0$ 与 $f_k(\lambda)=0$ 的根分别以 $\{\lambda_j\}$ 和 $\{\mu_j\}$ 记之,且由归纳法假定知(注意这里的 λ_j, μ_j 的编号与前面的不同)

$$\begin{cases} \lambda_{k-1} < \lambda_{k-2} < \cdots < \lambda_{m+1} < c \leqslant \lambda_m < \cdots < \lambda_1, \\ \mu_k < \lambda_{k-1} < \mu_{k-1} < \cdots < \lambda_{m+1} < \mu_{m+1} < \lambda_m < \cdots < \lambda_1 < \mu_1. \end{cases} \tag{8.56}$$

由此可得 $c\in(\lambda_{m+1},\lambda_m]$, $f_k(\lambda)$ 不小于 c 的零点个数只能是 m 或 $m+1$. 下面分四种情况讨论.

(1) $c=\lambda_m$.

由式(8.56)知,此时 $f_k(\lambda)=0$ 的不小于 c 的根为 m 个,而 $f_{k-1}(c)=0$,根据施图姆序列的性质有 $f_k(c)\neq 0$,按约定 $f_{k-1}(c)$ 与 $f_k(c)$ 不同号,所以

$$S_k(c)=S_{k-1}(c)=m.$$

(2) $c=\mu_{m+1}$.

由式(8.56)知,这时 $f_k(\lambda)=0$ 的不小于 c 的根有 $m+1$ 个,而 $f_k(c)=0$,按约定 $\mathrm{sign}f_k(c)=\mathrm{sign}f_{k-1}(c)$,故

$$S_k(c)=S_{k-1}(c)+1=m+1.$$

(3) $\mu_{m+1}<c<\lambda_m$.

这时 $f_k(\lambda)=0$ 的不小于 c 的根为 m 个. 将 $f_{k-1}(\lambda)$ 与 $f_k(\lambda)$ 写成

$$\begin{cases} f_{k-1}(\lambda)=(\lambda_1-\lambda)(\lambda_2-\lambda)\cdots(\lambda_{k-1}-\lambda), \\ f_k(\lambda)=(\mu_1-\lambda)(\mu_2-\lambda)\cdots(\mu_k-\lambda), \end{cases} \tag{8.57}$$

则容易看出

$$\mathrm{sign}f_{k-1}(c)=(-1)^{k-1-m},$$
$$\mathrm{sign}f_k(c)=(-1)^{k-m},$$

即 $f_k(c)$ 与 $f_{k-1}(c)$ 反号,故 $S_k(c)=S_{k-1}(c)=m$.

(4) $\lambda_{m+1}<c<\mu_{m+1}$.

这时 $f_k(\lambda)=0$ 的不小于 c 的根为 $m+1$ 个. 由式(8.57) 知

$$\mathrm{sign}f_{k-1}(c)=(-1)^{k-1-m},$$
$$\mathrm{sign}f_k(c)=(-1)^{k-(m+1)},$$

即 $f_k(c)$ 与 $f_{k-1}(c)$ 同号,故 $S_k(c)=S_{k-1}(c)+1=m+1$.

综合以上四种情形,即得定理的结论. ♯

8.4.2 特征值的计算

设 A 由式(8.51)给出, $\beta_j\neq 0$, $j=1,2,\cdots,n-1$, $\{f_j(\lambda)\}$ 为 A 的特征多项

式序列. 由定理 8.13 知, 若 $a_0 < b_0$, 且 $S_n(a_0) = m, S_n(b_0) = m-1$, 则 A 的第 m 个特征值 $\lambda_m \in [a_0, b_0)$(λ_i 按式(8.56)编号). 此时令 $c_0 = \frac{1}{2}(a_0 + b_0)$, 若 $S_n(c_0) = m$, 置 $a_1 = c_0, b_1 = b_0$(否则置 $a_1 = a_0, b_1 = c_0$) 可得新区间 $[a_1, b_1]$, 且 $\lambda_m \in [a_1, b_1)$. 这种做法继续做下去, 可得一区间序列 $\{[a_k, b_k]\}$, 始终保持 $\lambda_m \in [a_k, b_k)$, 当 k 充分大时, 可用 $c_k = \frac{1}{2}(a_k + b_k)$ 作为 λ_m 的近似值, 这就是二分法求实对称三对角阵的特征值的方法.

例 8.11　用二分法计算例 8.10 中 A 的属于区间 $[0, 1)$ 的特征值 λ_3.

解　由例 8.10 知, $[0, 1)$ 内确有一个 A 的特征值 λ_3. 用二分法计算得结果见表 8.10.

表 8.10　例 8.11 的计算结果

λ	0	1	0.5	0.75	0.625	0.562 5	0.593 75	0.578 125	0.585 937 5
$f_0(\lambda)$	1	1	+	+	+	+	+	+	+
$f_1(\lambda)$	2	1	+	+	+	+	+	+	+
$f_2(\lambda)$	3	0	+	+	+	+	+	+	+
$f_3(\lambda)$	4	−1	+	−	+	+	−	−	−
$S_3(\lambda)$	3	2	3	2	2	3	2	3	2

由上表知, 以 $\tilde{\lambda}_3 = (0.578\ 125 + 0.585\ 937\ 5)/2 = 0.582\ 031\ 25$ 作为 λ_3 的近似值其绝对误差不超过 $(0.585\ 937\ 5 - 0.578\ 125)/2 = 0.003\ 905\ 25$($\lambda_3$ 更精确的值为 $0.585\ 786\ 4$).

二分法求特征值简便、稳定、精度可以很高, 且有很大的灵活性, 既可求 A 的全部特征值, 也可求 A 的部分特征值. 不论哪一种情形都是以计算同号数 $S_n(\lambda)$ 为基础的. 当 A 的阶数不高时, 一般来说容易实现这一算法. 但当 A 的阶数较高时, 计算 $f_k(\lambda)(k = 0, 1, 2, \cdots, n)$ 的值时, 可能产生"溢出", 从而使计算中断.

为了避免"溢出"发生, 定义一个新的序列 $\{G_k(\lambda)\}_{k=1}^n$:

$$G_1(\lambda) = \frac{f_1(\lambda)}{f_0(\lambda)} = \alpha_1 - \lambda,$$

$$G_k(\lambda) = \frac{f_k(\lambda)}{f_{k-1}(\lambda)} = \frac{(\alpha_k - \lambda)f_{k-1}(\lambda) - \beta_{k-1}^2 f_{k-2}(\lambda)}{f_{k-1}(\lambda)}$$

$$= \begin{cases} \alpha_k - \lambda - \dfrac{\beta_{k-1}^2}{G_{k-1}(\lambda)}, & f_{k-1}(\lambda) \neq 0 \text{ 且 } f_{k-2}(\lambda) \neq 0, \\ \alpha_k - \lambda, & f_{k-2}(\lambda) = 0, \\ -\infty, & f_{k-1}(\lambda) = 0. \end{cases}$$

由于序列 $\{f_k(\lambda)\}$ 相邻两项不同时为零,所以 $f_j(\lambda)=0$ 等价于 $G_j(\lambda)=0$ $(j=1,2,\cdots,n)$. 这样一来. $\{G_k(\lambda)\}$ 可写成如下形式:

$$G_1(\lambda)=\alpha_1-\lambda,$$

$$G_k(\lambda)=\begin{cases}\alpha_k-\lambda, & G_{k-2}(\lambda)=0,\\[2mm]-\infty, & G_{k-1}(\lambda)=0,\\[2mm]\alpha_k-\lambda-\dfrac{\beta_{k-1}^2}{G_{k-1}(\lambda)}, & G_{k-1}(\lambda)G_{k-2}(\lambda)\neq0,k=2,3,\cdots,n.\end{cases}$$

$$(8.58)$$

若 $f_k(\lambda)\neq0$, $f_k(\lambda)$ 与 $f_{k-1}(\lambda)$ 同号等价于 $G_k(\lambda)>0$;而 $f_k(\lambda)=0$ 时,按约定 $f_k(\lambda)$ 与 $f_{k-1}(\lambda)$ 同号,这时 $G_k(\lambda)=0$,所以序列 $\{f_k(\lambda)\}_{k=0}^n$ 的同号数 $S_n(\lambda)$ 等于序列 $\{G_k(\lambda)\}_{k=1}^n$ 中非负项的数目. 这样,计算 $\{f_k(\lambda)\}$ 的同号数 $S_n(\lambda)$ 可改为计算 $\{G_k(\lambda)\}$ 的非负数目. 需要指出的是当按递推关系式(8.58)计算 $\{G_k(\lambda)\}$ 时,若某个 $|G_j(\lambda)|$ 充分小,可以认为 $G_j(\lambda)=0$;当出现某个 $G_j(\lambda)=-\infty$ 时(由 $G_{j-1}(\lambda)=0$ 来判断),只要给 $G_j(\lambda)$ 任一负值即可.

利用二分法求 A 的全部特征值时,需用盖尔圆定理确定 A 的特征值的范围. 设 A 由式(8.51)给出, $\beta_j\neq0(j=1,2,\cdots,n-1)$,约定 $\beta_0=0,\beta_n=0$,并令

$$\begin{cases}c=\min\limits_{1\leqslant i\leqslant n}\{\alpha_i-|\beta_i|-|\beta_{i-1}|\},\\[2mm]d=\max\limits_{1\leqslant i\leqslant n}\{\alpha_i+|\beta_i|+|\beta_{i-1}|\},\end{cases}$$

$$(8.59)$$

则由定理 8.2 知,所有的特征值 λ 满足 $c<\lambda<d$. 有了 c 和 d 后,就知道了应该从那些 λ 处计算 $\{f_k(\lambda)\}$ 的同号数或 $\{G_k(\lambda)\}$ 的非负数目,进而进行根的隔离,用二分法进行特征值的计算.

习　题　8

1. 设

$$A=\begin{bmatrix}6 & 2 & 1\\2 & 3 & 1\\1 & 1 & 1\end{bmatrix},$$

用乘幂法、瑞利商加速法求 A 的主特征值 λ_1,当 $|\lambda_1^{(k+1)}-\lambda_1^{(k)}|<\dfrac{1}{2}\times10^{-2}$ 时结束计算.

2. 设

$$A=\begin{bmatrix}3 & -4 & 3\\-4 & 6 & 3\\3 & 3 & 1\end{bmatrix},$$

用古典雅可比方法求 A 的特征值,要求 $S(A_{k+1})<10^{-6}$.

3. 设

$$A = \begin{pmatrix} 1 & 2 & 1 & 2 \\ 2 & 2 & -1 & 1 \\ 1 & -1 & 1 & 1 \\ 2 & 1 & 1 & 1 \end{pmatrix},$$

用反射变换将 A 化为三对角阵.

4. 设

$$A = \begin{pmatrix} 1 & 1 & 1 \\ 2 & -1 & -1 \\ 2 & -4 & 5 \end{pmatrix},$$

用反射变换和平面旋转变换对 A 作 QR 分解.

5. 用 QR 方法和带原点平移的 QR 方法求

$$A = \begin{pmatrix} 3 & 1 & 0 \\ 1 & 2 & 1 \\ 0 & 1 & 1 \end{pmatrix}$$

的全部特征值.

6. 已知向量 $x = (1, 2, -2)^{\mathrm{T}}$, 分别用反射变换和平面旋转变换将其变为与单位向量 $e_1 = (1, 0, 0)^{\mathrm{T}}$ 平行的向量.

7. 设

$$A = \begin{pmatrix} 0 & 1 & & \\ 1 & 1 & 1 & \\ & 1 & 1 & 1 \\ & & 1 & 2 \end{pmatrix},$$

利用定理 8.13 分离出四个区间, 使每个区间内仅有 A 的一个特征值.

8. 利用二分法计算例 8.9 中 A 的第二个特征值 λ_2, 绝对误差限 $\varepsilon = 10^{-3}$.

9. 设 A 为 n 阶实对称矩阵, 其特征值为 $\lambda_1 \geqslant \lambda_2 \geqslant \cdots \geqslant \lambda_n$, 证明对任意非零向量 $v \in \mathbf{R}^n$, 有

$$\lambda_n \leqslant R(v) \leqslant \lambda_1,$$

这里 $R(v)$ 为 A 关于 v 的瑞利商.

10. 设 $A \in \mathbf{R}^{n \times n}$ 非奇异, A 的 QR 分解为 QR, 令 $\tilde{A} = RQ$, 试证明: (1) 若 A 对称, 则 $\tilde{A}$ 亦对称;
    (2) 若 A 为上海森伯格阵, 则 $\tilde{A}$ 也为上海森伯格阵.

11. 用平面旋转变换证明定理 8.7.

第 9 章　　常微分方程初值问题的数值解法

9.1　引　　言

在自然科学与工程技术的许多领域中,经常遇到常微分方程初值问题.这些问题往往很复杂,多数情况下都不能求出解析解,只能用近似方法求解.近似方法有两类:一类称为近似解析方法,如级数解法、逐次逼近法等;另一类称为数值解法,它可以给出解在一些离散点上的近似值.利用计算机求解常微分方程主要使用数值解法.

首先考虑初值问题

$$\begin{cases} y' = f(x,y), \\ y(x_0) = y_0 \end{cases} \tag{9.1}$$

在区间 $[a,b]$ 上的解.

在使用数值解法之前,需要考虑解的存在性.因为如果问题(9.1)没有解,即使利用数值方法可以求得一些数据也是毫无意义的.在解存在的情况下,必须保证初值问题具有唯一的解.关于解的存在唯一性有如下定理.

定理 9.1　设 $f(x,y)$ 在域 $D = \{(x,y) \mid a \leqslant x \leqslant b, y \in \mathbf{R}\}$ 上有定义且连续,同时满足如下的利普希茨(Lipschitz)条件:

$$\begin{cases} \mid f(x,y) - f(x,y^*) \mid \leqslant L \mid y - y^* \mid, \\ \forall (x,y) \in D, \forall (x,y^*) \in D, \quad 0 < L < +\infty, \end{cases} \tag{9.2}$$

则对 $\forall x_0 \in [a,b], y_0 \in \mathbf{R}$,初值问题(9.1)在 $[a,b]$ 上存在唯一的连续可微解 $y(x)$.式(9.2)中 L 称为利普希茨常数.

在 $f(x,y)$ 对 y 可微的情况下,若偏导数有界,则可取

$$\left| \frac{\partial f(x,y)}{\partial y} \right| \leqslant L, \quad \forall (x,y) \in D.$$

这时利普希茨条件显然成立:

$$\mid f(x,y) - f(x,y^*) \mid = \left| \frac{\partial f(x,\xi)}{\partial y}(y - y^*) \right| \leqslant L \mid y - y^* \mid.$$

这里 ξ 介于 y 和 y^* 之间.这是验证式(9.2)是否满足的最简便的方法.

除了保证初值问题有解外,还必须保证微分方程本身是适定的.所谓适定是指在初值问题(9.1)中,初始值 y_0 及微分方程的右端函数 $f(x,y)$ 有微小变

化时,只能引起解的微小变化.这种性质对于数值求解过程来说是十分必要的,这是由于在许多实际问题中,初始值及右端函数 $f(x,y)$ 通常是经过测量得到的,难免产生误差.在适定的情况下,上述误差对解的影响是有限的.这对数值解法来说,显然是一个有利的条件,因为解的数值近似,完全可能引入上述种类的误差.在适定的情况下,只要把这些误差控制得很小,就能使解达到所需要的精确度是可以期望的.关于适定性问题,微分方程教材中有如下的定理描述.

定理 9.2　如果 $f(x,y)$ 在 $D=\{(x,y)\mid a\leqslant x\leqslant b,y\in\mathbf{R}\}$ 上满足利普希茨条件(9.2),则初值问题(9.1)是适定的.

若 $y(x)$ 是初值问题(9.1)的解,对方程两边积分,利用初始条件可得

$$y(x)=y(x_0)+\int_{x_0}^{x}f(t,y(t))\mathrm{d}t. \tag{9.3}$$

容易验证,式(9.3)是与式(9.1)等价的积分方程,我们可从式(9.3)出发构造式(9.1)的求解公式.

所谓问题(9.1)的数值解法,就是求下列一系列已知节点:

$$a\leqslant x_0<x_1<\cdots<x_n<\cdots\leqslant b$$

上函数 $y(x)$ 的近似值 $y_0,y_1,\cdots,y_n,\cdots$.我们称 $\Delta x_i=x_i-x_{i-1}$ 为求解的步长,一般取等步长,用字母 h 表示.在本章中,x_n 处初值问题的理论解用 $y(x_n)$ 表示,数值解法的精确解用 y_n 表示,并记 $f_n=f(x_n,y_n)$,它和 $f(x_n,y(x_n))$ 是不同的,后者等于 $y'(x_n)$.

求初值问题的数值解一般是逐步进行的,即计算出 y_n 之后计算 y_{n+1}.这些数值方法有单步法与多步法之分.单步法在计算 y_{n+1} 时,只利用 y_n,而多步法计算 y_{n+1} 时不仅要用到 y_n,还要用到 $y_{n-1},y_{n-2},\cdots$.一般 k 步方法要用到 y_n,$y_{n-1},\cdots,y_{n-k+1}$.

单步法和多步法都有显式和隐式方法之分.显式单步方法可以写成

$$y_{n+1}=y_n+h\phi(x_n,y_n,h). \tag{9.4}$$

隐式的单步方法可以写成

$$y_{n+1}=y_n+h\phi(x_n,y_n,y_{n+1},h). \tag{9.5}$$

每步都要解一个关于 y_{n+1} 的方程.对于多步法来说,显式和隐式方法的意义与单步法类似.

9.2　欧　拉　方　法

9.2.1　显式欧拉方法

欧拉方法是一种最简单的显式单步方法.对于方程(9.1),很自然会考虑

用差商代替导数进行计算. 设节点为

$$x_n = x_0 + nh, \quad n = 0,1,2,\cdots,$$

则可得问题(9.1)中微分方程的近似式

$$\frac{y(x_{n+1}) - y(x_n)}{h} \approx f(x_n, y(x_n)),$$

即

$$y(x_{n+1}) \approx y(x_n) + hf(x_n, y(x_n)), \quad n = 0,1,2,\cdots. \tag{9.6}$$

从 x_0 出发,根据式(9.1)有 $y(x_0) = y_0$. 利用式(9.6)可得 $y(x_1)$ 的近似值 $y_1 = y_0 + hf(x_0, y_0)$. 继续这个过程,一般有

$$y_{n+1} = y_n + hf(x_n, y_n), \quad n = 0,1,2,\cdots. \tag{9.7}$$

式(9.7)就是**欧拉方法**,它是一种显式单步方法. 和标准形式(9.4)相比,有

$$\phi(x_n, y_n, h) = f(x_n, y_n).$$

算式(9.7)也可用其他途径引入. 若将 $y(x_{n+1})$ 按泰勒公式展开,有

$$y(x_{n+1}) = y(x_n) + hy'(x_n) + \frac{1}{2!}h^2 y''(\xi_n), \tag{9.8}$$

其中 $x_n < \xi_n < x_{n+1}$,略去 h^2 项,再以 y_n 代替 $y(x_n)$ 就得到近似计算公式(9.7). 此外,也可类似式(9.3),在$[x_n, x_{n+1}]$上对式(9.1)的方程两端积分,得到

$$y(x_{n+1}) = y(x_n) + \int_{x_n}^{x_{n+1}} f(t, y(t))\mathrm{d}t. \tag{9.9}$$

用左矩形公式将式(9.9)的右端积分近似,再以 y_n 代替 $y(x_n)$,也就得到了式(9.7). 用数值积分方法和泰勒展开方法将是本章后续内容中构造微分方程初值问题数值方法的两种主要方法.

欧拉方法有很明显的几何意义. 如图 9.1,初值问题(9.1)的解曲线 $y(x)$ 过 $P_0(x_0, y_0)$ 点,从 P_0 出发以 $f(x_0, y_0)$ 为斜率作一直线段,与 $x = x_1$ 相交于 $P_1(x_1, y_1)$,显然有 $y_1 = y_0 + hf(x_0, y_0)$,同理再由 P_1 出发,以 $f(x_1, y_1)$ 为斜率作直线段推进到 $x = x_2$ 上一点 $P_2(x_2, y_2)$,其余类推. 这样,得到一条折线 $P_0P_1P_2\cdots$,作为 $y(x)$ 的近似曲线. 所以欧拉法又称为欧拉折线法.

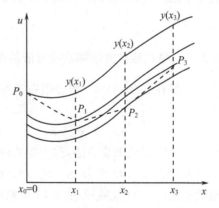

图 9.1 欧拉方法的几何意义

例 9.1   用欧拉法求解初值问题

$$\begin{cases} y' = y - \dfrac{2x}{y}, \\ y(0) = 1 \end{cases}$$

在 $[0,1]$ 上的数值解，取 $h = 0.1$，并与精确解 $y = \sqrt{1+2x}$ 进行比较.

解   将题中所给的 $f(x,y) = y - \dfrac{2x}{y}$ 代入欧拉公式(9.7)，得

$$y_{n+1} = y_n + h\left(y_n - \frac{2x_n}{y_n}\right), \quad n = 0,1,2,\cdots,9,$$

$$y(0) = y_0 = 1.$$

递推计算结果见表 9.1.

表 9.1   例 9.1 的计算结果

x_n	欧拉法 y_n	精确解 $y(x_n)$	$\lvert y(x_n) - y_n \rvert$
0.1	1.1	1.095 445 115	$0.455\ 488\ 5 \times 10^{-2}$
0.2	1.191 818 182	1.183 215 957	$0.860\ 222\ 5 \times 10^{-2}$
0.3	1.277 437 834	1.264 911 064	$0.125\ 267\ 7 \times 10^{-1}$
0.4	1.358 212 600	1.341 640 787	$0.165\ 718\ 13 \times 10^{-1}$
0.5	1.435 132 919	1.414 213 562	$0.209\ 193\ 57 \times 10^{-1}$
0.6	1.508 966 254	1.483 239 697	$0.257\ 265\ 57 \times 10^{-1}$
0.7	1.580 338 238	1.549 193 339	$0.311\ 448\ 99 \times 10^{-1}$
0.8	1.649 783 431	1.612 451 550	$0.373\ 318\ 81 \times 10^{-1}$
0.9	1.717 779 348	1.673 320 053	$0.444\ 592\ 95 \times 10^{-1}$
1.0	1.784 770 832	1.732 050 808	$0.527\ 200\ 24 \times 10^{-1}$

$\#$

9.2.2   隐式欧拉方法和欧拉方法的改进

如果在式(9.9)中，积分用右矩形公式近似，可得到问题(9.1)的另一种计算方法

$$y_{n+1} = y_n + hf(x_{n+1}, y_{n+1}), \quad n = 0,1,2,\cdots. \tag{9.10}$$

它是一个隐式的单步方法，称为**隐式欧拉法**或**后退的欧拉法**. 利用此方法，每步都要把式(9.10)作为 y_{n+1} 的方程解出它. 从数值积分公式的误差分析，很难期望式(9.10)比欧拉法(9.7)更精确. 为了得到更精确的方法，用梯形公式近似式(9.9)中的积分，再分别用 y_n, y_{n+1} 代替 $y(x_n)$ 和 $y(x_{n+1})$，即可得到问题(9.1)的另一种数值方法：

$$y_{n+1} = y_n + \frac{h}{2}\left[f(x_n, y_n) + f(x_{n+1}, y_{n+1})\right], \tag{9.11}$$

这种方法称为**梯形法**.

梯形法也是一种隐式单步方法,与式(9.5)相比,

$$\phi(x_n, y_n, y_{n+1}, h) = \frac{1}{2}\left[f(x_n, y_n) + f(x_{n+1}, y_{n+1})\right].$$

从 $n=0$ 开始计算,每步都要解 y_{n+1} 的一个方程. 一般来说,这是一个非线性方程,可用如下的迭代法计算:

$$\begin{cases} y_{n+1}^{[0]} = y_n + hf(x_n, y_n), \\ y_{n+1}^{[s+1]} = y_n + \frac{h}{2}\left[f(x_n, y_n) + f(x_{n+1}, y_{n+1}^{[s]})\right], \\ s = 0, 1, 2, \cdots. \end{cases} \tag{9.12}$$

使用式(9.12)时,先用第一式算出 x_{n+1} 处 y_{n+1} 的初始近似值 $y_{n+1}^{[0]}$,再用第二式反复进行迭代,得到数列 $\{y_{n+1}^{[s]}\}_{s=0}^{\infty}$,用 $|y_{n+1}^{[s+1]} - y_{n+1}^{[s]}| \leqslant \varepsilon$ 来控制是否继续进行迭代,ε 为允许误差. 把满足误差要求的 $y_{n+1}^{[s+1]}$ 作为 $y(x_{n+1})$ 的近似值 y_{n+1},类似地可得出 $y_{n+2}, y_{n+3}, \cdots$. 容易证明,当 $f(x, y)$ 关于 y 满足利普希茨条件(9.2),且步长 h 满足

$$\frac{1}{2}hL < 1$$

时迭代过程(9.12)收敛.

在实用上,当 h 取得较小时,让式(9.12)中第二式只迭代一次就结束,得到欧拉预估-校正法(也称**改进的欧拉方法**):

$$\begin{cases} y_{n+1}^{[0]} = y_n + hf(x_n, y_n), \\ y_{n+1} = y_n + \frac{h}{2}\left[f(x_n, y_n) + f(x_{n+1}, y_{n+1}^{[0]})\right], \end{cases} \tag{9.13}$$

其中第一式称为预估算式,第二式称为校正算式.

若将式(9.13)的第一式代入第二式,得

$$y_{n+1} = y_n + \frac{h}{2}\left[f(x_n, y_n) + f(x_{n+1}, y_n + hf(x_n, y_n))\right].$$

这是一种显式单步方法. 有时为了计算方便,将式(9.13)改写成

$$\begin{cases} y_{n+1} = y_n + \frac{h}{2}(K_1 + K_2), \\ K_1 = f(x_n, y_n), \\ K_2 = f(x_n + h, y_n + hK_1). \end{cases} \tag{9.14}$$

例 9.2　用梯形公式,欧拉预估-校正公式求解初值问题

$$y' = y - \frac{2x}{y}, \quad y(0) = 1$$

在 $[0,1]$ 上的数值解, $h = 0.1$,并与精确解 $y = \sqrt{1+2x}$ 进行比较.

解　将 $f(x,y) = y - \dfrac{2x}{y}$ 代入梯形公式(9.12),得

$$\begin{cases} y_{n+1}^{[0]} = y_n + h\left(y_n - \dfrac{2x_n}{y_n}\right), \\ y_{n+1}^{[s+1]} = y_n + \dfrac{h}{2}\left[y_n - \dfrac{2x_n}{y_n} + y_{n+1}^{[s]} - \dfrac{2x_{n+1}}{y_{n+1}^{[s]}}\right], \\ y_0 = 1, \quad h = 0.1, \quad s = 0,1,2,\cdots. \end{cases}$$

若在上式中取 $s = 0$ 就得欧拉预估-校正公式(9.13).计算结果见表 9.2.

表 9.2　例 9.2 的计算结果

x_n	梯形公式(9.12)		欧拉预估-校正公式(9.13)	
	y_n	$\mid y(x_n) - y_n \mid$	y_n	$\mid y(x_n) - y_n \mid$
0.1	1.095 655 838	$0.210\ 723\ 303 \times 10^{-3}$	1.095 909 091	$0.463\ 975\ 899 \times 10^{-3}$
0.2	1.183 593 669	$0.377\ 712\ 543 \times 10^{-3}$	1.184 096 569	$0.880\ 612\ 623 \times 10^{-3}$
0.3	1.265 440 529	$0.529\ 464\ 944 \times 10^{-3}$	1.266 201 361	$0.129\ 029\ 681 \times 10^{-2}$
0.4	1.342 322 417	$0.681\ 630\ 637 \times 10^{-3}$	1.343 360 151	$0.171\ 936\ 498 \times 10^{-2}$
0.5	1.415 058 105	$0.844\ 542\ 740 \times 10^{-3}$	1.416 401 929	$0.218\ 836\ 616 \times 10^{-2}$
0.6	1.484 266 056	$0.102\ 635\ 812 \times 10^{-2}$	1.485 955 602	$0.271\ 590\ 500 \times 10^{-2}$
0.7	1.550 427 908	$0.123\ 456\ 962 \times 10^{-2}$	1.552 514 091	$0.332\ 075\ 284 \times 10^{-2}$
0.8	1.613 928 404	$0.147\ 685\ 419 \times 10^{-2}$	1.616 474 783	$0.402\ 323\ 309 \times 10^{-2}$
0.9	1.675 081 692	$0.176\ 163\ 896 \times 10^{-2}$	1.678 166 364	$0.484\ 631\ 061 \times 10^{-2}$
1.0	1.734 149 362	$0.209\ 855\ 456 \times 10^{-2}$	1.737 867 401	$0.581\ 659\ 347 \times 10^{-2}$

$\sharp$

从表 9.1 和表 9.2 可以看出,梯形法和欧拉预估-校正法确实比欧拉法精确,表 9.1 中欧拉法的结果只有两位有效数字,而表 9.2 中除欧拉预估-校正法的 y_{10} 外,其余数值均有三位有效数字.

9.2.3　单步法的局部截断误差和阶的概念

从上述三种简单的单步方法可以看出,在 $x = x_n$ 处,三种数值方法得到的近似值 y_n 与准确值 $y(x_n)$ 之间的差各不相同,我们称

$$e_n = y(x_n) - y_n$$

为某一数值方法在 x_n 点处的**整体截断误差**. 它不仅与 x_n 这步的计算有关, 而且与 $x_{n-1}, x_{n-2}, \cdots, x_0$ 的计算有关.

为简化对误差的分析, 我们着重分析计算中的某一步. 对一般的显式单步方法(9.4), 给出如下定义.

定义 9.1

$$R_{n,h} = y(x_{n+1}) - y(x_n) - h\phi(x_n, y(x_n), h) \tag{9.15}$$

称为显式单步方法(9.4) 在 x_{n+1} 处的**局部截断误差**, 其中 $y(x)$ 为初值问题 (9.1) 的准确解.

如果假设 $y_n = y(x_n)$, 即第 n 步及以前各步没有误差, 则由式(9.4) 计算一步所得的 y_{n+1} 与准确值 $y(x_{n+1})$ 之差为

$$\begin{aligned} y(x_{n+1}) - y_{n+1} &= y(x_{n+1}) - [y_n + h\phi(x_n, y_n, h)] \\ &= y(x_{n+1}) - y(x_n) - h\phi(x_n, y(x_n), h), \end{aligned}$$

即在 $y_n = y(x_n)$ 的假定下, $R_{n,h} = y(x_{n+1}) - y_{n+1}$. 这就是定义 9.1 中 $R_{n,h}$ 称为 "局部" 的含义. $R_{n,h}$ 和整体截断误差 e_{n+1} 是不同的.

定义 9.2 设 $y(x)$ 是初值问题(9.1) 的准确解, 式(9.4) 是显式单步方法, 若存在正整数 p, 使

$$y(x+h) - y(x) - h\phi(x, y(x), h) = O(h^{p+1}), \tag{9.16}$$

则称该方法是 **p 阶方法**.

由定义 9.1 和定义 9.2, 若式(9.4) 是一种 p 阶方法, 则有 $R_{n,h} = O(h^{p+1})$, 即 p 阶方法的局部截断误差为 h 的 $p+1$ 阶. 既然 $R_{n,h}$ 可以如此表示, 我们往往关心 $R_{n,h}$ 按 h 展开式的第一项.

定义 9.3 若式(9.4) 是一种 p 阶方法, 其局部截断误差可写成

$$R_{n,h} = \Psi(x_n, y(x_n))h^{p+1} + O(h^{p+2}), \tag{9.17}$$

则 $\Psi(x_n, y(x_n))h^{p+1}$ 称为方法(9.4) 的**主局部截断误差**或**局部截断误差的主项**.

例如, 对于欧拉方法, $\phi(x, y) = f(x, y)$, 现设 $y(x)$ 是初值问题的准确解, 则由于泰勒展式

$$\begin{aligned} &y(x+h) - y(x) - h\phi(x, y(x), h) \\ &= y(x+h) - y(x) - hf(x, y(x)) \\ &= y(x+h) - y(x) - hy'(x) \\ &= \frac{1}{2}h^2 y''(x) + \frac{1}{6}h^3 y'''(x) + \cdots = O(h^2), \end{aligned}$$

所以欧拉方法是一阶方法, 其局部截断误差为

$$R_{n,h} = \frac{1}{2}h^2 y''(x_n) + O(h^3),$$

主局部截断误差为 $\frac{1}{2}h^2 y''(x_n)$.

　　对于欧拉预估-校正法(9.13),可以导出 $R_{n,h} = O(h^3)$,它是二阶方法.

　　梯形方法是隐式单步方法,以上未定义其局部截断误差,将在 9.5 节中给出严格的定义. 但如果类似显式单步方法的讨论,假设 $y_n = y(x_n)$ 成立,计算一步得 y_{n+1},则可由泰勒展式得

$$y(x_{n+1}) - y_{n+1}$$

$$= y(x_{n+1}) - \left\{ y(x_n) + \frac{h}{2}\left[f(x_n, y(x_n)) + f(x_{n+1}, y_{n+1}) \right] \right\}$$

$$= y(x_{n+1}) - y(x_n) - \frac{h}{2}y'(x_n) - \frac{h}{2}f(x_{n+1}, y_{n+1})$$

$$= y(x_{n+1}) - y(x_n) - \frac{h}{2}y'(x_n)$$

$$\quad - \frac{h}{2}\left\{ y'(x_{n+1}) - \left[f(x_{n+1}, y(x_{n+1})) - f(x_{n+1}, y_{n+1}) \right] \right\}$$

$$= y(x_{n+1}) - y(x_n) - \frac{h}{2}y'(x_n)$$

$$\quad - \frac{h}{2}\left[y'(x_{n+1}) - \frac{\partial f(x_{n+1}, \eta)}{\partial y}(y(x_{n+1}) - y_{n+1}) \right] \quad (\eta \text{介于} y(x_{n+1}) \text{和} y_{n+1} \text{之间})$$

$$= y(x_{n+1}) - y(x_n) - \frac{h}{2}\left[y'(x_n) + y'(x_{n+1}) \right]$$

$$\quad + \frac{h}{2}\frac{\partial f(x_{n+1}, \eta)}{\partial y}(y(x_{n+1}) - y_{n+1}),$$

移项并合并含有 $y(x_{n+1}) - y_{n+1}$ 的项,得到

$$\left(1 - \frac{h}{2}\frac{\partial f(x_{n+1}, \eta)}{\partial y} \right)(y(x_{n+1}) - y_{n+1})$$

$$= y(x_{n+1}) - y(x_n) - \frac{h}{2}y'(x_n) - \frac{h}{2}y'(x_{n+1}).$$

将上式右端的 $y(x_{n+1})$ 和 $y'(x_{n+1})$ 进行泰勒级数展开,并化简得

$$\left(1 - \frac{h}{2}\frac{\partial f(x_{n+1}, \eta)}{\partial y} \right)(y(x_{n+1}) - y_{n+1}) = -\frac{h^3}{12}y^{(3)}(x_n) + O(h^4),$$

当 $\left| \dfrac{h}{2}\dfrac{\partial f(x,y)}{\partial y} \right| < 1$ 时,

$$y(x_{n+1}) - y_{n+1} = \frac{-1}{1 - \dfrac{h}{2}\dfrac{\partial f(x, \eta)}{\partial y}}\frac{h^3}{12}y^{(3)}(x_n) + O(h^4)$$

$$= -\Big(1 + \frac{h}{2}\frac{\partial f(x,\eta)}{\partial y} + O(h^2)\Big)\frac{h^3}{12}y^{(3)}(x_n) + O(h^4)$$

$$= -\frac{h^3}{12}y^{(3)}(x_n) + O(h^4). \tag{9.18}$$

故梯形方法是二阶的.

这一结果和后面 9.5 节中关于隐式方法局部截断误差定义(见定义 9.8)的结果相比,梯形方法的主截断误差是相同的,但利用定义 9.8 来推导一个隐式方法的局部截断误差要容易得多. 因此,对于隐式方法的局部截断误差,我们一般采用定义 9.8 的方法来计算.

9.3　龙格-库塔方法

9.3.1　泰勒方法

在 9.1 节中曾提到,泰勒展开方法和数值积分方法是推导高阶方法的常用方法,本节以泰勒展开法为基础,介绍如何推导高阶单步方法.

由式(9.8)知,为获得求解初值问题(9.1)的更高阶的方法,自然应在泰勒展开式中取更多的项,如

$$y(x_{n+1}) = y(x_n) + hy'(x_n) + \frac{1}{2}h^2 y''(x_n) + \cdots$$
$$+ \frac{1}{p!}h^p y^{(p)}(x_n) + O(h^{p+1}).$$

同欧拉法,去掉 $O(h^{p+1})$ 项,将 $y^{(k)}(x_n)$ 用 $y_n^{(k)}$ 代替,得 **p 阶泰勒方法**

$$y_{n+1} = y_n + hy_n' + \frac{1}{2!}h^2 y_n'' + \cdots + \frac{1}{p!}h^p y_n^{(p)}, \tag{9.19}$$

其中 $y_n^{(k)}(k = 1, 2, \cdots, p)$ 根据求导法则,其计算公式为

$$\begin{cases} y_n' = f(x_n, y_n), \\ y_n'' = (f_x + ff_y)\big|_{(x_n, y_n)}, \\ y_n''' = (f_{xx} + 2f_{xy}f + f_{yy}f^2 + f_x f_y + f_y^2 f)\big|_{(x_n, y_n)}, \\ \qquad\cdots\cdots \end{cases} \tag{9.20}$$

显然,p 阶泰勒方法(9.19)的局部截断误差为 $R_{n,h} = \dfrac{1}{(p+1)!}h^{p+1}y^{(p+1)}(x_n) + O(h^{p+2})$. 当 $p = 1$ 时,式(9.19)就是欧拉方法(9.7). 当 $p \geqslant 2$ 时,需要计算式(9.20)中的高阶导数才能得到 y_{n+1}.

例 9.3　取 $h = 0.1$,用二阶和四阶泰勒方法求解初值问题

$$y' = y - \frac{2x}{y}, \quad y(0) = 1, \quad 0 \leqslant x \leqslant 1.$$

解　　直接求导,有

$$y' = y - \frac{2x}{y},$$

$$y'' = y' - \frac{2}{y^2}(y - xy'),$$

$$y''' = y'' + \frac{2}{y^2}(xy'' + 2y') - \frac{4}{y^3}x(y')^2,$$

$$y^{(4)} = y''' + \frac{2}{y^2}(xy''' + 3y'') - \frac{12}{y^3}y'(xy'' + y') + \frac{12x(y')^3}{y^4}.$$

据此,用二阶、四阶泰勒方法(9.19)计算的结果见表 9.3.

表 9.3　例 9.3 的计算结果

x_n	二阶泰勒方法 y_n	$\mid y(x_n) - y_n \mid$	四阶泰勒方法 y_n	$\mid y(x_n) - y_n \mid$
0.1	1.095 000 029	$0.445\ 086 \times 10^{-3}$	1.095 437 527	$0.758\ 8 \times 10^{-5}$
0.2	1.182 425 499	$0.790\ 458 \times 10^{-3}$	1.183 203 936	$0.120\ 21 \times 10^{-4}$
0.3	1.263 810 277	$0.110\ 078\ 7 \times 10^{-2}$	1.264 895 558	$0.155\ 06 \times 10^{-4}$
0.4	1.340 230 584	$0.141\ 020\ 3 \times 10^{-2}$	1.341 621 995	$0.187\ 92 \times 10^{-4}$
0.5	1.412 472 963	$0.174\ 059\ 9 \times 10^{-2}$	1.414 191 246	$0.223\ 16 \times 10^{-4}$
0.6	1.481 130 719	$0.210\ 897\ 8 \times 10^{-2}$	1.483 213 305	$0.263\ 92 \times 10^{-4}$
0.7	1.546 662 807	$0.276\ 266\ 8 \times 10^{-2}$	1.549 162 269	$0.310\ 7 \times 10^{-4}$
0.8	1.609 430 671	$0.302\ 087\ 9 \times 10^{-2}$	1.612 414 837	$0.367\ 13 \times 10^{-4}$
0.9	1.669 723 034	$0.359\ 701\ 9 \times 10^{-2}$	1.673 276 782	$0.432\ 71 \times 10^{-4}$
1.0	1.727 772 593	$0.427\ 821\ 5 \times 10^{-2}$	1.731 999 636	$0.511\ 72 \times 10^{-4}$

#

　　由表 9.3 可以看出,四阶泰勒方法可以获得相当满意的结果. 但需要指出的是,泰勒方法(9.19)在实际计算时往往是相当困难的,因为它需要计算 $y(x)$ 的高阶导数值 $y_n^{(k)}(k = 1, 2, \cdots, p)$. 当 $f(x, y)$ 比较复杂时,$y(x)$ 的高阶导数也会很复杂. 因此泰勒方法很少单独使用,但用它可以启发思路.

9.3.2　龙格-库塔方法

　　为了避免计算高阶导数,且得到较高阶的数值方法,龙格和库塔利用 $f(x, y)$ 在某些点处的值的线性组合,构造出一类计算公式,使其按泰勒公式展开后与初值问题的解的泰勒展开比较,有尽可能多的项完全相同. 这种方法间接应用了泰勒展开的思想,避免了高阶导数计算的困难.

　　龙格-库塔(Runge-Kutta)方法的一般形式为

$$\begin{cases} y_{n+1} = y_n + h\phi(x_n, y_n, h), \\ \phi(x_n, y_n, h) = \displaystyle\sum_{k=1}^{r} c_k K_k, \\ K_1 = f(x_n, y_n), \\ K_k = f\left(x_n + \alpha_k h, y_n + h\displaystyle\sum_{j=1}^{k-1} \beta_{kj} K_j\right), \quad k = 2, 3, \cdots, r, \end{cases} \tag{9.21}$$

其中 $c_k, \alpha_k, \beta_{kj}$ 均为待定常数. 可以看出, 式 (9.21) 中计算了 r 个 f 的函数值. 我们称式 (9.21) 为 **r 级的龙格-库塔方法**.

当 $r = 1$ 时, 式 (9.21) 中 $\phi(x, y, h) = c_1 f(x, y)$, 要和式 (9.19) 中 $p = 1$ 时的 $\phi(x, y, h) = f(x, y)$ 相同, 需要取 $c_1 = 1$, 这就是欧拉方法. 下面用泰勒展开方法对 $r(r \geqslant 2)$ 级龙格-库塔方法确定参数 $c_k, \alpha_k, \beta_{kj}$, 使其成为 p 阶 ($p \geqslant 2$) 的方法.

以二阶二级方法为例, 进行具体推导说明.

设想构造如下二级龙格-库塔方法:

$$\begin{cases} y_{n+1} = y_n + h\phi(x_n, y_n, h), \\ \phi(x_n, y_n, h) = \displaystyle\sum_{k=1}^{2} c_k K_k, \\ K_1 = f(x_n, y_n), \\ K_2 = f(x_n + \alpha_2 h, y_n + h\beta_{21} K_1). \end{cases} \tag{9.22}$$

要求适当选取系数 $c_1, c_2, \alpha_2, \beta_{21}$, 使其成为二阶方法. 为此, 根据定义 9.2, 只需选取 $c_1, c_2, \alpha_2, \beta_{21}$ 使式 (9.22) 满足式 (9.16) 式中 $p = 2$ 的情形即可. 将式 (9.22) 的 $\phi(x, y, h)$ 代入式 (9.16) 式的左端, 并按 h 展开, 得

$$y(x + h) - y(x) - h\phi(x, y, h)$$
$$= y(x + h) - y(x) - h[c_1 y'(x) + c_2 f(x + \alpha_2 h, y + h\beta_{21} y'(x))]$$
$$= \left\{ y(x) + hy'(x) + \frac{1}{2!} h^2 y''(x) + \frac{1}{3!} h^3 y'''(x) + \cdots \right\}$$
$$\quad - y(x) - c_1 h y'(x) - c_2 h f(x + \alpha_2 h, y + h\beta_{21} y'(x))$$
$$= (1 - c_1) h y'(x) + \frac{1}{2} h^2 y''(x) + \frac{1}{3!} h^3 y'''(x) + \cdots$$
$$\quad - c_2 h \left\{ f(x, y) + \alpha_2 h f_x + h\beta_{21} y'(x) f_y \right.$$
$$\quad + \frac{1}{2} (\alpha_2 h)^2 f_{xx} + \alpha_2 \beta_{21} h^2 y'(x) f_{xy} + \frac{1}{2} h^2 \beta_{21}^2 (y'(x))^2 f_{yy}$$
$$\quad \left. + O(h^3) \right\}$$

$$= (1 - c_1 - c_2)hy'(x) + h^2 \left[\frac{1}{2}y''(x) - c_2\alpha_2 f_x - c_2\beta_{21}y'(x)f_y \right]$$

$$+ h^3 \left[\frac{1}{3!}y'''(x) - \frac{1}{2}c_2\alpha_2^2 f_{xx} - c_2\alpha_2\beta_{21}y'(x)f_{xy} \right.$$

$$\left. - \frac{1}{2}c_2\beta_{21}^2 (y'(x))^2 f_{yy} \right] + O(h^4).$$

利用式(9.20) 得

$$y(x+h) - y(x) - h\phi(x, y(x), h)$$

$$= (1 - c_1 - c_2)hy'(x) + h^2 \left[\left(\frac{1}{2} - c_2\alpha_2 \right)f_x + \left(\frac{1}{2} - c_2\beta_{21} \right)ff_y \right]$$

$$+ h^3 \left[\left(\frac{1}{6} - \frac{1}{2}\alpha_2^2 c_2 \right)f_{xx} + \left(\frac{1}{3} - \alpha_2\beta_{21}c_2 \right)ff_{xy} \right.$$

$$+ \left(\frac{1}{6} - \frac{1}{2}c_2\beta_{21}^2 \right)f^2 f_{yy}$$

$$\left. + \frac{1}{6}f_y(f_x + ff_y) \right] + O(h^4), \tag{9.23}$$

故要使上式等于 $O(h^3)$，只需满足

$$\begin{cases} c_1 + c_2 = 1, \\ c_2\alpha_2 = \frac{1}{2}, \\ c_2\beta_{21} = \frac{1}{2} \end{cases} \tag{9.24}$$

即可. 这里我们有四个未知量、三个方程, 故可以得到无穷多组解, 即可得到无穷多个二级二阶龙格-库塔方法. 由于式(9.22) 是二级方法, 故 $c_2 \neq 0$, 式(9.24) 可改写为

$$\begin{cases} c_1 = 1 - c_2, \\ \alpha_2 = \beta_{21} = \frac{1}{2c_2}. \end{cases}$$

常见的二阶龙格-库塔方法如下.

(1) $c_1 = c_2 = \frac{1}{2}$, $\alpha_2 = \beta_{21} = 1$, 此时

$$\begin{cases} y_{n+1} = y_n + \frac{h}{2}(K_1 + K_2), \\ K_1 = f(x_n, y_n), \\ K_2 = f(x_n + h, y_n + hK_1). \end{cases} \tag{9.14*}$$

这恰好就是欧拉预估-校正算法(9.14) 式.

(2) $c_1 = 0, c_2 = 1, \alpha_2 = \beta_{21} = \frac{1}{2}$, 此时

$$
\begin{cases}
y_{n+1} = y_n + hK_2, \\
K_1 = f(x_n, y_n), \\
K_2 = f\left(x_n + \dfrac{1}{2}h, y_n + \dfrac{1}{2}hK_1\right),
\end{cases} \tag{9.25}
$$

此方法称为**中间点方法**.

(3) $c_1 = \dfrac{1}{4}, c_2 = \dfrac{3}{4}, \alpha_2 = \beta_{21} = \dfrac{2}{3}$,此时

$$
\begin{cases}
y_{n+1} = y_n + \dfrac{h}{4}(K_1 + 3K_2), \\
K_1 = f(x_n, y_n), \\
K_2 = f\left(x_n + \dfrac{2}{3}h, y_n + \dfrac{2}{3}hK_1\right),
\end{cases} \tag{9.26}
$$

此方法称为**二阶休恩**(Heun)**方法**. 需要指出的是,将休恩方法的 $c_1, c_2, \alpha_2, \beta_{21}$ 代入式(9.23),我们有

$$
y(x+h) - y(x) - h\phi(x, y(x), h)
$$
$$
= \frac{1}{6}h^3(f_x + ff_y)f_y + O(h^4).
$$

这一结果一方面说明二阶休恩方法(9.26)是局部截断误差项数最少的方法,另一方面说明二级龙格-库塔方法不可能达到三阶.

用类似的方法可研究三级三阶龙格-库塔方法. 此时有 $c_1, c_2, c_3, \alpha_2, \beta_{21}$, $\alpha_3, \beta_{31}, \beta_{32}$ 八个参数,要使方法成为三阶的,这些系数需满足

$$
\begin{cases}
c_1 + c_2 + c_3 = 1, \\
\alpha_2 = \beta_{21}, \\
\alpha_3 = \beta_{31} + \beta_{32}, \\
c_2\alpha_2 + c_3\alpha_3 = \dfrac{1}{2}, \\
c_2\alpha_2^2 + c_3\alpha_3^2 = \dfrac{1}{3}, \\
c_3\alpha_2\beta_{32} = \dfrac{1}{6}.
\end{cases}
$$

其解也不唯一,也可得到无穷多个不同的三阶方法.

常见的三阶方法有三阶休恩方法

$$\begin{cases} y_{n+1} = y_n + \dfrac{h}{4}(K_1 + 3K_3), \\[2mm] K_1 = f(x_n, y_n), \\[2mm] K_2 = f\left(x_n + \dfrac{1}{3}h, y_n + \dfrac{1}{3}hK_1\right), \\[2mm] K_3 = f\left(x_n + \dfrac{2}{3}h, y_n + \dfrac{2}{3}hK_2\right) \end{cases} \tag{9.27}$$

和三阶库塔方法

$$\begin{cases} y_{n+1} = y_n + \dfrac{h}{6}(K_1 + 4K_2 + K_3), \\[2mm] K_1 = f(x_n, y_n), \\[2mm] K_2 = f\left(x_n + \dfrac{1}{2}h, y_n + \dfrac{1}{2}hK_1\right), \\[2mm] K_3 = f(x_n + h, y_n - hK_1 + 2hK_2). \end{cases} \tag{9.28}$$

对于四级四阶方法,有 13 个未知量 11 个方程,也有无穷多个算式. 重要的有**经典的四阶龙格-库塔方法**

$$\begin{cases} y_{n+1} = y_n + \dfrac{h}{6}(K_1 + 2K_2 + 2K_3 + K_4), \\[2mm] K_1 = f(x_n, y_n), \\[2mm] K_2 = f\left(x_n + \dfrac{1}{2}h, y_n + \dfrac{1}{2}hK_1\right), \\[2mm] K_3 = f\left(x_n + \dfrac{1}{2}h, y_n + \dfrac{1}{2}hK_2\right), \\[2mm] K_4 = f(x_n + h, y_n + hK_3) \end{cases} \tag{9.29}$$

和基尔(Gill) 方法

$$\begin{cases} y_{n+1} = y_n + \dfrac{h}{6}\big[K_1 + (2-\sqrt{2})K_2 + (2+\sqrt{2})K_3 + K_4\big], \\[2mm] K_1 = f(x_n, y_n), \\[2mm] K_2 = f\left(x_n + \dfrac{1}{2}h, y_n + \dfrac{1}{2}hK_1\right), \\[2mm] K_3 = f\left(x_n + \dfrac{1}{2}h, y_n + \dfrac{\sqrt{2}-1}{2}hK_1 + \dfrac{2-\sqrt{2}}{2}hK_2\right), \\[2mm] K_4 = f\left(x_n + h, y_n - \dfrac{\sqrt{2}}{2}hK_2 + \left(1+\dfrac{\sqrt{2}}{2}\right)hK_3\right). \end{cases} \tag{9.30}$$

例 9.4　取 $h = 0.1$,用二阶休恩方法和经典的四阶龙格-库塔方法求解初值问题

$$y' = y - \frac{2x}{y}, \quad y(0) = 1, \quad 0 \leqslant x \leqslant 1.$$

解 将 $f(x,y) = y - \dfrac{2x}{y}$ 代入式 (9.26) 和 (9.29) 进行计算,结果列于表 9.4 中.

表 9.4　例 9.4 的计算结果

x_n	二阶休恩方法 y_n	$\|y(x_n) - y_n\|$	四阶龙格-库塔方法 y_n	$\|y(x_n) - y_n\|$
0.1	1.095 625 043	$0.179\,928 \times 10^{-3}$	1.095 445 514	0.399×10^{-6}
0.2	1.183 572 292	$0.356\,335 \times 10^{-3}$	1.183 216 691	0.734×10^{-6}
0.3	1.265 449 166	$0.538\,102 \times 10^{-3}$	1.264 912 128	$0.106\,4 \times 10^{-5}$
0.4	1.342 373 610	$0.732\,823 \times 10^{-3}$	1.341 642 261	$0.147\,4 \times 10^{-5}$
0.5	1.415 161 610	$0.948\,048 \times 10^{-3}$	1.414 215 446	$0.188\,4 \times 10^{-5}$
0.6	1.484 430 790	$0.119\,109\,3 \times 10^{-2}$	1.483 242 035	$0.233\,8 \times 10^{-5}$
0.7	1.550 663 471	$0.147\,013\,2 \times 10^{-2}$	1.549 196 243	$0.290\,4 \times 10^{-5}$
0.8	1.614 245 653	$0.179\,410\,3 \times 10^{-2}$	1.612 455 130	0.358×10^{-5}
0.9	1.675 493 479	$0.217\,342\,6 \times 10^{-2}$	1.673 324 347	0.429×10^{-5}
1.0	1.734 671 116	$0.262\,030\,8 \times 10^{-2}$	1.732 056 022	$0.521\,4 \times 10^{-5}$

#

读者可将本题结果和例 $9.1 \sim$ 例 9.3 的结果进行比较. 可以看出,四阶龙格-库塔方法的精确度确实很高;二阶休恩方法的结果就本题而言,确比欧拉预估-校正法的好,但比梯形公式的结果要差些. 另外,四阶龙格-库塔方法每步的计算量比二阶方法要多算两个 $f(x,y)$. 若取 $h = 0.2$,用四阶龙格-库塔方法计算的结果见表 9.5.

表 9.5　$h = 0.2$ 时四阶龙格-库塔方法计算例 9.4 的结果

x_n	0.2	0.4	0.6	0.8	1.0
y_n	1.183 229 327	1.341 666 937	1.483 281 493	1.612 514 019	1.732 141 852
$\|y(x_n) - y_n\|$	0.1337×10^{-4}	0.2615×10^{-4}	$0.417\,96 \times 10^{-4}$	$0.624\,69 \times 10^{-4}$	$0.910\,44 \times 10^{-4}$

可以看出,取 $h = 0.2$ 时,四阶龙格-库塔方法的结果仍然有三位有效数字,比式 (9.14),(9.26) 的结果精确,但只需要五步就到达 1.0,计算量与二阶方法在 $h = 0.1$ 时的差不多. 这个例子也说明了选择算法的重要性.

*9.3.3　龙格-库塔方法的其他问题

以上讨论的 $r = 1,2,3,4$ 级龙格-库塔方法,可以得 r 阶方法或低于 r 阶的方法. 对于 $r \geqslant 5$, 情况有所不同. 可以证明, 不存在一种五级方法是五阶的. 设 $p(r)$ 表示 r 级龙格-库塔方法能够达到的最高阶, 已经证明了 r 和 $p(r)$ 有如下关系:[19]

$$p(r) = \begin{cases} r, & r = 1,2,3,4, \\ r-1, & r = 5,6,7, \\ r-2, & r = 8,9, \\ \text{不超过 } r-2 \text{ 的正整数}, & r = 10,11,\cdots. \end{cases} \quad (9.31)$$

所以从四阶方法改进到五阶方法, 要增加两级, 即每步要多计算两次 $f(x,y)$ 值, 这也正是四阶方法比较流行的原因.

到目前为止, 讨论的都是显式龙格-库塔方法 (9.21). 我们也可构造隐式的龙格-库塔方法, 这只需把式 (9.21) 中的 K_k 改写成

$$K_k = f\left(x_n + \alpha_k h, y_n + h \sum_{j=1}^{r} \beta_{kj} K_j\right), \quad k = 1,2,\cdots,r \quad (9.32)$$

即可, 这是 K_k 的隐式方程组, 可用迭代法求解.

例如

$$\begin{cases} y_{n+1} = y_n + \dfrac{h}{2}(K_1 + K_2), \\ K_1 = f(x_n, y_n), \\ K_2 = f\left(x_n + h, y_n + \dfrac{h}{2} K_1 + \dfrac{h}{2} K_2\right) \end{cases} \quad (9.33)$$

就是一个二级的隐式龙格-库塔方法. 值得指出的是, 对 r 级的隐式龙格-库塔方法, 其阶数可以大于 r. 例如, 下列的二级方法

$$\begin{cases} y_{n+1} = y_n + h\left(\dfrac{1}{2} K_1 + \dfrac{1}{2} K_2\right), \\ K_1 = f\left(x_n + \left(\dfrac{1}{2} + \dfrac{\sqrt{3}}{6}\right)h, y_n + \dfrac{1}{4} h K_1 + \left(\dfrac{1}{4} + \dfrac{\sqrt{3}}{6}\right)h K_2\right), & (9.34) \\ K_2 = f\left(x_n + \left(\dfrac{1}{2} - \dfrac{\sqrt{3}}{6}\right)h, y_n + \left(\dfrac{1}{4} - \dfrac{\sqrt{3}}{6}\right)h K_1 + \dfrac{1}{4} h K_2\right) \end{cases}$$

是四阶方法. 隐式龙格-库塔方法每步要解方程组, 所以计算量比较大. 但其优点之一是稳定性一般比显式的好, 这在后面还会讨论.

9.4　单步法的进一步讨论

9.4.1　收敛性

对于解初值问题的数值方法, 我们总希望它产生的数值解收敛于初值问

题的准确解.

定义 9.4 对于所有满足定理 9.1 条件的初值问题(9.1),如果一个单步显式方法(9.4)产生的近似解对于任一固定的 $x \in [x_0, b], x = x_0 + nh$,均有

$$\lim_{h \to 0} y_n = y(x), \tag{9.35}$$

则称该单步法是收敛的.

该定义也可类似地应用于单步隐式方法以及后面的线性多步方法中. 从定义可知,式(9.4)收敛,对固定的

$$x = x_n = x_0 + nh,$$

整体截断误差 $e_n = y(x_n) - y_n$ 当然趋于零.

关于方法(9.4)的收敛性,有如下定理.

定理 9.3 若初值问题(9.1)的一个单步方法(9.4)的局部截断误差为 $R_{n,h} = O(h^{p+1}) (p \geqslant 1)$,且式(9.4)中的函数 $\phi(x, y, h)$ 关于 y 满足利普希茨条件(9.2),则

$$e_{n+1} = y(x_{n+1}) - y_{n+1} = O(h^p). \tag{9.36}$$

证明 根据局部截断误差的定义,有

$$R_{n,h} = y(x_{n+1}) - y(x_n) - h\phi(x_n, y(x_n), h) = O(h^{p+1}),$$

记

$$\bar{y} = y(x_n) + h\phi(x_n, y(x_n), h),$$

则有常数 $c > 0$,使得

$$|y(x_{n+1}) - \bar{y}| < ch^{p+1}.$$

若 y_{n+1} 由式(9.4)表示,则利用 $\phi(x, y, h)$ 关于 y 满足利普希茨条件,得

$$|\bar{y} - y_{n+1}| \leqslant |y(x_n) - y_n| + h|\phi(x_n, y(x_n), h) - \phi(x_n, y_n, h)|$$
$$\leqslant (1 + hL)|y(x_n) - y_n|,$$

故

$$|e_{n+1}| = |y(x_{n+1}) - y_{n+1}| \leqslant |y(x_{n+1}) - \bar{y}| + |\bar{y} - y_{n+1}|$$
$$\leqslant ch^{p+1} + (1 + hL)|e_n|.$$

按此递推下去,有

$$|e_{n+1}| \leqslant ch^{p+1} + (1 + hL)[ch^{p+1} + (1 + hL)|e_{n-1}|]$$
$$= ch^{p+1}[1 + (1 + hL)] + (1 + hL)^2 |e_{n-1}| \leqslant \cdots$$
$$\leqslant ch^{p+1}[1 + (1 + hL) + (1 + hL)^2 + \cdots + (1 + hL)^n]$$
$$+ (1 + hL)^{n+1} |e_0|$$
$$= ch^{p+1} \frac{(1 + hL)^{n+1} - 1}{(1 + hL) - 1} + (1 + hL)^{n+1} |e_0|.$$

若 $y(x_0) = y_0$,则 $e_0 = 0$,同时利用

$$0 \leqslant 1 + hL \leqslant 1 + hL + \frac{1}{2}(hL)^2 + \cdots = e^{hL},$$

$$0 \leqslant (1 + hL)^n \leqslant e^{nhL},$$

得到

$$|e_{n+1}| \leqslant \frac{c}{L}h^p[e^{(n+1)hL} - 1].$$

当 $x = x_{n+1}$ 固定时,$(n+1)h = x_{n+1} - x_0 \leqslant b - a$,所以

$$|e_{n+1}| \leqslant \frac{c}{L}h^p[e^{(b-a)L} - 1] = c_1 h^p. \qquad \#$$

    这个定理说明,数值方法(9.4)的整体截断误差比局部截断误差低一阶. 这也是定义 9.3 中方法阶的概念的含义. 收敛的方法至少是一阶方法.

    在该定义的条件下,欧拉方法是一阶方法,欧拉预估-校正法是二阶方法. 当 $f(x, y)$ 关于 y 满足利普希茨条件时,r 级龙格-库塔方法(9.22)中的 ϕ 关于 y 也满足利普希茨条件,所以定理 9.3 的条件得到满足,解的收敛性得到了保证.

9.4.2　相容性

    单步法(9.4)实质上是一个关于 $y_0, y_1, \cdots$ 的差分方程. 用它的解 y_{n+1} 作为初值问题(9.1)的解 $y(x_{n+1})$ 的近似值,其局部截断误差为式(9.15)所表示的 $R_{n,h}$,这相当于用近似方程

$$\frac{y(x+h) - y(x)}{h} \approx \phi(x, y(x), h) \qquad (9.37)$$

替代原微分方程 $\dfrac{\mathrm{d}y}{\mathrm{d}x} = f(x, y(x))$,通过在 $x = x_n$ 处求解近似方程(9.37)而获得微分方程的近似解. 因此必须要求,当步长 h 变小时,式(9.37)应逼近原微分方程,当 $h \to 0$ 时,近似方程的极限状态应是原微分方程. 由于

$$\lim_{h \to 0} \frac{y(x+h) - y(x)}{h} = y'(x),$$

因此要使式(9.37)的极限状态成为式(9.1)中的微分方程,需且只需极限

$$\lim_{h \to 0} \phi(x, y(x), h) = f(x, y(x))$$

成立. 总假定 $\phi(x, y(x), h)$ 是连续函数,因而上式可表示为

$$\phi(x, y(x), 0) = f(x, y(x)). \qquad (9.38)$$

定义 9.5　单步法(9.4)称为与原微分方程(9.1)**相容**,如果式(9.38)成立;并称式(9.38)为**相容性条件**.

易知,如果单步法(9.4)的阶等于或大于 1,则单步法(9.4)与微分方程(9.1)相容;反之,如果单步法(9.4)与微分方程(9.1)相容,则当 $\phi(x,y,h)$ 关于 h 满足利普希茨条件时,式(9.4)至少是一阶方法.事实上,当式(9.4)满足相容性条件(9.38)时,它的局部截断误差 $R_{n,h}$ 总满足

$$
\begin{aligned}
R_{n,h} &= y(x_{n+1}) - y(x_n) - h\phi(x_n,y(x_n),h) \\
&= \left[y(x_n) + hy'(x_n) + O(h^2) \right] - y(x_n) \\
&\quad - h\left[\phi(x_n,y(x_n),h) - \phi(x_n,y(x_n),0) \right] - hf(x_n,y(x_n)) \\
&= -h\left[\phi(x_n,y(x_n),h) - \phi(x_n,y(x_n),0) \right] + O(h^2), \\
| R_n,h | &\leqslant O(h^2) + Lh^2 = O(h^2).
\end{aligned}
$$

由此可得如下定理.

定理 9.4　设增量函数 $\phi(x,y,h)$ 在区域

$$
D = \{(x,y) \mid a \leqslant x \leqslant b, y \in R, 0 \leqslant h \leqslant h_0 \}
$$

中连续,并对变量 y 和 h 满足利普希茨条件(9.2),则单步法(9.4)收敛的充要条件为相容性条件(9.38)成立.

由前述的讨论知,在满足定理条件下,欧拉法、欧拉预估-校正法、龙格-库塔方法都与原微分方程相容.

9.4.3　稳定性

关于单步法收敛的概念和收敛性定理都是在计算过程中无任何舍入误差的前提下建立起来的.整体截断误差 $e_n = y(x_n) - y_n$ 中的 y_n 是以 y_0 为初始值由单步法(9.4)经精确计算得到的.但实际计算时,通常都会有舍入误差.另外,式(9.4)是一个递推过程.凡是递推算式都要考虑舍入误差的积累是否会得到控制,即要考虑数值稳定性问题.一个单步法(9.4),即使它满足相容性条件,并且是收敛的,它在计算 $y_1,y_2,\cdots$ 时舍入误差的积累越来越大,那么由它算出的 $y_1,y_2,\cdots$ 仍然不能作为初值问题(9.1)的近似解使用.因此,必须讨论单步法的数值稳定性.

对于给定的微分方程 $\dfrac{\mathrm{d}y}{\mathrm{d}x} = f(x,y)$ 和给定的步长 h,如果单步法(9.4)在计算 y_n 时有大小为 δ 的误差,但由此引起 $y_m(m > n)$ 的误差按绝对值又都不超过 δ,则称该单步法是绝对稳定的.

这个定义显然依赖于式(9.1)中微分方程的右端函数 $f(x,y)$,这对考察

方法的绝对稳定性带来困难.因此,通常将满足利普希茨条件的微分方程模型化,设$\frac{\partial f}{\partial y} = \lambda = \text{const.}$,总是针对模型方程

$$\frac{\mathrm{d}y}{\mathrm{d}x} = \lambda y \tag{9.39}$$

进行讨论,其中 λ 为复常数,且 $\mathrm{Re}(\lambda) < 0$.

定义 9.6 设步长为 $h > 0$ 的单步方法(9.4)用于求解模型方程(9.39),并且在计算 y_n 时有误差δ_n.如果在计算后面的 y_m 中由δ_n引起的误差δ_m 都满足

$$|\delta_m| < |\delta_n| \quad (m > n), \tag{9.40}$$

则称单步法(9.4)对于所用的步长 h 和复数 λ 是**绝对稳定的**.式(9.40)中可用小于或等于关系符,取小于号是为了同线性多步法的定义一致.

从定义可知,单步法(9.4)是否绝对稳定,与式(9.39)中的 λ 及所用步长 h 有关.若对复平面上的某个区域 G,当$\lambda h \in G$ 时单步法绝对稳定,则称 G 为单步法(9.4)的**绝对稳定区域**,G 与实轴的交称为**绝对稳定区间**.

对于欧拉方法(9.7),求解模型方程(9.39)的计算公式为

$$y_{n+1} = y_n + \lambda h y_n = (1 + \lambda h) y_n,$$

设 y_n 有误差δ_n,则实际参与运算的为 $\bar{y}_n = y_n + \delta_n$,由此引起 y_{n+1} 的误差δ_{n+1},实际得到 $\bar{y}_{n+1} = y_{n+1} + \delta_{n+1}$,即

$$y_{n+1} + \delta_{n+1} = (1 + \lambda h)(y_n + \delta_n),$$

故有

$$\delta_{n+1} = (1 + \lambda h)\delta_n.$$

要让$|\delta_{n+1}| < |\delta_n|$,必须$|1 + \lambda h| < 1$.因此,欧拉方法的绝对稳定区域为

$$|1 + \lambda h| < 1.$$

当 λ 为实数时,得绝对稳定区间$(-2, 0)$.

用二级二阶龙格-库塔方法求解模型方程(9.39)的计算公式为

$$y_{n+1} = y_n + h[c_1 \lambda y_n + c_2 \lambda(y_n + \beta_{21} h \lambda y_n)]$$
$$= [1 + (c_1 + c_2)\lambda h + c_2 \beta_{21}(\lambda h)^2] y_n,$$

利用式(9.24),得

$$y_{n+1} = \left[1 + \lambda h + \frac{1}{2}(\lambda h)^2\right] y_n.$$

用与欧拉方法同样的分析方法,得二级二阶龙格-库塔方法的绝对稳定区域为

$$\left|1 + \lambda h + \frac{1}{2}(\lambda h)^2\right| < 1.$$

当 λ 为实数时,也得绝对稳定区间为 $(-2,0)$.

同理可得三级三阶龙格-库塔方法的绝对稳定区域是

$$\left|1+\lambda h+\frac{1}{2!}(\lambda h)^2+\frac{1}{3!}(\lambda h)^3\right|<1.$$

绝对稳定区间为 $(-2.51,0)$;四级四阶龙格-库塔方法的绝对稳定区域是

$$\left|1+\lambda h+\frac{1}{2!}(\lambda h)^2+\frac{1}{3!}(\lambda h)^3+\frac{1}{4!}(\lambda h)^4\right|<1.$$

绝对稳定区间为 $(-2.78,0)$.

需要指出的是,定义 9.6 对于隐式单步法也适用,例如将梯形法(9.11)用于模型方程(9.39),得

$$y_{n+1}=y_n+\frac{h}{2}(\lambda y_n+\lambda y_{n+1})=\left(1+\frac{\lambda h}{2}\right)y_n+\frac{1}{2}\lambda h y_{n+1},$$

所以

$$y_{n+1}=\frac{1+\frac{1}{2}\lambda h}{1-\frac{1}{2}\lambda h}y_n.$$

用与显式单步法同样的分析,得梯形法的绝对稳定区域为

$$\left|\frac{2+\lambda h}{2-\lambda h}\right|<1.$$

对于实数 λ,若 $\lambda<0$,上式对任何 $h>0$ 总是成立的,所以梯形方法的绝对稳定性区间是 $-\infty<\lambda h<0$,这里可以看到隐式方法稳定性比显式方法好.

除了绝对稳定性以外,对于初值问题数值方法的稳定性还有其他的定义和分析,有兴趣的读者可参阅有关专著.前述几种数值方法的绝对稳定性区域见图 9.2 和图 9.3.

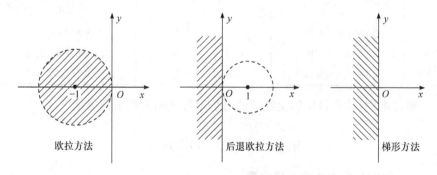

图 9.2　几种数值方法的绝对稳定性区域

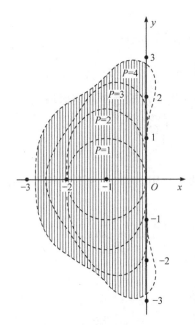

图 9.3 龙格-库塔方法的
绝对稳定区域

例 9.5 对于初值问题

$$y' = -20y, \quad y(0) = 1,$$

用欧拉方法(9.7)、梯形方法(9.11)及欧拉预估-校正法(9.13)计算 $y(1)$ 的近似值,要求分别用 $h = 0.2, 0.1, 0.01, 0.001,$ 0.0001 进行计算.

解 题中 $f(x, y) = -20y, \lambda = -20$. 容易求得精确解为 $y = \mathrm{e}^{-20x}, y(1) = 0.206\ 115\ 362 \times 10^{-8}$. 分别对各种 h 的取值及题中要求的各种方法进行计算,结果见表 9.6.

由于 $\lambda = -20$,故当 $h \leqslant \dfrac{-2}{-20} = 0.1$ 时欧拉法绝对稳定,而当 $h \leqslant 0.1$ 时欧拉预估-校正法也绝对稳定.由于 $h = 0.2$ 时欧拉方法与欧拉预估-校正法都不稳定,计算结果严重偏离精确解.取其他的 h 值($h \leqslant 0.1$),两种方法都绝对稳定,但要使计算结果充分接近于精确解还需取较小的 h 值.可以看出,h 越小,计算结果越好.至于梯形法,理论上讲,对于任何 h 值都绝对稳定,但明显看出,要保证有较高精度,也必须取较小的 h 值.

表 9.6 例 9.5 的计算结果

h	欧拉法结果	梯形法结果	欧拉预估-校正法结果
0.2	-243.0	$-0.411\ 522\ 6 \times 10^{-2}$	3 125
0.1	1.0	0	1.0
0.01	$0.203\ 703\ 7 \times 10^{-9}$	$0.192\ 745\ 0 \times 10^{-8}$	$0.240\ 649\ 8 \times 10^{-8}$
0.001	$0.168\ 296\ 5 \times 10^{-8}$	$0.205\ 977\ 9 \times 10^{-8}$	$0.206\ 394\ 5 \times 10^{-8}$
0.0001	$0.202\ 028\ 9 \times 10^{-8}$	$0.206\ 114\ 5 \times 10^{-8}$	$0.206\ 117\ 6 \times 10^{-8}$

通过本例,读者可以体会收敛性与稳定性之间的联系与区别.

9.5 线性多步方法

9.5.1 线性多步方法的一般问题

前面几节讨论的都是单步法.它们在计算 y_{n+1} 时只用到 y_n,没有用到前几步计算得到的信息. 如果某一数值方法在某一步解的近似值的计算公式中不只和前一步近似值有关, 而且和前若干步的近似值也有关, 则该方法称为**多步法**. 仍记 $y(x_n)$ 的近似值为 $y_n, x_n = x_0 + nh$, 并记 $f_n = f(x_n, y_n)$. k 步线性多步方法的一般形式为

$$\sum_{j=0}^{k} \alpha_j y_{n+j} = h \sum_{j=0}^{k} \beta_j f_{n+j}, \tag{9.41}$$

其中 α_j, β_j 都是常数, $\alpha_k \neq 0, \alpha_0, \beta_0$ 不全为零. 因为式 (9.41) 两边可乘同一常数, 故可规定 $\alpha_k = 1$. 此时式 (9.41) 可写成

$$\begin{aligned} y_{n+k} = &-(\alpha_0 y_n + \alpha_1 y_{n+1} + \cdots + \alpha_{k-1} y_{n+k-1}) \\ &+ h(\beta_0 f_n + \beta_1 f_{n+1} + \cdots + \beta_k f_{n+k}), \end{aligned}$$

或写成

$$\begin{cases} y_{n+k} = h\beta_k f(x_{n+k}, y_{n+k}) + g, \\ g = \sum_{j=0}^{k-1} (h\beta_j f_{n+j} - \alpha_j y_{n+j}). \end{cases} \tag{9.42}$$

如果要计算 y_{n+k}, 假设以前各步都已算好, 则若 $\beta_k \neq 0$, 式 (9.41) 是隐式方法; 若 $\beta_k = 0$, 它是显式方法. 当 $k = 1$ 时, 式 (9.41) 就是一种单步方法. 例如: $k = 1, \alpha_0 = -1, \beta_0 = 1, \beta_1 = 0$, 就得到欧拉方法; $k = 1, \alpha_0 = -1, \beta_0 = \beta_1 = \dfrac{1}{2}$, 就得到梯形方法. 可以看出, 多步法每步只需计算一个函数值.

对于隐式情形 $(\beta_k \neq 0)$ 的公式 (9.42), 由于 $f(x, y)$ 一般是非线性函数, 故难以得到求解 y_{n+k} 的显式表达式, 常用迭代法求解:

$$y_{n+k}^{[s+1]} = h\beta_k f(x_{n+k}, y_{n+k}^{[s]}) + g, \tag{9.43}$$

其中 $y_{n+k}^{[0]}$ 任意给出, $s = 0, 1, 2, \cdots$, 迭代到满足精度要求结束. 容易证明, 当 $f(x, y)$ 关于 y 满足利普希茨条件 (9.2) 时 $\left(\text{或} \left|\dfrac{\partial f}{\partial y}\right| \leqslant L\right)$, 只要 $h < \dfrac{1}{L|\beta_k|}$, 迭代关系式 (9.43) 就是收敛的. 这就可保证每步计算出 y_{n+k}.

对应于一般的线性多步方法 (9.41), 定义算子 $\mathscr{L}$ 为

$$\mathscr{L}[y(x); h] = \sum_{j=0}^{k} [\alpha_j y(x+jh) - h\beta_j y'(x+jh)], \tag{9.44}$$

其中 $y(x)$ 为区间 $[x_0, b]$ 上任一连续可微函数. 若 y 充分可微, 将 $y(x+jh)$ 及 $y'(x+jh)$ 作泰勒展开, 得

$$y(x+jh) = y(x) + \frac{1}{1!}(jh)y'(x) + \frac{1}{2!}(jh)^2 y''(x) + \cdots$$

$$y'(x+jh) = y'(x) + \frac{1}{1!}(jh)y''(x) + \frac{1}{2!}(jh)^2 y'''(x) + \cdots$$

代入式(9.44) 得

$$\mathscr{L}[y(x);h] = c_0 y(x) + c_1 h y'(x) + \cdots + c_p h^p y^{(p)}(x) + \cdots, \quad (9.45)$$

其中

$$
\begin{cases}
c_0 = \alpha_0 + \alpha_1 + \cdots + \alpha_k, \\
c_1 = \alpha_1 + 2\alpha_2 + \cdots + k\alpha_k - (\beta_0 + \beta_1 + \cdots + \beta_k), \\
c_2 = \dfrac{1}{2!}(\alpha_1 + 2^2 \alpha_2 + \cdots + k^2 \alpha_k) - \dfrac{1}{1!}(\beta_1 + 2\beta_2 + \cdots + k\beta_k), \\
\qquad\qquad \cdots\cdots \\
c_p = \dfrac{1}{p!}(\alpha_1 + 2^p \alpha_2 + \cdots + k^p \alpha_k) - \dfrac{1}{(p-1)!}(\beta_1 + 2^{p-1}\beta_2 + \cdots + k^{p-1}\beta_k), \\
\qquad p = 2,3,\cdots.
\end{cases}
$$

$$(9.46)$$

定义 9.7　若式(9.45) 中

$$c_0 = c_1 = \cdots = c_p = 0, \quad c_{p+1} \neq 0,$$

则称算子 $\mathscr{L}[y(x);h]$ 对应的线性多步法(9.41) 是 p 阶方法.

根据定义 9.7,只要适当选取 $\alpha_j, \beta_j (j = 0,1,2,\cdots,k)$ 使 $c_0 = c_1 = \cdots = c_p$ $= 0, c_{p+1} \neq 0$ 就可构造出 p 阶方法.

定义 9.8　设 $y(x)$ 是初值问题(9.1) 的解,式(9.41) 是一种线性多步方法,则

$$R_{n+k} \triangleq \mathscr{L}[y(x_n);h] = \sum_{j=0}^{k}[\alpha_j y(x_{n+j}) - h\beta_j y'(x_{n+j})] \qquad (9.47)$$

称为方法(9.41) 在 x_{n+k} 处的局部截断误差. R_{n+k} 按 h 展开的首项称为主局部截断误差.

若式(9.41) 是一种 p 阶方法,则从式(9.45) 知

$$R_{n+k} = c_{p+1} h^{p+1} y^{(p+1)}(x_n) + O(h^{p+2}), \qquad (9.48)$$

因此,主局部截断误差就是 $c_{p+1} h^{p+1} y^{(p+1)}(x_n)$, c_{p+1} 称为主局部截断误差系数.

设 y_{n+k} 是满足式(9.41) 的准确解, $y_{n+j} = y(x_{n+j})$, $j = 0,1,2,\cdots,k-1$, 则根据定义有

$$
\begin{aligned}
\sum_{j=0}^{k} \alpha_j y(x_n + jh) &= h\sum_{j=0}^{k} \beta_j y'(x_n + jh) + R_{n+k} \\
&= h\sum_{j=0}^{k} \beta_j f(x_n + jh, y(x_n + jh)) + R_{n+k},
\end{aligned}
$$

另一方面,由式(9.41) 知

$$\sum_{j=0}^{k} \alpha_j y_{n+j} = h \sum_{j=0}^{k} \beta_j f(x_{n+j}, y_{n+j}),$$

两式相减,并利用假设 $y_{n+j} = y(x_{n+j})$, $j = 0, 1, 2, \cdots, k-1$, 得

$$y(x_{n+k}) - y_{n+k} = h\beta_k [f(x_{n+k}, y(x_{n+k})) - f(x_{n+k}, y_{n+k})] + R_{n+k}.$$

利用微分中值定理,有

$$f(x_{n+k}, y(x_{n+k})) - f(x_{n+k}, y_{n+k}) = \frac{\partial f(x_{n+k}, \eta_{n+k})}{\partial y} (y(x_{n+k}) - y_{n+k}).$$

η_{n+k} 介于 $y(x_{n+k})$ 与 y_{n+k} 之间,最后得到

$$R_{n+k} = \left[1 - h\beta_k \frac{\partial f(x_{n+k}, \eta_{n+k})}{\partial y} \right] (y(x_{n+k}) - y_{n+k}),$$

所以在 $y(x_{n+j}) = y_{n+j}$, $j = 0, 1, 2, \cdots, k-1$ 的假设下,若式(9.41)是显式方法 ($\beta_k = 0$),则

$$R_{n+k} = y(x_{n+k}) - y_{n+k}, \tag{9.49}$$

即 R_{n+k} 就是只考虑本步计算的误差,这与显式单步法的定义是一致的. 如果式(9.41)是隐式方法($\beta_k \neq 0$),且是 p 阶方法,当 $y(x)$ 充分可微时

$$\begin{aligned}
y(x_{n+k}) - y_{n+k} &= \left[1 - h\beta_k \frac{\partial f(x_{n+k}, \eta_{n+k})}{\partial y} \right]^{-1} \\
&\quad \cdot \left[c_{p+1} h^{p+1} y^{(p+1)}(x_n) + O(h^{p+2}) \right] \\
&= \left[1 + h\beta_k \frac{\partial f(x_{n+k}, \eta_{n+k})}{\partial y} + \cdots \right] \\
&\quad \cdot \left[c_{p+1} h^{p+1} y^{(p+1)}(x_n) + O(h^{p+2}) \right] \\
&= c_{p+1} h^{p+1} y^{(p+1)}(x_n) + O(h^{p+2}), \tag{9.50}
\end{aligned}$$

即 R_{n+k} 与 $y(x_{n+k}) - y_{n+k}$ 首项相同,略去高阶项就是本步的误差. 这就是局部截断误差的含义.

读者可以按定义 9.8 证明,对于欧拉法,其主局部截断误差为 $\frac{1}{2} h^2 y''(x_n)$,而对于梯形法,主局部截断误差为 $-\frac{h^3}{12} y'''(x_n)$.

文献[8]中证明了,显式线性多步方法的整体截断误差比局部截断误差低一阶.

9.5.2　线性多步方法的构造

线性多步方法的构造一般有两种方法,即前述的泰勒展开方法和数值积分方法.

1. 用数值积分法构造线性多步方法

将初值问题(9.1)中的微分方程从 x_{n-j} 到 x_{n+k} 积分,得

$$\begin{cases} y(x_{n+k}) = y(x_{n-j}) + \displaystyle\int_{x_{n-j}}^{x_{n+k}} f(t, y(t))\,\mathrm{d}t, \\ y(x_0) = y_0. \end{cases} \tag{9.51}$$

用拉格朗日插值多项式

$$L_p(t) = \sum_{i=0}^{p} l_i(t) f(x_{n-i}, y(x_{n-i}))$$

来近似代替式(9.51)中的被积函数,注意到 $\{x_i\}$ 为等距插值点列,$h = x_{i+1} - x_i$,$l_i(t)$ 为拉格朗日插值基函数:

$$l_i(t) = \prod_{l=0, l\neq i}^{p} \frac{t - x_{n-l}}{x_{n-i} - x_{n-l}}, \quad i = 0, 1, 2, \cdots, p,$$

得到近似公式

$$\begin{aligned} y(x_{n+k}) &\approx y(x_{n-j}) + \sum_{i=0}^{p} f(x_{n-i}, y(x_{n-i})) \int_{x_{n-j}}^{x_{n+k}} l_i(t)\,\mathrm{d}t \\ &= y(x_{n-j}) + h \sum_{i=0}^{p} \beta_{pi} f(x_{n-i}, y(x_{n-i})). \end{aligned}$$

用 y_{n-i} 代替 $y(x_{n-i})$,仍用 f_{n-i} 表示 $f(x_{n-i}, y_{n-i})$,用等号代替近似号,得线性多步方法显式公式:

$$y_{n+k} = y_{n-j} + h \sum_{i=0}^{p} \beta_{pi} f_{n-i}, \tag{9.52}$$

其中

$$\beta_{pi} = \frac{1}{h} \int_{x_{n-j}}^{x_{n+k}} l_i(t)\,\mathrm{d}t, \quad i = 0, 1, 2, \cdots, p. \tag{9.53}$$

若作变量代换 $t = x_n + sh$,则

$$\beta_{pi} = \int_{-j}^{k} \prod_{l=0, l\neq i}^{p} \frac{s+l}{-i+l}\,\mathrm{d}s, \quad i = 0, 1, 2, \cdots, p. \tag{9.53*}$$

对 k,j 和 p 的不同选择,得到不同类型的具体公式,对 $k=1,j=0$ 和 $p=0,$ $1,2,\cdots,$ 得到 $p+1$ 步**亚当斯**(Adams)**显式方法**:

$$\begin{cases} y_{n+1} = y_n + h[\beta_{p0}f_n + \beta_{p1}f_{n-1} + \cdots + \beta_{pp}f_{n-p}], \\ \beta_{pi} = \int_0^1 \prod_{l=0,l\neq i}^{p} \frac{s+l}{-i+l}\mathrm{d}s, \quad i=0,1,2,\cdots,p. \end{cases} \tag{9.54}$$

下面的表 9.7 是亚当斯显式公式的系数表.

表 9.7　亚当斯显式公式系数表

β_{pi}	i				
	0	1	2	3	4
β_{0i}	1				
β_{1i}	$\dfrac{3}{2}$	$-\dfrac{1}{2}$			
β_{2i}	$\dfrac{23}{12}$	$-\dfrac{16}{12}$	$\dfrac{5}{12}$		
β_{3i}	$\dfrac{55}{24}$	$-\dfrac{59}{24}$	$\dfrac{37}{24}$	$-\dfrac{9}{24}$	
β_{4i}	$\dfrac{1901}{720}$	$-\dfrac{2774}{720}$	$\dfrac{2616}{720}$	$-\dfrac{1274}{720}$	$\dfrac{251}{720}$

在亚当斯显式方法中,最常用的是 $p=3$ 的情形:

$$y_{n+1} = y_n + \frac{h}{24}[55f_n - 59f_{n-1} + 37f_{n-2} - 9f_{n-3}]. \tag{9.55}$$

对 $k=0,j=1$ 和 $p=0,1,2,\cdots,$ 得到 p 步**亚当斯隐式方法**(用 $n+1$ 代替 n):

$$\begin{cases} y_{n+1} = y_n + h[\beta_{p0}^*f_{n+1} + \beta_{p1}^*f_n + \cdots + \beta_{pp}^*f_{n-p+1}], \\ \beta_{pi}^* = \int_{-1}^0 \prod_{l=0,l\neq i}^{p} \frac{s+l}{-i+l}\mathrm{d}s, \quad i=0,1,2,\cdots,p. \end{cases} \tag{9.56}$$

表 9.8　亚当斯隐式公式系数表

β_{pi}^*	i				
	0	1	2	3	4
β_{0i}^*	1				
β_{1i}^*	$\dfrac{1}{2}$	$\dfrac{1}{2}$			
β_{2i}^*	$\dfrac{5}{12}$	$\dfrac{8}{12}$	$-\dfrac{1}{12}$		
β_{3i}^*	$\dfrac{9}{24}$	$\dfrac{19}{24}$	$-\dfrac{5}{24}$	$\dfrac{1}{24}$	
β_{4i}^*	$\dfrac{251}{720}$	$\dfrac{646}{720}$	$-\dfrac{264}{720}$	$\dfrac{106}{720}$	$-\dfrac{19}{720}$

在亚当斯隐式方法中，$p = 3$ 的情形最常用：

$$y_{n+1} = y_n + \frac{h}{24}[9f_{n+1} + 19f_n - 5f_{n-1} + f_{n-2}]. \tag{9.57}$$

对 $k = 1, j = 1$，得到奈斯特隆（Nyström）显式公式

$$\begin{cases} y_{n+1} = y_{n-1} + h[\beta_{p0}f_n + \beta_{p1}f_{n-1} + \cdots + \beta_{pp}f_{n-p}], \\ \beta_{pi} = \displaystyle\int_{-1}^{1} \prod_{l=0,l\neq i}^{p} \frac{s+l}{-s+l} ds, \quad i = 0,1,2,\cdots,p. \end{cases} \tag{9.58}$$

特别当 $p = 0$ 时，$\beta_{00} = \displaystyle\int_{-1}^{1} ds = 2$，我们得到中点公式

$$y_{n+1} = y_{n-1} + 2hf_n.$$

当 $k = 0, j = 2$ 时，得到米尔恩（Milne）公式，用 $n+1$ 代替 n，它可写为

$$\begin{cases} y_{n+1} = y_{n-1} + h[\beta_{p0}f_{n+1} + \beta_{p1}f_n + \cdots + \beta_{pp}f_{n-p+1}], \\ \beta_{pi} = \displaystyle\int_{-2}^{0} \prod_{l=0,l\neq i}^{p} \frac{s+l}{-i+l} ds, \quad i = 0,1,2,\cdots,p. \end{cases} \tag{9.59}$$

这是隐式公式.

为给出这些公式的局部截断误差，我们注意拉格朗日插值多项式的余项表达式

$$f(t,y(t)) - L_p(t) = \frac{1}{(p+1)!}f^{(p+1)}(\xi,y(\xi))\prod_{i=0}^{p}(t - x_{n-i}),$$

其中 $\min(t, x_{n-p}) < \xi < \max(t, x_n)$. 于是线性多步方法 (9.52) 和 (9.53) 的局部截断误差为

$$\begin{aligned} R_{n+k} &= \frac{1}{(p+1)!}\int_{x_{n-j}}^{x_{n+k}} f^{(p+1)}(\xi,y(\xi))\prod_{i=0}^{p}(t - x_{n-i})dt \\ &= \frac{h^{p+2}}{(p+1)!}\int_{-j}^{k} f^{(p+1)}(\xi(s),y(\xi(s)))\prod_{i=0}^{p}(s+i)ds. \end{aligned} \tag{9.60}$$

对于亚当斯显式与隐式方法，由于 $\prod_{i=0}^{p}(s+i)$ 在区间 $[0,1]$ 和 $[-1,0]$ 上不变号，根据积分中值定理，式 (9.60) 分别简化为

$$\begin{aligned} R_{n+k,E} &= \frac{h^{p+2}}{(p+1)!}f^{(p+1)}(\eta,y(\eta))\int_{0}^{1}\prod_{i=0}^{p}(s+i)ds \\ &= \frac{h^{p+2}}{(p+1)!}y^{(p+2)}(\eta)\int_{0}^{1}\prod_{i=0}^{p}(s+i)ds, \\ R_{n+k,I} &= \frac{h^{p+2}}{(p+1)!}y^{(p+2)}(\eta)\int_{-1}^{0}\prod_{i=0}^{p}(s+i)ds, \end{aligned}$$

其中 η 为某中间点,特别地,当 $p = 3$ 时,

$$R_{n+1,E} = \frac{251}{720}h^5 y^{(5)}(\eta) = \frac{251}{720}h^5 y^{(5)}(x_n) + O(h^6), \qquad (9.61)$$

$$R_{n+1,I} = -\frac{19}{720}h^5 y^{(5)}(\eta) = -\frac{19}{720}h^5 y^{(5)}(x_n) + O(h^6). \qquad (9.62)$$

由此可知,在 $f(x, y(x))$ 具有 $p+1$ 阶连续偏导数的条件下,$p+1$ 步亚当斯显式方法与 p 步亚当斯隐式方法的局部截断误差与 h^{p+2} 同阶,即它们都是 $p+1$ 阶方法.特别当 $p = 3$ 时,亚当斯显、隐式方法都是四阶的.

2. 用泰勒展开方法构造线性多步方法

这种方法实际上就是在式(9.41)中假设 $y_{n+j} = y(x_{n+j})$ ($j = 0, 1, 2, \cdots, k$),将 $y(x_{n+j})$ 和 $y'(x_{n+j})$ 在 x_n 处用泰勒公式展开,与推导式(9.45)完全相同的办法,导出局部截断误差按 h 的升幂排列表达式(9.45),按照定义 9.7 的要求,确定相应的待定系数 α_j, β_j.

例如考虑线性两步方法.此时式(9.41)中 $k = 2, \alpha_2 = 1$,其表达式为

$$y_{n+2} + \alpha_1 y_{n+1} + \alpha_0 y_n = h(\beta_2 f_{n+2} + \beta_1 f_{n+1} + \beta_0 f_n).$$

利用式(9.46),系数 $\alpha_0, \alpha_1, \beta_0, \beta_1, \beta_2$ 满足

$$\begin{cases} c_0 = \alpha_0 + \alpha_1 + 1 = 0, \\ c_1 = \alpha_1 + 2 - (\beta_0 + \beta_1 + \beta_2) = 0, \\ c_2 = \frac{1}{2!}(\alpha_1 + 4) - (\beta_1 + 2\beta_2) = 0, \\ c_3 = \frac{1}{3!}(\alpha_1 + 8) - \frac{1}{2!}(\beta_1 + 4\beta_2) = 0. \end{cases}$$

解此方程组,则得

$$\alpha_1 = -1 - \alpha_0, \quad \beta_0 = -\frac{1}{12}(1 + 5\alpha_0),$$

$$\beta_1 = \frac{2}{3}(1 - \alpha_0), \quad \beta_2 = \frac{1}{12}(5 + \alpha_0),$$

从而一般二步三阶方法可以写为

$$y_{n+2} - (1 + \alpha_0)y_{n+1} + \alpha_0 y_n$$
$$= \frac{h}{12}[(5 + \alpha_0)f_{n+2} + 8(1 - \alpha_0)f_{n+1} - (1 + 5\alpha_0)f_n]. \qquad (9.63)$$

易知,对任意的 α_0,

$$c_4 = \frac{1}{24}(\alpha_1 + 16) - \frac{1}{6}(\beta_1 + 8\beta_2) = -\frac{1}{24}(1 + \alpha_0),$$

$$c_5 = \frac{1}{5!}(\alpha_1 + 32) - \frac{1}{24}(\beta_1 + 16\beta_2) = -\frac{1}{360}(17 + 13\alpha_0),$$

故当 $\alpha_0 \neq -1$ 时, $c_4 \neq 0$, 方法是三阶的; 当 $\alpha_0 = -1$ 时, $c_4 = 0$, $c_5 \neq 0$, 方法是**四阶辛普森型**的

$$y_{n+2} = y_n + \frac{h}{3}(f_{n+2} + 4f_{n+1} + f_n). \tag{9.64}$$

它的误差常数 $c_5 = -\frac{1}{90}$. 此外, 当 $\alpha_0 = -5$ 时, 方法是显式的, 否则为隐式的. 式(9.64) 也称**两步四阶米尔恩算法**.

可以看出, 线性两步方法既可达三阶, 也可达四阶. 需要指出的是当 $\alpha_0 \neq -1, 0$ 时, 式(9.63) 不能用数值积分方法得到.

再如考虑三步法

$$y_{n+3} + \sum_{i=0}^{2} \alpha_i y_{n+i} = h \sum_{i=0}^{3} \beta_i f_{n+i},$$

若考虑显式方法, 则取 $\beta_3 = 0$. 由(9.46) 知, 只要令 $c_0 = c_1 = c_2 = c_3 = 0$, 即可得到至少是三阶的方法.

$$\begin{cases} c_0 = \alpha_0 + \alpha_1 + \alpha_2 + 1 = 0, \\ c_1 = \alpha_1 + 2\alpha_2 + 3 - (\beta_0 + \beta_1 + \beta_2) = 0, \\ c_2 = \frac{1}{2}(\alpha_1 + 4\alpha_2 + 9) - (\beta_1 + 2\beta_2) = 0, \\ c_3 = \frac{1}{3!}(\alpha_1 + 8\alpha_2 + 27) - \frac{1}{2}(\beta_1 + 4\beta_2) = 0. \end{cases} \tag{9.65}$$

这是含有六个未知量四个方程的方程组, 因此有无穷多组解, 即有无穷多个三阶方法.

令 $\alpha_0 = \alpha_1 = 0$, 代入式(9.65), 解得其余四个系数为

$$\alpha_2 = -1, \quad \beta_0 = \frac{5}{12}, \quad \beta_1 = -\frac{16}{12}, \quad \beta_2 = \frac{23}{12}.$$

此时得亚当斯三阶显式方法(见表 9.7)

$$y_{n+3} = y_{n+2} + \frac{h}{12}[23f_{n+2} - 16f_{n+1} + 5f_n],$$

并得 $c_4 = \frac{3}{8}$, 故局部截断误差为 $R_{n+3} = \frac{3}{8}h^4 y^{(4)}(x_n) + O(h^5)$.

仍令 $\alpha_0 = \alpha_1 = 0, \alpha_2 = -1$, 但考虑隐式方法, 可类似地得到隐式亚当斯四

阶方法:

$$y_{n+3} = y_{n+2} + \frac{h}{24}\left[9f_{n+3} + 19f_{n+2} - 5f_{n+1} + f_n\right],$$

且 $c_5 = -\dfrac{19}{720}$, $R_{n+3} = -\dfrac{19}{720}h^5y^{(5)}(x_n) + O(h^6)$.

类似地,还可得到其他的线性多步方法. 如**四步四阶米尔恩方法**为

$$y_{n+4} = y_n + \frac{4}{3}h\left[2f_{n+3} - f_{n+2} + 2f_{n+1}\right], \tag{9.66}$$

其局部截断误差为 $R_{n+4} = \dfrac{14}{45}h^5y^{(5)}(x_n) + O(h^6)$;**汉明**(Hamming)**方法**

$$y_{n+3} = \frac{1}{8}(9y_{n+2} - y_n) + \frac{3}{8}h\left[f_{n+3} + 2f_{n+2} - f_{n+1}\right], \tag{9.67}$$

其局部截断误差为 $R_{n+3} = -\dfrac{1}{40}h^5y^{(5)}(x_n) + O(h^6)$.

总之,泰勒展开方法比积分法更灵活,推导出的方法也较积分法的更多.

应用线性多步法求解初值问题时,开头几点处的函数值要用别的方法计算,一般选用与多步法同阶的单步法,如龙格-库塔方法、泰勒方法等. 对线性隐式多步方法,除开头几点的函数值需单独计算外,还需迭代求解或采用预估-校正法求解.

例 9.6 用四阶亚当斯显式方法与隐式方法求解初值问题:

$$\frac{\mathrm{d}y}{\mathrm{d}x} = y - \frac{2x}{y}, \quad y(0) = 1$$

在 $[0,1]$ 上的解,取 $h = 0.1$.

解 四阶亚当斯显式方法的计算公式为

$$y_{n+4} = y_{n+3} + \frac{h}{24}\left[55f_{n+3} - 59f_{n+2} + 37f_{n+1} - 9f_n\right],$$

选用四阶龙格-库塔公式(9.29)计算 y_1, y_2, y_3,然后用亚当斯显式公式计算,结果见表 9.9.

四阶亚当斯隐式方法的计算公式为

$$y_{n+3} = y_{n+2} + \frac{h}{24}\left[9f_{n+3} + 19f_{n+2} - 5f_{n+1} + f_n\right],$$

先用四阶龙格-库塔方法(9.29)求出 y_1, y_2, y_3,然后用下列迭代式求解其余函数值:

$$\begin{cases} y_{n+4}^{[0]} = y_{n+3} + \dfrac{h}{24}\left[55f_{n+3} - 59f_{n+2} + 37f_{n+1} - 9f_n\right], \\ y_{n+4}^{[s+1]} = y_{n+3} + \dfrac{h}{24}\left[9f(x_{n+4}, y_{n+4}^{[s]}) + 19f_{n+3} - 5f_{n+2} + f_{n+1}\right]. \\ \qquad s = 0, 1, 2, \cdots. \end{cases} \tag{9.68}$$

按 $|y_{n+4}^{[s+1]} - y_{n+4}^{[s]}| < 10^{-10}$ 的精度结束迭代,结果见表 9.9.

表 9.9　例 9.6 的计算结果

x_n	亚当斯显式 y_n	$|y(x_n) - y_n|$	亚当斯隐式 y_n	$|y(x_n) - y_n|$
0.1	1.095 445 532	$0.416\ 682\ 762 \times 10^{-6}$	1.095 445 532	$0.416\ 682\ 762 \times 10^{-6}$
0.2	1.183 216 746	$0.788\ 886\ 070 \times 10^{-6}$	1.183 216 746	$0.788\ 886\ 070 \times 10^{-6}$
0.3	1.264 912 228	$0.116\ 427\ 304 \times 10^{-5}$	1.264 912 228	$0.116\ 427\ 304 \times 10^{-5}$
0.4	1.341 551 759	$0.890\ 274\ 507 \times 10^{-4}$	1.341 646 488	$0.570\ 196\ 591 \times 10^{-5}$
0.5	1.414 046 421	$0.167\ 140\ 894 \times 10^{-3}$	1.414 222 762	$0.920\ 011\ 612 \times 10^{-5}$
0.6	1.483 018 910	$0.220\ 787\ 687 \times 10^{-3}$	1.483 251 973	$0.122\ 751\ 337 \times 10^{-4}$
0.7	1.548 918 874	$0.274\ 464\ 512 \times 10^{-3}$	1.549 208 693	$0.153\ 547\ 969 \times 10^{-4}$
0.8	1.612 116 429	$0.335\ 120\ 866 \times 10^{-3}$	1.612 470 236	$0.186\ 866\ 675 \times 10^{-4}$
0.9	1.672 917 033	$0.403\ 019\ 622 \times 10^{-3}$	1.673 342 508	$0.224\ 550\ 391 \times 10^{-4}$
1.0	1.731 569 753	$0.481\ 054\ 933 \times 10^{-3}$	1.732 077 632	$0.268\ 244\ 108 \times 10^{-4}$

比较例 9.4 的结果可以看出,龙格-库塔四阶方法比亚当斯四阶方法要精确;四阶亚当斯隐式方法比显式方法精确. 在 9.6 节中将会看到,隐式方法的绝对稳定性也较显式方法的好.

例 9.7　用下面的亚当斯预估-校正方法

$$\begin{cases} y_{n+4}^{[0]} = y_{n+3} + \dfrac{h}{24}[55f_{n+3} - 59f_{n+2} + 37f_{n+1} - 9f_n], \\ y_{n+4} = y_{n+3} + \dfrac{h}{24}[9f(x_{n+4}, y_{n+4}^{[0]}) + 19f_{n+3} - 5f_{n+2} + f_{n+1}], \end{cases} \tag{9.69}$$

求解初值问题

$$y'(x) = y - \frac{2x}{y}, \quad y(0) = 1$$

在 $[0,1]$ 上的解. 取 $h = 0.1$,y_1, y_2, y_3 用四阶龙格-库塔方法(9.29)计算.

解　先用式(9.29)计算出 y_1, y_2, y_3,然后将 y_1, y_2, y_3 及 $f(x,y) = y - \dfrac{2x}{y}$ 代入式(9.69)中,计算结果列于表 9.10 中.

表 9.10　例 9.7 的计算结果

x_n	y_n	$|y(x_n) - y_n|$	x_n	y_n	$|y(x_n) - y_n|$
0.1	1.095 445 532	$0.416\ 682\ 762 \times 10^{-6}$	0.6	1.483 239 824	$0.126\ 825\ 983 \times 10^{-6}$
0.2	1.183 216 746	$0.788\ 886\ 070 \times 10^{-6}$	0.7	1.549 193 380	$0.420\ 035\ 955 \times 10^{-7}$
0.3	1.264 912 228	$0.116\ 427\ 304 \times 10^{-5}$	0.8	1.612 451 536	$0.131\ 850\ 009 \times 10^{-7}$
0.4	1.341 641 357	$0.570\ 693\ 381 \times 10^{-6}$	0.9	1.673 319 999	$0.537\ 133\ 606 \times 10^{-7}$
0.5	1.414 213 833	$0.271\ 092\ 562 \times 10^{-6}$	1.0	1.732 050 720	$0.876\ 938\ 551 \times 10^{-7}$

从本例结果又可看出,亚当斯预估-校正方法(9.69)比例 9.6 中的显式、隐式方法都精确.关于预估-校正方法的进一步论述将在下面给出.

*9.5.3 预估-校正法

通过例 9.6、例 9.7 可以看出,隐式方法的精度较显式方法的高,而预估-校正法有可能得到更好的结果.由下节我们也可以知道,隐式方法稳定性也较显式方法好.但隐式方法的计算较显式方法复杂.本小节就是进一步研究隐式方法的计算问题.

前已讲到,k 步隐式方法(9.41)(或式(9.42))常用式(9.43)来迭代求解,且当 $h < \dfrac{1}{L \mid \beta_k \mid}$ 时,对任意的初始值 $y_{n+k}^{[0]}$,迭代式(9.43)收敛.

显然,隐式方法(9.42)每一步的计算量由式(9.43)的迭代次数决定,因此较好地选取初始近似 $y_{n+k}^{[0]}$ 十分重要.一种自然的选择是,取 $y_{n+k}^{[0]}$ 为显式算法计算的值:

$$y_{n+k}^{[0]} + \sum_{j=0}^{k-1} \alpha_j^* y_{n+j} = h \sum_{j=0}^{k-1} \beta_j^* f_{n+j}. \tag{9.70}$$

用式(9.70)、(9.43)构成的算法通称**预估-校正法**,公式(9.70)称为**预估算式**(P 算式),公式(9.43)称为**校正算式**(C 算式).由于已经用了预估算式,因此一般说来,校正次数并不很多.例如若事先指定了精度 ε,一般只要三五步就可使 $\mid y_{n+k}^{[s+1]} - y_{n+k}^{[s]} \mid < \varepsilon$.校正次数过多的方法不宜使用.当出现校正次数过多时,应减小步长 h.

用预估-校正法计算时,首先利用预估算式得到 $y_{n+k}^{[0]}$,然后计算 $f(x_{n+k}, y_{n+k}^{[0]})$(该步可记为 **E 算式**,E 即 Evaluation),接着再使用校正算式,这算完成了一次校正.然后对 $y_{n+k}^{[1]}$ 重复上述过程,如此循环下去.这样,如果校正 N 次,计算过程可记为 $\mathrm{P(EC)}^N$.进行 N 次校正的 PC 算法的计算公式为

$$\begin{cases} \mathrm{P}: y_{n+k}^{[0]} + \displaystyle\sum_{j=0}^{k-1} \alpha_j^* y_{n+j}^{[N]} = h \sum_{j=0}^{k-1} \beta_j^* f_{n+j}^{[N-1]}, \\ \mathrm{E}: f_{n+k}^{[s]} = f(x_{n+k}, y_{n+k}^{[s]}), \\ \mathrm{C}: y_{n+k}^{[s+1]} = h\beta_k f(x_{n+k}, y_{n+k}^{[s]}) + \displaystyle\sum_{j=0}^{k-1} (h\beta_j f_{n+j}^{[N-1]} - \alpha_j y_{n+j}^{[N]}), \\ \qquad\qquad s = 0, 1, 2, \cdots, N-1. \end{cases} \tag{9.71}$$

上述预估-校正公式是以最后进行校正结束的.此时已得到了 $y_{n+k}^{[N]}$.由于未再计算 $f(x_{n+k}, y_{n+k}^{[N]})$,因此下一步预估算式中仍使用 $f_{n+k}^{[N-1]}$.显然 $y_{n+k}^{[N]}$ 应比

$y_{n+k}^{[N-1]}$ 更精确,因此另一种算法是每一步以计算 f 值结束,这时在预估时就可以用 $f_{n+k}^{[N]}$ 了,这种算法记为 $\text{P}(\text{EC})^N\text{E}$,具体计算公式为

$$
\begin{cases}
\text{P：} y_{n+k}^{[0]} + \displaystyle\sum_{j=0}^{k-1} \alpha_j^* y_{n+j}^{[N]} = h \sum_{j=0}^{k-1} \beta_j^* f_{n+j}^{[N]}, \\[2mm]
\text{E：} f_{n+k}^{[s]} = f(x_{n+k}, y_{n+k}^{[s]}), \\[2mm]
\text{C：} y_{n+k}^{[s+1]} = h\beta_k f(x_{n+k}, y_{n+k}^{[s]}) + \displaystyle\sum_{j=0}^{k-1}(h\beta_j f_{n+j}^{[N]} - \alpha_j y_{n+j}^{[N]}), \\[2mm]
\qquad\quad s = 0, 1, 2, \cdots, N-1, \\[2mm]
\text{E：} f_{n+k}^{[N]} = f(x_{n+k}, y_{n+k}^{[N]}).
\end{cases} \tag{9.72}
$$

$\text{P}(\text{EC})^N\text{E}$ 方案比 $\text{P}(\text{EC})^N$ 方案更优越些.

现在分析预估-校正法的截断误差. 设预估算式(9.70) 和校正算式(9.43) 分别为 p^* 和 p 阶方法. 当解充分光滑时我们有预估算式的局部截断误差

$$
R_{n+k}^* = y(x_{n+k}) - y_{n+k}^{[0]} = c_{p^*+1}^* h^{p^*+1} y^{(p^*+1)}(x_n) + O(h^{p^*+2}). \tag{9.73}
$$

对于校正算式,首先由式(9.48) 知

$$
\sum_{j=0}^{k} \alpha_j y(x_{n+j}) = h \sum_{j=0}^{k} \beta_j f(x_{n+j}, y(x_{n+j})) + \mathscr{L}[y(x_n); h],
$$

并且校正公式(9.71) 和(9.72) 可统一写成形式：

$$
y_{n+k}^{[s+1]} + \sum_{j=0}^{k-1} \alpha_j y_{n+j}^{[N]} = h\beta_k f(x_{n+k}, y_{n+k}^{[s]}) + h \sum_{j=0}^{k-1} \beta_j f(x_{n+j}, y_{n+j}^{[N-l]}),
$$
$$
s = 0, 1, 2, \cdots, N-1.
$$

当 $l = 1$ 时为式(9.71),$l = 0$ 时为式(9.72).

利用 $y_{n+j}^{[N]} = y(x_{n+j})(j = 0, 1, 2, \cdots, k-1)$ 的假定,立即可得到

$$
\begin{aligned}
y(x_{n+k}) - y_{n+k}^{[s+1]} &= h\beta_k[f(x_{n+k}, y(x_{n+k})) - f(x_{n+k}, y_{n+k}^{[s]})] + \mathscr{L}[y(x_n); h] \\
&= h\beta_k \frac{\partial f(x_{n+k}, \eta_{n+k}^{[s]})}{\partial y}[y(x_{n+k}) - y_{n+k}^{[s]}] + \mathscr{L}[y(x_n); h], \\
&\qquad s = 0, 1, 2, \cdots, N-1.
\end{aligned} \tag{9.74}
$$

式中 $\eta_{n+k}^{[s]}$ 介于 $y_{n+k}^{[s]}$ 和 $y(x_{n+k})$ 之间. 将式(9.73)代入式(9.74)$s = 0$ 的情形,得到

$$
y(x_{n+k}) - y_{n+k}^{[1]} = \beta_k \frac{\partial f}{\partial y} c_{p^*+1}^* h^{p^*+2} y^{(p^*+1)}(x_n) + O(h^{p^*+3}) + \mathscr{L}[y(x_n); h].
$$

为书写简单起见,上式及下面都将记 $\dfrac{\partial f}{\partial y} = \dfrac{\partial f(x_{n+k}, \eta_{n+k}^{[s]})}{\partial y}$. 将上式再代入

式$(9.74)s = 1$的情形可以得到$y(x_{n+k}) - y_{n+k}^{[2]}$的估计. 如此反复代入, 最后得到

$$y(x_{n+k}) - y_{n+k}^{[N]} = \beta_k^N \left(\frac{\partial f}{\partial y}\right)^N c_{p^*+1}^* h^{p^*+N+1} y^{(p^*+1)}(x_n)$$
$$+ O(h^{p^*+N+2}) + \mathscr{L}\big[y(x_n); h\big](1 + O(h)). \tag{9.75}$$

再利用隐式算式(9.41)的局部截断误差定义

$$\mathscr{L}\big[y(x_n); h\big] = c_{p+1} h^{p+1} y^{(p+1)}(x_n) + O(h^{p+2}),$$

最后有

$$y(x_{n+k}) - y_{n+k}^{[N]} = c_{p+1} h^{p+1} y^{(p+1)}(x_n) + O(h^{p^*+N+1}) + O(h^{p+2}). \tag{9.76}$$

由此, 当$p^* + N \geqslant p + 1$时, 有

$$y(x_{n+k}) - y_{n+k}^{[N]} = c_{p+1} h^{p+1} y^{(p+1)}(x_n) + O(h^{p+2}). \tag{9.77}$$

一般情形有

$$y(x_{n+k}) - y_{n+k}^{[N]} = O(h^{q+1}), \quad q = \min\{p, p^* + N\}. \tag{9.78}$$

从式(9.77)可以看出, 在利用预估-校正法时可以取预估算法误差阶较校正算法误差阶略低一些, 一般取低一阶或相等, 此时最终误差将与校正算法相同. 详细讨论结果见文献[18].

利用预估-校正法还可以得到解的误差主项的估计.

设$p^* = p$, 则从式(9.77)有

$$c_{p+1} h^{p+1} y^{(p+1)}(x_n) = y(x_{n+k}) - y_{n+k}^{[N]} + O(h^{p+2}),$$

此时式(9.73)可以改写成

$$c_{p+1}^* h^{p+1} y^{(p+1)}(x_n) = y(x_{n+k}) - y_{n+k}^{[0]} + O(h^{p+2}),$$

由上述二式可得到

$$c_{p+1} h^{p+1} y^{(p+1)}(x_n) = \frac{c_{p+1}}{c_{p+1}^* - c_{p+1}}(y_{n+k}^{[N]} - y_{n+k}^{[0]}) + O(h^{p+2}). \tag{9.79}$$

它给出了关于误差主项的估计式.

类似地, 有

$$c_{p+1}^* h^{p+1} y^{(p+1)}(x_n) = \frac{c_{p+1}^*}{c_{p+1}^* - c_{p+1}}(y_{n+k}^{[N]} - y_{n+k}^{[0]}) + O(h^{p+2}).$$

它只能在校正计算之后才能应用, 因为$y_{n+k}^{[N]}$在求$y_{n+k}^{[0]}$时尚未算出. 但$c_{p+1}^* h^{p+1} y^{(p+1)}(x_n) = c_{p+1}^* h^{p+1} y^{(p+1)}(x_{n-1}) + O(h^{p+2})$, 故有

$$c_{p+1}^* h^{p+1} y^{(p+1)}(x_n) = \frac{c_{p+1}^*}{c_{p+1}^* - c_{p+1}} \left[y_{n+k-1}^{[N]} - y_{n+k-1}^{[0]} \right] + O(h^{p+2}).$$

它在预估式之后即可应用了.

在式 (9.73) 中令 $p = p^*$，得到

$$y(x_{n+k}) = y_{n+k}^{[0]} + \frac{c_{p+1}^*}{c_{p+1}^* - c_{p+1}} (y_{n+k-1}^{[N]} - y_{n+k-1}^{[0]}) + O(h^{p+2}). \qquad (9.80)$$

因此

$$\overline{y}_{n+k}^{[0]} = y_{n+k}^{[0]} + \frac{c_{p+1}^*}{c_{p+1}^* - c_{p+1}} (y_{n+k-1}^{[N]} - y_{n+k-1}^{[0]}) \qquad (9.81)$$

为较 $y_{n+k}^{[0]}$ 更好的近似. 式 (9.81) 称为**修正算式**，简称 **M**（即 Modification）**算式**.

类似地，对校正值 $y_{n+k}^{[N]}$ 也可进行修正：

$$\overline{y}_{n+k}^{[N]} = y_{n+k}^{[N]} + \frac{c_{p+1}}{c_{p+1}^* - c_{p+1}} (y_{n+k}^{[N]} - y_{n+k}^{[0]}). \qquad (9.82)$$

利用算式 (9.81) 和 (9.82) 的预校算法模式，可以简记为 $\text{PM(EC)}^N \text{M}$ 和 $\text{PM(EC)}^N \text{ME}$，具体计算公式就不再写出了.

下面介绍几种常用的预估-校正法.

（1）亚当斯三步四阶预-校算法. 取预估算式为亚当斯显式算式，校正算式为亚当斯隐式算式. 最常用的是 PECE 模式（即式 (9.69)）

$$\begin{cases} \text{P}: y_{n+4}^{[0]} = y_{n+3}^{[1]} + \dfrac{h}{24} [55 f_{n+3}^{[1]} - 59 f_{n+2}^{[1]} + 37 f_{n+1}^{[1]} - 9 f_n^{[1]}], \\[2mm] \text{E}: f_{n+4}^{[0]} = f(x_{n+4}, y_{n+4}^{[0]}), \\[2mm] \text{C}: y_{n+4}^{[1]} = y_{n+3}^{[1]} + \dfrac{h}{24} [9 f_{n+4}^{[0]} + 19 f_{n+3}^{[1]} - 5 f_{n+2}^{[1]} + f_{n+1}^{[1]}], \\[2mm] \text{E}: f_{n+4}^{[1]} = f(x_{n+4}, y_{n+4}^{[1]}). \end{cases} \qquad (9.83)$$

对上述预校算式也可采用其他计算模式，读者试写出 PMECME 模式.

（2）米尔恩算法. 这种算法的预估算式取米尔恩四步四阶方法 (9.66)，校正算法取米尔恩两步四阶方法 (9.64)，其 PECE 模式为

$$\begin{cases} P: y_{n+4}^{[0]} = y_n^{[1]} + \dfrac{4}{3} h [2 f_{n+3}^{[1]} - f_{n+2}^{[1]} + 2 f_{n+1}^{[1]}], \\[2mm] E: f_{n+4}^{[0]} = f(x_{n+4}, y_{n+4}^{[0]}), \\[2mm] C: y_{n+4}^{[1]} = y_{n+2}^{[1]} + \dfrac{h}{3} [f_{n+4}^{[0]} + 4 f_{n+3}^{[1]} + f_{n+2}^{[1]}], \\[2mm] E: f_{n+4}^{[1]} = f(x_{n+4}, y_{n+4}^{[1]}). \end{cases} \qquad (9.84)$$

由于上述 P 算法与 C 算法的误差主项常数分别为 $c_5^* = \dfrac{14}{45}, c_5 = -\dfrac{1}{90}$，从而

$$c_5 h^5 y^{(5)}(x_n) = -\frac{1}{29}(y_{n+k}^{[1]} - y_{n+k}^{[0]}) + O(h^6).$$

米尔恩算法的稳定性较差,汉明修正了他的算法.

(3) 汉明算法. 预估算式取米尔恩四步四阶方法(9.66),校正算法取汉明算式(9.67),采用 PMECME 模式的计算公式为

$$
\begin{cases}
\text{P：} y_{n+4}^{[0]} = \overline{y}_n^{[1]} + \frac{4}{3}h[2\overline{f}_{n+3}^{[1]} - \overline{f}_{n+2}^{[1]} + 2\overline{f}_{n+1}^{[1]}], \\[2mm]
\text{M：} \overline{y}_{n+4}^{[0]} = y_{n+4}^{[0]} + \frac{112}{121}(y_{n+3}^{[1]} - y_{n+3}^{[0]}), \\[2mm]
\text{E：} \overline{f}_{n+4}^{[0]} = f(x_{n+4}, \overline{y}_{n+4}^{[0]}), \\[2mm]
\text{C：} y_{n+4}^{[1]} = \frac{9}{8}\overline{y}_{n+3}^{[1]} - \frac{1}{8}\overline{y}_{n+1}^{[1]} + \frac{3}{8}h[\overline{f}_{n+4}^{[0]} + 2\overline{f}_{n+3}^{[1]} - \overline{f}_{n+2}^{[1]}], \\[2mm]
\text{M：} \overline{y}_{n+4}^{[1]} = y_{n+4}^{[1]} - \frac{9}{121}(y_{n+4}^{[1]} - y_{n+4}^{[0]}), \\[2mm]
\text{E：} \overline{f}_{n+4}^{[1]} = f(x_{n+4}, \overline{y}_{n+4}^{[1]}).
\end{cases}
\tag{9.85}
$$

由于 $c_5^* = \frac{14}{45}, c_5 = -\frac{1}{40}$,故

$$c_5 h^5 y^{(5)}(x_n) = -\frac{9}{121}(y_{n+4}^{[1]} - y_{n+4}^{[0]}) + O(h^6),$$

$$c_5^* h^5 y^{(5)}(x_n) = \frac{112}{121}(y_{n+3}^{[1]} - y_{n+3}^{[0]}) + O(h^6),$$

所以在 $\overline{y}_{n+4}^{[0]}$ 和 $\overline{y}_{n+4}^{[1]}$ 中采用了系数 $\frac{112}{121}$ 和 $-\frac{9}{121}$.

进一步研究表明,上述亚当斯预-校算法比米尔恩和汉明预-校算法的稳定性都好.

预估-校正法的另一个优点是,它在计算过程中可以估计误差,从而提供了选取步长的条件.

利用值

$$\frac{c_{p+1}}{c_{p+1}^* - c_{p+1}}(y_{n+k}^{[N]} - y_{n+k}^{[0]})$$

可以作为误差控制量这一事实,即可用来确定合适的 h. 此时应考虑到迭代法的收敛性和稳定性,关键问题是计算 $\frac{\partial f}{\partial y}$,它可近似地取为

$$\frac{\partial f}{\partial y} \approx \frac{f(x_{n+k}, y_{n+k}^{[1]}) - f(x_{n+k}, y_{n+k}^{[0]})}{y_{n+k}^{[1]} - y_{n+k}^{[0]}},$$

用它立即可算出 $\bar{h} = h\dfrac{\partial f}{\partial y}$，从而可以断定是否属于绝对稳定区域，并利用 $|\bar{h}\beta_k| < 1$ 可判断校正迭代的收敛性.

*9.6　线性多步法的进一步讨论

9.5 节介绍了线性多步法的基本概念、构造方法以及如何计算等问题. 本节将讨论几个更为重要的问题，即线性多步方法与微分方程的相容性问题、线性多步方法的收敛性问题以及计算稳定性问题等.

为了以下叙述方便，引进线性多步方法 (9.41) 的特征多项式的有关概念.

定义 9.9　对应于线性多步方法 (9.41) 的系数 $\alpha_j, \beta_j (j = 0,1,2,\cdots,k)$，分别称多项式

$$\rho(\lambda) = \sum_{j=0}^{k} \alpha_j \lambda^j, \quad \sigma(\lambda) = \sum_{j=0}^{k} \beta_j \lambda^j \tag{9.86}$$

为式 (9.41) 的**第一**和**第二特征多项式**.

显然，由式 (9.41) 完全确定了 $\rho(\lambda)$ 和 $\sigma(\lambda)$；反之，若给定了 $\rho(\lambda)$ 和 $\sigma(\lambda)$，也就确定了一个线性 k 步方法.

定义 9.10　如果线性多步方法 (9.41) 的第一特征多项式 $\rho(\lambda)$ 的零点都在单位圆内，并且在单位圆上只有单根出现，则称多步法 (9.41) 满足**根条件**.

9.6.1　线性多步法的相容性

注意式 (9.41) 是微分方程 $y' = f(x,y)$ 的近似表达式，其局部截断误差定量地描述了线性多步法计算公式的精确程度. 我们进一步关心的是在什么条件下当 $h \to 0$ 时线性多步方法能够逼近微分方程的问题. 这一问题等价于 $h \to 0$ 时 $\mathscr{L}[y(x_n);h] = o(h)$ 的问题. 显然，只有当 $\mathscr{L}[y(x_n);h]$ 至少为 h 的二阶量时才有可能. 为此，引进下面的相容性定义.

定义 9.11　解初值问题 (9.1) 的线性多步法 (9.41) 称为与原微分方程相容，如果它至少是一阶的.

定理 9.5　解初值问题 (9.1) 的线性多步法 (9.41) 是相容的充要条件是

$$\rho(1) = 0, \quad \rho'(1) = \sigma(1). \tag{9.87}$$

证明　只需注意 $\rho(\lambda)$ 和 $\sigma(\lambda)$ 的定义式 (9.86) 及相容性定义，立即可得与相容性等价的条件是式 (9.46) 中的 $c_0 = c_1 = 0$，而这就是

$$\sum_{j=0}^{k} \alpha_j = 0 \quad 和 \quad \sum_{j=0}^{k} j\alpha_j - \sum_{j=0}^{k} \beta_j = 0,$$

即 $\rho(1) = 0$ 和 $\rho'(1) = \sigma(1)$.   #

称式(9.87)为**相容性条件**. 对于一个相容的线性多步法来说,定理9.5说明,其第一特征多项式总有根$+1$,我们称此根为主根,其余的根均称为寄生根或外来根,它是由于k阶差分方程(9.41)逼近一阶微分方程所产生的. 关于差分方程的解的简略介绍可参看附录.

9.6.2 线性多步法的收敛性

这里我们关心的是当$h \to 0$时,线性多步法的精确解能否逼近于初值问题的理论解,它相当于$h \to 0$时,$y_n \to y(x_n)$或$e_n \to 0$的问题. 这个问题称为线性多步法的收敛性问题.

用线性多步法(9.41)求解初值问题(9.1)时,需要附加适当的初始离散条件,即数值解由下列方法给出:

$$\begin{cases} \sum_{j=0}^{k} \alpha_j y_{n+j} = h \sum_{j=0}^{k} \beta_j f_{n+j}, \\ y_\mu = \eta_\mu(h), \quad \mu = 0, 1, 2, \cdots, k-1. \end{cases} \tag{9.88}$$

定义 9.12 对初值问题(9.1),$f(x, y)$关于y满足利普希茨条件,如果满足条件

$$\lim_{h \to 0} \eta_\mu(h) = y_0, \quad \mu = 0, 1, 2, \cdots, k-1$$

的线性多步方法(9.88)的解$\{y_n\}$在固定点$x = x_0 + nh$有

$$\lim_{h \to 0} y_n = y(x),$$

则称线性多步法(9.88)是收敛的.

定理 9.6 若线性多步法(9.88)收敛,则它必是相容的.

证明 设线性多步法(9.88)的解$\{y_n\}$收敛于初值问题(9.1)的非零解$y(x)$,则对任意固定的$x = x_0 + nh \in [x_0, b]$,有

$$\lim_{h \to 0} y_n = y(x).$$

因k固定,所以有$\lim_{h \to 0} y_{n+j} = y(x), j = 0, 1, 2, \cdots, k$. 对式(9.88)取$h \to 0$的极限,有

$$\sum_{j=0}^{k} \alpha_j y(x) = 0.$$

因$y(x) \not\equiv 0$,故有$\sum_{j=0}^{k} \alpha_j = 0$,即$\rho(1) = 0$.

由定理9.5,下面只要证明$\rho'(1) = \sigma(1)$即可. 由于$y(x)$为式(9.1)的解,由$\{y_n\}$的收敛性,有$x = x_0 + nh$,$\lim_{h \to 0} y_n = y(x)$. 于是

$$\lim_{h \to 0} \frac{y_{n+j} - y_n}{jh} = y'(x) = f(x, y(x)), \quad j = 1, 2, \cdots, k,$$

或写成

$$y_{n+j} - y_n = jhy'(x) + jh\Phi_j(h), \quad j = 1, 2, \cdots, k,$$

其中

$$\lim_{h \to 0}\Phi_j(h) = 0, \quad j = 1, 2, \cdots, k.$$

因此有

$$\sum_{j=0}^{k} \alpha_j y_{n+j} - \sum_{j=0}^{k} \alpha_j y_n = h \sum_{j=0}^{k} j\alpha_j y'(x) + h \sum_{j=0}^{k} j\alpha_j \Phi_j(h).$$

由式(9.88)得

$$h \sum_{j=0}^{k} \beta_j f_{n+j} - y_n \sum_{j=0}^{k} \alpha_j = hy'(x) \sum_{j=0}^{k} j\alpha_j + h \sum_{j=0}^{k} j\alpha_j \Phi_j(h).$$

由 $\sum_{j=0}^{k} \alpha_j = 0$，并用 h 除上式两边，得

$$\sum_{j=0}^{k} \beta_j f_{n+j} = y'(x) \sum_{j=0}^{k} j\alpha_j + \sum_{j=0}^{k} j\alpha_j \Phi_j(h).$$

当 $h \to 0$ 时，$f_{n+j} \to f(x, y(x)) = y'(x)$，故上式取极限得

$$\sum_{j=0}^{k} \beta_j = \sum_{j=0}^{k} j\alpha_j,$$

即 $\sigma(1) = \rho'(1)$.   #

注意定理 9.6 的逆定理是不成立的，反例见文献[7].

定理 9.7 设 $f(x, y)$ 满足定理 9.1 中的条件，则当且仅当根条件和相容性条件同时成立时，线性 k 步方法是收敛的.

该定理的证明见文献[8].

利用 $\rho(\lambda)$ 及 $\sigma(\lambda)$，可以较方便地确定线性多步方法的阶和误差常数. 我们有如下定理.

定理 9.8 线性 k 步方法是 p 阶的，当且仅当函数

$$\Psi(\lambda) = \frac{1}{\ln\lambda}\rho(\lambda) - \sigma(\lambda)$$

有 p 重零点 $\lambda = 1$.

证明 在线性 k 步方法(9.88)中令 $\alpha_k = 1, y(x) = \mathrm{e}^x$，则对于一个 p 阶方法，有

$$\mathscr{L}[\mathrm{e}^x; h] = c_{p+1}h^{p+1}\mathrm{e}^x(1 + O(h)).$$

另一方面，

$$\mathscr{L}[\mathrm{e}^x; h] = \mathrm{e}^x[\rho(\mathrm{e}^h) - h\sigma(\mathrm{e}^h)],$$

因此

$$\Psi(e^h) = \frac{1}{h}\rho(e^h) - \sigma(e^h)$$

$$= \frac{1}{h}\big[\rho(e^h) - h\sigma(e^h)\big]$$

$$= c_{p+1}h^p(1 + O(h)).$$

即 $h = 0$ 是 $\Psi(e^h)$ 的 p 重零点. 由于变换 $\lambda = e^h$ 把 $h = 0$ 的邻域一一对应地映射到 $\lambda = 1$ 的邻域, 据复变函数理论知, $\Psi(\lambda)$ 在 $\lambda = 1$ 处有 p 重零点.

反之, 设 $\Psi(\lambda)$ 以 $\lambda = 1$ 为 p 重零点, 随之 $\Psi(e^h)$ 以 $h = 0$ 为 p 重零点, 因此存在某非零常数 c_{p+1}, 使

$$\rho(e^h) - h\sigma(e^h) = c_{p+1}h^{p+1}(1 + O(h)), \tag{9.89}$$

进而

$$\mathscr{L}[e^x; h] = O(h^{p+1}).$$

因为方法的阶数仅依赖于系数 α_j, β_j, 故方法是 p 阶的.　　　　　　　　　　♯

为了应用上述定理, 令 $h = \ln(1+z)$, 即 $h = z + O(z^2)$, 因此, 由式 (9.89) 知

$$\rho(1+z) - \ln(1+z)\sigma(1+z) = c_{p+1}h^{p+1} + O(z^{p+2}), \tag{9.90}$$

用此式计算阶数 p 及误差常数 c_{p+1} 是方便的.

例 9.8　设已给显式方法

$$y_{n+2} - y_{n+1} = h\left(\frac{3}{2}f_{n+1} - \frac{1}{2}f_n\right),$$

试求它的阶数 p 及误差常数 c_{p+1}.

解　由 $\rho(\lambda) = \lambda^2 - \lambda, \sigma(\lambda) = \frac{3}{2}\lambda - \frac{1}{2}$, 得

$$\rho(1+z) - \ln(1+z)\sigma(1+z)$$

$$= z^2 + z - \left(z - \frac{1}{2}z^2 + \frac{1}{3}z^3\right)\left(\frac{3}{2}z + 1\right) + O(z^4)$$

$$= \frac{5}{12}z^3 + O(z^4),$$

故上述两步方法是二阶的, 误差常数 $c_3 = \frac{5}{12}$.　　　　　　　　　　　　♯

9.6.3　线性多步法的稳定性

1. 线性多步法的零稳定性

设初值问题的理论解是 $y(x_n)$, 它满足

$$\sum_{j=0}^{k} \alpha_j y(x_{n+j}) = h \sum_{j=0}^{k} \beta_j f(x_{n+j}, y(x_{n+j})) + R_{n+k}, \tag{9.91}$$

其中 R_{n+k} 为局部截断误差. 设线性多步法 (9.41) 的精确解为 y_n, 它满足

$$\sum_{j=0}^{k} \alpha_j y_{n+j} = h \sum_{j=0}^{k} \beta_j f(x_{n+j}, y_{n+j}). \tag{9.92}$$

实际上求解上式时总有舍入误差存在, 设 $\tilde{y}_n$ 为式 (9.92) 的实际数值解, 它满足

$$\sum_{j=0}^{k} \alpha_j \tilde{y}_{n+j} = h \sum_{j=0}^{k} \beta_j f(x_{n+j}, \tilde{y}_{n+j}) + T_{n+k}, \tag{9.93}$$

其中 T_{n+k} 为局部舍入误差. 由式 (9.92) 减去式 (9.93) 得

$$\begin{aligned}
\sum_{j=0}^{k} \alpha_j \overline{e}_{n+j} &= h \sum_{j=0}^{k} \beta_j [f(x_{n+j}, y_{n+j}) - f(x_{n+j}, \tilde{y}_{n+j})] - T_{n+k} \\
&= h \sum_{j=0}^{k} \beta_j \frac{\partial f(x_{n+j}, \overline{\eta}_{n+j})}{\partial y} \overline{e}_{n+j} - T_{n+k},
\end{aligned} \tag{9.94}$$

其中 $\overline{e}_{n+j} = y_{n+j} - \tilde{y}_{n+j}$, $\overline{\eta}_{n+j}$ 介于 y_{n+j} 与 $\tilde{y}_{n+j}$ 之间. 由式 (9.91) 减去式 (9.93) 得

$$\begin{aligned}
\sum_{j=0}^{k} \alpha_j \tilde{e}_{n+j} &= h \sum_{j=0}^{k} \beta_j [f(x_{n+j}, y(x_{n+j})) - f(x_{n+j}, \tilde{y}_{n+j})] + \Phi_{n+k} \\
&= h \sum_{j=0}^{k} \beta_j \frac{\partial f(x_{n+j}, \tilde{\eta}_{n+j})}{\partial y} \tilde{e}_{n+j} + \Phi_{n+k},
\end{aligned} \tag{9.95}$$

其中 $\tilde{e}_{n+j} = y(x_{n+j}) - \tilde{y}_{n+j}$, $\tilde{\eta}_{n+j}$ 介于 $y(x_{n+j})$ 与 $\tilde{y}_{n+j}$ 之间, $\Phi_{n+k} = R_{n+k} - T_{n+k}$.

式 (9.94) 描述了一步中舍入误差 $\overline{e}_{n+j}$ 对以后计算结果的影响; 而式 (9.95) 描述了一步中的误差 (局部截断误差和局部舍入误差) 对以后计算结果的影响. 我们关心的是当 h 小、步数多时, 上述误差的累积和发展问题.

定义 9.13　若对满足定理 9.1 中基本条件的 $f(x, y)$ 存在正常数 c 及 h_0, 使当 $0 < h \leqslant h_0$ 时, 线性多步方法 (9.41) 的任意两个解 y_n, z_n 满足不等式

$$\max_{x_0 \leqslant x_n \leqslant b} |y_n - z_n| \leqslant c \max_{0 \leqslant j \leqslant k} |y_j - z_j|,$$

则称该线性多步法是**初值稳定的**或**零稳定的**, 其中 $y_j, z_j (j = 0, 1, 2, \cdots, k-1)$ 分别为 y_n, z_n 的初始值.

零稳定性的意义十分清楚, 它确切地刻画了当 h 充分小时, 线性多步方法的解连续地依赖于初始值. 这种稳定性的讨论要求 h 充分小, 故称之为零稳定性.

定理 9.9　线性多步方法 (9.41) 零稳定的充要条件是 $\rho(\lambda)$ 满足根条件.

由于证明中要用到差分方程的一些知识,故在此略去,读者可参见文献 [8,20].

定理 9.10　线性多步法收敛的充要条件是相容并且零稳定.

证明　本定理结论是定理 9.7 和定理 9.9 的直接推论.　　　　　　　♯

对于线性单步法而言,它的 $\rho(\lambda)$ 是 λ 的一次多项式.若方法相容,则 $\rho(\lambda)=0$ 仅有一根 $\lambda_1=1$,显然满足根条件,由上述定理知,线性单步法在相容时必零稳定,故是收敛的.在这种情况下,$\sigma(1)\neq 0$,否则根据相容性条件有

$$\rho(1)=\rho^{'}(1)=\sigma(1)=0,$$

即 $\lambda_1=1$ 为 $\rho(\lambda)=0$ 的二重根,这与根条件矛盾.

对于亚当斯方法来说,不论是显式还是隐式方法,都有 $\rho(\lambda)=\lambda^k-\lambda^{k-1}$,其一根 $\lambda_1=1$,其余根 $\lambda_s(s=2,3,\cdots,k)$ 均为零,$\rho(\lambda)$ 满足根条件.因此亚当斯方法是零稳定的.

一般的线性 k 步方法具有 $2k+2$ 个系数 $\alpha_j,\beta_j,j=0,1,\cdots,k$.因 $\alpha_k=1$,所以在隐式 k 步方法中共有 $2k+1$ 个系数;而在显式 k 步方法中,由于 $\beta_k=0$,则共有 $2k$ 个系数.为确定这些系数的值,按式 (9.46) 知,前者要求 $c_0=c_1=\cdots=c_{2k}=0$,后者要求 $c_0=c_1=\cdots=c_{2k-1}=0$.它们可能达到的阶数分别是 $2k$ 和 $2k-1$ 阶.但若附加零稳定性条件,其可能达到的最高阶数由达尔奎斯特 (Dahlquist)1956 年给出(参看文献[21]第 10 章).

定理 9.11　当线性 k 步方法零稳定时,若 k 为奇数,方法的最高阶数不能超过 $k+1$;若 k 为偶数时,方法的最高阶数可高达 $k+2$(但不能更高).$k+2$ 阶只能出现在 $\rho(\lambda)=0$ 的根均在单位圆上的情形.

例 9.9　对初值问题

$$y^{'}=4xy^{\frac{1}{2}},\quad y(0)=1,\quad 0\leqslant x\leqslant 2,$$

使用线性多步方法

$$y_{n+2}-(1+a)y_{n+1}+ay_n=\frac{1}{2}h[(3-a)f_{n+1}-(1+a)f_n],$$

取 $h=0.1,0.05,0.025$ 分别对 (i)$a=0$,(ii)$a=-5$ 计算其数值解.

解　为了说明问题,取 y_1 为此微分方程的理论解 $y(x)=(1+x^2)^2$ 在 $x=h$ 的值,即 $y_1=(1+h^2)^2$,由

$$y_0=y(0)=1,\quad y_1=(1+h^2)^2$$

计算结果列在表 9.11 ～ 表 9.13 中.因为

表 9.11　$h = 0.1$ 时例 9.9 的计算结果

x	理论解	(i) $a = 0$ 数值解	(ii) $a = -5$ 数值解
0	1.000 000 000	1.000 000 000	1.000 000 000
0.1	1.020 100 000	1.020 100 000	1.020 100 000
0.2	1.081 600 000	1.080 700 000	1.081 200 000
0.3	1.188 100 000	1.185 248 066	1.189 238 456
0.4	1.345 600 000	1.339 629 755	1.338 866 014
0.5	1.562 500 000	1.552 089 998	1.592 993 548
⋮	⋮	⋮	⋮
1.0	4.000 000 000	3.940 690 313	$-68.639\ 801\ 772$
1.1	4.884 100 000	4.808 219 733	367.263 908 110
⋮	⋮	⋮	⋮
2.0	25.000 000 000	24.632 457 192	$-6.965\ 992\ 458 \times 10^8$

表 9.12　$h = 0.05$ 时例 9.9 的计算结果

x	精确解	(i) $a = 0$ 数值解	(ii) $a = -5$ 数值解
0.0	1.000 000 000	1.000 000 000	1.000 000 000
0.1	1.020 100 000	1.020 043 750	1.020 075 000
0.2	1.081 600 000	1.081 239 324	1.081 157 808
0.3	1.188 100 000	1.187 162 019	1.177 715 012
0.4	1.345 600 000	1.343 780 810	1.095 852 123
0.5	1.562 500 000	1.559 454 928	$-4.430\ 547\ 898$
⋮	⋮	⋮	⋮
1.0	4.000 000 000	3.983 891 251	$-5.729\ 578\ 913 \times 10^7$
1.1	4.884 100 000	4.863 623 857	$-1.432\ 399\ 334 \times 10^9$
⋮	⋮	⋮	⋮
2.0	25.000 000 000	24.903 668 210	$-5.464\ 174\ 994 \times 10^{21}$

表 9.13　$h = 0.025$ 时例 9.9 的计算结果

x	精确解	(i) $a = 0$ 数值解	(ii) $a = -5$ 数值解
0.0	1.000 000 000	1.000 000 000	1.000 000 000
0.1	1.020 100 000	1.020 077 664	1.020 071 999
0.2	1.081 600 000	1.081 491 520	1.065 009 238
0.3	1.188 100 000	1.187 836 174	$-8.915\ 968\ 613$
0.4	1.345 600 000	1.345 103 559	$-6.290\ 023\ 672 \times 10^3$
0.5	1.562 500 000	1.561 683 214	$-3.932\ 240\ 653 \times 10^6$
⋮	⋮	⋮	⋮
1.0	4.000 000 000	3.995 817 881	$-3.750\ 092\ 811 \times 10^{20}$
1.1	4.884 100 000	4.878 799 262	$-2.343\ 808\ 007 \times 10^{23}$
⋮	⋮	⋮	⋮
2.0	25.000 000 000	24.975 378 340	$-3.410\ 689\ 542 \times 10^{48}$

$$\rho(\lambda) = \lambda^2 - (1+a)\lambda + a = (\lambda - 1)(\lambda - a),$$

所以,当 $a = 0$ 时,方法是零稳定的;当 $a = -5$ 时,方法是零不稳定的. 读者可证明,$a = 0$ 时方法是二阶的,而 $a = -5$ 时方法是三阶的. 计算结果表明,列 (i) 的结果优于列 (ii) 的结果. 随着 h 的减小,(i) 在固定点上的精度逐渐提高,(ii) 的结果急剧变坏. 前者收敛,后者发散.

例 9.10 使用线性两步方法

$$y_{n+2} - y_{n+1} = \frac{1}{3}h(3f_{n+1} - 2f_n),$$

求解上例中的初值问题. 分别取 $h = 0.1, 0.05, 0.01, 0.005$.

解 本方法中

$$\rho(\lambda) = \lambda^2 - \lambda = \lambda(\lambda - 1),$$

显然方法是零稳定的. 取 y_0, y_1 为理论值,其计算结果在表 9.14 中给出.

表 9.14 例 9.10 的计算结果

x	$h = 0.1$ 数值解	$h = 0.05$ 数值解	$h = 0.01$ 数值解	$h = 0.005$ 数值解
0.1	1.020 100 000	1.015 031 250	1.008 621 174	1.007 666 439
0.2	1.060 500 000	1.045 488 963	1.030 863 156	1.028 871 466
0.3	1.115 951 131	1.090 465 405	1.067 126 895	1.064 032 202
0.4	1.187 794 461	1.150 971 146	1.118 148 027	1.113 849 782
0.5	1.277 661 164	1.228 293 985	1.184 930 817	1.179 292 981
⋮	⋮	⋮	⋮	⋮
1.0	2.075 163 210	1.931 863 967	1.809 272 053	1.793 560 198
1.1	2.324 034 167	2.152 853 213	2.006 801 802	1.988 111 767
⋮	⋮	⋮	⋮	⋮
2.0	6.803 217 833	6.140 889 766	5.585 571 481	5.515 091 695

#

从计算结果可以看出,由于方法是零稳定的,随着 h 的减小,舍入误差并不增长. 但本方法中

$$\sum_{j=0}^{k} \alpha_j = 0, \quad \sum_{j=0}^{k} j\alpha_j = 1, \quad \sum_{j=0}^{k} \beta_j = \frac{1}{3}$$

不满足相容性条件 $\rho'(1) = \sigma(1)$. 因 $\rho(1) = \sum_{j=0}^{k} \alpha_j = 0$,所以 $\{y_n\}$ 收敛于某个函数 $y(x)$,但此函数并不是初值问题的理论解,这是由于相容性条件的 $\rho'(1) = \sigma(1)$ 不满足而造成的.

2. 线性多步法的绝对稳定性

前面讨论了在 $h \to 0$ 情况下的稳定性概念. 然而实际上我们总是用固定步长 h 进行计算的,它并不能随意地缩小. 因此,重要的是,在计算过程中误差会不会随着步数的增加而增大. 这种稳定性概念,通常称为绝对稳定性,它对实际计算更有指导意义.

为讨论绝对稳定性,我们作下列假定以简化分析:

$$\frac{\partial f}{\partial y} = \mu = \text{const}, \tag{9.96}$$

以及式(9.94)和式(9.95)中的 T_{n+k} 和 Φ_{n+k} 均为常数. 这时式(9.94)和式(9.95)可统一写成

$$\sum_{j=0}^{k} \alpha_j \varepsilon_{n+j} = h \sum_{j=0}^{k} \beta_j \frac{\partial f(x_{n+j}, \zeta_{n+j})}{\partial y} \varepsilon_{n+j} + K. \tag{9.97}$$

将式(9.96)用到上式,则有

$$\sum_{j=0}^{k} (\alpha_j - h\mu\beta_j) \varepsilon_{n+j} = K. \tag{9.98}$$

这就是误差 ε_n 所满足的差分方程,它的解由非齐次方程的一个特解

$$\frac{K}{\sum_{j=0}^{k} (\alpha_j - h\mu\beta_j)} = \frac{K}{\sum_{j=0}^{k} \alpha_j - h\mu \sum_{j=0}^{k} \beta_j} = \frac{-K}{h\mu \sum_{j=0}^{k} \beta_j} \tag{9.99}$$

和齐次方程 $\sum_{j=0}^{k} (\alpha_j - h\mu\beta_j) \varepsilon_{n+j} = 0$ 的通解组成. 由于特解式(9.99)是一个与 n 无关的定值,可见式(9.98)的解是否有界完全由它的齐次方程的通解所决定. 根据齐次差分方程理论,齐次方程的通解可表示为 $\sum_{j=1}^{k} c_j W_j^{(n)}$,$\{W_j^{(n)}\}$ 为齐次差分方程的基本解组. 若将式(9.98)的齐次方程对应的特征方程记为

$$\pi(\lambda; h) = \sum_{j=0}^{k} (\alpha_j - h\mu\beta_j)\lambda^j = \rho(\lambda) - \bar{h}\sigma(\lambda) = 0, \tag{9.100}$$

其中 $\bar{h} = h\mu$,其特征根为 $\lambda_j = \lambda_j(\bar{h})$,则 $\{W_j^{(n)}\}$ 的具体形式可取为 $n^{l-1}\lambda_i^n(\bar{h})$,$l = 1, 2, \cdots, s_i$,$s_i$ 为 λ_i 的重数.

我们感兴趣的不是对 ε_n 的大小的估计,而是判定当 n 增大时 ε_n 随之增大,还是减小或是振荡的问题. 若 ε_n 在减小,那就是说每步计算所产生的舍入误差对以后计算结果的影响在减弱,即可受到控制. 据此,引进如下定义.

定义 9.14　若对于给定的 $\bar{h} = \mu h$,多项式(9.100)的所有根 $\lambda_j(\bar{h})$ 都满足 $|\lambda_j| < 1$,$j = 1, 2, \cdots, k$,则称多步法(9.41)关于 $\bar{h}$ 是**绝对稳定的**;若对实轴上

的某区间(或复平面上某区域)内的任意 $\bar{h}$,方法都是绝对稳定的,则称此区间(或区域)为**绝对稳定区间**(或区域).

由于方法的绝对稳定性质取决于多项式 $\pi(\lambda;\bar{h})$ 的根的性质,所以把 $\pi(\lambda;\bar{h})$ 称为式(9.41)的**稳定性多项式**. 从上面的分析及定义 9.14 知,当取 h,使 $\bar{h}$ 属于绝对稳定区间时,误差函数 ε_n 随 n 增大而减小. 所以,从误差分析的观点看,绝对稳定的方法比较理想,绝对稳定区间越大,方法的适用性越广.

下面研究绝对稳定的必要条件. 若线性多步法是 p 阶的,即有 $\mathscr{L}[y(x);h] = O(h^{p+1})$,对于充分光滑的函数 $y(x)$,比如 $y(x) = e^{\mu x}$,就有

$$\mathscr{L}[e^{\mu x};h] = \sum_{j=0}^{k}[\alpha_j e^{\mu(x_n+jh)} - \mu h\beta_j e^{\mu(x_n+jh)}] = O(h^{p+1})$$

或

$$e^{\mu x_n}\sum_{j=0}^{k}[\alpha_j(e^{\bar{h}})^j - \bar{h}\beta_j(e^{\bar{h}})^j] = O(\bar{h}^{p+1}).$$

上式两边同除以 $e^{\mu x_n}$,得

$$\pi(e^{\bar{h}};\bar{h}) = \rho(e^{\bar{h}}) - \bar{h}\sigma(e^{\bar{h}}) = O(\bar{h}^{p+1}). \tag{9.101}$$

因 $\pi(\lambda;\bar{h}) = 0$ 的根为 $\lambda_j(j = 1,2,\cdots,k)$,即

$$\pi(\lambda;\bar{h}) = \rho(\lambda) - \bar{h}\sigma(\lambda)$$
$$= (\alpha_k - \bar{h}\beta_k)(\lambda - \lambda_1)(\lambda - \lambda_2)\cdots(\lambda - \lambda_k).$$

令 $\lambda = e^{\bar{h}}$,代入上式得

$$(e^{\bar{h}} - \lambda_1)(e^{\bar{h}} - \lambda_2)\cdots(e^{\bar{h}} - \lambda_k) = O(\bar{h}^{p+1}), \tag{9.102}$$

当 $h \to 0$ 时,$\pi(\lambda;h) = 0$ 的根趋近于 $\rho(\lambda) = 0$ 的根:

$$\lambda_1 \to \xi_1(=\pm 1), \quad \lambda_s \to \xi_s \quad (s = 2,3,\cdots,k).$$

如果式(9.102)中除第一个因子外其余因子均不趋于零,则

$$\lambda_1 = e^{\bar{h}} + O(\bar{h}^{p+1}). \tag{9.103}$$

从上式可知,对充分小的 $\bar{h} > 0,\lambda_1 > 1$,可得到以下绝对稳定的必要条件:相容且零稳定的线性多步方法当 $\bar{h} = \mu h > 0$ 且充分小时,不绝对稳定. 换言之,当 $\bar{h}$ 充分小时,绝对稳定的方法所对应的 $\bar{h}$ 必满足 $\bar{h} = \mu h < 0$.

下面给出亚当斯公式的绝对稳定区间. 根据 9.5 节,k 步亚当斯显式公式和隐式公式的稳定性多项式分别为

$$\rho(\lambda) - \bar{h}\sigma(\lambda) = \lambda^k - \lambda^{k-1} - \bar{h}\sum_{j=0}^{k-1}\beta_{kj}\lambda^j,$$

$$\rho(\lambda) - \bar{h}\sigma(\lambda) = \lambda^k - \lambda^{k-1} - \bar{h}\sum_{j=0}^{k}\beta_{kj}^*\lambda^j,$$

其中 β_{kj}，β_{kj}^* 分别由表 9.7、表 9.8 给出. 可以算出 k 步亚当斯显式和隐式公式的绝对稳定区间为 $(\alpha_E,0)$ 和 $(\alpha_I,0)$，其中 α_E，α_I 的数值见表 9.15. 从该表可以看出，隐式方法的绝对稳定性区间较显式方法的大，这是隐式方法的一个重要优点. 关于亚当斯显式和隐式方法的绝对稳定区域请参阅图 9.4 和图 9.5.

表 9.15　亚当斯方法的绝对稳定区间

k	1	2	3	4
α_E	-2	-1	$-\dfrac{6}{11}$	$-\dfrac{3}{10}$
α_I	$-\infty$	-6	-3	$-\dfrac{90}{49}$

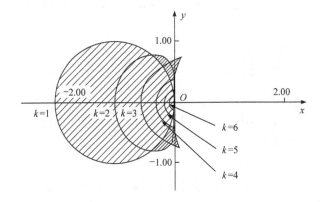

图 9.4　亚当斯显式法的绝对稳定区域

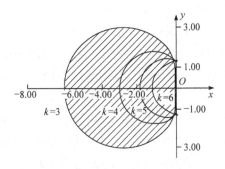

图 9.5　亚当斯隐式法的绝对稳定区域

现在研究两步四阶米尔恩方法 (9.64)

$$y_{n+2} - y_n = \frac{1}{3}h(f_{n+2} + 4f_{n+1} + f_n)$$

的绝对稳定性. 令其稳定性多项式为 0：

$$\rho(\lambda) - \bar{h}\sigma(\lambda) = \lambda^2 - 1 - \frac{1}{3}\bar{h}(\lambda^2 + 4\lambda + 1)$$

$$= \left(1 - \frac{1}{3}\bar{h}\right)\lambda^2 - \frac{4}{3}\bar{h}\lambda - \left(1 + \frac{1}{3}\bar{h}\right) = 0.$$

设它的两个根为

$$\lambda_1 = a_0 + a_1\bar{h} + a_2\bar{h}^2 + \cdots,$$

$$\lambda_2 = b_0 + b_1\bar{h} + b_2\bar{h}^2 + \cdots,$$

代入下式

$$\left(1 - \frac{1}{3}\bar{h}\right)(\lambda - \lambda_1)(\lambda - \lambda_2) = \left(1 - \frac{1}{3}\bar{h}\right)\lambda^2 - \frac{4}{3}\bar{h}\lambda - \left(1 + \frac{1}{3}\bar{h}\right),$$

使 $\bar{h}^n$ 的系数相等便可得到用 $\bar{h}$ 的幂级数表达的解：

$$\lambda_1 = 1 + \bar{h} + \frac{1}{2!}\bar{h}^2 + \frac{1}{3!}\bar{h}^3 + \frac{1}{4!}\bar{h}^4 + \frac{1}{72}\bar{h}^5 + O(\bar{h}^6)$$

$$= e^{\bar{h}} + \frac{1}{180}\bar{h}^5 + O(\bar{h}^6),$$

$$\lambda_2 = -\left[1 - \frac{1}{3}\bar{h} + \frac{1}{18}\bar{h}^2 + \frac{5}{54}\bar{h}^3 + O(\bar{h}^4)\right]$$

$$= -e^{-\frac{1}{3}\bar{h}} + O(\bar{h}^3).$$

由上可见,不论如何取 $\bar{h}(\neq 0)$ 值,总有 $\max\{|\lambda_1|, |\lambda_2|\} > 1$. 按绝对稳定的定义知,式(9.64)对任何 $\bar{h}$ 都不是绝对稳定的. 但 $\rho(\lambda) = \lambda^2 - 1 = (\lambda - 1) \times (\lambda + 1)$,满足根条件,它是零稳定的. 再根据定理 9.11 知,它是最高阶的两步方法.

9.6.4 预估-校正法的稳定性

记 $\rho^*(\lambda)$ 和 $\sigma^*(\lambda)$ 为预估算式的第一和第二特征多项式,$\rho(\lambda)$ 和 $\sigma(\lambda)$ 为校正算式的第一和第二特征多项式. 现考察 PECE 模式的稳定性多项式的表达式. 设 $\bar{y}_{n+k}^{[0]}$ 和 $\bar{y}_{n+k}^{[1]}$ 分别为有舍入误差的 $y_{n+k}^{[0]}$ 和 $y_{n+k}^{[1]}$ 的近似值,当 $N = 1$ 时,由式(9.72)可得

$$\bar{y}_{n+k}^{[0]} + \sum_{j=0}^{k-1}\alpha_j^* \bar{y}_{n+j}^{[1]} = h\sum_{j=0}^{k-1}\beta_j^* f(x_{n+j}, \bar{y}_{n+j}^{[1]}) + \eta_{n+k}^*,$$

$$\sum_{j=0}^{k}\alpha_j\bar{y}_{n+j}^{[1]} = h\beta_k f(x_{n+k}, \bar{y}_{n+k}^{[0]}) + h\sum_{j=0}^{k-1}\beta_j f(x_{n+j}, \bar{y}_{n+j}^{[1]}) + \eta_{n+k},$$

其中 η_{n+k}^* 和 η_{n+k} 分别是预估算式和校正算式的局部舍入误差. 初值问题的理论解满足

$$\sum_{j=0}^{k} \alpha_j^* y(x_{n+j}) = h \sum_{j=0}^{k-1} \beta_j^* f(x_{n+j}, y(x_{n+j})) + R_{n+k}^*$$

和

$$\sum_{j=0}^{k} \alpha_j y(x_{n+j}) = h \sum_{j=0}^{k} \beta_j f(x_{n+j}, y(x_{n+j})) + R_{n+k}.$$

定义整体误差 $\tilde{\varepsilon}_n^{[0]}$ 和 $\tilde{\varepsilon}_n^{[1]}$ 为

$$\tilde{\varepsilon}_n^{[0]} = y(x_n) - \bar{y}_n^{[0]}, \quad \tilde{\varepsilon}_n^{[1]} = y(x_n) - \bar{y}_n^{[1]}.$$

在 $\dfrac{\partial f}{\partial y} = \mu, \eta_{n+k}^* - R_{n+k}^*$ 和 $\eta_{n+k} - R_{n+k}$ 均为常数的假设下,可以得到下面一对线性误差方程:

$$\tilde{\varepsilon}_{n+k}^{[0]} + \sum_{j=0}^{k-1} \alpha_j^* \tilde{\varepsilon}_{n+j}^{[1]} = \bar{h} \sum_{j=0}^{k-1} \beta_j^* \tilde{\varepsilon}_{n+j}^{[1]} + 常数,$$

$$\sum_{j=0}^{k} \alpha_j \tilde{\varepsilon}_{n+j}^{[1]} = \bar{h} \beta_k \tilde{\varepsilon}_{n+k}^{[0]} + \bar{h} \sum_{j=0}^{k-1} \beta_j \tilde{\varepsilon}_{n+j}^{[1]} + 常数,$$

其中 $\bar{h} = \mu h$. 消去 $\tilde{\varepsilon}_{n+k}^{[0]}$ 后得到

$$\sum_{j=0}^{k} \alpha_j \tilde{\varepsilon}_{n+j}^{[1]} - \bar{h} \sum_{j=0}^{k} \beta_j \tilde{\varepsilon}_{n+j}^{[1]}$$

$$= -\bar{h} \beta_k \left[\sum_{j=0}^{k-1} \alpha_j^* \tilde{\varepsilon}_{n+j}^{[1]} - \bar{h} \sum_{j=0}^{k-1} \beta_j^* \tilde{\varepsilon}_{n+j}^{[1]} \right] + 常数.$$

在上式两边加上项 $-\bar{h} \beta_k \tilde{\varepsilon}_{n+k}^{[1]}$,并考虑到 $\alpha_k^* = 1, \beta_k^* = 0$ 后得到

$$\sum_{j=0}^{k} (\alpha_j - \bar{h} \beta_j) \tilde{\varepsilon}_{n+j}^{[1]} = -\bar{h} \beta_k \sum_{j=0}^{k} (\alpha_j^* - \bar{h} \beta_j^*) \tilde{\varepsilon}_{n+j}^{[1]} + 常数. \tag{9.104}$$

由式 (9.104) 就能获得 PECE 算法的稳定性多项式为

$$\pi_{\mathrm{PECE}}(\lambda; \bar{h}) = \rho(\lambda) - \bar{h}\sigma(\lambda) + \bar{h}\beta_k [\rho^*(\lambda) - \bar{h}\sigma^*(\lambda)]. \tag{9.105}$$

以上分析方法同样可应用到 $\mathrm{P(EC)}^N \mathrm{E}$ 算法而得其稳定性多项式为

$$\pi_{\mathrm{P(EC)}^N \mathrm{E}}(\lambda; \bar{h}) = \rho(\lambda) - \bar{h}\sigma(\lambda) + M_N(\bar{h})[\rho^*(\lambda) - \bar{h}\sigma^*(\lambda)], \tag{9.106}$$

其中

$$M_N(\bar{h}) = (\bar{h}\beta_k)^N \frac{1 - \bar{h}\beta_k}{1 - (\bar{h}\beta_k)^N}, \quad N = 1, 2, \cdots.$$

类似的但更为复杂的分析可导出 $\mathrm{P(EC)}^N$ 算法的稳定性多项式为

$$\pi_{\mathrm{P(EC)}^N}(\lambda; \bar{h}) = \beta_k \lambda^k [\rho(\lambda) - \bar{h}\sigma(\lambda)]$$

$$+ M_N(\bar{h})[\rho^*(\lambda)\sigma(\lambda) - \rho(\lambda)\sigma^*(\lambda)]. \tag{9.107}$$

当 $|\bar{h}\beta_k| < 1$ 满足时,便有 $\lim\limits_{N \to \infty} M_N(\bar{h}) = 0$,这时

$$\pi_{\mathrm{P(EC)}^N \mathrm{E}} \to \pi, \quad \pi_{\mathrm{P(EC)}^N} \to \pi,$$

其中 π 代表校正公式的稳定性多项式.

对于相容且零稳定的多步方法,前已证明了(参见式(9.103) 和 (9.104))

$$\pi(e^{\bar{h}};\bar{h}) = O(\bar{h}^{p+1}), \quad \lambda_1 = e^{\bar{h}} + O(\bar{h}^{p+1}).$$

若预估算式和校正算式都为 p 阶,则

$$\rho^*(e^{\bar{h}}) - \bar{h}\sigma^*(e^{\bar{h}}) = O(\bar{h}^{p+1}),$$
$$\rho(e^{\bar{h}}) - \bar{h}\sigma(e^{\bar{h}}) = O(\bar{h}^{p+1}).$$

用 $\sigma(e^{\bar{h}})$ 乘以第一式,$\sigma^*(e^{\bar{h}})$ 乘以第二式后相减,得

$$\rho^*(e^{\bar{h}})\sigma(e^{\bar{h}}) - \rho(e^{\bar{h}})\sigma^*(e^{\bar{h}}) = O(\bar{h}^{p+1}).$$

用 $M_N(\bar{h}) = O(\bar{h}^N)$ $(N = 1,2,\cdots)$ 推知

$$\pi_{P(EC)^N E}(e^{\bar{h}};\bar{h}) = O(\bar{h}^{p+1}),$$
$$\pi_{P(EC)^N}(e^{\bar{h}};\bar{h}) = O(\bar{h}^{p+1}).$$

所以 $P(EC)^N E$ 和 $P(EC)^N$ 算法的稳定性多项式同样有零点 $\lambda_1 = e^{\bar{h}} + O(\bar{h}^{p+1})$,因而对小的 $\bar{h} > 0$,方法是不绝对稳定的.

下面给出一些常用公式的绝对稳定区间.

(1) 亚当斯四阶预估-校正公式(参见 9.5.3 小节)

    迭代的预校法 $(-3.00, 0)$

    PEC 模式 $(-1.60, 0)$

    PECE 模式 $(-1.25, 0)$

    $P(EC)^2$ $(-0.90, 0)$

(2) 米尔恩四阶预估-校正公式

    迭代的预校法 无实负绝对稳定区间

    PECE 模式 $(-0.80, -0.3)$

    PMECME 模式 $(-0.42, -0.2)$

(3) 汉明四阶预估-校正公式

    PECE 模式 $(-0.5, 0)$

    PMECME 模式 $(-0.85, 0)$

    $P(EC)^2$ 模式 $(-0.9, 0)$

比较上述方法的绝对稳定区间不难看出,亚当斯方法(9.83)的绝对稳定性区间较米尔恩算法(9.84)的和汉明算法(9.85)的都大;汉明算法(9.85)的绝对稳定性区间也比米尔恩算法(9.84)的大.有关这方面的详细讨论参见文献[18].

关于绝对稳定区间(或区域)的计算方法有根轨迹法、边界轨迹法、复变函数变换法等,可参见文献[8].

*9.7　一阶方程组与刚性问题简介

9.7.1　一阶方程组

前面几节关于单个方程数值解法的讨论,可以平移到一阶方程组的情况. 只要将单个方程情形中的函数换成函数向量,数值方法的表达式十分类似. 现以两个方程的情形为例说明之.

考虑一阶方程组的初值问题

$$\begin{cases} \dfrac{\mathrm{d}y_1}{\mathrm{d}x} = f_1(x, y_1, y_2), & y_1(x_0) = y_{1,0}, \\[2mm] \dfrac{\mathrm{d}y_2}{\mathrm{d}x} = f_2(x, y_1, y_2), & y_2(x_0) = y_{2,0}. \end{cases} \tag{9.108}$$

若用第一个下标表示未知函数的序号,第二个下标表示步数,则解此方程组的欧拉方法为

$$\begin{cases} y_{1,n+1} = y_{1,n} + h f_1(x_n, y_{1,n}, y_{2,n}), \\ y_{2,n+1} = y_{2,n} + h f_2(x_n, y_{1,n}, y_{2,n}), \end{cases} \tag{9.109}$$

记 $f_{i,n} = f_i(x_n, y_{1,n}, y_{2,n}), i = 1, 2,$ 并引进向量记号

$$y = \begin{bmatrix} y_1 \\ y_2 \end{bmatrix}, \quad F = \begin{bmatrix} f_1 \\ f_2 \end{bmatrix}, \quad y_n = \begin{bmatrix} y_{1,n} \\ y_{2,n} \end{bmatrix}, \quad F_n = \begin{bmatrix} f_{1,n} \\ f_{2,n} \end{bmatrix},$$

则问题(9.108)与式(9.109)可分别写成

$$\frac{\mathrm{d}y}{\mathrm{d}x} = F(x, y), \quad y(x_0) = y_0,$$

$$y_{n+1} = y_n + h F_n.$$

此时,常用的四阶龙格-库塔方法取形式

$$\begin{cases} y_{n+1} = y_n + \dfrac{h}{6}(K_1 + 2K_2 + 2K_3 + K_4), \\[2mm] K_1 = F(x_n, y_n), \\[2mm] K_2 = F\left(x_n + \dfrac{1}{2}h, y_n + \dfrac{1}{2}hK_1\right), \\[2mm] K_3 = F\left(x_n + \dfrac{1}{2}h, y_n + \dfrac{1}{2}hK_2\right), \\[2mm] K_4 = F(x_n + h, y_n + hK_3). \end{cases}$$

类似地,也可写出线性多步方法的计算公式. 上述公式的分量形式见文献[22].

对单个方程所建立的关于数值方法的理论分析结果,也适用于方程组的

情形. 此时,仅需将函数的绝对值换成函数向量范数,例如,利普希茨条件取作形式

$$\| F(x,y_1) - F(x,y_2) \| \leqslant L \| y_1 - y_2 \|.$$

为判断计算过程中误差的传播情况,也必须研究方法的绝对稳定性问题.此时模型方程组取为

$$\frac{\mathrm{d}y}{\mathrm{d}x} = Jy + g, \tag{9.110}$$

其中 J 为 $m \times m$ 的常数矩阵,$g = g(x)$ 为 m 维函数向量.对于线性多步方法,其绝对稳定区域取决于多项式方程

$$\rho(\lambda) - \bar{h}\sigma(\lambda) = 0$$

的根的性质,其中 $\rho(\lambda),\sigma(\lambda)$ 的定义同前,$\bar{h} = \mu h$,μ 为矩阵 J 的特征值,它可能是复数.

关于一阶方程组数值方法的详细讨论见[21].

9.7.2 刚性问题简介

作为例子,考虑方程组

$$\frac{\mathrm{d}y}{\mathrm{d}x} = Jy, \quad y(0) = (2,1,2)^{\mathrm{T}}, \tag{9.111}$$

其中

$$J = \begin{pmatrix} -0.1 & -49.9 & 0 \\ 0 & -50 & 0 \\ 0 & 70 & -30000 \end{pmatrix}.$$

矩阵 J 的特征值为 $\lambda_1 = -30000, \lambda_2 = -50, \lambda_3 = -0.1$. 初值问题(9.111)的精确解为

$$\begin{cases} y_1(x) = \mathrm{e}^{-0.1x} + \mathrm{e}^{-50x}, \\ y_2(x) = \mathrm{e}^{-50x}, \\ y_3(x) = \mathrm{e}^{-50x} + \mathrm{e}^{-30000x}. \end{cases} \tag{9.112}$$

若用通常的方法,例如四阶龙格-库塔方法来求解问题(9.111),为保证算法的绝对稳定性,应选择步长 h,使 $|h\lambda_j| < 2.78, j = 1,2,3$. 由于 $|\lambda_1| = 30000$,步长应满足 $h < 10^{-4}$. 为了使数值求解过程达到解的稳定状态,即使解分量 $\mathrm{e}^{-0.1x}$ 的值稳定在常数零附近,数值求解的区间长度应由 $\lambda_3 = -0.1$ 决定.例如当 $\mathrm{e}^{-0.1x} < \mathrm{e}^{-4}$ 时,我们认为解达到稳态,则必须有 $x > 40$,即数值求解区间应为 $[0,40]$. 这样所需求解步数不少于 4×10^5. 又从式(9.112)看出,包含 λ_1 和 λ_2 的项,随 x 的增加迅速消失(达到稳态),例如当 $x > 0.08$ 时,解分量 $\mathrm{e}^{-50x} <$

e^{-4}. 因此,当 $x > 0.08$ 时,实际上只有包含 λ_3 的项未达到稳态. 这样,人们就遇到了严重困难:根据 λ_1 来选择步长,而按 λ_3 来确定求解区间,由于 $|\lambda_1|$ 远大于 $|\lambda_3|$,求解步数十分巨大.

一般来说,对于方程组(9.110),设 λ_l 和 λ_j 是满足下列条件的矩阵 J 的特征值:

$$|\mathrm{Re}\lambda_l| \geqslant |\mathrm{Re}\lambda_k| \geqslant |\mathrm{Re}\lambda_j|, \quad k = 1, 2, \cdots, m.$$

若我们的目的是求出稳态解 $\boldsymbol{\Psi}(x)$,从式(9.110) 的解的表达式

$$y(x) = \sum_{k=1}^{m} Q_k e^{\lambda_k x} C_k + \boldsymbol{\Psi}(x) \tag{9.113}$$

(其中 Q_k 为常数,C_k 为 $\lambda_k = \alpha_k + \mathrm{i}\beta_k$ 对应的特征向量) 知,必须至少计算到具有最大时间常数 $-\dfrac{1}{\mathrm{Re}\lambda_j}$ 的瞬态解分量 $e^{\lambda_j x}$ 可以忽略的程度,这样,$|\mathrm{Re}\lambda_j|$ 越小,求解区间越长.另一方面,J 的具有很大(按绝对值) 负实部的特征值 λ_l,又强制使用很小(相对于求解区间)的步长 h,以使 $\bar{h} = h\lambda_l$ 落入数值方法的绝对稳定区间内. 对具有有限绝对稳定区域的方法,h 应取为与 $|\mathrm{Re}\lambda_l|^{-1}$ 同阶的量. 这样,求解步数就是与比值 $\max\limits_{1\leqslant k\leqslant m}|\mathrm{Re}\lambda_k| \,/\, \min\limits_{1\leqslant k\leqslant m}|\mathrm{Re}\lambda_k|$ 同阶的量. 因此,在这种情形下,计算量如此之大,以致在计算机上也难以实现,并使舍入误差大量积累.

由于上述困难首先是在考虑由不同刚度的跳跃所控制的物体的方程中遇到,故称具有这种现象的方程组为刚性方程组,也称坏条件方程组. 下面给出确切描述.

定义 9.15　线性方程组 $\dfrac{\mathrm{d}y}{\mathrm{d}x} = Jy + g$ 称为刚性的,若

(1) 　　　　　　　$\mathrm{Re}\lambda_k < 0, \quad k = 1, 2, \cdots, m;$

(2) 　　　　　　　$\max\limits_{k}|\mathrm{Re}\lambda_k| \gg \min\limits_{k}|\mathrm{Re}\lambda_k|,$　　　　　　(9.114)

其中 λ_k 为矩阵 J 的特征值. 比值 $\max\limits_{k}|\mathrm{Re}\lambda_k| \,/\, \min\limits_{k}|\mathrm{Re}\lambda_k|$ 称为刚性比.

对于非线性方程组 $y' = F(x, y)$,如果其雅可比矩阵的特征值 $\lambda(x)$ 在区间 I 上满足式(9.114),则称方程在 I 上是刚性的.

这类方程在控制系统、电子网络、生物学、物理及化学动力学等领域内经常遇到,其中刚性比可高达 10^6.

对于刚性方程组的数值方法,一般要专门讨论,有兴趣的读者可参文献[7, 23].

习　题　9

1. 用欧拉法(9.7) 和欧拉预估-校正法(9.13) 求解初值问题

$$\begin{cases} y' = x^2 - y^2 \quad (0 \leqslant x \leqslant 0.5), \\ y(0) = 1, \end{cases}$$

取步长 $h = 0.1$,小数点后保留 7 位数字.

2. 用梯形法(9.11)(或(9.12))与欧拉预估-校正法求解初值问题

$$\begin{cases} y' = x + y \quad (0 \leqslant x \leqslant 0.5), \\ y(0) = 1, \end{cases}$$

取步长 $h = 0.1$,并与准确解 $y = -x - 1 + 2e^x$ 相比较,小数点后至少取六位数字.

3. 试用迭代公式(9.12)求解初值问题

$$\begin{cases} y' = \dfrac{2}{y - x} + 1 \quad (0 \leqslant x \leqslant 1), \\ y(0) = 1. \end{cases}$$

取步长 $h = 0.2$,要求 $|y_{n+1}^{[s+1]} - y_{n+1}^{[s]}| < 10^{-4}$.

4. 用经典四级四阶龙格-库塔方法求解第 3 题中的初值问题,取 $h = 0.2$.

5. 取 $h = 0.1$,用二阶休恩公式(9.26)求解初值问题

$$\begin{cases} y' = x^2 - y \quad (0 \leqslant x \leqslant 1), \\ y(0) = 1. \end{cases}$$

6. 用四阶亚当斯显式公式(9.55)和预估-校正法(9.69)求

$$y' = x + y, \quad y(0) = 1$$

在 $[0,1]$ 上的数值解,取 $h = 0.1$,小数点后至少保留 8 位.

7. 写出亚当斯四阶预估-校正方法的 PMECME 计算公式.

8. 试分别用数值积分法和泰勒展开法推导如下中点公式

$$y_{n+2} = y_n + 2hf(x_{n+1}, y_{n+1})$$

及其局部截断误差 $R_{n+2} = \dfrac{1}{3} h^3 y^{(3)}(\xi)$.

9. 求系数 a, b, c, d,使

$$y_{n+2} = ay_n + h(bf_{n+2} + cf_{n+1} + df_n)$$

的误差阶尽可能高,并指出其阶数.

10. 试证明如下结论:

(1) 实系数二次多项式 $\lambda^2 + p\lambda + q$ 的两个零点按模小于或等于 1 的充要条件是

$$1 + p + q \geqslant 0, \quad 1 - p + q \geqslant 0, \quad 1 - q \geqslant 0.$$

如果限制根的模小于 1,只要将上述不等式中的大于等于符号改为大于符号.

(2) 实系数二次方程 $\lambda^2 + p\lambda + q = 0$ 的根按模小于或等于 1 的充要条件是

$$|p| \leqslant 1 + q, \quad |q| \leqslant 1.$$

11. 试证明线性多步方法

$$y_{n+2} + (b-1)y_{n+1} - by_n = \dfrac{h}{4}\big[(b+3)f_{n+2} + (3b+1)f_n\big]$$

当 $b \neq -1$ 时为二阶方法;当 $b = -1$ 时为三阶方法;但当 $b = -1$ 时不满足根条件.

12. 对两步法

$$y_{n+2} - (1+a)y_{n+1} + ay_n = \frac{h}{2}\big[(3-a)f_{n+1} - (1+a)f_n\big],$$

(1) 证明当 $-1 \leqslant a < 1$ 时方法满足根条件;

(2) 证明其绝对稳定区间为 $(-(1+a), 0)$;

(3) 取模型方程中 $\mu = -20$,问当 $a = -0.9$ 时,步长 h 应取多大?

13. 已给显式方法

$$y_{n+2} + \alpha_1 y_{n+1} + \alpha_0 y_n = h[\beta_1 f_{n+1} + \beta_0 f_n].$$

(a) 取 α_1 为参数,确定 $\alpha_0, \beta_0, \beta_1$,使方法至少是二阶的;

(b) 当 α_1 取何值时,方法零稳定?

(c) 当 $\alpha_1 = 0$ 和 $\alpha_1 = -1$ 时,分别得到哪个特殊方法?

(d) 能否选择 α_1,使得方法为三阶的,且满足根条件?

14. 试确定二步方法

$$y_{n+2} - \frac{1}{2}(y_{n+1} + y_n) = \frac{h}{4}\big[4f_{n+2} - f_{n+1} + 3f_n\big]$$

的主局部截断误差和阶.

15. 在两步三阶方法中,以 β_0 为参数,讨论当 β_0 在什么范围内变化时方法零稳定,并求相应的绝对稳定区间.

16. 试用欧拉预估-校正法求解初值问题:

$$\begin{cases} \dfrac{\mathrm{d}y}{\mathrm{d}x} = xy - z, & y(0) = 1, \\[2mm] \dfrac{\mathrm{d}z}{\mathrm{d}x} = (x+y)/z, & z(0) = 2 \end{cases} \quad (0 \leqslant x \leqslant 0.5),$$

取步长 $h = 0.1$,小数点后至少保留六位.

17. 求方程组

$$\begin{cases} \dfrac{\mathrm{d}u}{\mathrm{d}x} = -10u + 9v, \\[2mm] \dfrac{\mathrm{d}v}{\mathrm{d}x} = 10u - 11v \end{cases}$$

的刚性比.用经典四阶龙格-库塔方法求解时,最大步长能取多少?

部分习题参考答案

习　题　1

1. 49×10^{-2}：　　$\varepsilon = 0.005$，　　$\varepsilon_r = 0.010\ 2$，　　　2 位有效数字.

　　0.0490：　　$\varepsilon = 0.000\ 05$，　$\varepsilon_r = 0.001\ 02$，　　3 位有效数字.

　　490.00：　　$\varepsilon = 0.005$，　　$\varepsilon_r = 0.000\ 010\ 2$，　5 位有效数字.

2. $\varepsilon = 0.001\ 3$，　$\varepsilon_r = 0.000\ 41$，3 位有效数字.

3. 5 位有效数字.

5. 0.001cm.

6. $\left[\dfrac{4.9}{6.1}, \dfrac{5.1}{5.9}\right] = [0.803\ 278\ 6, 0.864\ 406\ 8]$.

7. 利用相对误差的定义以及中值定理、条件数的定义证明.

8. $\varepsilon(x) = 0.587 \times 10^{-9}$，　　$\varepsilon_r(x) = 0.587 \times 10^{-5}$.

9. 由 $x_n = 4^{2^n} < 2^{2^7 - 1}$ 知 6 次将溢出.

10. $x_1 = -p - \operatorname{sign}(p)\sqrt{p^2 - q}$，$x_2 = q/x_1$.

11. 舍入阶 $-52\lg 2 \approx -15.65$，上溢阶 $(2^{10} - 1)\lg 2 \approx 307.95$，
　　下溢阶 $-2^{10}\lg 2 \approx -308.25$.

12. 5 次乘法，3 次加法.

习　题　2

1. $1.683\ 2$.

2. $L_2(1.8) = 0.973\ 884$，$\varepsilon = 0.008$.
　　$|\sin(1.8) - L_2(1.8)| = 0.000\ 036\ 37$，$|R_2(x)| \leqslant 0.008\ 02$.

3. $\varepsilon(0.5) = 0.077\ 4$，$\varepsilon(1.5) = 0.171\ 3$.

4. $0.248\ 437\ 5$.

7. $N_3(x) = 3 + \dfrac{1}{2}(x-1) + \dfrac{1}{3}(x-1)\left(x - \dfrac{3}{2}\right) - 2(x-1)\left(x - \dfrac{3}{2}\right)x$.

11. $1.703\ 920$.

17. $H_3(x) = 1 + x + 3x(x-1) + x(x-1)(x-2) = 1 + x^3$.

18. 57 个等分节点.

19. $s(x) = \begin{cases} 8 - 16x + 13x^2 - 3x^3, & x \in [1,2], \\ -40 + 56x - 23x^2 + 3x^3, & x \in [2,3]. \end{cases}$

20. $g(x) + \dfrac{x - x_1}{x_n - x_1}[h(x) - g(x)]$.

习　题　3

3. $\sin x \approx -0.832\ 4 \times 10^{-5} + 1.001\ 0x - 0.024\ 99x^2$，$\|\delta\|_2^2 = 0.989\ 3 \times 10^{-12}$.

5. $0.192\ 97x^2-0.360\ 54x+1.029\ 99.$

6. $x^3+\dfrac{47}{7}x^2+\dfrac{29}{35}.$

7. $f(x)\approx 58/35-3/7x^2=1.657\ 14-0.428\ 57x^2.$

8. $p=1.452\ 186, e=0.702\ 684, \|\delta\|_2^2=0.002\ 261\ 9.$

9. $\varphi_0(x)=1, \varphi_1(x)=x, \varphi_2(x)=x^2-2, \varphi_3(x)=x^3-3.4x.$

10. $p_1(x)=0.955+0.414x.$

11. $p_3(x)=0.75+7x^2+x^3.$

12. $p_{6.3}(x)=0.994\ 6+0.997\ 4x+0.543\ 0x^2+0.177\ 1x^3,$
    $\|f(x)-p_{6.3}(x)\|_\infty=0.006\ 57.$

13. $p_3(x)=0.994\ 6+0.999\ 0x+0.542\ 9x^2+0.175\ 2x^3,$
    $\|f(x)-p_3(x)\|_\infty=0.006\ 66.$

14. $S_3(x)=0.994\ 57+0.997\ 3x+0.543\ 0x^2+0.177\ 3x^3,$
    $\|f(x)-S_3(x)\|_2=0.006\ 895,$
    $\|f(x)-S_3(x)\|_\infty=0.006\ 066.$

15. $p_3(x)=0.999\ 5+1.015\ 6x+0.424\ 3x^2+0.278\ 2x^3,$
    $\|e^x-p_3(x)\|_\infty=0.000\ 505.$

16. $a=1.718\ 28, b=0.894\ 07.$

习　题　4

3. (1) $A_{-1}=A_1=\dfrac{h}{3}, A_0=\dfrac{4}{3}h,$ 三次代数精确度.

(2) $\begin{cases}x_1=0.289\ 897\ 948,\\ x_2=-0.526\ 598\ 632\end{cases}$ 或 $\begin{cases}x_1=-0.689\ 897\ 948,\\ x_2=0.126\ 598\ 632,\end{cases}$ 三次代数精确度.

(3) $\alpha=\dfrac{1}{12},$ 三次代数精确度.

(4) $A_0=A_2=\dfrac{2}{3}, A_1=-\dfrac{1}{3},$ 三次代数精确度.

4. $1.114\ 204, 1.114\ 145.$

5. $0.836\ 214.$

6. 672 个节点.

8. $9.688\ 448.$

9. (1) $0.693\ 147\ 18$；　(2) $0.693\ 121\ 69, 0.693\ 147\ 16$；　(3) $0.693\ 142\ 29.$

11. $x_1=\dfrac{3}{7}-\dfrac{2}{7}\dfrac{\sqrt{6}}{\sqrt{5}}, x_2=\dfrac{3}{7}+\dfrac{2}{7}\dfrac{\sqrt{6}}{\sqrt{5}}, A_1=1+\dfrac{1}{3}\dfrac{\sqrt{5}}{\sqrt{6}}, A_2=1-\dfrac{1}{3}\dfrac{\sqrt{5}}{\sqrt{6}}.$

12. $1.380\ 390.$

习　题　5

1. 精确解为 $x_1=2, x_2=1, x_3=0.5.$

2. 精确解为 $x_1 = x_3 = 1, x_2 = x_4 = -1$.

3. 精确解为 $x_1 = 2, x_2 = 1, x_3 = -1$.

4. 设 $A^{-1} = B = (b_{ij})_{n \times n}$,则 $b_{11} = \dfrac{1}{a_{11}}$,

$$\begin{cases} b_{jj} = 1/a_{jj}, \\ b_{ij} = -\left(\sum_{k=i+1}^{j} a_{ik} b_{kj} \right) \Big/ a_{ii}, \end{cases} \quad i = j-1, \quad j-2, \cdots, 1; \quad j = 2, 3, \cdots, n.$$

5. 提示:采用矩阵的分块乘法.

9. 证齐次方程组 $Ax = 0$ 只有零解.

10. 提示:(1) Q 有分解 $Q = LL^T$(L 非奇异);

　　　 (2) 使用柯西-施瓦茨不等式 $|(x,y)|^2 \leqslant (x,x)(y,y)$.

11. (2)对 $A^T A$ 使用迹定理:对角元之和等于特征值之和.

12. 使用迹定理.

习　题　6

1. (2) $(-4.000, 3.000, 2.000)^T$.

2. $x^{(10)} = (0.499\,96, 0.999\,97, -0.050\,001)^T$.

3. $\rho(B_J) = 0, \rho(B_S) = 2$. $x^{(3)} = (1, -1, 1)^T$ 为精确解.

5. $\rho(B_J) = \dfrac{2}{|a|}, |a| > 2$.

8. 提示:考虑 B 的若尔当标准形.

9. 将方程组用矩阵的分块形式表示出来.

习　题　7

1. $x_{10} = 0.090\,820\,313, k \geqslant 20$.

2. 对于 $[1.3, 1.6]$ 中任意的 x,(1) $|\varphi'(x)| < 0.901 < 1$ 收敛;
　 (2) $|\varphi'(x)| < 0.551\,5 < 1$ 也收敛;(3) $|\varphi'(x)| > 1$,发散.
　 取(2)的迭代公式,$x_0 = 1.5, \varepsilon = 10^{-5}$,有 $x_{11} = 1.465\,577\,184$.

3. 都取 $x_0 = 1.5, \varepsilon = 10^{-5}$,则(1) $x^* \approx x_3 = 1.465\,571\,232$;
　 (2)和(3)的结果同(1).

4. (1) $\varphi(x) = \dfrac{1}{3x} e^x, x \in [0.75, 1], |\varphi'(x)| \leqslant 0.402\,8, x^* \approx 0.910\,007\,572$.

　 (2) $\varphi(x) = \cos(x), x \in \left[0, \dfrac{1}{3}\pi\right], |\varphi'(x)| \leqslant 0.867, x^* \approx 0.739\,085\,133$.

5. 都取 $x_0 = 0.0, \varepsilon = 10^{-5}$,则:(1) $x^* \approx x_{17} = -0.567\,137\,810$;
　 (2) $x^* \approx x_4 = -0.567\,143\,290$;(3) $x^* \approx x_4 = -0.567\,143\,290$.

6. (1) $x^* \approx 4.493\,409\,458$,收敛区间为 $[4.3, 4.712\,0]$;
　 (2) $x^* \approx 98.950\,062\,82$,收敛区间为 $[98.94, 98.96]$.

7. (1) 不收敛;(2) 收敛.

8. 都取 $\varepsilon=10^{-6}$,则:(1)$x^*\approx x_4=1.879\ 385\ 242$;
   (2) $x^*\approx x_4=1.879\ 385\ 242$;(3) $x^*\approx x_4=1.879\ 385\ 242$.

9. 提示:利用定理 7.4.

10. 提示:利用定理 7.5.

11. 利用定理 7.5 知,$c\in\left(-\dfrac{1}{\sqrt{3}},0\right)$ 或 $c\in\left(0,\dfrac{1}{\sqrt{3}}\right)$ 时迭代具有局部收敛性,分别收敛到

    $x^*=\sqrt{3}$ 和 $x^*=-\sqrt{3}$;

    当 $c=-\dfrac{1}{2\sqrt{3}}$ 或 $c=\dfrac{1}{2\sqrt{3}}$ 时迭代收敛最快.

    当 $x_0=2,c=-\dfrac{1}{4}$ 时,$x^*\approx x_8=1.732\ 050\ 821$;

    当 $x_0=2,c=-\dfrac{1}{2\sqrt{3}}$ 时,$x^*\approx x_3=1.732\ 050\ 803$.

12. 提示:利用 $x_{k+1}-x_k=(x^*-x_k)-(x^*-x_{k+1})$,再利用牛顿迭代法的误差公式(7.23).

13. 提示:把迭代法写成 $x_{k+1}=\phi(x_k)$,利用 $f(x)=(x-x^*)h(x),h(x^*)\neq0$,设法用 $h(x)$ 表示 $\varphi(x)$,最后用定理 7.5.

14. 提示:证明几个极限时,要用到洛必达法则.利用定理 7.5 即可知道斯蒂芬森迭代法二阶收敛.

15. 利用定理 7.5 可证明迭代格式的三阶收敛性;也可分区间讨论当 $x_0\in(0,\sqrt{a})$ 时迭代序列单增有上界,当 $x_0>\sqrt{a}$ 时迭代序列单减有下界,利用单调有界原理知,两种情况都有极限,且极限就是 $\sqrt{a}$. $\lim\limits_{k\to\infty}\dfrac{x_{k+1}-\sqrt{a}}{(x_k-\sqrt{a})^3}=\dfrac{1}{4a}$.

16. 证明满足定理条件的 $\{x_k\}\subset[a,b]$.

17. 取 $(x_1^{(0)},x_2^{(0)})=(0.5,0.5),\varepsilon=\dfrac{1}{2}\times10^{-3}$,2 范数,

    则 $(x_1^*,x_2^*)\approx(x_1^{(12)},x_2^{(12)})=(0.600\ 548\ 129,0.484\ 487\ 626)$.

    真解 $(x_1^*,x_2^*)=(0.601\ 305\ 753\cdots,0.484\ 130\ 531\cdots)$.

18. (1) 从题中的四个初始值出发,答案依次为
    $$x^*\approx x^{(3)}=(1.581\ 138\ 830,1.224\ 744\ 871)^{\mathrm{T}},$$
    $$x^*\approx x^{(3)}=(-1.581\ 138\ 830,1.224\ 744\ 871)^{\mathrm{T}},$$
    $$x^*\approx x^{(3)}=(-1.581\ 138\ 830,-1.224\ 744\ 871)^{\mathrm{T}},$$
    $$x^*\approx x^{(3)}=(1.581\ 138\ 830,-1.224\ 744\ 871)^{\mathrm{T}};$$
    (2) 从题中的四个初始值出发,答案依次为
    $$x^*\approx x^{(5)}=(0.500\ 000\ 000,0.866\ 025\ 404)^{\mathrm{T}},$$
    $$x^*\approx x^{(6)}=(0.500\ 000\ 000,0.866\ 025\ 404)^{\mathrm{T}},$$
    $$x^*\approx x^{(6)}=(0.500\ 000\ 000,-0.866\ 025\ 404)^{\mathrm{T}},$$
    $$x^*\approx x^{(5)}=(0.500\ 000\ 000,-0.866\ 025\ 404)^{\mathrm{T}}.$$

习　题　8

1. 乘幂法 $\lambda \approx 7.290\ 059\ 306$，瑞利加速法 $\lambda \approx 7.282\ 016\ 349$.

2. 经 6 步计算得，$\lambda_1 \approx -3.599\ 460\ 858, \lambda_2 \approx 8.869\ 901\ 160, \lambda_3 \approx 4.729\ 559\ 698$.

3. $$\begin{pmatrix} 1.0 & -3.0 & 0.0 & 0.0 \\ -3.0 & 2.333\ 333\ 333 & -0.471\ 404\ 521 & 0.0 \\ 0.0 & -0.471\ 404\ 521 & 1.166\ 666\ 667 & -1.5 \\ 0.0 & 0.0 & -1.5 & 0.5 \end{pmatrix}.$$

4. 豪斯霍尔德变换 $A=QR$，

$$Q=\begin{pmatrix} -\dfrac{1}{3} & \dfrac{2}{3} & \dfrac{2}{3} \\ -\dfrac{2}{3} & \dfrac{1}{3} & \dfrac{2}{3} \\ -\dfrac{2}{3} & -\dfrac{2}{3} & \dfrac{1}{3} \end{pmatrix}, \quad R=\begin{pmatrix} -3 & 3 & -3 \\ 0 & 3 & -3 \\ 0 & 0 & 3 \end{pmatrix}.$$

用平面旋转变换 $A=QR$，

$$Q=\begin{pmatrix} \dfrac{1}{3} & \dfrac{2}{3} & -\dfrac{2}{3} \\ \dfrac{2}{3} & \dfrac{1}{3} & \dfrac{2}{3} \\ \dfrac{2}{3} & -\dfrac{2}{3} & -\dfrac{1}{3} \end{pmatrix}, \quad R=\begin{pmatrix} 3 & -3 & 3 \\ 0 & 3 & -3 \\ 0 & 0 & -3 \end{pmatrix}. \quad 注意分解不唯一.$$

5. $\lambda_1 = 3.732\ 050\ 808, \lambda_2 = 2.0, \lambda_3 = 0.267\ 949\ 192$.

6. $H=\begin{pmatrix} -\dfrac{1}{3} & -\dfrac{2}{3} & \dfrac{2}{3} \\ -\dfrac{2}{3} & \dfrac{2}{3} & \dfrac{1}{3} \\ \dfrac{2}{3} & \dfrac{1}{3} & \dfrac{2}{3} \end{pmatrix}, Hx=\begin{pmatrix} -3 \\ 0 \\ 0 \end{pmatrix};$

$$P=P_{13}P_{12}=\begin{pmatrix} \dfrac{1}{3} & \dfrac{2}{3} & -\dfrac{2}{3} \\ -\dfrac{2}{\sqrt{5}} & \dfrac{1}{\sqrt{5}} & 0 \\ \dfrac{2}{3\sqrt{5}} & \dfrac{4}{3\sqrt{5}} & \dfrac{5}{3\sqrt{5}} \end{pmatrix}, Px=\begin{pmatrix} 3 \\ 0 \\ 0 \end{pmatrix}.$$

7. $(-1,0),(0,1),(1,2),(2,3)$.

8. $\lambda = 2.0$

10. 提示：(2)证明 Q 也是上海森伯格阵.

习　题　9

1. 欧拉法解答：$y_1 = 0.9, y_2 = 0.82, y_3 = 0.756\ 760, y_4 = 0.708\ 491\ 430, y_5 = 0.674\ 295\ 420$.

欧拉预估-校正法解答：$y_1=0.91$，$y_2=0.836\,800\,066$，$y_3=0.778\,583\,518$，$y_4=0.734\,350$ 049，$y_5=0.703\,636\,296$.

2. 梯形法解答：$y_1=1.110\,526\,316$，$y_2=1.243\,213\,296$，$y_3=1.400\,393\,643$，$y_4=1.584\,645\,606$，$y_5=1.798\,818\,827$.

　　欧拉预估-校正法解答：$y_1=1.11$，$y_2=1.242\,050$，$y_3=1.398\,465\,250$，$y_4=1.581\,804\,101$，$y_5=1.794\,893\,532$.

3. $y_1=1.548\,338\,793$，$y_2=2.020\,118\,143$，$y_3=2.451\,578\,648$，$y_4=2.856\,830\,389$，$y_5=3.243\,224\,237$.

4. $y_1=1.541\,708\,882$，$y_2=2.012\,515\,814$，$y_3=2.443\,966\,866$，$y_4=2.849\,442\,895$，$y_5=3.236\,116\,561$.

5. $y_1=0.905\,333\,333$，$y_2=0.821\,610\,000$，$y_3=0.749\,690\,383$，$y_4=0.690\,353\,130$，$y_5=0.644\,302\,916$，$y_6=0.612\,177\,473$，$y_7=0.594\,553\,946$，$y_8=0.591\,954\,654$，$y_9=0.604\,852\,296$，$y_{10}=0.633\,674\,661$.

6. 亚当斯显式结果：$y_1=1.110\,341\,667$，$y_2=1.242\,805\,142$，$y_3=1.399\,716\,994$，$y_4=1.583\,640\,215$，$y_5=1.797\,421\,983$，$y_6=2.044\,204\,145$，$y_7=2.327\,456\,504$，$y_8=2.651\,014\,481$，$y_9=3.019\,117\,057$，$y_{10}=3.436\,448\,878$.

　　亚当斯预估-校正法结果：$y_1=1.110\,341\,667$，$y_2=1.242\,805\,142$，$y_3=1.399\,716\,994$，$y_4=1.583\,649\,081$，$y_5=1.797\,442\,617$，$y_6=2.044\,214\,738$，$y_7=2.327\,506\,531$，$y_8=2.651\,083\,656$，$y_9=3.019\,208\,836$，$y_{10}=3.436\,567\,238$.

7. P：$y_{n+4}^{[0]}=\overline{y}_{n+3}^{[1]}+\dfrac{h}{24}\left[55\overline{f}_{n+3}^{[1]}-59\overline{f}_{n+2}^{[1]}+37\overline{f}_{n+1}^{[1]}-9\overline{f}_{n}^{[1]}\right]$；

　　M：$\overline{y}_{n+4}^{[0]}=y_{n+4}^{[0]}+\dfrac{251}{270}\left[\overline{y}_{n+3}^{[1]}-y_{n+3}^{[0]}\right]$；

　　E：$f_{n+4}^{[0]}=f(x_{n+4},\overline{y}_{n+4}^{[0]})$；

　　C：$y_{n+4}^{[1]}=\overline{y}_{n+3}^{[1]}+\dfrac{h}{24}\left[9\overline{f}_{n+4}^{[0]}+19\overline{f}_{n+3}^{[1]}-5\overline{f}_{n+2}^{[1]}+\overline{f}_{n+1}^{[1]}\right]$；

　　M：$\overline{y}_{n+4}^{[1]}=y_{n+4}^{[1]}-\dfrac{19}{270}\left[y_{n+4}^{[1]}-y_{n+4}^{[0]}\right]$；

　　C：$\overline{f}_{n+4}^{[1]}=f(x_{n+4},\overline{y}_{n+4}^{[1]})$.

9. $a=1$，$b=\dfrac{1}{3}$，$c=\dfrac{4}{3}$，$d=\dfrac{1}{3}$；公式的局部截断误差为 $O(h^5)$.

10. 提示：利用根与系数的关系分情况去证明.

12. 提示：(1) 求 $\rho(\lambda)=0$ 的根，要求其根的模满足根条件；

　　(2) 利用习题 10(1) 的结论；(3) $0<h<\dfrac{1}{200}$.

13. (a)$\alpha_0=-(1+\alpha_1)$；$\beta_0=\dfrac{1}{2}\alpha_1$，$\beta_1=2+\dfrac{1}{2}\alpha_1$；(b)$-2<\alpha_1\leqslant0$；(c) $\alpha_1=0$ 时，$y_{n+2}=y_n+2hf_{n+1}$；$\alpha_1=-1$ 时，$y_{n+2}=y_{n+1}+\dfrac{h}{2}[3f_{n+1}-f_n]$（亚当斯显式方法）；

　　(d) 要使方法为三阶的，$\alpha_1=4$，此时 $\rho(\lambda)=0$ 的两个根分别为 1 和 -5，不满足

根条件.

14. 主局部截断误差 $R_{n+2} = -\dfrac{5}{8}h^3 y'''(x_n) + O(h^4)$，二阶方法.

15. 以 β_0 为参数的两步三阶方法的一般形式为

$$y_{n+2} - \frac{2}{5}(2-5\beta_0)y_{n+1} - \frac{1}{5}(1+10\beta_0)y_n$$

$$= \frac{h}{5}\left[(2-\beta_0)f_{n+2} + 2(2+3\beta_0)f_{n+1} + 5\beta_0 f_n\right];$$

当 $-\dfrac{3}{5} < \beta_0 \leqslant \dfrac{2}{5}$ 时，方法零稳定.

参 考 文 献

[1] 胡祖炽，林源渠．数值分析．北京：高等教育出版社，1986

[2] 关治，陈景良．数值计算方法．北京：清华大学出版社，1990

[3] 黄友谦，李岳生．数值逼近．2 版．北京：高等教育出版社，1987

[4] 王仁宏．数值逼近．北京：高等教育出版社，1999.

[5] 李庆扬，易大义，王能超．现代数值分析．北京：高等教育出版社，1995

[6] 聂铁军，侯谊，郑介庸．数值计算方法．西安：西北工业大学出版社，1990

[7] 李庆扬，关治，白峰杉．数值计算原理．北京：清华大学出版社，2000

[8] 李荣华，冯果忱．微分方程数值解法．北京：人民教育出版社，1980

[9] 曹志浩．数值线性代数．上海：复旦大学出版社，1996

[10] Varga R S. 矩阵迭代分析．蒋尔雄，等译．上海：上海科学技术出版社，1966

[11] 奥特加 J M，莱因博尔特 W C. 多元非线性方程组迭代解法．朱季纳，译．北京：科学出版社，1983

[12] 曹志浩，张玉德，李瑞遐．矩阵计算与方程求根．北京：人民教育出版社，1979

[13] 易大义，蒋叔豪，李有法．数值方法．杭州：浙江科学技术出版社，1984

[14] 王德人．非线性方程组解法与最优化方法．北京：人民教育出版社，1980

[15] 李庆扬，莫孜中，祁力群．非线性方程组的数值解法．北京：科学出版社，1987

[16] 程云鹏，张凯院，徐仲．矩阵论．2 版．西安：西北工业大学出版社，2000

[17] 蒋尔雄，高坤敏，吴景琨．线性代数．北京：人民教育出版社，1979

[18] 曹立凡，史万明．数值分析．北京：北京工业学院出版社，1986

[19] Butcher J C. On the attainable order of Runge-Kutta methods. Math. Comp., 1965,19: 408 ~ 417

[20] 胡健伟，汤怀民．微分方程数值解法．北京：科学出版社，2000

[21] 吉尔 C W. 常微分方程初值问题的数值解法．费景高，刘德贵，高永春，译．北京：科学出版社，1978

[22] 颜庆津，刘运华，丁逢彬，等．计算方法．北京：高等教育出版社，1991

[23] 袁兆鼎，费景高，刘德贵．刚性常微分方程初值问题的数值解法．北京：科学出版社，1987

[24] 封建湖，车刚明．计算方法典型题分析解集．2 版．西安：西北工业大学出版社，2000

[25] Yousef Saad. Iterative Methods for Sparse Linear Systems. 2nd ed. 北京：科学出版社，2009

附　　录

关于线性常系数差分方程的几点知识

方程
$$a_k y_{n+k} + a_{k-1} y_{n+k-1} + \cdots + a_0 y_n = b, \tag{1}$$
其中 $a_k \neq 0, a_0 \neq 0, a_0, a_1, \cdots, a_k$ 均为常数,称为 **k 阶线性常系数差分方程**. 若已给 k 个起始值 $y_0, y_1, \cdots, y_{k-1}$,便可由式(1)逐次地求出 $y_k, y_{k+1}, \cdots$. 若 $b = 0$,则称相应的方程
$$a_k y_{n+k} + a_{k-1} y_{n+k-1} + \cdots + a_0 y_n = 0 \tag{2}$$
为**齐次的**;否则称为**非齐次的**.

齐次方程和非齐次方程的解之间有下列重要性质(证明从略):

1. 若 $y_n^{(1)}, y_n^{(2)}, \cdots, y_n^{(k)}$ 是方程(2)的特解,则它们的任意线性组合
$$Z_n = c_1 y_n^{(1)} + c_2 y_n^{(2)} + \cdots + c_k y_n^{(k)}$$
也是方程(2)的解.

2. 若 $y_n^{(1)}, y_n^{(2)}, \cdots, y_n^{(k)}$ 是方程(2)的 k 个线性无关的解,则称 $y_n^{(1)}, y_n^{(2)}, \cdots, y_n^{(k)}$ 是方程(2)的基本解组. (2)的任何一个特解均可用基本解组表示为
$$Z_n = c_1 y_n^{(1)} + c_2 y_n^{(2)} + \cdots + c_k y_n^{(k)}, \tag{3}$$
即式(3)是式(2)的通解.

3. 非齐次方程(1)的通解可以用它的一个特解和齐次方程(2)的通解之和来表示.

至于方程(2)的解,我们可设它具有以下形式
$$y_n = r^n \quad (r \neq 0),$$
代入式(2)便得到关于 r 的代数方程
$$a_k r^k + a_{k-1} r^{k-1} + \cdots + a_1 r + a_0 = 0. \tag{4}$$
方程(4)称为方程(2)的**特征方程**,方程(4)的根称为**特征根**.

若方程(4)的 k 个根 $r_1, r_2, \cdots, r_k$ 互异,则 $r_1^n, r_2^n, \cdots, r_k^n$ 是方程(2)的线性无关的解组,方程(2)的通解 y_n 为 $r_1^n, r_2^n, \cdots, r_k^n$ 的线性组合:
$$y_n = c_1 r_1^n + c_2 r_2^n + \cdots + c_k r_k^n, \tag{5}$$
其中 $c_1, c_2, \cdots, c_k$ 为由起始值 $y_0, y_1, \cdots, y_{k-1}$ 加以确定的任意常数. 若方程(4)有一特征根为 m 重根,设其为 r_1,而其余的根仍为单根,则齐次方程(2)的解

可以表示成

$$y_n = (c_0 + c_1 n + \cdots + c_{m-1} n^{m-1}) r_1^n + c_{m+1} r_{m+1}^n + \cdots + c_k r_k^n. \tag{6}$$

若 $a_0, a_1, \cdots, a_k$ 都为实数,式(4)如有复根时必成对共轭出现为 $\rho(\cos\theta \pm i\sin\theta)$,那么

$$y_n = c_1 \rho^n \cos n\theta + c_2 \rho^n \sin n\theta + c_3 r_3^n + \cdots + c_k r_k^n. \tag{7}$$

当 1 不是特征方程(4)的根时,非齐次方程(1)有一个特解为

$$b \Big/ \sum_{l=0}^{k} a_l. \tag{8}$$

由此可见,如果特征方程(4)的所有根或者是模小于 1,或者是模等于 1 的单根时,则当 $n \to +\infty$ 时,$|y_n|$ 有界.

若式(4)有模大于 1 的根,或有模等于 1 的重根时,则当 $n \to +\infty$ 时,$|y_n| \to +\infty$.